# 高效能 Go 程式設計
## 資料驅動的效能優化

## Efficient Go
### Data-Driven Performance Optimizations

*Bartłomiej Płotka* 著

楊新章 譯

**O'REILLY®**

# 目錄

# 前言

歡迎來到務實的軟體開發世界,在這裡,工程師們不害怕達到遙不可及的效能目標,也會在沒有壓力的情況下,處理各種需求的變化,或者無法預測的效率問題,並根據資料在戰術上有效地優化程式碼,而且程式碼庫又能一直如此簡單且容易閱讀、維護和擴展。等一下,這有可能嗎?

的確有可能,而且我會告訴您該怎麼做!好消息是,如果您買了這本書,您就已經成功了一半;這表示您已經意識到這個問題,而且願意繼續學習下去!壞消息是,雖然我試圖把相關知識濃縮成必要重點,但仍然有 11 章。我認為《高效能 Go 程式設計》在這方面是獨一無二的,因為它並不是一個快速教程。相反的,它是編寫高效率且實用軟體的完整指南,涵蓋我希望自己的職業生涯開始時,就能夠知道的所有事情。

不用說,您會在本書學到很多 Go 這個我最愛的程式語言,以及優化它的各種知識。但是不要被這本書的書名給騙了,雖然我使用了 Go 作為範例語言,來展示優化思維和可觀察性樣式,但本書的 11 章中,有 8 章和語言無關。您可以使用相同的技術來改善用任何其他語言,包括 Java、C#、Scala、Python、C++、Rust 或 Haskell 等所編寫的軟體。

最後,如果您得到一張低階優化技巧的完整列表,那這本書並不合適您。首先,優化並不能泛化的很好。就算有人展開迴圈(loop),或在他們的結構欄位中使用指標來獲得更高效率,但這不代表如果我們照做也會有幫助!我們會介紹一些優化技巧,但我想強調的是實用軟體開發中的效率完整知識。

其次，我們通常不需要那些「低階」的冒險技巧。在大多數情況下，只要了解您的程式所浪費時間，和資源的簡單位置，就足以便宜且有效地滿足您的效率和可擴展性目標。此外，您會了解到，在大多數情況下，並不需要把程式重寫為 C++、Rust 或 Assembly，也可獲得有效率的解決方案！

在開始之前，讓我們回顧一下本書背後的主要目標，以及我覺得有必要把時間集中在效率這個主題上的原因。您還將學習到如何充分利用本書，並將它以最有效率的方式，應用在您的軟體開發任務上。

# 我為什麼要寫這本書？

我花了大約 1,200 個小時撰寫《高效能 Go 程式設計》，之所以會選擇出版這樣一本書並不是一時衝動。在社群媒體、YouTube 和 TikTok 當道的時代，寫書和閱讀這樣的事可能感覺有點過時了，但根據我的經驗，現代媒體往往過於簡化主題，因為只有將它們壓縮到絕對的最低限度，才不會失去觀眾和金錢，但這樣會引起錯誤的動機，而這通常和我想透過本書達成的目標相衝突。

我的使命很簡單：希望我使用或依賴的軟體變得更好！我希望軟體專案貢獻者和維護者，能夠了解他們程式碼的效率並以此評估；希望他們能夠可靠地審查我或其他人的拉取請求（pull request）並提高效率；希望周圍的人知道如何專業地處理效能問題，而不是只營造出壓力大的氛圍；希望使用者和利益關係人對我們在產業中看到的基準測試（benchmark）和廉價行銷保持謹慎。最後，我希望領導者、主管和產品經理，能夠成熟地處理軟體效率這個主題，並了解如何形成務實的效率需求，以幫助工程師交付優秀的產品。

我也認為這本書是對更永續（sustainable）軟體的一個小小貢獻。每次浪費 CPU 時間和記憶體時，其實都是在浪費企業的龐大資金；而且，它也在浪費能源和硬體，對環境造成嚴重影響。因此，在這裡所學到的新技能，能夠在為您的企業創造更高價值的同時，又節省資金和保護地球，怎樣說都不算是個壞結果。

而我發現寫一本書是達成此一目標的最佳途徑，遠比我在日常工作、開源專案和會議中，不斷解釋相同細節、工具和技術來得容易許多！

# 我如何蒐集這些知識？

透過大量實務、錯誤、實驗、內隱導師（implicit mentor）[1] 和研究，我在效率主題和高品質軟體開發方面累積了不少經驗。

我開始寫這本書時 29 歲，您可能會覺得這樣的我並沒有多少經驗，但我在 19 歲時就開始全職且專業的軟體開發生涯。我在 Intel 從事軟體定義基礎架構（software-defined infrastructure, SDI）相關工作的同時，還從事全職電腦科學研究。我一開始在 OpenStack 專案 [2] 中使用 Python 來編寫程式碼，之後在 Mesosphere [3] 和 Twitter 優秀工程師的 Mesos [4] 專案使用 C++。最後，我轉向在 Kubernetes [5] 中開發 Go，並愛上這門語言。

我在 Intel 花了很多時間研究透過擾鄰緩解（noisy neighbor mitigation）技術的節點超額認購（node oversubscription）功能 [6]。通常，和其他方式相比，超額認購允許在一台機器上執行更多程式。這是可行的，因為從統計上講，所有程式很少同時使用所有保留的資源。以未來的角度來看，從軟體優化下手，通常會比使用複雜的演算法更為容易，也能省下更多錢。

2016 年，我搬到倫敦為一家遊戲新創公司工作，與 Google、Amazon、Microsoft 和 Facebook 的員工，共同開發和營運一個全球遊戲平台，開發在全球數十個 Kubernetes 叢集上執行的微服務，主要用 Go 來編寫。我在那裡學到了很多關於分散式系統、網站可靠性工程和監控的知識，也許這就是我沉迷於有關可觀察性（observability）的驚人工具的時候，而可觀察性是達成實用效率的關鍵，我將在第 6 章中解釋。

我對執行中軟體的良好可見性（visibility）的熱情，轉化為使用和開發受歡迎的開源時間序列資料庫 Prometheus [7] 的專家，並因此成為一名官方維護者，啟動多個其他 Go 開源專案和程式庫。最後，我有機會在名為 Thanos [8] 的開源專案中，和 Fabian Reinartz 共同建立一個大型分散式時間序列資料庫。如果貴公司的基礎架構正在執行一些我的程式碼，也是可想而知的！

---

1　*https://oreil.ly/7IFBd*
2　*https://www.openstack.org*
3　*https://oreil.ly/yUHzn*
4　*https://mesos.apache.org*
5　*https://kubernetes.io*
6　*https://oreil.ly/uPnb7*
7　*https://prometheus.io*
8　*https://thanos.io*

2019 年，我轉到 Red Hat，全職從事開源的可觀察性系統工作。從那時起，我更深入地研究持續效能分析（continuous profiling）解決方案，您也將在本書中了解到這些解決方案。

我還活躍於雲端原生計算基金會（Cloud Native Computing Foundation, CNCF）[9]，擔任大使和可觀察性技術顧問小組（Technical Advisory Group, TAG）[10] 的技術負責人。此外，我還共同組織各項會議與聚會。最後，我們每年都會透過 CNCF 指導計畫團隊，在 Prometheus 和 Thanos 專案指導多名工程師。

我為各種必須在生產環境中執行、可靠且可擴展的軟體，編寫或審查了數以千計的程式碼行。到目前為止，我已經教導和指導 20 幾位的工程師。然而，也許最具洞察力的是開源工作，您會和來自世界各地不同公司、不同地點、不同背景、不同目標和不同需求的人打交道。

整體而言，有機會和這些優秀人才共事，我相信我們取得不少驚人成就。強調高品質程式碼，比應該減少程式碼審查延遲，或者應該減少解決樣式問題所花費時間更為重要，我很幸運在這樣的環境中工作。我們在良好的系統設計、程式碼可維護性和可讀性方面蓬勃發展。我們試圖把這些價值觀帶入開源，而且獲得一些成效。然而，如果我有機會再次編寫 Thanos 專案，我希望能改善一件重要的事情：更聚焦於程式碼和我們所選擇的演算法實用效率。我會從一開始就專注於制定更明確的效率需求，並在基準測試（benchmarking）和效能分析（profiling）方面投入更多。

別誤會了，現在的 Thanos 系統已經比一些競爭對手更快、使用資源也更少，但它花費很多時間，而且有大量應該可以省下來的硬體資源。我們還有很多需要社群關注的瓶頸。然而，只要應用您將在本書中所學到的知識、技術和建議，相信 Thanos 的開發成本至少可以減少一半，甚至更多，也能達到目前狀態（希望付錢給我的前東家不會看到這一段）。

走過這樣的路，我知道這本書有多重要。隨著程式設計的總人口數越來越多，而且常常沒有電腦科學背景，因此會出現很多錯誤和誤解，尤其是在軟體效率方面。沒有多少文獻可以為效率或擴展性問題提供實用的答案，特別是針對 Go。希望這本書能填補這一文獻空白。

---

9   *https://cncf.io*
10  *https://oreil.ly/f9UYG*

# 誰適合閱讀本書？

《高效能 Go 程式設計》專注於提供必要的工具和知識，來回答何時以及如何應用效率優化，而這相當仰賴環境和組織的目標。因此，本書的主要讀者是要設計、建立或更改使用 Go，和任何其他現代語言來編寫程式的軟體開發人員。確保他們所建立的軟體，可以滿足功能和效率需求這件事，應該是軟體工程師的專業工作。理想情況下，您在開始閱讀本書時應該已具備一些基本的程式設計技能。

對那些主要是操作他人所編寫的軟體的人，我相信這本書也會很有用，例如 DevOps 工程師、SRE、系統管理員和平台團隊。有許多優化設計等級（optimization design level，如第 95 頁所述），有時投資於軟體優化是有意義的，但有時我們可能需要在其他層面上解決它！此外，為了達成可靠的效率，軟體工程師必須在類似生產的環境中，進行大量基準測試和實驗（如第 6 章所述），這通常意味著和平台團隊的密切協作。最後，第 6 章中介紹的可觀察性實務是推薦用於現代平台工程的最先進工具。我真心認為不用區分 SRE 中的應用程式效能監控（application performance monitoring, APM）和可觀察性；會這樣區分的，通常都來自希望您支付更多費用，或以為他們擁有更多功能的供應商。正如我將解釋的那樣，我們可以在所有軟體觀察中重複使用相同的工具、儀器和訊號。一般而言，我們都是同一隊的，因為我們都想要建構更好的產品！

最後，我想把這本書推薦給那些想要了解技術，並想知道如何解決團隊中簡單的效率問題，卻不會因此浪費數百萬美元的經理、產品經理和領導者！

# 本書的組織架構

本書共分為 11 章。第 1 章會討論效率及其重要性，第 2 章從效率角度簡單介紹 Go，第 3 章將討論優化，以及如何思考和處理優化。提高效率可能會花費大量時間，但系統性的方法可以幫助您省下這些時間和精力。

第 4 章和第 5 章將解釋您需要了解的諸如延遲、CPU 和記憶體資源等所有相關資訊，以及 OS 和 Go 如何抽象化。

第 6 章會繼續討論在軟體效率上執行資料驅動決策的意義，第 7 章討論實驗的可靠性和複雜度分析，第 8 章和第 9 章則解釋基準測試和效能分析技術。

最後的 2 章壓軸，第 10 章會顯示各種不同的優化案例，第 11 章將學習一些知識，並總結 Go 社群中所能看到的各種效率樣式和技巧。

# 本書編排慣例

本書使用以下印刷慣例：

斜體字（*Italic*）

　　表示新的術語、URL、電子郵件地址、檔名和延伸檔名。（中文使用楷體字）

定寬字（`Constant width`）

　　用於程式列表，以及在段落中參照的程式元素，例如變數或函數名稱、資料庫、資料型別、環境變數、敘述和關鍵字。

定寬粗體字（**`Constant width bold`**）

　　顯示命令或其他應由使用者輸入的文字。

定寬斜體字（*`Constant width italic`*）

　　顯示應該由使用者提供的值，或根據語境（context）決定的值所取代的文字。

 代表提示或建議。

 代表一般性注意事項。

 代表警告或警示事項。

# 使用程式碼範例

本書包含的程式碼範例可以幫助您理解工具、技術和良好實務。它們全部採用 Go 程式語言編寫，並適用於 Go 1.18 及更高版本。

您可以在可執行和經過測試的開源 GitHub 儲存庫 efficientgo/examples [11] 中找到本書所有範例。歡迎您分叉（fork）它、使用它、並嘗試我在本書中分享的範例。每個人的學習方式都不一樣，對於某些人來說，把一些範例匯入他們喜歡的 IDE，並透過修改、執行、測試或除錯來使用它就很有幫助。找到適合您的方法，並隨時透過 GitHub 問題或拉取請求 [12] 來提出問題及改善建議！

請注意，本書中的程式碼範例經過簡化，以能更清楚閱讀並且不占篇幅，尤其應用以下規則：

- 如果未指明 Go 套件，則假設為 package main。

- 如果未指明範例的檔名或副檔名，則假設檔案的副檔名是 *.go*。如果是功能測試或微觀基準測試，檔案名必須以 *_test.go* 結尾。

- 不一定會提供 import 敘述。在這樣的情況下，會假設已經匯入了標準程式庫，或之前匯入的套件。

- 有時，我會在註釋中（// import <URL>），而不是在 import 敘述中提供匯入，特別是當我想要解釋此程式碼範例中許多必須的個別重要匯入時。

- 帶有三個點的註釋（// ...）指明刪除一些不相關的內容。這突顯了有一些邏輯存在來讓函數具有意義。

- 帶有 handle error 敘述的註釋（// handle error），指出為了可讀性而刪除了錯誤處理。請一定要處理程式碼中的錯誤！

木書是用來幫您完成工作的。一般而言，您可以在程式及說明文件中使用本書所提供的程式碼；除非重製大部分的程式碼，否則均可自由取用。例如說，在您的程式中使用書中的數段程式碼並不需要獲得我們的許可，但是販售或散布 O'Reilly 的範例光碟則必須獲得授權。引用本書或書中範例來回答問題不需要獲得許可，但在您的產品文件中使用大量的本書範例則應獲得許可。

雖然不需要，但如果您註明出處我們會很感謝。一般出處說明包含書名、作者、出版商與 ISBN。 例 如：「*Efficient Go* by Bartłomiej Płotka (O'Reilly). Copyright 2023 Alloc Limited, 978-1-098-10571-6.」。

若您覺得對範例程式碼的使用已超過合理使用或上述許可範圍，請透過 *permissions@oreilly.com* 與我們聯繫。

---

11  *https://github.com/efficientgo/examples*
12  *https://github.com/efficientgo/examples/issues*

# 致謝

正如前人所說，「眾志成城」（the greatness is in the agency of others），這本書也不例外。在我寫《高效能 Go 程式設計》這本書的過程和我的職業生涯中，有許多人直接或間接地幫助過我。

首先，我要感謝我的妻子 Kasia——沒有她的支持，這是不可能的。

感謝我的主要技術審閱者 Michael Bang 和 Saswata Mukherjee，他們堅持不懈地詳細檢查所有內容。感謝查看早期某部分內容，並提供令人驚嘆回饋的你們：Matej Gera、Felix Geisendörfer、Giedrius Statkevičius、Björn Rabenstein、Lili Cosic、Johan Brandhorst-Satzkorn、Michael Hausenblas、Juraj Michalak、Kemal Akkoyun、Rick Rackow、Goutham Veer-amachaneni，以及其他無法一一詳列的人！

此外，感謝來自開源社群眾多有才華的人，他們在公開內容中分享大量的知識！無意間提供許多幫助，包括我寫的這本書。您會在本書中看到以下其中一些人的引述：Chandler Carruth、Brendan Gregg、Damian Gryski、Frederic Branczyk、Felix Geisendörfer、Dave Cheney、Bartosz Adamczewski、Dominik Honnef、William (Bill) Kennedy、Bryan Boreham、Halvar Flake、Cindy Sridharan、Tom Wilkie、Martin Kleppmann、Rob Pike、Russ Cox 及 Scott Mayers 等。

最後，感謝 O'Reilly 團隊，尤其是 Melissa Potter、Zan McQuade 和 Clare Jensen，感謝他們提供無窮幫助，並對於我的拖稿、修改截止日期，以及偷偷塞進比原先規劃還多出許多內容的諒解！:)

# 第一章

# 軟體效率很重要

> 軟體工程師的主要任務,是在符合成本效益的情況下,開發可維護且有用的軟體。
>
> —Jon Louis Bentley,*Writing Efficient Programs*(Prentice Hall,1982 年)

即使經過了 40 年,Jon 對開發的定義也相當準確;任何工程師的最終目標,都是創造出一個有用的產品,可以在產品生命週期內滿足使用者需求。不幸的是,現在並不是每個開發人員都意識到軟體成本的重要性。真相是很殘酷的,說開發過程所費不貲很可能只是輕描淡寫,例如,Rockstar 花了 5 年時間和 250 名工程師,開發出廣受歡迎的電玩遊戲:《俠盜獵車手 5》(Grand Theft Auto 5),估計耗資 1.375 億美元。另一方面,為了建立可用的商業化作業系統,Apple 在 2001 年首次發布 macOS 之前,不得不花費超過 5 億美元。

由於生產軟體的成本很高,因此必須把所有精力集中在最重要的事情上面,一點也不想把工程時間和精力浪費在不必要的動作上,例如,花費數週時間,重構無法客觀地降低程式碼複雜性的程式碼,或者深度微優化很少執行的函數。因此,產業不斷發明新樣式來追求有效率的開發過程,舉例來說,允許我們去適應不斷變化需求的敏捷看板方法,如 Agile Kanban;用於行動平台的專用程式語言,如 Kotlin;或用於建構網站的框架,如 React。工程師在這些領域創新,因為每一次的效率不彰都在增加成本。

雪上加霜的是，現在開發軟體還要考慮到未來的成本。甚至已有消息來源指出，執行和維護成本將高於初始開發成本[1]。為了保持競爭力而進行的程式碼更改、錯誤修復、意外事故、安裝以及最後的計算成本（包括耗電），只是軟體總體擁有成本（total software cost of ownership, TCO）必須考慮的其中幾個範例[2]。敏捷方法透過經常發布軟體，和更快地獲得回饋，來幫忙儘早揭露這種成本。

但是，如果軟體開發過程去除效率和速度優化，就會有更高的 TCO 嗎？在很多情況下，為執行應用程式多等個幾秒鐘應該不是問題。最重要的是，硬體每個月都在變得更便宜、更快，2022 年，買到擁有十幾 GB RAM 的智慧型手機並不困難，手指大小的 2 TB SSD 硬碟就有 7 GBps 的讀寫處理量。甚至家用 PC 工作站也達到前所未有的效能分數。藉助 8 個或更多個每秒可執行數十億次週期，並配備 2 TB RAM 的 CPU，可以更快速計算。而且，永遠可以晚點再來添加優化，對吧？

> 和人相比，機器變得越來越便宜；只要討論到電腦效率，不考慮這一點就是短視。「效率」能讓整體成本降低，不僅是程式生命週期中的機器時間，還包括程式設計師和程式使用者所花費的時間。
>
> —Brian W. Kernighan 和 P. J. Plauger，*The Elements of Programming Style*
> （McGraw-Hill，1978）

畢竟，提高軟體的執行時間或空間複雜度是一個龐雜的話題。特別是當您是新手時，在沒有顯著程式加速的情況下，很容易把時間浪費在優化上。即使我們開始關心程式碼所帶入的延遲，像 Java 虛擬機器或 Go 編譯器之類的東西仍然會應用它們的優化。花更多時間在一些棘手的事情上怎麼聽都像是一個壞主意，例如犧牲程式碼可靠性和可維護性的現代硬體效率；這些只是工程師通常把效能優化，放在開發優先事項列表最後位置的幾個原因之一。

不幸的是，和每一種極端的簡化一樣，這種降低效能的優先順序作法也有一些風險。不過別擔心！在本書中，我不會試圖說服您現在應該要測量每行程式碼所帶入的奈秒數，或在記憶體中配置的每個位元。您不應該這樣做，我絕對不是在鼓勵您，把效能放在開發優先順序列表的第一位。

---

1    *https://oreil.ly/59Zqe*
2    *https://oreil.ly/ZzUCx*

然而，有意識地延遲優化和犯下愚蠢錯誤，這之間是有區別的，這會導致效率低下和速度減慢。俗話說，「完美是善的敵人」（Perfect is the enemy of good），但我們首先必須找到平衡的善。因此，我想對軟體工程師考慮應用程式效能的方法，提出一個微妙但重要的改變。它會允許您把小而有效的習慣帶入程式設計和開發管理週期。根據資料並在開發週期中儘早實施，您將了解安全地忽略或延後程式低效率問題的判斷方式和時間；並且知道無法跳過效能優化時，有效地應用它們的時機點和方法，以及停止時間。

第 3 頁「效能背後」將解釋效能（performance）一詞的定義，並了解它與本書書名的效率（efficiency）關係。第 6 頁「常見的效率誤解」中，會解說常常出現在開發人員腦袋中，關於效率和效能的 5 個嚴重誤解。您將了解，對效率的思考不僅僅適用於「高效能」軟體。

 有些章節完全與語言無關，如這一章、第 3 章和其他章節的部分內容，因此它們對於非 Go 開發人員應該也很實用！

最後，第 31 頁「實用程式碼效能的關鍵」將解釋聚焦於效率，為何能夠在不犧牲時間和其他軟體品質的情況下，有效地考慮效能優化。本章可能偏理論性，但相信我，這些見解會增加您對以下的判斷力：是否要採用本書所介紹的特定效率優化、演算法和程式碼改進的基本程式設計，及其操作方式。也許它還能幫忙激勵您的產品經理或利益關係人，讓他們用更有效率的方法了解您的專案，並得到益處。

讓我們從解釋效率的定義開始。

# 效能背後

在討論軟體效率或優化很重要的原因之前，我們必須先揭開效能這個已過度使用詞語的神祕面紗。在工程中，這個詞廣泛出現在許多段落裡，並且分別代表不同意思，所以讓我們把它拆開以避免混淆。

當人們說「此應用程式效能不佳」（performing poorly）時，通常是指該特定程式執行緩慢[3]。但是，如果同一個人說「Bartek 在工作中表現不佳」（not performing well），可能並不代表 Bartek 從電腦前走到會議室的速度太慢。根據我的經驗，軟體開發業有相當多人認為，效能（performance）這個詞就等於速度（speed）；而對其他人來說，

---

[3] 我甚至在 Twitter 上做了一個小實驗（https://oreil.ly/997J5）來證明了這一點。

它意味著執行的整體品質，這也是這個詞的原始定義[4]。這種現象有時會稱為「語意擴散」（semantic diffusion）[5]，當有更多群體使用這個詞時，其涵義就會和最初定義有所不同。

> 電腦效能中的效能（performance）一詞，意思和該詞在其他使用定義相同，也就是說，它的意思是，「電腦的份內工作，做得有多好？」
>
> — Arnold O. Allen，*Introduction to Computer Performance Analysis with Mathematica*
> （Morgan Kaufmann，1994 年）

我認為 Arnold 的定義已經盡可能準確地描述效能這個詞，因此它可能是您從本書中所能獲取的第一個可操作項目。也就是要明確一點。

 **當有人使用「效能」一詞時要釐清**
在閱讀說明文件、程式碼、錯誤追蹤器（bug tracker）或參加會議演講時，聽到效能這個詞時要小心。請提出後續問題並確保作者的意思。

在實務中，效能可視為整體執行品質，其所包含的內容，通常比我們想像的還多得多。聽起來可能有點挑剔，但如果想提高軟體開發的成本效益，就必須清晰地、有效率且有效益地溝通！

我建議避免使用效能這個詞，除非可以指明它的涵義。想像一下，您正在 GitHub Issues 等錯誤追蹤器中報告某個錯誤，在這種情況下，不要只提及「效能不佳」，而是要具體說明您所描述的應用程式意外行為。同樣的，在變更日誌（changelog）中描述軟體版本的改進時[6]，不要只提到變更「提高了效能」，請準確描述增強內容。也許系統的一部分現在不太容易因為使用者的輸入而出現錯誤；或使用更少的 RAM，例如在什麼情況下少多少；或者是對於怎樣的工作負載來說執行速度更快，又快多少秒？明確性會為您和您的使用者節省時間。

我會在書中明確地點出這個詞。因此，每當您看到用效能這個詞來描述軟體時，請提醒自己圖 1-1 中的視覺化方式。

---

4　英國劍橋詞典（*https://oreil.ly/AXq4Q*）把名詞效能定義為：「一個人、機器等，把一項工作或一項活動做得很好」。

5　*https://oreil.ly/Qx9Ft*

6　我甚至建議，在您的變更日誌中，堅持使用常見標準格式，如同您在此處（*https://oreil.ly/rADTI*）所見。該內容還包含有關乾淨的發布說明寶貴提示。

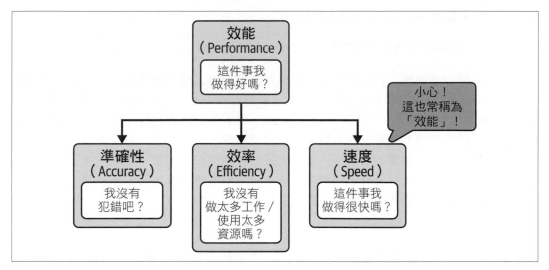

圖 1-1　效能定義

原則上，軟體效能意味著「軟體執行的好壞」，由三個您可以改進（或犧牲）的核心執
行要素組成：

準確性（*Accuracy*）

　　您在完成任務時所犯的錯誤量。對軟體而言，這可以透過應用程式所產生的錯誤結
　　果數量來衡量，例如，Web 系統中有多少請求以非 200 HTTP 狀態碼結束。

速度（*Speed*）

　　您多快可以完成任務所需工作，即執行的及時性。這可以透過運算延遲（latency）
　　或處理量（throughput）來觀察，例如，我們可以估計記憶體中 1 GB 資料的典型壓
　　縮通常需要大約 10 秒（延遲），亦即允許大約 100 MBps 的處理量。

效率（*Efficiency*）

　　動態系統提供的有用能量和提供給它的能量比率。更簡單地說，指完成任務時動用
　　多少額外資源、能量或工作量的指標；換句話說就是浪費多少努力。例如，從磁碟
　　中獲取 64 位元組有價值資料的運算，需要在 RAM 上配置 420 位元組，則記憶體效
　　率就等於 15.23%。

　　這並不代表運算的絕對效率是 15.23%。因為還沒有計算能源、CPU 時間、熱暈和
　　其他效率。出於實際目的，我們傾向於講清楚心目中的效率指的是什麼，在此範例
　　中，就是記憶體空間。

總而言之，效能至少是這三個要素的組合：

效能 = （準確性 * 效率 * 速度）

改進其中任何一個要素，都可以增強正在執行的應用程式或系統效能，有助於提高可靠性、可用性、彈性和整體延遲等。同樣的，忽略其中任何一個，都會讓軟體變得更沒用。[7] 問題是，我們應該在什麼時候說「停止」，並宣告它已經夠好了呢？這三個元素可能也讓人覺得有點沒有關聯，但實際上它們息息相關，舉例來說，我們可以在不改變準確度，即不減少錯誤數量的情況下，達成更好的可靠性和可用性；例如，為了提高效率而減少記憶體消耗，可以降低記憶體耗盡以及應用程式或主機作業系統崩潰的可能性。本書側重於知識、技術和方法，可讓您在不降低準確度的情況下，提高執行程式碼的效率和速度。

 **書名叫做《高效能 Go 程式設計》（*Efficient Go*）是有原因的**

我的目標是教您實用技能，讓您以最不耗力的方式，來產生高品質、準確、有效率且快速的程式碼。為此，當我提到程式碼的整體效率時（而沒有提到特定資源），我指的是速度和效率，如圖 1-1 所示。相信我，這能幫助我們有效地完成這個主題。您將在第 31 頁「實用程式碼效能的關鍵」中了解更多相關原因資訊。

效能這個詞的誤導性用法，可能是效率主題中所見誤解的冰山一角。我們現在將討論許多會導致軟體開發惡化的嚴重刻板印象和傾向，它可能只是輕微地導致執行成本變高，或程式價值變低；但也可能會惡化到導致嚴重的社會和金融組織問題。

## 常見的效率誤解

在程式碼審查或衝刺計畫中，要求我「暫時」忽略軟體效率的次數多得驚人。您可能也聽說過！我也因為同樣的原因，多次拒絕別人的變更集（change set）。也許駁回變更的理由相當充分，尤其是如果它們是增加不必要的複雜性微優化（micro-optimization）時。

---

7　我們可以用「更沒效能」（less performant）這個說法嗎？不能，因為英語詞彙中不存在「有效能」（performant）這個詞。也許這表示軟體不可能是「有效能」的，它總有改進空間。實際上，軟體速度有限。H. J. Bremermann 在 1962 年提出（*https://oreil.ly/1sl3f*），存在一個計算物理極限，該極限取決於系統的質量。1 公斤的終極筆記型電腦，估計每秒可以處理約 $10^{50}$ 位元，而具有地球質量的電腦，每秒最多可以處理 $10^{75}$ 位元。雖然這些數字感覺很大，但即使是這麼大的電腦，也需要很長時間才能計算完複雜度估計為 $10^{120}$ 的所有西洋棋可能下法（*https://oreil.ly/6qS1T*）。這些數字在密碼學中有實際用途，可以評估破解某些加密演算法的難度。

另一方面，也有些拒絕的理由是基於普遍的、事實性的誤解。讓我們試著解開一些最具破壞性的誤解，當您聽到其中一些的籠統陳述時要留意，揭開它們的神祕面紗，將能幫助您在長期下來節省大量開發成本。

## 優化後的程式碼不可讀

毫無疑問，軟體程式碼最關鍵的品質之一就是它的可讀性（readability）。

> 讓程式碼的目的明確無誤，比展現精湛技巧更為重要。晦澀難懂的程式碼問題，在於會讓除錯和修改困難得多，而這些已經是電腦程式設計中最困難的層面了。此外，還有一個附帶隱憂，也就是太過聰明的程式，說的可能不是您想表達的。

> —Brian W. Kernighan 和 P. J. Plauger，*The Elements of Programming Style*
> （McGraw-Hill 出版社，1978 年）

當我們想到超快程式碼時，有時首先想到的是那些帶有大量位元組移位、魔術位元組填充、和展開迴圈的巧妙低階實作。或者更糟的是，鏈接到您應用程式的純組合碼（assembly code）。

是的，像這樣的低階優化會顯著降低程式碼可讀性，但正如您將在本書中了解到的那樣，這種極端的變化在實務上很少見。程式碼優化可能會產生額外的複雜性、增加認知負荷、並使程式碼更難維護。問題在於，工程師傾向於把優化與複雜性聯繫到極致，並像碰到火一樣避免進行效率優化。在他們看來，這會轉化為對可讀性的直接負面影響。本節的重點就是讓您知道，有多種方法可以使經效率優化的程式碼更加清晰可讀；效率和可讀性實可共存。

同樣的，如果添加任何其他功能，或出於各種不同原因而更改程式碼，也會存在相同的風險。例如，因為害怕降低可讀性，而拒絕編寫更有效率的程式碼，就像拒絕添加重要功能以避免複雜性一樣。所以，這又是一個公平性問題，我們可以考慮取消該功能，但首先應評估後果。這同樣適用於改變效率。

例如，當您想對輸入添加額外的驗證時，您可以天真地把複雜的 50 行的 if 程式碼直接剪貼到處理函數中。這可能會讓下一個閱讀程式碼的人哭泣；或許就是幾個月後再次存取此程式碼的您。或者，您可以把所有內容封裝到一個 `func validate(input string) error` 函數中，而只會增加一點點複雜性。此外，為避免修改處理程式碼區塊，您可以設計程式碼，以在呼叫者方或中介軟體（middleware）中對其驗證。也可以重新考慮系

統設計，並把驗證的複雜性轉移到另一個系統或組件，從而不實作此功能。在不犧牲目標的情況下，有許多方法可以構成特定的功能。

程式碼中的效能改進和額外功能有何不同？我認為並沒有。您可以像設計功能一樣，在設計效率優化時考慮可讀性；如果隱藏在抽象化之下，兩者對讀者來說都是完全透明的。[8]

然而，我們傾向於把優化標記為可讀性問題的主要來源。這種誤解和本章其他誤解所造成的最嚴重破壞性後果是，它經常用來當作完全忽視效能改進的藉口。這通常會導致所謂的過早悲觀化（*premature pessimization*），也就是會降低程式效率的行為，和優化相反。

> 放過自己，也放過程式碼：在所有其他條件相同的情況下，尤其是程式碼複雜性和可讀性，應該能從您的指尖，自然編寫出一些有效率的設計樣式和程式設計習慣用法，而非編寫出更難的悲觀替代方案。這不是過早的優化，而是避免無理由的 [ 不必要 ] 悲觀化。
>
> —H. Sutter 和 A. Alexandrescu，*C++ Coding Standards: 101 Rules, Guidelines, and Best Practices*（Addison-Wesley，2004 年）

可讀性必不可少；我甚至敢主張，不可讀的程式碼從長遠來看很少是有效率的。開發軟體時，很容易打破以前所做出、過於聰明的優化，因為我們誤認或誤解了它。和臭蟲以及錯誤類似，棘手的程式碼更容易導致效能問題。第 10 章會提出有意提高效率的範例，重點是可維護性和可讀性。

**可讀性很重要！**

優化可讀的程式碼，比讓高度優化的程式碼變可讀更容易；對試圖優化您程式碼的人和編譯器來說都是如此！

優化通常會導致程式碼的可讀性降低，因為一開始就沒有在軟體中好好設計效率。如果您現在拒絕考慮效率，之後在不影響可讀性的情況下優化程式碼可能為時已晚，在剛開始設計 API 和抽象新模組時，找到一種方法來引入更簡單、更有效率的做事方式會容易許多。正如第 3 章所言，許多不同層面都可以讓效能優化，而不僅僅是透過吹毛求疵和調整程式碼。也許可以選擇更有效率的演算法、更快的資料結構或不同的系統取捨。和

---

8　值得一提的是，隱藏功能或優化，有時會導致可讀性降低；有時明確性更好，可以避免意外。

發布軟體後再提高效率相比，這些作法可能會產生更清晰、可維護的程式碼和更好的效能。在許多限制條件下，如向下相容性（backward compatibility）、整合或嚴格的介面，提高效能的唯一方法，是為程式碼或系統引入額外且通常是顯著的複雜性。

## 優化後的程式碼可讀性更強

令人訝異的是，優化後的程式碼可以更具可讀性！讓我們看一些 Go 程式碼範例。範例 1-1 簡單使用 getter 樣式，我在審查學生或初級開發人員 Go 程式碼時，親眼見過數百次這樣的程式碼。

*範例 1-1　所報告的錯誤比率簡單計算*

```
type ReportGetter interface {
   Get() []Report
}

func FailureRatio(reports ReportGetter) float64 {  ❶
   if len(reports.Get()) == 0 {  ❷
      return 0
   }

   var sum float64
   for _, report := range reports.Get() {  ❷
      if report.Error() != nil {
         sum++
      }
   }
   return sum / float64(len(reports.Get()))  ❷
}
```

❶ 這是一個簡化的範例，但是有一種相當受歡迎的樣式，是透過函數或介面來獲取運算所需的元素，而不是直接傳遞它們。當元素從遠端資料庫被動態地添加、快取或獲取時，會很有用。

❷ 請注意，我們執行 Get 來檢索報告 3 次。

我想您會同意範例 1-1 中的程式碼在大多數情況下是可行的，且簡單易讀。然而，由於潛在的效率和準確性問題，我很可能不會接受這樣的程式碼，建議簡單修改如範例 1-2。

*範例 1-2　回報錯誤比率更簡單、有效率的計算方法*

```
func FailureRatio(reports ReportGetter) float64 {
   got := reports.Get()  ❶
   if len(got) == 0 {
```

```
        return 0
    }

    var sum float64
    for _, report := range got {
        if report.Error() != nil {
            sum++
        }
    }
    return sum / float64(len(got))
}
```

❶ 和範例 1-1 相比，我沒有在 3 個地方呼叫 Get，而是呼叫一次，並透過 got 變數來重用結果。

一些開發人員可能會吵著說，FailureRatio 函數並不常使用；它不在關鍵路徑上，並且現在的 ReportGetter 實作非常便宜且快速。他們可能也會爭辯，如果不進行測量或基準測試，就無法決定哪一個更有效率，這點基本上沒錯！他們可能會把我的建議稱為「過早優化」（premature optimization）。

然而，我認為這是一個非常普遍的過早悲觀化案例，拒絕更有效率的程式碼很愚蠢，這些程式碼就算不是現在馬上加快速度，但也不會造成任何傷害；另一方面，我認為範例 1-2 在許多層面上更勝一籌：

**在沒有測量的情況下，範例 1-2 的程式碼效率更高。**

介面（interface）允許替換實作（implementation），它們代表使用者和實作之間的某種合約。從 FailureRatio 函數的角度來看，無法假設超出該合約的任何內容，最有可能的是，無法假設 ReportGetter.Get 程式碼總能快速且便宜 [9]。可能明天，就有人拿 Get 程式碼，與針對檔案系統的昂貴 I/O 運算、使用互斥鎖（mutex）實作、或對遠端資料庫的呼叫來交換 [10]。

當然，我們可以在稍後使用適當的效率流程，來對它迭代和優化，第 100 頁的「效率感知開發流程」中將討論此事，但如果這是一個合理的改變，實際上也改善了其他事情，現在做又何妨。

---

9　作為介面「合約」的一部分，可能會有一條註釋指出實作應該要快取結果。因此，呼叫者多次呼叫它應該是安全的。不過，我認為最好避免依賴型別系統無法保證的東西，以防止意外。

10　Get 實作的所有 3 個範例都可以認為是呼叫成本很高。針對檔案系統的輸入輸出（I/O）運算，比從記憶體中讀取或寫入內容要慢得多。涉及互斥鎖的東西意味著，您可能必須在存取它之前等待其他執行緒，對資料庫的呼叫通常涉及這些內容，加上可能透過網路所進行的通訊。

範例 *1-2* 的程式碼更安全。

一般人可能不會想到，但範例 1-1 中的程式碼有相當大的引入競賽條件（race condition）風險。如果 ReportGetter 實作和其他會隨時間來動態更改 Get() 結果的執行緒同步，我們可能會遇到問題。最好避免競賽，並確保函數本體內的一致性。競賽錯誤是最難除錯和偵測的，安全總比後悔好。

範例 *1-2* 的程式碼更具可讀性。

我們可能會再添加一行和一個額外的變數，但最後，範例 1-2 中的程式碼明確告知，我們希望在 3 種用法中使用相同結果。透過用一個簡單的變數來替換 Get() 呼叫的 3 個實例，最大限度地減少潛在副作用，讓 FailureRatio 成為純函數性（第一行除外）。無論如何，範例 1-2 因此比範例 1-1 更具可讀性。

 這樣的說法或許準確，但錯在「過早」部分。並非每個效能優化都是過早的，此外，這樣的規則並不是授權您去拒絕或忽略，還有其他具差不多複雜性且更有效率的解決方案。

另一個優化後程式碼而產生清晰性的範例，可見範例 1-3 和 1-4。

範例 *1-3　沒有優化的簡單迴圈*

```go
func createSlice(n int) (slice []string) { ❶
    for i := 0; i < n; i++ {
        slice = append(slice, "I", "am", "going", "to", "take", "some", "space") ❷
    }
    return slice
}
```

❶ 傳回名為 slice 的命名參數，會在函數呼叫開始時建立一個包含空 string 切片（slice）的變數。

❷ 把 7 個 string 項目附加到切片之後，並重複 n 次。

範例 1-3 顯示一般要如何在 Go 中填充切片，您可能會說這裡沒錯，就是可以運作。但是，我的論點是，如果事先就確切地知道會附加到切片中的元素數量，就不該在迴圈中附加。另一方面，在我看來，應該像範例 1-4 這樣編寫。

範例 *1-4* 具有預配置優化的簡單迴圈。可讀性會比較差嗎？

```go
func createSlice(n int) []string {
    slice := make([]string, 0, n*7) ❶
    for i := 0; i < n; i++ {
        slice = append(slice, "I", "am", "going", "to", "take", "some", "space") ❷
    }
    return slice
}
```

❶ 我們正在建立一個保存字串 slice 的變數，還為此切片配置了 n * 7 個字串的空間（容量）。

❷ 把 7 個 string 項目附加到切片，並重複 n 次。

在具備第 4 章更深刻的 Go 執行時期（runtime）知識之後，第 426 頁「可以的話就預配置」會如同範例 1-2 和 1-4 中討論效率優化；原則上，兩者都會減少程式工作量。範例 1-4，由於初始的預配置，內部的 append 實作不需要逐步擴展記憶體中的切片大小。我們在開始的地方就只做一次。現在，我希望您聚焦於以下問題：這段程式碼的可讀性較高還是較低？

可讀性通常是主觀的，但我認為範例 1-4 中更有效率的程式碼會更易於理解。它增加了一行，可以說多了一點複雜性，但同時，它在訊息中是明確和清晰的，不僅有助於 Go 執行時期執行更少的工作，而且還向讀者提示此迴圈的目的，以及確切期望的迭代次數。

如果您從未見過 Go 中內建 make 函數的原始用法，您可能會說這段程式碼的可讀性較差。這很公平。然而，一旦您意識到它的優點，並開始在程式碼中始終如一地使用這種樣式，它就會成為一個好習慣。更重要的是，多虧了這一點，任何沒有這種預配置的切片建立也會告訴您一些事情。例如，它可以說迭代次數是不可預測的，所以您會知道要更加小心。在查看迴圈的內容之前，您就已經知道一件事了！為了讓這種習慣在 Prometheus 和 Thanos 程式碼庫中保持一致，Thanos Go 編碼風格指南 [11] 甚至添加了一個相關條目。

---

11 *https://oreil.ly/Nq6tY*

**可讀性不是一成不變的，它是動態的**

理解某些軟體程式碼的能力會隨著時間推移而改變，即使程式碼從來沒有改變。隨著程式語言社群嘗試新事物，慣例會來來去去。透過嚴格的一致性，您可以引入新的、清晰的慣例，來幫助讀者理解您的程式中較為複雜的部分。

## 現在與過去的可讀性

通常，開發人員經常引用 Knuth 的「過早優化是萬惡之源」的名言[12]，來減少優化帶來的可讀性問題；然而，這句話現在已過時。雖然我們可以從過去學到很多關於通用程式設計的知識，但和 1974 年相比，很多方面都有大幅度進步，例如，當時流行在其名稱中添加有關變數型別的資訊，如範例 1-5[13]。

*範例 1-5　應用於 Go 程式碼的系統匈牙利標記法範例*

```
type structSystem struct {
    sliceU32Numbers []uint32
    bCharacter      byte
    f64Ratio        float64
}
```

匈牙利標記法（Hungarian notation）很有用，因為當時的編譯器和整合開發環境（Integrated Development Environment, IDE）並不算成熟。但是現在，IDE 或甚至像 GitHub 這樣的儲存庫網站上，把游標懸停在變數，就可以立即知道它的型別，我們可以在幾毫秒內轉到變數定義、閱讀註解，並找到所有呼叫和變更。憑藉智慧型程式碼建議、進階突出顯示和 1990 年代中期開發的物件導向程式設計（object-oriented programming）的主導地位，我們手中擁有允許添加功能和效率優化（複雜性）的工具，而不會顯著影響實際可讀性[14]。此外，可觀察性和除錯工具的可存取性和功能也有極大發展，第 6 章會探討這一點。它仍然無法達成聰明的程式碼，但已足夠讓我們在最短時間內，理解最多程式碼庫。

---

12 這句名言常用來阻止其他人花時間進行優化工作，出處是 Donald Knuth 的《Structured Programming with goto statements》（*https://oreil.ly/m3P50*，1974），現已過度濫用。

13 這種風格通常稱為匈牙利標記法（Hungarian notation），廣泛使用於微軟中。這種標記法也有兩種類型：App 和 Systems。文獻指出 Apps Hungarian 仍然可以帶來很多好處（*https://oreil.ly/YYLX4*）。

14 值得強調的是，如今會建議以容易與 IDE 功能相容的方式來編寫程式；例如，您的程式碼結構應該是一個「連接」圖（*https://oreil.ly/mFzH9*），表示以 IDE 可以協助的方式來連接函數。任何動態調度、程式碼注入和延遲載入都會禁用這些功能，因此除非必要，否則絕對應該避免使用。

綜上所述，效能優化就像軟體中的另一個功能，應該相對應地對待它。它會增加複雜性，但有一些方法可以大幅降低要理解程式碼所需的認知負荷（cognitive load）[15]。

**如何讓有效率的程式碼更具可讀性**

- 刪除或避免不必要的優化。

- 把複雜的程式碼封裝在清晰的抽象化之後（例如，介面）。

- 將「熱」程式碼，即需要更高效率的關鍵部分；和「冷」，即很少執行的程式碼分開。

正如本章所述，在某些情況下，更有效率的程式往往伴隨簡單、明確，且易於理解的程式碼而來。

# 您不需要它

您不需要它（You Aren't Going to Need It, YAGNI）是一個強大而受歡迎的規則，我在編寫或審查任何軟體時皆經常使用。

> XP [ 極限程式設計（Extreme Programming）] 最廣為人知的原則之一是「您不需要它」（YAGNI）。YAGNI 原則強調在投資回報不確定的情況下，延遲投資決策這種作法的價值。在 XP 的上下文中，這意味著延遲模糊功能的實作，直到解決它們的價值不確定性為止。
>
> —Hakan Erdogmu 和 John Favaro，「Keep Your Options Open: Extreme Programming and the Economics of Flexibility」

原則上，這意味著避免多做目前不那麼需要的額外工作。它依賴於需求日不斷變化的事實，我們必須接受，並必須快速迭代軟體。

以下是一個假設性例子，進階軟體工程師 Katie 的新任務，是建立一個簡單的 Web 伺服器；這沒什麼特別的，只是一個公開一些 REST 端點的 HTTP 伺服器。Katie 是一位經驗豐富的開發人員，過去大概建立了 100 個類似的端點。她繼續進行功能程式設計，並立即測試伺服器，因為還剩下一些時間，所以她決定添加額外功能：一個簡單的持有者符記授權層（bearer token authorization layer）[16]。Katie 知道這樣的更改超出目前需求，

---

15 認知負荷是一個人要理解一段程式碼或函數，所必須使用的「大腦處理和記憶」量（*https://oreil.ly/5CJ9X*）。

16 *https://oreil.ly/EuKD0*

但她已經編寫數百個 REST 端點，並且每個端點都有類似授權。經驗告訴她，這是遲早的需求，她只是先做好準備。您認為這樣的改變是否有意義，而且應該接受？

雖然 Katie 出發點良好且有豐富經驗，但還是應該避免合併此類更改，以保持 Web 伺服器程式碼的品質和整體開發成本效益。換句話說，這就是用 YAGNI 規則的時候。為什麼？在大多數情況下，我們無法預測功能，只做好交待的工作，可以節省時間和複雜性。專案永遠有不需要授權層的風險，例如，如果伺服器是在專用授權代理之後執行，則 Katie 編寫的額外程式碼即使不使用，也會帶來高額成本。這是要閱讀的額外程式碼，增加了認知負荷。此外，在需要時更改或重構此類程式碼時，將會更加困難。

現在，讓我們進入一個更灰色的地帶。我們向 Katie 解釋為什麼需要拒絕授權程式碼，她也同意了，但是她反而決定透過使用一些重要量度，來檢測伺服器，從而為伺服器添加一些關鍵監控。這個改變是否也違反了 YAGNI 規則？

如果監控是需求的一部分，則它並不違反 YAGNI 規則，應該接受；如果不是的話，在不了解完整上下文的情況下很難判斷，需求中應明確提及關鍵監控。儘管如此，即使沒有，在任何地方執行此類程式碼時，Web 伺服器的可觀察性也是首要之重。否則要怎麼知道它有沒有在執行？在這種情況下，Katie 在技術上正在做一些立即有用的重要事情。最後，運用常識判斷，並在合併此更改之前，從軟體需求中添加或明確地移除監控。

後來，在手邊沒事的時候，Katie 決定在必要的計算中添加一個簡單的快取，以提高單獨端點讀取的效能。她甚至編寫並執行了一個快速基準測試，來驗證端點的延遲和資源消耗的改進。這是否違反 YAGNI 規則？

軟體開發讓人覺得可悲的一點是，利益關係人的需求中經常缺少效能效率和反應時間。應用程式的首要效能目標是「正常運作」和「夠快」，但沒有詳細說明之中定義。第 85 頁的「資源感知效率需求」，將討論如何定義實際的軟體效率需求。至於這個例子，假設最壞的情況是，需求列表中沒有關於效能的任何內容，則是否應用 YAGNI 規則，並拒絕 Katie 更改？

同樣的，如果沒有完整的上下文，這很難說清楚。實作一個強固且可用的快取並非易事，新程式碼有多複雜呢？我們正在處理的資料是否容易「快取」[17]？我們是否知道此類端點的使用頻率（是否為關鍵路徑）？它應該擴展到什麼程度？另一方面，為一個頻繁使用的端點計算相同的結果非常沒效率，所以快取是一個很好的樣式。

---

[17] 快取能力（cachability）通常可定義為可取得的能力（*https://oreil.ly/WNaRz*）。我們可以快取（儲存）任何資訊，以便在日後方便檢索。但是，資料可能只在短時間內有效，或只對少量請求有效。如果資料取決於外部因素，例如使用者或輸入並且經常更改，則它無法有效快取。

我建議 Katie 採取和監控的變更類似方法：考慮與團隊討論，以闡明 Web 服務應提供的效能保證。這能知道當下是否需要快取，或是否違反 YAGNI 規則。

Katie 的最後改變，是繼續進行合理的效率優化，如同您在範例 1-4 中學到的切片預配置（pre-allocation）改進。這樣的改變是可以接受的嗎？

我會很嚴肅地說，是的。我建議永遠要預配置，如範例 1-4 中當您預先知道元素數量時所做的一樣。但這不是違反了 YAGNI 規則背後的核心陳述嗎？即使某件事可普遍適用，在您真的確定需要它之前，不是應該不理會嗎？

我認為，不會降低程式碼可讀性（有些甚至會提高程式碼可讀性）的效率小習慣，應該是開發人員工作的重要組成部分，即使在需求中沒有明確提及，這也是第 74 頁所謂的「合理優化」。同樣的，沒有專案需求會強調基本最佳實務，例如程式碼版本控制、擁有小介面或避免過大的依賴項（dependency）。

說到底，重點在於使用 YAGNI 規則會有幫助，但不代表允許開發人員完全忽略效能效率。成千上萬的小事情通常常會造成應用程式的過度資源使用和延遲，而不僅僅是可以稍後修復的單一問題。理想情況下，明確定義的需求有助於闡明軟體效率需求，但它們永遠不會涵蓋應該嘗試應用的所有細節，和最佳實務。

## 硬體正在變快變便宜

> 當我開始程式設計時，不僅處理器速度慢，而且記憶體也非常有限，有時甚至以千位元組為單位。所以我們必須考慮記憶體，並想出很多方法，來優化記憶體消耗。
>
> —Valentin Simonov，「Optimize for Readability First」

毫無疑問，現在的硬體是史上最強大、最便宜之時，每年或每月，幾乎都能看到每條前線上的技術進步。從 1995 年時脈速率為 200 MHz 的單核心奔騰（Pentium）CPU，一直進步到現在的速度為 3 至 4 GHz 更小、更節能的 CPU。RAM 的大小從 2000 年的幾十 MB，增加到 20 年後個人電腦的 64 GB，且具有更快的存取樣式。過去的小容量硬碟轉成 SSD，接著是具有幾 TB 空間的 7 GBps 快速 NVME SSD 磁碟。網路介面已達到 100 Gb 的處理量。在遠端儲存方面，我記得以前有 1.44 MB 空間的軟碟，然後出現容量高達 553 MB 的唯讀 CD-ROM；接下來有藍光、可讀寫 DVD，現在則是輕鬆就能取得以 TB 為單位的 SD 卡。

回顧這段過程，可以添加一個流行的觀點，也就是典型硬體的攤銷後小時價值，比開發人員更便宜。綜上所述，人們會說程式碼中的單一函數是否多占用 1 MB，或進行過多磁碟讀取都無關緊要。如果可以購買更大的伺服器，並支付較少整體費用時，為什麼還要延後功能開發，並且去教育或投資具有效能意識的工程師？

但事情往往不是您所想像的那麼簡單。讓我們從軟體開發待辦事項列表中，解開這個對效率來說極為有害的爭論。

首先，有一說，把再多的錢花在硬體上，也比把昂貴的開發人員時間投入到效率主題上更為便宜，但這是非常短視的說法；就像車子一出現故障，就去買一輛新車，並把舊車賣掉，只因為修理並不簡單而且會花很多錢。有些時候這可能是可行的辦法，但在大多數情況下，這不是有效率或永續之道。

假設軟體開發人員的年薪在 100,000 美元左右上下，加上其他僱傭成本，總計一年是 120,000 美元，月薪大約為 10,000 美元。2021 年時的 10,000 美元，可以購買一台配備 1 TB DDR4 記憶體、兩個高階 CPU、1 Gb 網卡和 10 TB 硬碟空間的伺服器。這裡先不論能源消耗成本，這樣的交易意味著軟體每個月可以過度配置數 TB 記憶體，聽起來比聘請工程師來優化更划算，對吧？不幸的是，事情不是這樣運作的。

事實證明，TB 級配置比您所想的更為常見，而且不需要等待整整一個月！圖 1-2 顯示在單一叢集中執行 5 天的單一 Thanos 服務（共有數十個）的單一副本（總共 6 個）的堆積（heap）記憶體效能分析器（profile）螢幕截圖。第 9 章會討論讀取和使用效能分析器的方式，但圖 1-2 能看出自 5 天前最後一次重啟程序以來，某些系列函數配置的總記憶體。

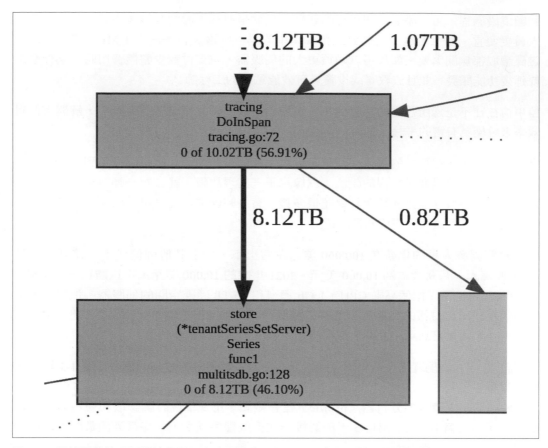

圖 1-2　記憶體效能分析器片段顯示高流量服務，在 5 天內進行的所有記憶體配置

這裡的大部分記憶體已經釋放，但請注意，Thanos 專案的這款軟體只執行 5 天，就總共使用了 17.61 TB [18]。如果改為編寫桌面應用程式或工具，遲早會遇到類似規模的問題。以前面的例子為例，如果一個函數過度配置 1 MB 的記憶體，只要有 100 個桌面使用者執行 100 次關鍵運算，就足以讓應用程式達到 10 TB 的浪費。這不是在一個月內，而是在 100 個使用者完成一次執行時。因此，稍有效率低下，就會迅速產生硬體資源過度使用。

---

18　當然，這是一種簡化。該程序可能使用更多記憶體。配置檔案不顯示記憶體映射、堆疊和現代應用程式執行時，所需的許多其他快取所使用的記憶體。第 4 章將有更多相關資訊。

還沒結束。要承受 10 TB 的過度配置，購買具有那麼多記憶體的伺服器並支付能源消耗是不夠的。除了一些其他事項之外，攤銷成本還必須包括編寫、購買，或至少維護韌體、驅動程式、作業系統以及用於監視、更新和操作伺服器的軟體。由於額外硬體需要額外軟體，所以根據定義，又要花錢聘請工程師，這樣又回到原來的狀態。可能可以透過避免專注於效能優化，來節省工程成本，結果就是，我們會在那些用來維護過度使用資源所需的其他工程師身上花費更多，或者向已經計算出此類額外成本的雲端供應商支付費用，再加上利潤，全算進雲端使用帳單中。

另一方面，今天 10 TB 的記憶體成本很高，但明天可能會因為技術進步而成為邊際成本。如果忽略效能問題，並等到伺服器成本降低；或更多使用者把他們的筆記型電腦及手機，更換為更快的機型，會怎樣呢？等待比針對棘手的效能問題除錯來得更容易！

不幸的是，無法跳過軟體開發效率，並期望硬體進步以減少需要和效能的錯誤。是的，硬體正在變得更快、更強大；但不幸的是，改變的速度還不夠快。讓我們來看看這種非直覺效果背後的三個主要原因。

## 軟體擴展以填充可用記憶體

這種效應稱為帕金森定律（Parkinson's Law）[19]。它指出，無論我們擁有多少資源，需求往往和供應相匹配。例如，大學中隨處可見帕金森定律，無論教授給學生多少時間準備作業或考試，學生總是會用掉所有時間，而且大部分情況下可能都會留到最後一刻才開始 [20]。軟體開發中也可以看到類似行為。

## 硬體變快的速度，追不上軟體變慢的速度

Niklaus Wirth 提出「胖軟體」（fat software）術語，解釋為什麼總是會有更多的硬體需求。

> 增強的硬體能力無疑是供應商解決更複雜問題的主要動力……但我們應該聚焦的不是內在的複雜性，而是自我造成的複雜性。有很多問題很久以前就解決了，只是同樣的問題，現在可以使用體積更大的軟體來提供解決方案。
>
> —Niklaus Wirth，「A Plea for Lean Software」

---

19 西里爾·諾斯科特·帕金森（Cyril Northcote Parkinson）是一位英國歷史學家，他提出現在稱為帕金森定律的管理現象。表述為「擴大工作以填補其完成可用的時間」，最初用在指稱和決策機構中官員人數高度相關的政府辦公效率。

20 至少我是如此，這種現象也稱為「學生症候群」（student syndrome，*https://oreil.ly/4Vpqb*）。

硬體變快的速度，追不上軟體變慢的速度，因為產品必須投資於更好的使用者體驗才能獲利。這包括更漂亮的作業系統、發光的圖示、複雜的動畫、網站上的高解析度影片，或者歸功於面部識別技術所帶來，能模仿您面部表情的奇特表情符號。對於客戶來說，這是一場永無止境的戰爭，它帶來更多複雜性，從而增加計算需求。

最重要的是，由於可以更佳存取電腦、伺服器、手機、物聯網設備和任何其他類型的電子產品，軟體會迅速民主化（democratization）。正如 Marc Andreessen 所言，「軟體正在吞噬世界」[21]。2019 年底開始的 COVID-19 大流行進一步加速數位化，因為基於網際網路的遠端服務成為現代社會的關鍵支柱，我們可能每天都有更多可用的計算能力，但更多的功能和使用者互動，會消耗這些能力並且需要更多。最後，我認為上述單一函數中過度使用的 1 MB，可能很快會成為這種規模的關鍵瓶頸。

如果這仍然讓人覺得充滿假設性，就看看您周圍的軟體吧。社群媒體中，僅 Facebook 每天就產生 4 PB [22] 的資料；線上搜尋導致 Google 每天處理 20 PB 的資料。然而，有人會說這些是罕見的、擁有數十億使用者的行星級系統。典型的開發人員不會有這樣的問題，對吧？但當我查看大多數共同建立或使用的軟體時，它們遲早也會遇到一些與大量資料使用相關的效能問題。例如：

- 一個用 React 編寫的 Prometheus UI 網頁，正在對數百萬個度量名稱執行搜尋，或試圖獲取數百 MB 的壓縮樣本，導致瀏覽器延遲和記憶體使用量爆炸式增長。

- 由於使用率較低，我們基礎架構中的單一 Kubernetes 叢集每天產生 0.5 TB 的日誌（其中大部分從未使用過）。

- 當文本超過 20,000 個單字時，我用來編寫本書的優秀語法檢查工具會進行過多網路呼叫，從而嚴重降低我的瀏覽器速度。

- 用於在 Markdown 中格式化說明文件和連結檢查的簡單腳本，需要幾分鐘來處理所有元素。

- Go 靜態分析工作和 linting 使用超過 4 GB 記憶體，並導致 CI 作業崩潰。

- 我的 IDE 過去花了 20 分鐘，來為 mono-repo 中的所有程式碼建立索引，儘管它是在一台頂級筆記型電腦上工作。

- 我還沒有編輯來自 GoPro 的 4K 超寬影片，因為軟體太慢了。

---

21 *https://oreil.ly/QUND4*
22 *PB 為拍位元組（petabyte），1 PB 等於 1,000 TB。假設一部 2 小時長的 4K 電影需要 100 GB，就表示可以用 1 PB 來儲存 10,000 部電影，相當於持續觀看大約兩到三年，（https://oreil.ly/oowCN）。*

我可以繼續舉例，但關鍵是我們生活在一個真正的「巨量資料」世界中，因此必須明智地優化記憶體和其他資源。

將來會更糟。我們的軟體和硬體必須處理以極快速度增長的資料，這比任何硬體開發都快，每秒傳輸速度高達 20 Gb 的 5G 網路即將問世，我們幾乎在購買的每一件商品導入微型電腦，例如電視、自行車、洗衣機、冰箱、檯燈，甚至除臭劑！這種進展稱為「物聯網」（Internet of Things, IoT）。據估計，這些設備的資料，將從 2019 年的 18.3 ZB 增長到 2025 年的 73.1 ZB[23]。產業可以生產 8K 電視，其渲染解析度為 7,680 × 4,320，因此大約有 3300 萬像素。如果您編寫過電腦遊戲，您可能會很能理解這個問題 —— 在具有身臨其境、高度破壞性環境的高度逼真遊戲中，以每秒 60 多幀的速度渲染如此多像素，需要大量有效率的工作。現代加密貨幣和區塊鏈演算法也對計算能源效率提出挑戰；例如，在其價值高峰期間的比特幣（Bitcoin）能源消耗，使用大約 130 太瓦時（Terawatt-hours）的能源，占全球電力消耗的 0.6%。

## 技術限制

最後一個重點是，硬體進步不夠快的背後原因，在於硬體進步於某些方面停滯不前，例如 CPU 速度（時脈速率）或記憶體存取速度。第 4 章將介紹這種情況下的一些挑戰，但我相信每個開發人員都應該意識到現在無法克服的基本技術限制。

讀一本在講效率，但沒有提到摩爾定律（Moore's Law）的書很奇怪，對吧？您可能之前就聽說過，它是在 1965 年，由 Intel 前執行長兼聯合創辦人 Gordon Moore 提出。

> 最低元件成本（電晶體的數量，每個晶片的最低製造成本）的複雜性，以每年大約兩倍的速度增加。從長遠來看，增長率有點不確定，儘管沒有理由相信，接下來的 10 年內它都不會變化。這意味著到 1975 年時，每個最低成本的積體電路元件數量，將達到 65,000 個。
>
> —Gordon E. Moore，「Cramming More Components onto Integrated Circuits」，
>
> *Electronics* 38（1965 年）

---

23　*https://oreil.ly/J1o6D*。1 澤位元組（zettabyte）是 100 萬 PB、10 億 TB。我想都不會想要嘗試把這麼多資料視覺化。:)

Moore 的觀察對半導體產業產生重大影響。但是，如果不是 Robert H. Dennard 和他的團隊，也無法有效減小電晶體尺寸。1974 年，他們的實驗表明功率使用和電晶體尺寸（恆定功率密度）成正比[24]，說明電晶體越小，功率效率會越高。最後，這兩條定律都認為電晶體的每瓦特增長會呈指數級增長，激勵投資者不斷研究和開發能夠減小 MOSFET[25] 電晶體尺寸的方法，還可以把它們安裝在更小、更密集的微晶片上，從而降低製造成本。產業不斷減少容納相同計算能力所需的空間量、增強任何晶片，從 CPU 到 RAM 和快閃記憶體，再到 GPS 接收器和高解析度相機感測器。

實際上，Moore 的預測並沒有像他所想的那樣持續 10 年，而是持續將近 60 年，並且仍然成立。我們繼續發明更小的微型電晶體，目前在 ~70 nm 左右振盪，也許還有可能更小。不幸的是，如圖 1-3 所示，2006 年[26] 左右達到了 Dennard 的規模的物理極限。

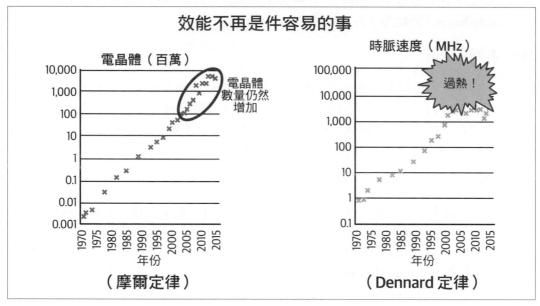

圖 1-3　圖片靈感來自 Emery Berger[27] 的「Performance Matters」：摩爾定律與 Dennard 定律

---

24　Robert H. Dennard et al., "Design of Ion-Implanted MOSFET's with Very Small Physical Dimension" *https://oreil.ly/OAGPC*，*IEEE Journal of Solid-State Circuits* 9, no. 5（October 1974）：256–268。

25　MOSFET（*https://oreil.ly/mhc5k*）代表「金屬 - 氧化物 - 半導體場效電晶體」（metal–oxide–semiconductor field-effect transistor），簡單來說，它是一個可以切換電子信號的絕緣柵極。1960 年至今生產的大多數儲存晶片和微處理器，都支援這種特殊技術，現已證實它具有高度可擴展性和小型化能力，是史上製造最頻繁的設備，從 1960 年至 2018 年生產了 130 垓（13 sextillion）件。

26　有趣的是，行銷原因讓公司決定把 CPU 世代的命名慣例，從電晶體閘長度更改為製程大小，以隱藏無法有效減小電晶體尺寸的情況。14 nm 世代的 CPU 仍然使用 70 nm 電晶體，類似於 10、7 和 5 nm 製程。

27　*https://oreil.ly/Tyfog*

---

雖然從技術層面來說，更高密度的微型電晶體功耗會保持不變，但這種密集的晶片會很快變熱。超過 3-4 GHz 的時脈速度，冷卻電晶體以讓它繼續執行，需要更多的功率和其他成本。因此，除非您計畫在海底執行軟體 [28]，否則您無法很快就獲得指令執行速度更快的 CPU，只能擁有更多核心。

## 執行速度越快，能源效率越高

所以，到目前為止我們學到了什麼？硬體速度受到限制，軟體越來越龐大，且還必須應付資料和使用者的持續增長。不幸的是，這樣還不夠，開發軟體時，我們往往會忘記一種重要的資源：電源，這之中過程的每一次計算都需要用電，它在手機、智慧型手錶、物聯網設備或筆記型電腦等許多平台上受到嚴重限制。和大家想的不一樣，能源效率和軟體速度以及效率之間存在很強的相關性，我在此推薦 Chandler Carruth 的演講，他把這之中的關係解釋得出乎意料之外的好：

> 如果您曾經閱讀過「能源效率指令」或「針對電源使用優化」，您應該會非常懷疑。…這都是垃圾科學（junk science，胡扯）。節省電池壽命的最主要理論和方式就是：完成程式執行。說真的，去睡覺吧！軟體執行得越快，消耗電量就越少。... 您今天可以獲得的每一個通用微處理器，其省電方式都是盡可能快速且頻繁的讓它自行關閉。
>
> —Chandler Carruth，「Efficiency with Algorithms, Performance with Data Structures」，CppCon 2014 年

總而言之，避免把硬體視為一種會持續更快、更便宜的資源，從而避免優化程式碼的常見陷阱。這真的是一個陷阱，這種斷掉的環節，使得工程師逐漸降低他們在效能上的程式設計標準，並且需求更多更快的硬體。更便宜、更容易獲得的硬體，會創造更多心智空間來跳過效率等問題。Apple 的 M1 矽晶片 [29]、RISC-V 標準 [30] 和更實用的量子計算設備等令人驚嘆的創新，前途無量。不幸的是，截至 2022 年，硬體的增長速度仍然低於軟體效率需求。

---

28 我不是在開玩笑。Microsoft 已經證明（*https://oreil.ly/nJzkN*）在水下 40 公尺處執行伺服器，對提高能源效率來說是個好主意。

29 M1 晶片（*https://oreil.ly/emDkc*）是一個關於取捨的有趣且絕佳例子了：選擇速度以及能源和效能的效率，而不是硬體擴展的彈性。

30 RISC-V 是指令集架構的開放標準，可以更輕鬆地製造相容的「精簡指令集電腦」（reduced instruction set computer）晶片。和通用 CPU 相比，這樣的指令集更簡單，並且允許使用更優化和專用的硬體。

**效率會改善可存取性和包容性**

在使用機器時，軟體開發人員經常被「寵壞」並脫離常見現實。通常情況下，工程師會在高端的筆記型電腦或移動設備上建立和測試軟體，但現實來說，許多人和組織使用的仍然是較舊的硬體或較差的網際網路連接方式 [31]，使用者可能不得不在速度較慢的電腦上執行您的應用程式。也因此，開發過程中，必須考慮效率以提高整體軟體可存取性（accessibility）和包容性（inclusiveness）。

## 以橫向擴展取代

正如前面幾節所言，誰都希望軟體遲早能處理更多資料。但您的專案不太可能從第一天起就擁有數十億使用者，所以開發週期開始時，應該務實地選擇低許多的目標使用者、運算或資料大小，來避免巨大的軟體複雜性和開發成本。例如，假設行動筆記應用程式會有較少的筆記數量，正在建構的代理器（proxy）中每秒請求會較少，或團隊正在處理的資料轉換器工具會有較小檔案，以簡化初始程式設計週期。簡化事情不是不行，不過在早期設計階段粗略預測效能需求也很重要。

同樣，找到軟體部署中長期的預期負載和使用情況也很重要。即使流量增加，也能保證達到類似效能等級的軟體設計會是*可擴展的*（*scalable*）。一般而言，在實務上實作可擴展性（scalability）非常困難且成本高昂。

> 即使一個系統今天能可靠地工作，也不意味著它將來一定如此。降級的一個常見原因是負載增加：也許系統已從 10,000 個並行（concurrent）使用者，增加到 100,000 個並行使用者，或者從 100 萬增加到 1000 萬；也許它正在處理比以前大上許多的資料量，可擴展性，是用來描述系統應對增加負載能力的術語。
>
> —Martin Kleppmann，*Designing Data-Intensive Applications*（O'Reilly，2017 年）

不可避免地，談論效率可能會觸及本書中的一些可擴展性主題。然而，出於本章的目的，軟體的可擴展性分為兩種類型，如圖 1-4 所示。

---

31 為確保開發人員理解並對連接速度較慢的使用者有所共鳴，Facebook 推出「2G 星期二」（*https://oreil.ly/fZSoQ*），在 Facebook 應用程式上開啟模擬 2G 網路的樣式。

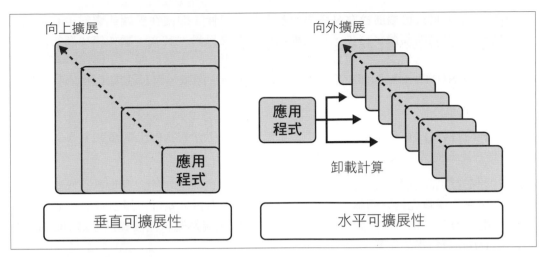

**圖 1-4　垂直與水平可擴展性**

## 垂直可擴展性

擴展應用程式的第一種,或可說是最簡單的方法,是在具有更多資源的硬體上執行軟體,也就是「垂直」可擴展性。例如,為軟體導入並行性以使用 3 個 CPU 核心而非 1 個。如果負載增加,就提供更多 CPU 核心。同樣的,如果程序是記憶體密集型,可能會提高執行需求,並需求更大 RAM 空間,任何其他資源,不管是磁碟、網路或電源都一樣。當然,這會造成一些後果,運氣好的話,您的目標機器上有那個空間,若是在雲端中執行時,騰出空間的方法是用其他程序重新安排到不同機器;若是在筆記型電腦或智慧型手機上執行時,則可以暫時關閉它們,這樣會很有用。但最慘的情況是,您可能需要購買更大的電腦,或者功能更強大的智慧型手機或筆記型電腦,這樣的選擇通常極為有限,特別是如果您為客戶提供在他們的非雲端機器執行的軟體。最後,資源匱乏的應用程式或只垂直擴展的網站,可用性會低許多。

如果您或您的客戶在雲端中執行您的軟體,情況會稍微好一些。您可以「只」購買更大的伺服器。截至 2022 年,您可以將 AWS 平台上的軟體擴展到 128 個 CPU 核心、近 4 TB 的記憶體和 14 GBps 的頻寬 [32]。真不行,您還可以購買具有 190 個核心和 40 TB 記憶體的 IBM 大型主機,而這需要不同的程式設計典範。

---

32　這個選項並沒有想像中昂貴。實例類型 x1e.32xlarge 每小時收費 26.60 美元 ( *https://oreil.ly/9fw5G* ),因此每個月「只需」19,418 美元。

不幸的是，垂直可擴展性在許多方面都有其局限性。即使在雲端或資料中心，我們也無法無限擴展硬體。首先，巨型機器既稀有又昂貴，其次，誠如第 4 章的內容，更大的機器會遇到由許多隱藏的單點故障，而引起的複雜問題，記憶體匯流排、網路介面、NUMA 節點和作業系統本身等部分可能會過載，而且速度太慢 [33]。

## 水平可擴展性

我們可能會嘗試在多個遠端、更小、更簡單且更便宜的設備上卸載和共享計算，而不是在更為龐大的機器上。例如：

- 要在行動訊息應用程式中搜尋包含「家」一詞的訊息，可以獲取數百萬則過去的訊息（或首先把它們儲存在本地端），並對每則訊息執行正規表示法（regex）匹配。或者，也可以設計一個 API 並遠端呼叫後端系統，把搜尋拆分為 100 個匹配 1/100 資料集的作業。

- 可以把不同功能配置給單獨元件，並轉向「微服務」設計，而不是建構「單體」（monolith）軟體。

- 不用在個人電腦或遊戲機上執行需要昂貴的 CPU 和 GPU 遊戲，可以在雲端中執行，並以高解析度來串流輸入和輸出。

水平可擴展性更容易使用，因為它的限制比較少，並且通常允許比較好的動態表現。例如，只有一家公司在使用軟體，表示晚上幾乎沒有使用者，而白天流量很大，運用水平可擴展性就可以輕鬆實現自動擴展，根據需求在幾秒鐘內向外擴展和收縮。

另一方面，水平可擴展性在軟體方面較難實作。分散式系統、網路影響和無法分片的難題，只占此類系統開發的眾多複雜問題一部分。這也是為什麼在某些情況下，還是必須堅持垂直可擴展性。

要衡量水平或是垂直可擴展性，可以參考這個過去的特定場景。許多現代資料庫依靠壓縮來有效地儲存和查找資料，在此過程可以重用許多索引、刪除重複資料、並把碎片片段蒐集到循序資料流中以加快讀取速度。Thanos 專案剛開始時，為了簡單起見而決定重用一個非常簡單的壓縮演算法，根據計算，理論上不需要在單一資料塊中平行執行壓縮過程。給定來自單一來源的 100 GB（或更多）最終會壓縮資料的穩定串流，可以只依賴

---

33 甚至硬體管理也必須因應機器擁有非常龐大的硬體而有所不同。這也是為什麼 Linux 核心具有特殊的 hugemem（*https://oreil.ly/tlWh3*）類型核心程式，它可以為 x86 系統管理多達 4 倍的記憶體，和大約 8 倍的邏輯核心。

單一 CPU、最小量的記憶體和一些磁碟空間。該實作最初非常幼稚且未優化,只是遵循 YAGNI 規則並避免過早優化樣式。我們希望避免在優化專案的可靠性和功能特性時所付出的複雜性和工作量,結果,部署專案的使用者很快就遇到壓縮問題:處理傳入資料的速度太慢,或者每個運算會消耗數百 GB 的記憶體。成本是首要問題,但真正的問題在於,許多 Thanos 使用者的資料中心沒有這麼大的機器,可以垂直擴展記憶體。

乍看之下,壓縮問題看起來像是可擴展性問題,壓縮過程依賴於無法無限累加的資源。由於使用者需要快速的解決方案,我們和社群集思廣益以尋找潛在的水平可擴展性技術,經討論後引入一個壓縮器排程器服務,該服務可以把壓縮作業指派給不同機器,或者使用流言協定(gossip protocol)的智慧型同儕(peer)網路。相關過程就不多說了,不過,這兩種解決方案都會增加巨大的複雜性,可能會使開發和執行整個系統的複雜性擴增二或三倍。幸運的是,勇敢且經驗豐富的開發人員花了幾天時間重新設計程式碼以提高效率和效能,它讓較新版本的 Thanos 以兩倍速度來壓縮,並直接從磁碟串流資料,從而盡可能地減少峰值記憶體消耗。幾年後,Thanos 專案除了簡單的分片(sharding)之外,仍然沒有使用任何複雜的水平可擴展性以壓縮,即使有成千上萬的成功使用者使用數十億度量來執行它。

現在回顧覺得很好笑,但從某些方面來說,這個故事還挺恐怖的。基於社會和客戶壓力,我們差點帶來巨大的分散式系統等級複雜性。開發很有趣,但它也可能冒著讓專案無法採用的風險。我們可能有一天會添加它,但要先確保沒有其他的效率優化要來壓縮。在我的職業生涯中,不論專案大小,類似的情況的開放原始碼和封閉原始碼都會重複出現。

 **過早的可擴展性,比過早效率優化更糟糕!**
在引入複雜的可擴展樣式之前,請務必考慮改善演算法和程式碼等級的效率。

正如「幸運的」Thanos 壓縮案例所呈現的那樣,如果不聚焦於軟體效率,很快就會被迫引入過早的水平可擴展性。這是一個巨大的陷阱,因為透過一些優化工作,就可以完全避免陷入可擴展性方法的複雜性;換句話說,規避複雜性會帶來更嚴重的複雜性。在我看來,這是產業中一個無人知曉但相當關鍵的問題,也是我寫這本書的主要原因之一。

複雜性來自這樣一個事實，也就是它必然會存在於某個地方。不想讓程式碼複雜化，所以必須讓系統複雜化，如果使用低效率元件來建構系統，則會浪費資源和大量開發人員或操作人員的時間。水平可擴展性尤其複雜。按照設計，它涉及網路運算，正如 CAP 定理 [34]，一旦開始分散程序，就不可避免地會遇到可用性或一致性問題。相信我，減輕這些基本限制、處理競爭條件以及理解網路延遲和不可預測性的世界，比添加小的效率優化，例如隱藏在 io.Reader 介面後面，還要難上 100 倍。

如果您認為本節僅涉及基礎架構系統，這並不正確，它適用於所有軟體。例如，如果您編寫前端軟體或動態網站，您可能會想要把小型客戶端計算移至後端。如果計算取決於負載並且超出使用者空間硬體能力，也只能這麼做。過早把它移至伺服器，可能會增加額外網路呼叫所帶來的複雜性、需要處理更多錯誤案例，以及導致阻斷服務（Denial of Service, DoS）的伺服器飽和 [35]。

另一個例子來自我個人經驗。我的碩士論文主題是「使用計算叢集的粒子引擎」。原則上，目標是在 Unity 引擎 [36] 中向 3D 遊戲添加粒子引擎，訣竅是粒子引擎不應該在客戶端機器上執行，而是把「昂貴」的計算卸載到我大學附近一台名為「Tryton」的超級電腦上 [37]。但您知道嗎？儘管 InfiniBand 網路速度超快 [38]，但我嘗試模擬的所有粒子，不管是真的下雨還是人群，在卸載到超級電腦時都慢上許多且顯得不太可靠；但在客戶端電腦上計算所有內容不僅沒那麼複雜，而且速度也比較快。

總而言之，當有人說「不要優化，我們只能水平擴展」時，不要馬上相信。通常在升級到可擴展性等級之前，提高效率這個方法會比較簡單且成本更低；另一方面，要學會判斷優化變得過於複雜且可擴展性可能是更好選擇的時機，第 3 章會解釋更多相關資訊。

---

34　CAP（*https://oreil.ly/EYqPI*）是一個核心系統設計原則，它的首字母縮寫來自 Consistency（一致性）、Availability（可用性）和 Partition tolerance（分區容錯性）。它定義了一個簡單規則，這三個中只有兩個會達成。

35　阻斷服務是一種讓系統無反應的系統狀態，通常是出於惡意攻擊。它也可能因意想不到的大負載而「意外」觸發。

36　*https://unity.com*

37　2015 年左右，它是波蘭最快的超級電腦，提供 1.41 PFlop/s 和超過 1,600 個節點，其中大部分裝備專用 GPU。

38　InfiniBand 是一種高效能網路通訊標準，在光纖發明之前尤其流行。

## 更為重要的上市時間

時間很寶貴，一方面是因為軟體開發人員的時間和專業知識成本很高，您希望應用程式或系統具有的功能越多，設計、實作、測試、保護和優化解決方案效能所需的時間就越多。另一方面，公司或個人交付產品及服務所花費的時間越多，他們的「上市時間」就會拖越久，而這可能會損害財務結果。

> 過去，時間就是金錢，但現在的它比金錢更有價值。麥肯錫（McKinsey）的一項研究報告指出，平均而言，公司在延遲 6 個月發貨時，會損失 33% 的稅後利潤，而在產品開發上超支 50% 時，會損失 3.5%。
>
> —Charles H. House 和 Raymond L. Price，「The Return Map: Tracking Product Teams」

這種影響很難衡量，但是「延遲」上市，產品就可能不再具有開創性，可能會錯失寶貴的機會，或無法即對針對競爭對手的新產品做出反應。這就是公司透過採用敏捷方法或概念驗證（proof of concept, POC），和最小可行產品（minimal viable product, MVP）樣式，以降低這種風險的原因。

敏捷和更小的迭代有幫助，但最終，為了達成更快的開發週期，公司也嘗試其他事情：例如僱用更多人、重新設計以擴展團隊、簡化產品、實施更多自動化或建立合作夥伴關係。有時甚至會試圖降低產品品質，如同 Facebook 在一開始最引以為豪的座右銘：「快速行動，打破陳規」（Move fast and break things）[39]，公司通常會在程式碼可維護性、可靠性和效率等領域降低軟體品質，以「擊敗」市場。

這就是我們最後的誤解所在。降低軟體效率以求爭取進入市場時機，並不總是個好主意。做決定前先知道後果總是件好事，先了解風險。

> 優化是一個困難且昂貴的過程。許多工程師都會爭辯，這個過程會延遲進入市場時機並降低利潤。這樣說可能正確，但它忽略了效能不佳產品相關的成本，尤其是在市場競爭激烈的情況下。
>
> —Randall Hyde，「The Fallacy of Premature Optimization」

臭蟲、安全性問題和效能不佳時有所聞，但它們可能會損害公司。事不宜遲，讓我們來看看波蘭最大遊戲發行商 CD Projekt 於 2020 年底發布的一款遊戲，眾所周知，*Cyberpunk 2077*[40] 是一個具有雄心壯志、開放世界、大規模和高品質的作品，行銷策略

---

39  有趣的是，馬克·佐伯格在 2014 年的 F8 會議上，宣布把著名的座右銘改為「使用穩定的基礎架構快速行動」（Move fast with stable infra）（*https://oreil.ly/Yt2VI*）。

40  *https://oreil.ly/ohJft*

正確、又來自一家聲譽良好的發行商，儘管有延遲，還是讓全世界興奮不已的玩家達到 800 萬份預購單。不幸的是，這款原本極為出色的遊戲於 2020 年 12 月發布時出現嚴重效能問題。它在所有控制台和大多數 PC 上都出現臭蟲、崩潰和低畫面更新率的情形；而且有人聲稱無法在 PS4 或 Xbox One 等一些較舊的遊戲機上玩這個遊戲。當然，它在接下來的幾個月和幾年裡，出現具有大量修復和重大改進的更新。

不幸的是為時已晚，傷害已經造成。這些問題對我來說感覺有些不費吹灰之力，但已足以動搖 CD Projekt 的財務前景。推出五天後，公司股價縮水 1/3，創辦人損失超過 10 億美元。數百萬玩家需求遊戲退款。投資者就遊戲問題控告 CD Projekt，著名的首席開發人員離開公司。也許出版商會倖存下來並恢復過來，但儘管如此，聲譽受損對這家公司未來生產的影響是可想而知。

更有經驗且成熟的組織，會非常了解軟體效能的關鍵價值，尤其是會直接面對客戶的組織。Amazon 發現，它的網站下載速度每慢一秒，每年就將損失 16 億美元；Amazon 報告更指出，100 毫秒的延遲會損失 1% 的利潤。Google 也意識到，把它們的網路搜尋從 400 毫秒減慢到 900 毫秒，會導致流量下降 20%。對於一些企業來說，情況更為糟糕，據估計，如果經紀商的電子交易平台比競爭對手慢 5 毫秒，它可能會損失 1% 的現金流，甚至更多；如果慢 10 毫秒，這個數字會增加到讓收入下降 10%。

實際上，對大多數軟體來說，毫秒級的緩慢可能並不重要。例如，假設實作一個從 PDF 到 DOCX 的檔案轉換器，整個體驗持續 4 秒還是 100 毫秒很重要嗎？在許多情況下顯然並非如此。然而，當有人把這個當作市場價值，而且競爭對手的產品有 200 毫秒延遲時，程式碼效率和速度會突然成為能否贏得客戶的關鍵，如果可以靠物理方式達成如此快速的檔案轉換，競爭對手遲早會嘗試。這也是為什麼這麼多專案都會對他們的效能結果大肆宣揚的原因，就連開源專案也不例外。雖然有時候這讓人感覺像是一種廉價的行銷技巧，但它之所以有效，也是因為如果有兩個具相似功能集和其他特性的解決方案，我們總會選擇比較快的那一個。不過，這不僅僅與速度有關，其中的資源消耗也很重要。

 **講到市場，效率往往比功能更重要！**

身為一個基礎架構系統顧問，我看過許多客戶放棄需要大量 RAM 或磁碟儲存的解決方案，即使這意味著會喪失一些功能[41]。

---

41 我在雲端原生世界中經常看到的一個例子，是把日誌堆疊從 Elasticsearch 轉移到更簡單的解決方案，如 Loki。儘管缺少可配置的索引，Loki 專案可以用較少資源，來提供較好的日誌讀取效能。

對我來說，事實真相很簡單。如果您想贏得市場，忽略軟體效率可能不是個最好的主意，不要等到最後一刻才開始優化。另一方面，上市時間分秒必爭，因此在軟體開發過程中，確保有足夠的效率工作也是至關重要，一種方法是儘早設定非功能性目標（第 85 頁「資源感知效率需求」）。本書重點聚焦在如何找到健康的平衡，並減少提高軟體效率所需的工作量，從而縮減時間。現在就來看看考慮軟體效能的實用方法為何。

# 實用程式碼效能的關鍵

第 3 頁「效能背後」解釋過效能分為準確性、速度和效率。如同前文所提，當我使用效率這個詞，自然代表有效率的資源消耗，也意味著程式碼的速度（延遲）。看待生產時的程式碼執行考量決策方式，背後隱藏的是一個實用的建議。

這裡的祕訣是不再執著於聚焦在程式碼的速度和延遲。一般而言，對於非專業化軟體來說，速度只是次要的；資源的浪費和不必要的消耗都是導致減速的原因。以低效率達成高速度所帶來的問題總是多於收益，因此，還是應該聚焦在效率，但可悲的是，它常常遭到忽視。

假設您想從 A 市渡河到另一頭的 B 市，可以開車經過橋快速抵達，但其實跳入水中，慢慢游過河才是最快的方式；因為有效率地完成慢動作，例如選擇更短路線仍然比較快。或者這麼說，要提高行駛效能並超越游泳的人，也可以選擇開一輛更快的汽車、改善路面減少阻力、甚至加裝火箭引擎等，沒錯，打敗游泳的人有很多可能的方法，但這些劇烈改變和減少工作量、租一艘船比起來，可能更為昂貴。

軟體也是類似的情況。假設演算法對儲存在磁碟上的某些單字執行搜尋功能，而且執行速度很慢。鑑於我們正在操作持久資料，資料存取通常是最耗時的操作，尤其是當演算法大量執行此操作時。不考慮效率，而能想辦法說服使用者以 SSD 而非 HDD 來儲存資料非常吸引人，這樣就有可能減少延遲多達 10 倍，可以透過增加等式中的速度元素來提高效能。相反的，如果能找到一種方法來增強目前的演算法，讓它只讀取幾次而不是一百萬次資料，就可以讓延遲降到最低，也就表示可以透過保持低成本，來獲得相同甚至更好的效果。

我的建議是，把心力集中花在效率上，而不僅僅是執行速度。這也是為什麼本書的標題是 *Efficient Go*，而不是 *Ultra Performance Go* 或 *Fastest Go Implementations* 這樣更籠統，也更吸引人 [42] 的主題。

---

42 還有一個原因。「Efficient Go」這個名字非常接近您所能找到關於 Go 程式語言的最佳說明文件之一：「Effective Go」（*https://oreil.ly/OHbMt*）！它可能是我讀到的關於 Go 的第一批資訊之一，具體且可操作，如果您還沒有讀過，我建議您試試。

這並不是說速度不重要，它很重要，正如您將在第 3 章中所了解到的那樣，您可以擁有效率較高但速度較慢的程式碼，反之亦然；有時這就是您需要做出的取捨。速度和效率皆不可或缺，兩者會相互影響。實際上，當程式在關鍵路徑上要做的工作比較少時，它很可能就會有較低的延遲。在 HDD 與 SDD 的範例中，更改為較快的磁碟，可能可以讓您刪除一些快取邏輯，從而提高效率：使用更少的記憶體和 CPU 時間。有時，還有另一種行得通的方法，正如第 16 頁「硬體正在變快變便宜」的內容，您的程序越快，消耗的能量就越少，從而也能提高電池效率。

我認為，提高效能時，通常應該先聚焦於提高效率，再聚焦於速度，這是第一步。正如第 369 頁「優化延遲」的內容，只有藉由改變效率，我才能把延遲減少 7 倍，而且只需要一個 CPU 核心。這可能讓您很訝異，有時在提高效率之後，您還達到了預期的延遲！讓我們進一步了解效率可能更高的原因：

### 讓有效率的軟體變慢要困難得多。

這類似於可讀性高的程式碼更容易優化的事實。然而，正如前文所提到，有效率的程式碼通常效能會更好，只是因為需要完成的工作更少。實際上，這也意味著緩慢的軟體通常效率低下。

### 更不穩定的速度。

正如第 247 頁「實驗的可靠性」的內容，軟體程序的延遲取決於大量外部因素。我們可以優化程式碼以在專用和隔離的環境中快速執行，但如果執行時間較長，速度可能會慢上許多。在某些時候，CPU 可能會因為伺服器的散熱問題而受到限制。其他程序，例如，定期備份可能會意外地讓您的主要軟體變慢，網路可能受到限制。只為了執行速度而設計程式時，會需要考慮大量隱藏的未知因素，這也是為什麼，效率通常是程式設計師最能控制的一點。

### 速度的可攜性降低。

如果只針對速度優化，就不能假設在應用程式從開發機器移動到伺服器，或在各種客戶端設備之間移動時，它還能一模一樣的運作。不同的硬體、環境和作業系統，會完全改變應用程式的延遲程度，這也是為什麼提高效率對設計軟體來說這麼重要。首先，會影響的東西更少；其次，如果您在開發人員機器上兩次呼叫資料庫，無論您是將之部署到太空站中的物聯網設備，還是基於 ARM 的大型主機上，都很可能有相同的呼叫次數。

一般而言，效率應該排在可讀性之後或與可讀性一起做的事情，軟體設計的一開始就應該納入考慮。排除極端狀況，健康的效率意識會帶來強固的開發體質，避免在後期開發階段難以改進的愚蠢效能錯誤。不但減低工作量，一般來說也會降低程式碼的整體複雜性，並提高程式碼的可維護性和可擴展性。

## 總結

我認為開發人員在開始開發過程時處處妥協是很常見的事，我們通常一開始，就承諾會在某些軟體品質上做出妥協，也經常接受要犧牲軟體的品質，例如效率、可讀性、可測試性等，以達成目標。

在本章中，我想鼓勵您以更具野心和貪婪的心態，追求軟體品質。堅持並盡量不要犧牲任何品質，除非真的沒有其他合理辦法可以達成所有目標而不得不這麼做為止。既然都要開始談判了，就不要預設會妥協，的確有些問題如果不簡化或妥協就很難解決，但絕大部分的問題都可以透過努力和適當工具來解決。

希望此時您已經意識到最好從早期開發階段就開始考慮效率問題，了解效能的背後含義，也了解到，許多誤解在適當的時候都值得挑戰。我們需要意識到過早悲觀和過早可擴展性的風險，就像需要考慮避免過早優化一樣。

最後，意識到效能方程式中的效率可能會帶來優勢，先提高效率再提高效能會更容易，它多次幫助我和我的學生有效地解決效能優化問題。

下一章將快速介紹 Go。知識是提高效率的關鍵，但如果無法精通自己所使用的程式語言基礎知識，一切就會更加困難。

# 第二章

# Go 的有效率介紹

Go 有效率、可擴展且生產力高。一些程式設計師會覺得用它工作很有趣；但也有人覺得它缺乏想像力，甚至無聊……。這並不自相矛盾，Go 旨在解決 Google 在軟體開發中面臨的問題，為此衍生出一種非突破性研究語言，但可用於建立大型軟體專案的優秀工具。

　　—Rob Pike，「Go at Google: Language Design in the Service of Software Engineering」

我是 Go 程式語言的超級粉絲，世界各地的開發人員能夠使用 Go 來達成事情的數量令人印象深刻。連續幾年，Go 一直位居世人喜愛或想學習的前 5 種語言之列，許多企業，包括大型的科技公司都在使用它，如 Apple、American Express、Cloudflare、Dell、Google、Netflix、Red Hat 和 Twitch 等。當然，和所有事物一樣，它並不完美，我可能會更改、刪除或添加一些東西到 Go 中，但如果您半夜叫醒我，要求我立刻編寫出可靠的後端程式碼，我會用 Go 來編寫。命令行介面？用 Go；快速、可靠的腳本？也是用 Go；身為菜鳥程式設計師該學習的第一門語言？Go；物聯網、機器人和微處理器的程式碼？答案還是 Go [1]。那基礎架構配置呢？截至 2022 年，我認為沒有比 Go [2] 更好的強固模板工具了。

---

1　可以用來在小型裝置上編寫 Go 的新工具框架正在出現，例如 GoBot（*https://gobot.io*）和 TinyGo（*https://tinygo.org*）。

2　這是一個爭議性話題。在基礎架構產業中，HCL、Terraform、Go 模板（Helm）、Jsonnet、Starlark 和 Cue 等語言，哪種比較適合用於以程式碼配置引起不少爭論；2018 年，我們甚至開源一個用 Go 來編寫配置的工具，「mimic」（*https://oreil.ly/FNjYD*）。可以說，反對在 Go 中編寫配置最有力的論點，是覺得它太像「程式設計」，並且需要系統管理員的程式設計技能。

不要誤會，有些語言具有優於 Go 的專門功能或生態系統。例如，想想圖形化使用者介面（graphical user interface, GUI）、遊戲產業的進階渲染部分或在瀏覽器中執行的程式碼 [3]。然而，一旦您意識到 Go 語言的諸多優勢，就很難再回到其他語言了。

第 1 章花了一些篇幅為軟體建立效率意識，以了解最終目標是以最少的開發工作量和成本，來編寫有效率的程式碼。本章將解釋 Go 程式語言是達成效能和其他軟體品質之間平衡可靠選擇的原因。

從第 36 頁「您應該知道關於 Go 的基礎知識」開始，到第 54 頁「進階語言元素」，這兩部分會列出每個人都應該了解關於 Go 簡短但基本的事實，我真希望自己在 2014 年 Go 之旅開始前就知道這些事了。這些部分會涵蓋的不只有關於效率的基本資訊，而且也可以用來當作 Go 的介紹。然而，就算您是這門語言的新手，我還是建議您閱讀這些部分，然後查看總結中所提到的其他資源，也許先用 Go 來編寫您的第一個程式再回到本書。另一方面，如果您認為自己是更進階的使用者或專家，我建議您不要跳過本章，我會解釋一些關於 Go 鮮為人知的事實，您可能會覺得有趣或有爭議，但沒關係，每個人都可以有自己的意見！

最後要提的是，第 66 頁「Go『快』嗎？」會回答關於 Go 整體效率能力的棘手問題，並與其他語言相比。

# 您應該知道關於 Go 的基礎知識

Go 是一個開源專案，由 Google 以一個名為「Go 團隊」的分散式團隊維護，該專案由程式語言規範、編譯器、工具、說明文件和標準程式庫組成。

以下事實和最佳實務能以快轉速度了解 Go 的基礎知識以及特性。雖然這裡的一些建議可能會讓人覺得自以為是，但這是基於我自 2014 年以來使用 Go 的經驗，當中也充滿了意外，曾犯過的錯和艱難教訓。我在這裡分享，好讓您不用再犯一樣的錯。

## 命令式、編譯式和靜態型別語言

Go 專案的核心部分是同名的通用語言，主要用於系統程式設計。正如範例 2-1 所示，Go 是一種命令式語言，因此某種程度上，我們可以控制事物的執行方式。此外，它是靜態型別和編譯式的，這意味著編譯器可以在程式執行之前進行許多優化和檢查。光是這些特性，就是 Go 適合用於編寫可靠和有效率程式的良好開端。

---

3　WebAssembly 旨在漸漸改變這一點（*https://oreil.ly/rZqtp*）。

範例 2-1　列印「*Hello World*」並退出的簡單程式

```go
package main

import "fmt"

func main() {
    fmt.Println("Hello World!")
}
```

專案和語言都稱為「Go」,但有時可以稱為「Golang」。

 *Go 與 Golang*

照經驗,任何情況下都應該使用「Go」這個名稱,除非當下意思是英文
單字 *go*,或指的是「圍棋」(Go)這個古老遊戲時。「Golang」來自領域
選擇[4],因為無法用 Go 作為網址名稱,只能用 Golang;因此,在網路上
搜尋有關該程式語言的資源時,請使用「Golang」。

Go 也有它的吉祥物,即「Go 地鼠」(Go gopher)[5],這隻可愛的地鼠以各種形式在各種
情況和組合中出現,例如會議演講、部落格文章或專案徽標;有時,Go 開發人員也可
稱為「gophers」!

## 旨在改進嚴肅的程式碼庫

這一切都始於 2007 年左右,Google 3 位經驗豐富的程式設計師勾勒出 Go 語言的構想:

*Rob Pike*

UTF-8 和 Plan 9 作業系統的共同建立者。在 Go 之前已合著有許多程式語言,例如
用於編寫分散式系統的 Limbo,和用於在圖形化使用者介面中編寫並行應用程式的
Newsqueak。兩者都受到 Hoare 通訊循序程序(Communicating Sequential Process,
CSP)的啟發[6]。

---

4　*https://golang.org*

5　*https://oreil.ly/SbxVX*

6　CSP 是一種形式化語言,可以描述並行系統中的互動。由 C.A.R. Hoare 在 Communications of the ACM
　　(1978 年)中提出,是 Go 語言並行系統的靈感來源。

*Robert Griesemer*

在其他作品之外，Griesemer 開發了 Sawzall 語言，並與 Niklaus Wirth 一起獲得博士學位。第 19 頁「硬體變快的速度，追不上軟體變慢的速度」中引用的「A Plea for Lean Software」，就是出自這位 Niklaus。

*Ken Thompson*

第一個 Unix 系統的原作者之一，`grep` 命令行工具程式的唯一建立者。Ken 與 Rob Pike 共同建立 UTF-8 和 Plan 9，他也寫了幾種語言，例如 Bon 和 B 程式語言。

這 3 位旨在建立一種新的程式語言，力求改進當時以 C++、Java 和 Python 為首的主流程式設計。一年後成為一項全職專案，就是之後的 Go 團隊，並加入了 Ian Taylor 和 Russ Cox。2009 年，Go 團隊宣布公共 Go 專案，並於 2012 年 3 月發布 1.0 版本。

在 Go 的設計中提到與 C++ 相關的主要挫折[7]是：

- 複雜性，做同一件事的方法很多，功能太多
- 超長的編譯時間，尤其對於較大的程式碼庫來說
- 大型專案的更新和重構成本
- 不易使用且記憶體模型容易出錯

這些元素是 Go 誕生的原因，源於對現有解決方案的挫敗感，以及希望藉由些許改變看到效果的這種雄心。指導原則是創造一種不會為了減少重複而犧牲安全性的語言，也要讓程式碼更簡單；它不會為了更快編譯或直譯而犧牲執行效率，同時確保建構時間足夠快。Go 會試圖盡快地編譯，這點要感謝外顯式匯入[8]的使用，特別是在預設啟用快取的情況下，只會編譯更改過的程式碼，因此建構時間很少超過 1 分鐘。

可以把 *Go* 程式碼視為腳本！

雖然技術上而言，Go 是一種編譯語言，但您可以像執行 JavaScript、Shell 或 Python 一樣執行它。它簡單到只要呼叫 `go run <executable package> <flags>`。因為編譯速度超快，所以運作得當，可以把它視為腳本語言，同時又保持編譯優勢。

---

7　類似的挫敗感促使 Google 的另一個團隊在 2022 年建立另一種語言：Carbon（*https://oreil.ly/ijFPA*）。Carbon 看起來很有前途，但它的目標和 Go 不同。從設計上講，它更注重效率，並專注於熟悉 C++ 概念和交互操作性，它採用情況值得期待！

8　*https://oreil.ly/qxuUS*

---

在語法方面，Go 的特性是簡單、關鍵字少且令人熟悉。它的語法基本於具有型別衍生（type derivation）的 C（自動型別偵測，如 C++ 中的 auto），並且沒有前向宣告，沒有標頭檔案。概念間維持正交（orthogonal），這樣可以更容易地組合和推理它們。元素的正交性，意味著可以為任何型別或資料的定義來添加方法；介面也與型別正交。

## 由 Google 管理，但開源

自從宣布 Go 以來，所有開發都在開源中完成，有公共郵件討論群和臭蟲追蹤器。可更改公共的、權威的原始碼，這些原始碼可根據 BSD 樣式的授權而持有。Go 團隊會審查所有貢獻，無論更改或想法是否來自 Google，皆藉由相同的過程，專案路線圖和提案也經過公開制定。

不幸的是，儘管仍有許多開源專案，但有些專案不如其他專案開放。Google 仍然是唯一一家管理 Go 的公司，並對它擁有最後的決定性控制權。即使任何人都可以修改、使用和貢獻，但由單一供應商協調的專案也會冒著自私和破壞性決策的風險，例如重新授權或阻止某些功能。雖然在一些有爭議的情況下，Go 團隊的決定讓社群感到驚訝[9]，但整體而言，該專案管理非常合理；無數的改變是來自 Google 之外，而 Go 2.0 草案的提案過程也相當尊重這些社群的推動。最後，我相信 Go 團隊的一致性決策和管理也會帶來很多好處。衝突和不同觀點仍以然不可避免，但有了一致性概述之後，即使不完美，也都比沒有決策或用多種方法來做同一件事來得好。

到目前為止，這個專案設定在採用和語言穩定性方面已證實效果良好；對於軟體的效率目標，這種一致性是再好不過了。我們有一家大公司（Google）投資，以確保每個版本都不會帶來任何效能降低。有一些 Google 內部軟體依賴於 Go，例如 Google 雲端平台（Google Cloud Platform）[10]，而許多人依賴它的可靠性。另一方面，也有一個龐大的 Go 社群，可以提供回饋、發現錯誤並提供想法和優化。如果這還不夠，我們有開放原始碼，允許普通開發人員如我們深入研究實際的 Go 程式庫、執行時期（第 58 頁）等，以了解特定程式碼的效能特徵。

---

9　　一個值得注意的例子是依賴項管理工作背後的爭議（*https://oreil.ly/3gB9m*）。

10　*https://oreil.ly/vjyOc*

## 最重要的簡單、安全和可讀性

Robert Griesemer 在 GopherCon 2015 中提到，首先，當他們第一次開始建構 Go 時，他們知道哪些事情不可以做。主要指導原則是簡單、安全和可讀性；換句話說，Go 遵循「少即是多」守則，這是一個適用許多領域的成語。對 Go 來說，只有一種慣用的編碼風格[11]，而名為 gofmt 的工具就可以確保大致遵守，尤其程式設計師很少會解決程式碼格式的問題，可能僅次於命名。我們花時間爭論編碼風格，並根據特定需求和信念調整。由於工具強制下而得到的單一樣式，讓我們節省大量時間。正如 Go 諺語之一[12]，「Gofmt 的風格沒有人喜歡，但 gofmt 是所有人的最愛。」整體而言，Go 的作者計畫語言是最小的，基本上會有一種方法來編寫特定結構，如一種處理錯誤的方法、一種編寫物件的方法、一種並行執行事物的方法等；在編寫程式時，這能減少很多決策過程。

Go 可能「缺少」大量功能，但可以說它比 C 或 C++ 更具表達力[13]。這種極簡主義允許 Go 程式碼保持簡單性和可讀性，從而提高軟體的可靠性、安全性，並實現應用程式目標的整體速度。

> **我的程式碼是慣用的嗎？**
>
> 慣用一詞在 Go 社群中已遭濫用。通常，它表示「經常」使用的 Go 樣式，但由於 Go 的採用率大幅增長，許多人以各種創造性方式改進最初的「慣用」風格，如今，已很難說清楚何者慣用，何者非慣用。
>
> 這就像曼達洛人（*Mandalorian*）系列中的「This is the way」，說出「這段程式碼是慣用的」會讓人更有信心。所以結論是要小心使用這個詞，最好避免使用，除非您能詳細說出某些樣式更好的原因[14]。

有趣的是，「少即是多」的成語也可以讓我們更有效率達到本書目標。正如第 1 章所言，如果您在執行時做較少的工作，通常也就意味著執行速度會比較快、執行更精簡且程式碼更簡單。本書會嘗試在提高程式碼效能的同時，也保持這個層面。

---

11 當然，在不同地方也有一些不一致之處；這也是為什麼社群建立更嚴格的排版器（*https://oreil.ly/RKUme*）、linters（*https://oreil.ly/VnQSC*）或風格指南（*https://oreil.ly/ETWSq*）。然而，標準工具已經夠好了，每個 Go 程式碼庫都可以使用。

12 *https://oreil.ly/ua2G8*

13 *https://oreil.ly/CPkvV*

14 *https://oreil.ly/dAAKz*

---

# 封裝和模組

Go 原始碼組織至用來代表套件或模組的目錄中。套件（package）是同一目錄中的原始檔（帶有 *.go* 字尾）集合。套件名稱在每個原始檔的頂部用 `package` 敘述來指定，如範例 2-1 所示。同一目錄中的所有檔案必須具有相同的套件名稱[15]（但可以和目錄名稱不同）。多個套件可以是單一 Go 模組（module）的一部分，模組是一個包含 *go.mod* 檔案的目錄，該檔案會聲明所有依賴模組，以及它在建構 Go 應用程式時所需的版本，依賴項管理工具 Go Modules[16] 隨後會使用這個檔案，模組中的每個原始檔都可以從同樣的或外部模組匯入套件。一些套件也是「可執行的」，例如，如果一個套件名稱為 `main`，並且在某個檔案中有 `func main()`，就可以執行；有時這樣的套件會放在 *cmd* 目錄中以利於發現。請注意，您不能匯入可執行套件，只能建構或執行它。

在套件內，您可以決定要把哪些函數、型別、介面和方法匯出給套件使用者，又有哪些只能在套件作用域（scope）內存取。這很重要，因為最好要匯出盡可能少的 API 以獲得可讀性、可重用性和可靠性。Go 對此沒有任何 private 或 public 關鍵字，相反的，它採用了一種頗為新穎的方法，如範例 2-2 所示，如果構造名稱以大寫字母開頭，則套件外的任何程式碼都可以使用它；如果元素名稱以小寫字母開頭，則為私有。值得注意的是，這種樣式同樣適用於所有構造，例如函數、型別、介面、變數等（正交性）。

範例 2-2　使用命名的大小寫，來建構可存取性控制

```
package main

const privateConst = 1
const PublicConst = 2

var privateVar int
var PublicVar int

func privateFunc() {}
func PublicFunc()  {}

type privateStruct struct {
    privateField int
    PublicField  int ❶
}

func (privateStruct) privateMethod() {}
```

---

15　有一個例外：必須以 *_test.go* 結尾的單元測試檔案。這些檔案可以具有相同的套件名稱或 `<package_name>_test` 名稱，以模擬套件的外部使用者。

16　*https://oreil.ly/z5GqG*

```
func (privateStruct) PublicMethod()  {} ❶

type PublicStruct struct {
    privateField int
    PublicField  int
}

func (PublicStruct) privateMethod() {}
func (PublicStruct) PublicMethod()  {} ❶

type privateInterface interface {
    privateMethod()
    PublicMethod() ❶
}

type PublicInterface interface {
    privateMethod()
    PublicMethod()
}
```

❶ 細心的讀者可能會注意到在私有型別或 interface 上匯出欄位或方法的棘手案例。
如果 struct 或 interface 是私有的，套件外的人可以使用它們嗎？這很少發生，但
答案是肯定的，您可以在公共函數中傳回私有的 interface 或型別，例如 func New()
privateStruct { return privateStruct{}}。儘管 privateStruct 是私有的，但套件使
用者可以存取其所有公共欄位和方法。

內部套件

可以根據需求來命名和建構程式碼目錄，以形成套件，但有一個目錄名稱
是為特殊涵義保留的。如果要確保只有給定的套件才能匯入其他套件，
可以建立一個名為 internal 的套件子目錄。祖先以外的任何套件，以及
internal 中的其他套件，都不能匯入 internal 目錄下的任何套件。

## 預設情況下的依賴項透明度

根據我的經驗，匯入預編譯程式庫（例如 C++、C# 或 Java），並使用從某些標頭檔案匯
出的函數和類別很常見。然而，匯入編譯後的程式碼有一些好處：

- 它讓工程師無須費力編譯特定程式碼，亦即查找和下載依賴項的正確版本、特殊編
  譯工具或額外資源。

- 在不公開原始碼和擔心客戶複製具有業務價值程式碼的情況下，銷售這樣一個預建構的程式庫可能更為容易[17]。

原則上，這應該會運作良好。程式庫的開發人員會維護特定的程式設計合約（API），而此程式庫的使用者不需去擔心實作的複雜性。

不幸的是，現實生活很少如此完美。實作可能會失敗或效率低下，介面可能會產生誤導，說明文件可能會遺失。在這種情況下，存取原始碼將非常寶貴，它讓我們能夠更深入地理解實作，可以根據具體的原始碼來發現問題，而不用猜測，甚至可以提出對程式庫的修復或分叉套件，並立即使用它，也可以淬取所需的部分，並使用它們來建構其他東西。

Go 透過需求使用稱為「匯入路徑」（import path）套件 URI，來外顯式地匯入每個程式庫的部分（在 Go 中稱為「模組的套件」），以承擔這種缺陷。這種匯入也受到嚴格控制，亦即未使用的匯入或循環依賴會導致編譯錯誤。範例 2-3 宣告這些匯入的不同方法。

範例 2-3　來自 *main.go* 檔案中 *github.com/prometheus/Prometheus* 模組的部分 *import* 敘述

```
import (
    «context» ❶
    «net/http»
    _ «net/http/pprof» ❷

    "github.com/oklog/run" ❸
    "github.com/prometheus/common/version"
    "go.uber.org/atomic"

    "github.com/prometheus/prometheus/config" ❹
    promruntime "github.com/prometheus/prometheus/pkg/runtime"
    "github.com/prometheus/prometheus/scrape"
    "github.com/prometheus/prometheus/storage"
    "github.com/prometheus/prometheus/storage/remote"
    "github.com/prometheus/prometheus/tsdb"
    "github.com/prometheus/prometheus/util/strutil"
    "github.com/prometheus/prometheus/web"
)
```

---

17　在實務上，無論如何，您都可以從編譯過的二進位檔（binary）中快速獲取 C++ 或 Go 程式碼（即使已經弄亂），尤其在沒有從除錯符號中剝離二進位檔的情況下。

❶ 如果匯入宣告沒有帶有路徑結構的領域，則表示匯入了「標準」[18] 程式庫中的套件。這個特殊的匯入，允許我們使用來自 $(go env GOROOT)/src/context/ 目錄的程式碼，和 context 參照，例如 context.Background()。

❷ 可以在沒有任何識別碼（identifier）的情況下，外顯式地匯入套件。我們不想參照這個套件中的任何構造，但希望初始化一些全域變數。在此案例中，pprof 套件會把除錯端點添加到全域 HTTP 伺服器路由器。雖然這是可允許的，但在實務上應該避免重用全域的、可修改的變數。

❸ 可以使用網域名稱形式的匯入路徑，以及指向特定模組中的套件的可選路徑，來匯入非標準套件。例如，Go 工具和 https://github.com 整合地不錯，因此如果把 Go 程式碼託管在 Git 儲存庫中，它會找到指定套件。在此案例中，就是 https://github.com/oklog/run Git 儲存庫，其中包含在 github.com/oklog/run 模組中的 run 套件。

❹ 如果套件取自目前模組（如本例的模組：github.com/prometheus/Prometheus），套件會從您的本地端目錄解析，如範例中的 <module root>/config。

此模型側重於開放和明確定義的依賴項，與開源發布模型配合得相當不錯，社群可以在公共 Git 儲存庫中協作開發強大的套件。當然，也可以使用標準的版本控制身分驗證協定（version control authentication protocol），來隱藏模組或套件。此外，官方工具不支援以二進位檔形式來發布套件，因此強烈建議要呈現依賴項原始碼，以作為編譯之用。

軟體依賴性的挑戰並不容易解決。Go 從 C++ 和其他語言的錯誤中吸取教訓，採取謹慎的方法來避免編譯時間過長，以及一般稱為「依賴項地獄」的後果。

> 透過標準程式庫的設計，在控制依賴項上花了很大功夫。複製一點程式碼比為一個函數引入一個大程式庫來得好（如果出現新的核心依賴項，系統建構中的測試會抱怨。）。依賴項衛生勝過程式碼重用，這在實務上的一個例子是（低階）網路套件有它自己的整數到小數轉換常式，以避免依賴於更大和重度依賴項的格式化 I/O 套件。另一個是字串轉換套件 strconv 有一個「可列印」字元定義的私有實作，而不是引入大型 Unicode 字元類別表；strconv 遵循 Unicode 標準已透過套件的測試得到驗證。
>
> ——Rob Pike，「Go at Google: Language Design in the Service of Software Engineering」

---

18 標準程式庫，指的是和 Go 語言工具及執行時期程式碼一起提供的套件，通常只提供成熟核心功能，因為 Go 有很強的相容性保證。Go 還維護一個實驗性的 golang.org/x/exp（*https://oreil.ly/KBTwn*）模組，其中包含有用的程式碼，它們必須得到認可，才能升級到標準程式庫。

同樣的，在考慮效率時，依賴項和透明度的潛在極簡主義會帶來極大價值，更少的未知數意味著可以快速偵測主要瓶頸，並首先聚焦於最重要的價值優化。如果注意到依賴項有潛在的優化空間，就不需要解決它，而是傾向直接向上游貢獻修復，這對雙方都有幫助！

## 一致的工具

從一開始，Go 就擁有一套強大且一致的工具作為其命令行介面工具的一部分，稱為 go，以下列舉一些工具程式：

- go bug 會開啟一個新的瀏覽器標籤，其中包含可以提交官方錯誤報告的正確位置（GitHub 上的 Go 儲存庫）。

- go build -o <output path> <packages> 會建構給定的 Go 套件。

- go env 會顯示目前在終端機通訊期（session）中設定所有和 Go 相關的環境變數。

- go fmt <file, packages or directories> 會將給定的工件格式化成想要的風格、清除空白、修正錯誤的縮排等等。請注意，原始碼甚至不需要是有效和可編譯的 Go 程式碼，您也可以安裝擴充的官方格式化程式。

- goimports[19] 也會清理並格式化您的 import 敘述。

 為了獲得最佳體驗，請將您的程式設計 IDE 設定為在每個檔案上執行 goimports -w $FILE，這樣就不用再擔心手動縮排了！

- go get <package@version> 允許您安裝預期版本的所需依賴項。可以使用 @latest 字尾來獲取最新版本的 @none 以卸載依賴項。

- go help <command/topic> 會列印有關命令或給定主題的說明文件，例如，go help environment 會告訴您所有關於 Go 可能會使用的環境變數。

- go install <package> 類似於 go get，而且如果給定的套件是「可執行的」，則安裝二進位檔。

- go list 會列出 Go 的套件和模組。它允許使用 Go 模板（稍後解釋）來進行靈活的輸出格式化，例如 go list -mod=readonly -m -f '{{ if and (not .Indirect) (not .Main)}}}}{{.Path}}{{ end}}' all 會列出所有直接的不可執行的依賴模組。

---

19 *https://oreil.ly/6fDcy*

- `go mod` 允許管理依賴模組。

- `go test` 允許執行單元測試、模糊測試和基準測試,第 8 章將詳細討論後者。

- `go tool` 擁有十幾個更進階的 CLI 工具。可見第 318 頁「pprof 格式」中的 `go tool pprof`,以進行效能優化。

- `go vet` 會執行基本的靜態分析檢查。

大多數時候,Go CLI 能夠滿足 Go 程式設計所需要的全部內容。[20]

## 處理錯誤的單一方式

錯誤是每個執行軟體不可避免的一部分,尤其分散式系統中,它們是設計中所預期,並具有先進研究和演算法來處理不同類型的故障。[21] 儘管需要錯誤,但大多數程式語言並不推薦或強制去執行特定的故障處理方式,例如,在 C++ 中,程式設計師會使用所有可能的方法,從函數傳回錯誤:

- 例外情況(exception)

- 整數傳回碼(如果傳回值非零,則表示錯誤)

- 內隱式狀態碼 [22]

- 其他哨兵值(如果傳回值為 null,則為錯誤)

- 按引數傳回潛在錯誤

- 客製化錯誤類別

- 單子(monad)[23]

---

20　雖然 Go 每天都在改進,但有時您可以自己添加更進階的工具,如 goimports（*https://oreil.ly/pS9MI*）或 bingo（*https://oreil.ly/mkjO2*）,以進一步改善開發體驗。在某些領域,Go 無法讓人隨心所欲,並且受到穩定性保證的限制。

21　CAP 定理（*https://oreil.ly/HyBdB*）提到一個認真對待失敗的極好例子。它指出您只能從 3 個系統特徵中選擇兩個:一致性（consistency）、可用性（availability）和分區（partition）。一旦發布系統,就必須處理網路劃分（通訊故障）。作為一種錯誤處理機制,您可以把系統設計為等待（失去可用性）或對部分資料操作（失去一致性）。

22　bash 有很多錯誤處理方法（*https://oreil.ly/Tij9n*）,但預設的是內隱式。程式設計師可以選擇列印或檢查 ${?},它包含在任何給定行之前所執行的最後一個命令退出碼（exit code）。退出碼 0 代表命令已執行且沒有任何問題。

23　原則上,單子是一個物件,它可以選擇性地保存一些值,例如,某個帶有方法 Get() 和 IsEmpty() 的物件 Option<Type>。此外,「錯誤單子」（error monad）是一個 Option 物件,如果未設定它的值（有時稱為 Result<Type>）,它會保存錯誤。

每個選項都有其優缺點，但處理錯誤的方法太多這一事實可能會導致嚴重的問題，它可能會隱藏某些敘述也許會傳回錯誤的事實，從而導致意外、引入複雜性，而讓軟體顯得不可靠。

不用說，這麼多選項的用意是好的，為開發人員提供了選擇。也許您建立的軟體為非關鍵性，或者是在第一次迭代，所以您想把「快樂路徑」弄得一清二楚。在這種情況下，掩蓋一些「壞路徑」聽起來像是一個不錯的立期性想法，對吧？不幸的是，和許多捷徑一樣，它會帶來許多危險。軟體的複雜性和對功能的需求，導致程式碼永遠不會超出「第一次迭代」，非關鍵程式碼很快就會成為關鍵程式碼的依賴項。這是造成軟體不可靠或難以除錯的最重要原因之一。

Go 採取一條獨特的路徑，藉由把錯誤視為頭等公民（first-citizen）語言功能。它假設我們想要編寫可靠的軟體，讓錯誤處理在程式庫和介面之間可以明確、簡單和統一；請見範例 2-4。

範例 2-4　具有不同傳回引數的多個函數簽名

```go
func noErrCanHappen() int { ❶
  // ...
  return 204
}

func doOrErr() error { ❷
  // ...
  if shouldFail() {
    return errors.New("ups, XYZ failed")
  }
  return nil
}

func intOrErr() (int, error) { ❸
  // ...
  if shouldFail() {
    return 0, errors.New("ups, XYZ2 failed")
  }
  return noErrCanHappen(), nil
}
```

❶ 這裡的關鍵層面是函數和方法會把錯誤流定義為其簽名的一部分。在這種情況下，noErrCanHappen 函數會指稱在其呼叫期間不可能發生任何錯誤。

❷ 透過查看 doOrErr 函數的簽名，我們知道可能會發生一些錯誤，但還不知道是什麼類型的錯誤，只知道它正在實作一個內建的 error 介面。也可以知道如果錯誤為空（nil），則代表沒有錯誤。

❸ Go 函數可以傳回多個引數的這一事實，在計算「快樂路徑」中的某些結果時得到了利用。如果錯誤可能發生，它應該會是最後一個傳回引數（總是）。從呼叫方來看，如果錯誤為空，應該只要碰觸結果就好。

值得注意的是，Go 有一個稱為 panics 的異常機制，可以使用 recover() 內建函數來恢復。雖然它在某些情況下是有用或必要的（例如，初始化），但在實務上，您永遠不應該在生產程式碼中使用 panics 來進行常規錯誤處理。它們效率較低、隱藏故障、並且整體上會令程式設計師感到驚訝。把錯誤作為呼叫的一部分，允許編譯器和程式設計師為正常執行路徑中的錯誤情況做好準備。範例 2-5 說明如果錯誤發生在函數執行路徑中，該如何處理。

範例 2-5　檢查和處理錯誤

```
import "github.com/efficientgo/core/errors" ❶

func main() {
    ret := noErrCanHappen()
    if err := nestedDoOrErr(); err != nil { ❷
        // handle error
    }
    ret2, err := intOrErr()
    if err != nil {
        // handle error
    }
    // ...
}

func nestedDoOrErr() error {
    // ...
    if err := doOrErr(); err != nil {
        return errors.Wrap(err, "do") ❸
    }
    return nil
}
```

❶ 請注意，這裡沒有匯入內建的 errors 套件，而是使用開源的替代品 github.com/efficientgo/core/errors.core 模組。這是我推薦用來代替 errors 套件，以及流行但已封存的 github.com/pkg/errors 替代品。它允許更進階的邏輯，例如❸所見的包裝錯誤。

❷ 要判斷是否發生錯誤，需要檢查 err 變數是否為空。如果真的有錯誤，可以進行錯誤處理，通常這代表記錄、退出程式、遞增度量，甚至明確地忽略它。

❸ 有時，適合把錯誤處理委託給呼叫者。例如，如果該函數可能是因許多錯誤而失敗，請考慮使用 errors.Wrap 函數對其包裝，以添加有關錯誤內容的簡短上下文，例如在 github.com/efficientgo/core/errors 中，會有上下文和堆疊追蹤（stack trace），如果稍後使用 %+v，將能渲染（render）它們。

### 如何包裝錯誤？

請注意，我建議使用 errors.Wrap 或 errors.Wrapf 而不是內建的用來包裝錯誤的方法。Go 為了那些可以傳遞錯誤的 fmt.Errors 類型函數，定義了 %w 識別碼，但目前我不推薦，因為它不像 Wrap 那樣型別安全且明確，而在過去曾導致嚴重的錯誤。

定義錯誤和處理錯誤的單一方法是 Go 最好的特性之一。有趣的是，由於冗長和涉及某些樣板（boilerplate），這也是語言的缺點之一。它有時可能會讓人覺得重複，但一些工具可以讓您緩解樣板的問題。

一些 Go IDE 定義了程式碼模板。例如，在 JetBrain 的 GoLand 產品中，鍵入 err 並按 Tab 鍵，會產生有效的 if err != nil 敘述。您還可以折疊或展開錯誤處理區塊，以提高可讀性。

另一個常見的抱怨是，編寫 Go 會讓人感覺非常「悲觀」，因為那些可能永遠不會發生的錯誤卻總是顯而易見。程式設計師必須在每一步都決定要如何處理它們，這相當耗費腦力和時間。然而，根據我的經驗，這項工作很值得，而且可以讓程式更易於預測和除錯。

### 永遠不要忽略錯誤！

由於錯誤處理的冗長，很容易跳過 err != nil 檢查。除非您知道一個函數永遠不會傳回錯誤，就連在未來的版本中也是如此，否則請不要有這樣做的念頭。如果您不知道如何處理錯誤，請考慮預設把它傳遞給呼叫者；如果您必須忽略該錯誤，請考慮使用 _ = 語法來明確地執行此動作。此外，一定要使用 linters，它會警告您某些未檢查到的錯誤。

錯誤處理對一般 Go 程式碼執行時期的效率有什麼影響嗎？有！不幸的是，它比一般開發人員預期的還重要得多。根據我的經驗，錯誤路徑通常比正常路徑慢一個數量級，而且執行起來成本更高。原因之一是我們傾向於在監控或基準測試步驟中，不去忽略錯誤流（第 100 頁「效率感知開發流程」）。

另一個常見的原因是，錯誤的構造通常涉及大量字串運算來建立人類可讀的訊息。因此，它可能代價高昂，尤其是對於冗長的除錯標籤而言，本書後面章節會提及；理解這些涵義並確保一致和有效率的錯誤，處理對於任何軟體來說都是必不可少的，本書後面章節也會再詳細介紹。

## 強大的生態系統

Go 的一個普遍的優點是它的生態系統對於這樣一種「年輕」語言來說非常成熟。雖然本節中列出的專案對於紮實的程式設計習慣不具強制性，但它們改善了整個開發體驗，這也是 Go 社群如此龐大且仍在增長的原因。

首先，Go 允許程式設計師專注於業務邏輯，而不必為 YAML 解碼或加密雜湊（hash）演算法等基本功能重新實作或匯入第三方程式庫。Go 標準程式庫品質高、強固、超級向後相容且功能豐富。它們經過良好的基準測試，具有可靠的 API 和清楚說明文件，因此可以在不匯入外部套件的情況下達成大部分目標。例如，執行 HTTP 伺服器非常簡單，如範例 2-6 所示。

範例 *2-6  服務 HTTP 請求的最少程式碼* [24]

```
package main

import "net/http"

func handle(w http.ResponseWriter, _ *http.Request) {
    w.Write([]byte("It kind of works!"))
}

func main() {
    http.ListenAndServe(":8080", http.HandlerFunc(handle))
}
```

---

24 不建議把此類程式碼用於生產，但唯一需要更改的是避免使用全域變數並檢查所有錯誤。

在大多數情況下，標準程式庫的效率夠好，甚至優於第三方替代方案，尤其是套件的較低階元素、用於 HTTP 客戶端和伺服器程式碼的 net/http、或 crypto、math 和 sort 部分（以及更多！）都具有大量優化以服務於大多數使用案例。這允許開發人員在上面建構更複雜的程式碼，而不必擔心 sorting 的效能等基礎知識。然而，情況並非總是如此。有些程式庫是為特定用途而設計的，濫用它們可能會導致嚴重的資源浪費，第 11 章將中介紹所有需要注意事項。

這種成熟生態系統的另一個亮點是一個基本的、官方的瀏覽器內（in-browser）Go 編輯器：Go Playground[25]。如果您想快速測試某些東西或分享互動式程式碼範例，這是一個很棒的工具。它也很容易擴充，因此社群經常發布 Go Playground 的變體來嘗試和分享之前的實驗性語言特性，例如泛型（generic）[26]，現在已是主要語言的一部分，可見第 62 頁。

最後要提的是，Go 專案定義了它的模板語言：Go 模板（Go template）。在某種程度上，它類似於 Python 的 Jinja2 語言。雖然這聽起來像是 Go 的一個附帶功能，但它在任何動態文本或 HTML 產生中都是有益的，它也經常用於 Helm 或 Hugo 等流行工具中。

## 未使用的匯入或變數導致建構錯誤

如果您在 Go 中定義了一個變數，但從未對它讀取任何值或不把它傳遞給另一個函數，編譯會失敗。同樣的，如果您把套件添加到 import 敘述，但不在您的檔案中使用該套件，它也會失敗。

我看到 Go 開發人員已經習慣了這個特性並且喜歡它，但它會讓新手感到驚訝。如果您想快速使用該語言，例如建立一些變數而不把它用於除錯目的，則在未使用的構造上出現失敗可能會令人沮喪。

但是，有一些方法可以外顯式地處理這些情況！範例 2-7 將示範一些用法檢查。

範例 2-7　未使用和已使用變數的各種範例

```
package main

func use(_ int) {}

func main() {
    var a int // 錯誤：a 宣告但未使用 ❶
```

---

25　*https://oreil.ly/9Os3y*
26　*https://oreil.ly/f0qpm*

```
    b := 1 // 錯誤：b 宣告但未使用 ❶

    var c int
    d := c // 錯誤：d 宣告但未使用 ❶

    e := 1
    use(e) ❷

    f := 1
    _ = f ❸
}
```

❶ 變數 a、b、c 沒有使用,所以導致編譯錯誤。

❷ 使用變數 e。

❸ 變數 f 在技術上用於外顯式無識別碼(_)。如果您明確地想要告訴讀者和編譯器您想要忽略該值,這種方法就很有用。

同樣的,未使用的匯入會讓編譯過程失敗,因此像 goimports 這樣的工具(第 45 頁「一致的工具」)會自動刪除未使用的匯入。未使用的變數和匯入失敗能有效確保程式碼保持清晰並相關,請注意,只會檢查內部函數變數,不會檢查未使用的 struct 欄位、方法或型別等元素。

## 單元測試和表測試

測試是每個應用程式的強制性部分,無論程式大小。在 Go 中,測試是開發過程中自然而然的一部分,易於編寫,並聚焦於簡單性和可讀性。如果想談論有效率的程式碼,需要進行可靠的測試,以迭代程式而不用擔心迴歸(regression)。添加一個帶有 _test.go 字尾的檔案,在套件中為程式碼引入單元測試,您可以在該檔案中編寫任何 Go 程式碼,而生產程式碼無法存取這些程式碼。但是,您可以添加 4 種類型的函數,由不同測試部分來呼叫,特定的簽名可以用來區分這些類型,特別是函數名稱字首:Test、Fuzz、Example 或 Benchmark,以及特定的引數。

請見範例 2-8 中的單元測試類型。為了更有趣,這是一個表格測試(table test),範例和基準會於第 54 頁「作為頭等公民的程式碼說明文件」,和第 261 頁「微觀基準測試」中解釋。

範例 2-8　範例單元表測試

```go
package max

import (
    "math"
    "testing"
    "github.com/efficientgo/core/testutil"
)

func TestMax(t *testing.T) {     ❶
    for _, tcase := range []struct {     ❷
        a, b     int
        expected int
    }{
        {a: 0, b: 0, expected: 0},
        {a: -1, b: 0, expected: 0},
        {a: 1, b: 0, expected: 1},
        {a: 0, b: -1, expected: 0},
        {a: 0, b: 1, expected: 1},
        {a: math.MinInt64, b: math.MaxInt64, expected: math.MaxInt64},
    } {
        t.Run(«», func(t *testing.T) {     ❸
            testutil.Equals(t, tcase.expected, max(tcase.a, tcase.b))     ❹
        })
    }
}
```

❶ 如果 _test.go 檔案中的函數以 Test 單字來命名，並且恰好接受 t *testing.T 引數，
   則可認為是「單元測試」。您可以透過 go test 命令來執行。

❷ 通常，我們希望使用定義不同輸入和預期輸出的多個測試使用案例（通常是邊緣使
   用案例）來測試特定功能。這是我會建議使用表測試的地方。首先，定義您的輸入
   和輸出，然後在易於閱讀的迴圈中執行相同的函數。

❸ 或者，您可以呼叫 t.Run，它允許您指明子測試。在像表測試這樣的動態測試使用案
   例上定義它們是一個很好的實務作法，它會讓您能夠快速導航到失敗案例。

❹ Go 的 testing.T 型別提供一些有用的方法，例如 Fail 或 Fatal 會中止，並讓單元測
   試失敗，或 Error 會繼續執行並檢查其他潛在錯誤。在範例中，我建議使用來自我
   們開源核心庫 [27] 一個名為 testutil.Equals 的簡單幫手，它可以提供您一個很好的不
   同選擇 [28]。

---

27　*https://oreil.ly/yAit9*
28　這種斷言（assertion）樣式在其他第三方程式庫中也很典型，例如流行的 testify 套件（*https://oreil.ly/I47fD*）。但是，我並不喜歡 testify 套件，因為有太多做法可以做這件事。

經常編寫測試。這可能會讓您感到驚訝，但是預先為關鍵部分編寫單元測試，可以幫助您更快實作所需功能。這也是為什麼我建議遵循某種合理形式的測試驅動開發（test-driven development），可見第 100 頁「效率感知開發流程」。

在轉向更進階的功能之前，這些資訊應該讓您對語言目標、優勢和功能有大概的了解。

# 進階語言元素

現在來討論 Go 更進階功能。和上一節中提到的基礎知識類似，在討論效率改進之前先概述核心語言功能至關重要。

## 作為頭等公民的程式碼說明文件

每個專案在某些時候都需要可靠的 API 說明文件。對於程式庫類型的專案，程式設計式的 API 是主要入口點，具有良好描述的強固介面，允許開發人員隱藏複雜性、帶來價值並避免意外。程式碼介面的概述對於應用程式也必不可少，它可以讓任何人快速理解程式碼庫。在其他專案中重用應用程式的 Go 套件也很常見。

Go 專案沒有依賴社群來建立許多可能分散且不相容的解決方案，而是從一開始就開發了一個名為 godoc [29] 的工具，類似於 Python 的 Docstring [30] 和 Java 的 Javadoc [31]。godoc 直接從程式碼及其註解產生一個一致性的說明文件 HTML 網站。

令人驚奇的是，沒有很多會直接降低原始碼中註解可讀性的特殊慣例。要有效地使用這個工具，需要記住 5 個規則，可見範例 2-9 和 2-10；呼叫 godoc [32] 時所產生的 HTML 頁面則如圖 2-1 所示。

範例 2-9 帶有 godoc 相容說明文件的 block.go 檔案範例片段

```
// 套件區塊包含和在 Thanos 的上下文中 TSDB 區塊互動的通用功能。
package block ❶

import ...

const (
    // MetaFilename 是元資訊的已知 JSON 檔案名。 ❷
    MetaFilename = "meta.json"
```

---

29  *https://oreil.ly/TQXxv*
30  *https://oreil.ly/UdkzS*
31  *https://oreil.ly/wlWGT*
32  *https://oreil.ly/EYJlx*

```
)

// 下載下載目錄 ...  ❷
// BUG(bwplotka)：沒有已知的錯誤，但如果有的話，會在此處列出。❸
func Download(ctx context.Context, id ulid.ULID, dst string) error {
// ...

// cleanUp 清理部分上傳的檔案。❹
func cleanUp(ctx context.Context, id ulid.ULID) error {
// ...
```

❶ 規則 1：可選的套件等級描述必須放在 package 條目的頂部，中間沒有空行，並且以 Package ＜名稱＞字首開頭。如果有任何原始檔包含這些條目，godoc 會蒐集起來；如果有很多檔案，慣例是讓 *doc.go* 檔案只包含套件等級說明文件、套件宣告，但沒有其他程式碼。

❷ 規則 2：任何公共結構都應該有一個完整的句子註解，從結構名稱開始（重要！）就在它的定義之前。

❸ 規則 3：可以使用 // BUG(who) 敘述來提及已知錯誤。

❹ 私有的構造可以有註解，但也因為私有，所以它們永遠不會暴露在說明文件中。保持一致並也用結構名稱來開頭，以提高可讀性。

範例 *2-10* 帶有 *godoc* 相容說明文件的 *block_test.go* 檔案範例片段

```
package block_test

import ...

func ExampleDownload() { ❶
    // ...

    // Output: ...  ❷
}
```

❶ 規則 4：如果您在測試檔案中編寫名為 Example<ConstructName> 的函數，例如 block_test.go，godoc 將產生一個包含所需範例的互動式程式碼區塊。請注意，套件名稱也必須有一個 _test 字尾，代表這是一個本地端測試套件，此套件會在不存取私有欄位的情況下測試該套件。由於範例是單元測試的一部分，它們會主動得到執行和編譯。

❷ 規則 5．如果範例的最後一個註解以 // Output: 開頭，則其後的字串將在範例後的標準輸出中斷言，從而使範例保持可靠。

我強烈建議堅持這 5 個簡單的規則。不僅是因為您可以手動地執行 godoc 並產生說明文件網頁，而且還有額外好處，這些規則會讓您的 Go 程式碼註解結構化且一致。每個人都會知道要如何閱讀它們，也知道要去哪裡可以找到它們。

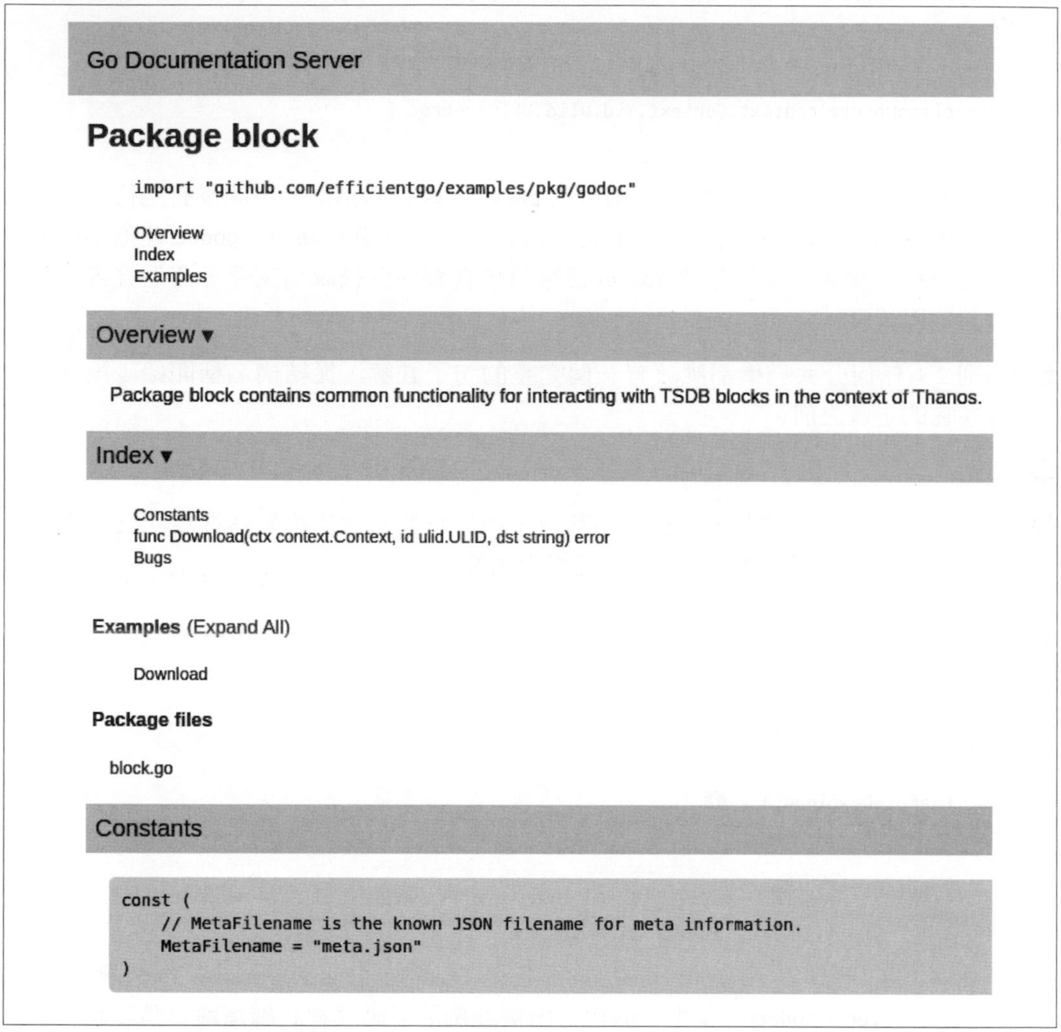

Go Documentation Server

# Package block

```
import "github.com/efficientgo/examples/pkg/godoc"
```

Overview
Index
Examples

## Overview ▼

Package block contains common functionality for interacting with TSDB blocks in the context of Thanos.

## Index ▼

Constants
func Download(ctx context.Context, id ulid.ULID, dst string) error
Bugs

**Examples** (Expand All)

Download

**Package files**

block.go

## Constants

```
const (
    // MetaFilename is the known JSON filename for meta information.
    MetaFilename = "meta.json"
)
```

圖 2-1　範例 2-9 和 2-10 的 godoc 輸出

我建議在所有註解中使用完整的英文句子，即使不會出現在 godoc 中，它
會幫助您保持程式碼註解不言自明且明確；畢竟，註解是讓人閱讀的。

此外，Go 團隊維護著一個公共說明文件網站[33]，可以免費抓取所有需求的公共儲存庫。
因此，如果您的公共程式碼儲存庫和 godoc 相容，將能正確地呈現，並且使用者可以閱
讀每個模組或套件版本的自動產生說明文件。

## 向後相容性和可攜性

Go 非常重視向後相容性（backward compatibility）承諾。這意味著核心 API、程式庫和
語言規範永遠不會破壞為了 Go 1.0[34] 建立的舊程式碼。事實證明這樣運作得當，把 Go
升級到最新的次要版本或補丁版本非常值得信賴。在大多數情況下，升級都很順利，不
會有重大錯誤和意外。

關於效率相容性，很難給出任何保證。（通常）無法保證現在會執行兩次記憶體配置的
函數，不會在下一版本的 Go 專案和任何程式庫中執行數百次配置。版本之間在效率和
速度特性方面存在著驚喜，社群正在努力改進編譯和語言執行時期（更多內容參見第
58 頁「Go 執行時期」和第 4 章）。由於硬體和作業系統也在開發，Go 團隊正在嘗試不
同的優化和功能，讓每個程式都能更有效率地執行。當然，這裡不會談論主要的效能迴
歸，因為這通常會在發布候選期間引人注意並修復。然而，如果希望軟體從容地快速且
有效率，則需要更加警惕並了解 Go 引入的變化。

原始碼編譯成針對每個平台的二進位程式碼。然而，Go 工具允許跨平台編譯，因此您
可以為幾乎所有架構和作業系統建構二進位檔。

當您執行為不同作業系統（OS）或架構編譯的 Go 二進位檔時，它
可能會傳回神祕的錯誤訊息。例如，當您嘗試在 Linux 上執行 Darwin
（macOS）二進位檔時，容易出現 Exec 格式錯誤。如果是這樣，則必須
為正確的架構和作業系統重新編譯原始碼。

關於可攜性，我們不能不提 Go 執行時期及其特性。

---

33  *https://pkg.go.dev*
34  *https://oreil.ly/YOKfu*

# Go 執行時期

許多語言決定透過使用虛擬機器來解決跨不同硬體和作業系統的可攜性（portability）問題。典型範例是用於 Java 位元組碼（bytecode）相容語言，例如 Java 或 Scala 的 Java 虛擬機器（Java Virtual Machine, JVM）[35]；和用於 .NET 程式碼的 Common Language Runtime（CLR）[36]，例如 C#。這樣的虛擬機器允許建構語言，而不必擔心複雜的記憶體管理邏輯，如配置、釋放，硬體和作業系統之間的差異等。JVM 或 CLR 會直譯（interpret）中間位元組碼，並把程式指令傳輸到主機。不幸的是，雖然它們讓建立程式語言變得更容易，但也引入一些開銷和許多未知數。[37] 為了減輕開銷，虛擬機器通常會使用複雜的優化，例如即時（just-in-time, JIT）編譯會將特定虛擬機器位元組碼區塊，以動態方式處理為機器碼。

Go 不需要任何「虛擬機器」，其程式碼和使用的程式庫在編譯期間會完全編譯成機器碼（machine code）。多虧大型作業系統和硬體的標準程式庫支援，如果針對特定架構來編譯程式碼，將可以毫無問題地執行。

然而，當程式啟動時，某些東西正在後台（同時）執行，是 Go 的執行時期邏輯（除了 Go 其他次要功能外）在負責記憶體和並行管理。

# 物件導向程式設計

毫無疑問的，物件導向程式設計（object-oriented programming, OOP）在過去幾十年吸引眾人目光，它由 Alan Kay 於 1967 年左右發明，至今仍是程式設計中最流行的典範 [38]。OOP 讓我們得以利用封裝（encapsulation）、抽象化（abstraction）、多型（polymorphism）和繼承（inheritance）等進階概念 [39]。原則上，它允許我們把程式碼視為一些具有屬性（在 Go 為欄位）和行為（方法）的物件，這些物件會告訴彼此要做什麼。大多數 OOP 範例談論的是高階抽象化，例如揭露 Walk() 方法的動物，或允許 Ride() 的汽車，但在實務上，物件通常不那麼抽象，但仍然是有用、已封裝且以類別來描述。Go 中沒有類別，但有等效的 struct 型別，範例 2-11 顯示如何在 Go 中編寫 OOP 程式碼，以把多個區塊物件壓縮為一個。

---

35  *https://oreil.ly/fhOmL*

36  *https://oreil.ly/StGbU*

37  由於程式，例如 Java 會編譯為 Java 位元組碼，因此在把程式碼轉換為實際的機器可理解程式碼之前會發生許多事情。這個過程非常複雜，普通人無法理解，故建立起機器學習「AI」工具（https://oreil.ly/baNvh）來自動調整 JVM。

38  2020 年的一項調查顯示（*https://oreil.ly/WrtCH*），在最常使用的 10 種程式語言中，Java 和 C# 這 2 種會強制進行物件導向程式設計，另有 6 種則鼓勵使用它，其他 2 種則沒有實作 OOP。對於必須在資料結構或函數之間包含大於 3 個變數的上下文演算法，我個人還是傾向物件導向程式設計。

39  *https://oreil.ly/8hA0u*

---

範例 2-11　*Go* 中的 *OOP* 範例，使用行為類似於 *Block* 的 *Group*

```go
type Block struct { ❶
    id          uuid.UUID
    start, end time.Time
    // ...
}

func (b Block) Duration() time.Duration { ❶
    return b.end.Sub(b.start)
}

type Group struct {
    Block ❷

    children []uuid.UUID
}

func (g *Group) Merge(b Block) { ❸
    if g.end.IsZero() || g.end.Before(b.end) {
        g.end = b.end
    }
    if g.start.IsZero() || g.start.After(b.start) {
        g.start = b.start
    }
    g.children = append(g.children, b.id)
}

func Compact(blocks ...Block) Block {
    sort.Sort(sortable(blocks)) ❹

    g := &Group{}
    g.id = uuid.New()
    for _, b := range blocks {
        g.Merge(b)
    }
    return g.Block ❺
}
```

❶ 如同 C++，Go 的結構和類別之間沒有區分。在 Go 中，除了 integer、string 等基本型別之外，還有一種 struct 型別具有方法（行為）和欄位（屬性）。可以使用結構作為 class 的等效物，將更複雜的邏輯封裝（*encapsulate*）在更直接的介面下。例如，Block 中的 Duration() 方法能知道該區塊所覆蓋範圍內的持續時間。

❷ 如果把一些結構添加到另一個結構，例如將 Block 添加到 Group，但沒有任何名稱，則這樣的 Block struct 會認定是嵌入的（embedding），而不是一個欄位。嵌入將允許 Go 開發人員借用結構欄位和方法，以繼承（*inheritance*）最有價值的部分。在這種情況下，Group 將具有 Block 欄位和 Duration 方法，就可以在生產程式碼庫中重用大量程式碼。

❸ 您可以在 Go 中定義兩種類型的方法：例如在 Duration() 方法中使用「值接收器」（value receiver），或使用帶有 * 的「指標接收器」（pointer receiver）。所謂接收器，指的是 func 後面的變數，代表要添加方法的型別，以此例來說就是 Group。第 171 頁「值、指標和記憶體區塊」會提到這一點，但該使用哪一個？規則其實很簡單：

- 如果您的方法不會修改 Group 的狀態，請使用值接收器（沒有 func (g Group) SomeMethod()）。對值接收器來說，每次呼叫它時，g 都會建立 Group 物件的本地端副本，等同於 func SomeMethod(g Group)。

- 如果您的方法旨在修改本地端接收器的狀態，或有任何其他方法這樣做時，請使用指標接收器，例如，func (g *Group) SomeMethod()。它等同於 func SomeMethod(g *Group)。在我們的範例中，如果 Group.Merge() 方法是一個值接收器，將不會保留 g.childen 的更改，或可能注入 g.start 和 g.end 的值。此外，為了保持一致性，如果至少有一個需要指標，則建議使用具有所有指標接收器方法的型別。

❹ 為了把多個區塊壓縮在一起，演算法需要一個排序的區塊列表。可以使用標準程式庫 sort.Sort[40]，它需要 sort.Interface 介面。[]Block 切片不會實作這個介面，因此可以把它轉換為臨時的 sortable 型別，如範例 2-13 中所述。

❺ 這是真正繼承的唯一缺失元素。Go 不允許把特定型別轉換為另一種型別，除非它是別名或嚴格的單結構嵌入（如範例 2-13）。之後，您只能把介面轉換為某種型別，這也是為什麼我們需要明確指明嵌入的 struct 和 Block。因此，Go 通常認定為是一種不支援完全繼承的語言。

範例 2-11 告訴我們什麼？首先，Group 型別可以重用 Block 的功能性，如果操作正確，就可以像使用任何其他 Block 一樣來使用 Group。

---

40  *https://oreil.ly/N6ZWS*

嵌入多種型別

您可以在一個 struct 中嵌入任意數量的獨特結構。

這些結構沒有優先等級,如果編譯器因為兩個嵌入型別具有相同的
SomeMethod() 方法而無法判斷該使用哪個方法,編譯將會失敗。在這種情
況下,就使用型別名稱來明確地告訴編譯器應該使用的方法。

如範例 2-11 中所述,Go 還允許定義介面來告知 struct 必須實作哪些方法才能匹配它。
請注意,無須像在 Java 等其他語言中那樣外顯式地標記實作特定介面的特定結構,只需
實作所需方法就夠了。請見範例 2-12 中標準程式庫揭露的排序介面範例。

### 範例 2-12  來自標準 *sort Go* 程式庫的排序介面

```
// 一個滿足 sort.Interface 的型別,通常是一個集合,可以
// 依此套件中的常式來排序。這些方法需求
// 集合的元素由整數索引來列舉。
type Interface interface {
    // Len 是集合中元素的數量。
    Len() int
    // Less 會報告索引為 i 的元素是否
    // 應該排在索引為 j 的元素之前。
    Less(i, j int) bool
    // Swap 會交換索引為 i 和 j 之元素。
    Swap(i, j int)
}
```

要在 sort.Sort 函數中使用我們的型別,必須實作所有的 sort.Interface 方法。範例
2-13 說明如何使用 sortable 型別。

### 範例 2-13  可以使用 *sort.Slice* 排序的型別範例

```
type sortable []Block ❶

func (s sortable) Len() int           { return len(s) }
func (s sortable) Less(i, j int) bool { return s[i].start.Before(s[j].start) } ❷
func (s sortable) Swap(i, j int)      { s[i], s[j] = s[j], s[i] }

var _ sort.Interface = sortable{} ❸
```

❶ 可以嵌入另一種型別,例如,Block 元素的切片(slice)以作為 sortable 結構中唯
一的東西。這允許在 []Block 和 sortable 之間簡單但外顯式的轉換,如同範例 2-11
Compact 方法。

❷ 可以透過使用 time.Time.Before(...)[41] 方法來增加 start 時間以排序。

❸ 可以使用這個單行敘述來斷言 sortable 型別實作了 sort.Interface，否則編譯就會失敗。我建議只要您想確保您的型別在未來與特定介面保持相容，就使用這樣的敘述！

總而言之，struct 方法、欄位和介面，是編寫程序性可組合和物件導向程式碼一種優秀而簡單的方法。根據我的經驗，最終它可以滿足軟體開發過程中的低階和進階程式設計需求。雖然 Go 不支援所有繼承層面（型別到型別轉換），但它足以滿足幾乎所有 OOP 情況。

## 泛型

從 1.18 版本開始，Go 支援泛型（generic）[42]，這是社群最需要的功能之一。泛型，也稱為參數多型性（parametric polymorphism）[43]，允許以對型別安全的方式，來實作希望跨不同型別重用的功能。

由於兩個主要問題，Go 中對泛型的需求在 Go 團隊和社群中引發相當大的討論：

### 做同一件事的兩種方法

從一開始，Go 就已經透過介面來支援對型別安全的可重用程式碼。您可以在前面的 OOP 範例中看到，所有實作 sort.Interface 的型別都可以重用 sort.Sort[44]，如範例 2-12 所示。透過實作範例 2-13 中的那些方法，可以對客製化的 Block 型別排序。添加泛型意味著在很多情況下有兩種做事方法。

但是，interfaces 對於程式碼的使用者來說可能更麻煩，而且有時會因為一些執行時期的開銷而變慢。

### 額外負擔

實作泛型會對語言產生許多負面影響。根據實作不同，可能會有不同的影響，例如：

---

41 *https://oreil.ly/GQ2Ru*
42 *https://oreil.ly/qYyuQ*
43 *https://oreil.ly/UIUAg*
44 *https://oreil.ly/X2NxR*

---

- 可以像在 C 中一樣不要實作它們，這會減慢程式設計師的速度。

- 可以使用單型化（monomorphization）[45]，它本質上是複製每一種會用到的型別的程式碼，而這會影響編譯時間和二進位檔大小。

- 可以像在 Java 中一樣使用裝箱（boxing），這和 Go 介面實作非常相似。在這種情況下，會影響執行時間或記憶體使用。

一般的困境如下：您寧可要慢速的程式設計師、慢速的編譯器和臃腫的二進位檔，還是慢速的執行時間？

—Russ Cox，「The Generic Dilemma」

經過多次提議和辯論，終於得到最終且極為詳細的設計。最初我也非常懷疑，但事實證明，可接受的泛型用途明確且合理的。到目前為止，社群也沒有像人們擔心的那樣搶先一步濫用這些機制，而是傾向於只在需要時才使用泛型，因為它會使程式碼更難以維護。

例如，我們可以為所有基本型別編寫泛型的排序，如 int、float64 甚至 strings，見範例 2-14 所示。

範例 2-14　用於基本型別的泛型排序範例實作

```go
// import «golang.org/x/exp/constraints» ❶

type genericSortableBasic[T constraints.Ordered] []T ❶

func (s genericSortableBasic[T]) Len() int           { return len(s) }
func (s genericSortableBasic[T]) Less(i, j int) bool { return s[i] < s[j] } ❷
func (s genericSortableBasic[T]) Swap(i, j int)      { s[i], s[j] = s[j], s[i] }

func genericSortBasic[T constraints.Ordered](slice []T) { ❸
    sort.Sort(genericSortableBasic[T](slice))
}

func Example() {
    toSort := []int{-20, 1, 10, 20}
    sort.Ints(toSort) ❹

    toSort2 := []int{-20, 1, 10, 20}
    genericSortBasic[int](toSort2) ❹
    // ...
}
```

---

45　*https://oreil.ly/B062N*

❶ 多虧泛型（也稱為型別參數），可以實作一個型別，而該型別會為所有基本型別實作 sort.Interface（參見範例 2-13）。也可以提供看起來很像介面的客製化限制，以限制可以用作型別參數的型別。這裡使用一個代表 Integer | Float | ~string 限制的型別，所以任何支援比較運算子的型別都可以。可以放置任何其他介面，例如 any 來匹配所有型別，還可以使用一個特殊的 comparable 關鍵字，它允許我們把 T comparable 的物件當作是 map 的鍵值。

❷ s 切片的任何元素現在都應該是具有 Ordered 限制的 T 型別，因此編譯器將允許我們可以比較它們，以獲得 Less 功能。

❸ 現在可以為任何基本型別實作會利用 sort.Sort 實作的排序函數。

❹ 不需要實作特定於型別的函數，如 sort.Ints。可以使用 genericSortBasic[<type>]([]<type>)，只要切片是可以排序的型別！

這樣很好，但它只適用於基本型別。不幸的是，現在（還）不能在 Go 中覆寫像 < 這樣的運算子，所以要為更複雜的型別實作泛型的排序，必須做更多工作。例如，可以把排序設計為期望每個型別都會實作 func <typeA> Compare(<typeA>) int 方法[46]。如果把此方法添加到範例 2-11 中的 Block，可以輕鬆地對它排序，如範例 2-15 所示。

範例 2-15　某些型別的物件泛型排序範例實作

```
type Comparable[T any] interface { ❶
    Compare(T) int
}

type genericSortable[T Comparable[T]] []T ❷

func (s genericSortable[T]) Len() int        { return len(s) }
func (s genericSortable[T]) Less(i, j int) bool { return s[i].Compare(s[j]) > 0 } ❷
func (s genericSortable[T]) Swap(i, j int)    { s[i], s[j] = s[j], s[i] }

func genericSort[T Comparable[T]](slice []T) {
    sort.Sort(genericSortable[T](slice))
}

func (b Block) Compare(other Block) int { ❸
    // ...
}

func Example() {
    toSort := []Block{ /* ... */ }
```

---

[46] 比起方法，我更喜歡函數（https://oreil.ly/Et9CE），因為它們在大多數情況下更易於使用。

```
        sort.Sort(sortable(toSort)) ❹

        toSort2 := []Block{ /* ... */ }
        genericSort[Block](toSort2) ❹
}
```

❶ 設計限制。我們希望每個型別都有一個接受相同型別的 Compare 方法，因為限制和介面也可以有型別參數，所以可以實作這樣的需求。

❷ 現在可以提供一個實作此類物件的 sort.Interface 介面型別。注意 Comparable[T] 中的巢套 T，這是因為介面也是泛型的！

❸ 現在可以為 Block 型別實作 Compare。

❹ 因此，不需要為每個要排序的客製化型別都實作 sortable 型別。只要型別有 Compare 方法，就可以使用 genericSort！

在只有使用者介面會很麻煩的情況下，讓人接受的設計就顯示出優勢。但是泛型困境（generics dilemma）問題呢？該設計允許任何實作，最終選擇了什麼取捨？本書無法詳細介紹，但 Go 使用字典（dictionary）和模版（stenciling）[47] 演算法，介於單型化和裝箱之間。[48]

**泛型程式碼會更快嗎？**

Go 中泛型的具體實作（會隨時間變化），意味著泛型實作在理論上應該比介面更快，但比手動方式實作特定型別的某些功能要慢。然而實務上，大多數情況下，潛在的差異可以忽略不計，因此首先使用最易讀和易於維護的選項。

根據我的經驗，這種差異在效率關鍵程式碼中可能很重要，但結果並不總是符合理論。例如，有時泛型實作更快，但有時使用介面可能更有效率。結論呢？總是執行基準測試來確保！可見第 8 章。

總而言之，根據我自己對此語言的經驗，這些是我在教別人使用 Go 程式設計時發現的關鍵事實。此外，這將有助於本書後面深入探討 Go 的執行時期效能。

---

47　*https://oreil.ly/poLls*
48　可見 *PlanetScale* 部落格文章的清楚摘要解釋（*https://oreil.ly/ksqO0*）。

但是，如果您以前從未使用過 Go 程式設計，那在跳轉到本書後續部分和章節之前，請先閱讀其他材料，例如 Go 的導覽[49]。確保嘗試編寫自己的基本 Go 程式、編寫單元測試、並使用迴圈、switch 和並行機制，如頻道（channel）和常式，學習常見型別和標準程式庫抽象化。作為一個接觸新語言的人，您需要產生一個能傳回正確結果的程式，然後再去確保它會快速有效率地執行。

了解 Go 的一些基本和進階特性之後，是時候揭開語言的效率層面了。在 Go 中編寫不錯或高效能的程式碼有多容易？

# Go「快」嗎？

最近，許多公司把他們的產品，從 Ruby、Python 和 Java 等重寫為 Go[50]。轉向 Go 或在 Go 中開始新專案時會反覆提到的 2 個原因是可讀性和出色效能。可讀性來自簡單性和一致性（例如第 46 頁「處理錯誤的單一方式」），這是 Go 的優勢所在，但效能呢？和 Python、Java 或 C++ 等其他語言相比，Go 的速度夠快嗎？

在我看來，這個問題問錯了方向。給定複雜性的時間和空間，任何語言都可以以您的機器和作業系統所允許的那樣，快速執行，那是因為編寫的程式碼最終都會編譯成使用精確 CPU 指令的機器碼。此外，大多數語言都允許把執行委託給其他程序，例如，以優化的組合語言（Assembly）編寫。不幸的是，有時我們用來判斷一種語言是否「快」的所有方法都是原始的、半優化的短程式基準測試，在其中比較不同語言的執行時間和記憶體使用情況，雖然能告訴我們一些事情，但實際上並沒有呈現實務層面，例如，為效率而設計程式有多複雜[51]？

相反的，應該根據編寫有效率程式碼的難度和實用性，以及中間過程犧牲多少可讀性和可靠性來看待程式語言，而不只是速度。我相信 Go 語言在這些元素之間取得卓越平衡，同時保持編寫基本功能程式碼的快速和簡單。

---

49  *https://oreil.ly/J3HE3*

50  已公開的改變案例包括 Salesforce（*https://oreil.ly/H3WsC*）、AppsFlyer（*https://oreil.ly/iazde*）和 Stream（*https://oreil.ly /NSJLD*）。

51  例如，查看一些基準測試（*https://oreil.ly/s7qTj*），會發現 Go 有時比 Java 快，有時又比它慢。然而，如果看一下 CPU 負載，它們之所以快的原因是，該實作在記憶體存取上浪費比較少的 CPU 週期，而用任何程式語言都可以辦到這一點。問題是，達成這一目標有多難？我們通常不會衡量花多少時間來優化每種特定語言的程式碼、還有優化後閱讀或擴展此類程式碼的難易程度等等。只有這些度量方式才能告訴哪種程式語言「比較快」。

能夠更輕鬆地編寫有效率程式碼的原因之一，是封閉的編譯階段、Go 執行時期中相對較少的未知數（第 58 頁「Go 執行時期」）、易於使用的並行框架，以及除錯、基準測試和分析工具的成熟度（見第 8、9 章）。Go 的這些特性並不是憑空出現的，雖然知道的人不多，但 Go 也是站在 C、Pascal 和 CSP 等巨人肩膀上而設計出來的。

> 1960 年，來自歐美的語言專家聯手建立了 Algol 60。1970 年，Algol 樹分裂為 C 和 Pascal 分支，大約 40 年後，這兩個分支再次合併為 Go。
>
> —Robert Griesemer，「The Evolution of Go」

正如圖 2-2 所見，第 1 章提到的許多名稱都是 Go 的祖父。Hoare 爵士所建立的偉大並行語言 CSP、Wirth 所建立的 Pascal 宣告和套件、以及 C 的基本語法，都對 Go 的今日面貌有所貢獻。

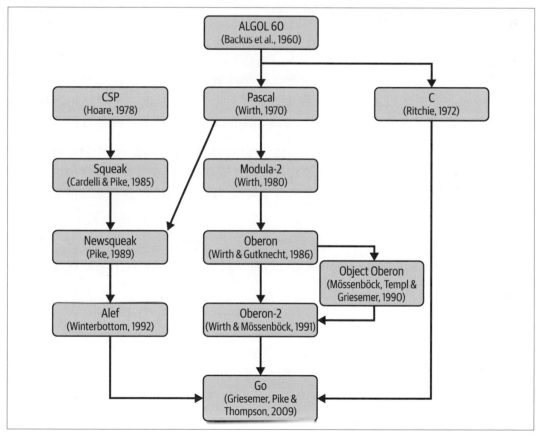

圖 2-2　Go 的族譜

但並不是所有事情都可以盡善盡美。在效率方面，Go 有其致命弱點。正如在第 166 頁「Go 的記憶體管理」所言，記憶體使用有時很難控制。程式中的配置可能會令人驚訝，特別是對於新手而言，而且垃圾蒐集自動記憶體釋放過程有一些額外負擔和偶發行為。尤其資料密集型應用程式，需要努力確保記憶體或 CPU 效率，情況類似於 RAM 容量受到嚴格限制的機器，例如物聯網。

然而，自動化這個過程的決定非常有益，讓程式設計師不必擔心記憶體清理，事實證明這樣會更糟糕，有時甚至是災難性的，例如兩次釋放記憶體。使用替代機制其他語言的一個很好的例子是 Rust，它實作一個獨特的記憶體所有權模型，取代自動全域垃圾蒐集。不幸的是，雖然這樣的效率更高，但事實證明用 Rust 編寫程式碼比用 Go 複雜許多；這也是為什麼 Go 的採用率比較高，反映出 Go 團隊在這個元素上的易用性取捨。

幸運的是，有一些方法可以減輕 Go 的垃圾蒐集機制負面效能後果，使軟體保持精簡和有效率；在接下來的章節就會介紹這些內容。

# 總結

在我看來，Go 是一種充滿優雅且一致性的語言。此外，它提供許多現代和創新的功能，使程式設計更加有效和可靠。另外，程式碼在設計上是可讀和可維護的。

這是本書後面會討論到的提高效率重要基礎。與任何其他功能一樣，優化總是會增加複雜性，因此修改簡單程式碼，比把已經複雜的程式碼更複雜化要容易得多。簡單性、安全性和可讀性還是最重要的，即使對於有效率的程式碼也是如此，確保您知道如何在不以效率為先的情況下達成這一目標！

許多資源都詳細介紹我只能花一個章節講述的內容，如果您有興趣深入學習，練習會是一個很好的方法，如果您在開始優化之前需要更多 Go 經驗，以下的簡表含有優秀資源：

- 「Effective Go」[52]
- 「How to Write Go Code」[53]
- 「A Tour of Go」[54]

---

52  *https://oreil.ly/9auky*
53  *https://oreil.ly/uS51g*
54  *https://oreil.ly/LpGBN*

---

- Maximilien Andile 的「Practical Go Lessons」[55]，電子版免費提供

- 透過每年至少提供 4 次的 CNCF 指導計畫，為 Go 的任何開源專案貢獻 [56]。

Go 優化、基準測試和效率實務的真正力量來自於日常程式設計中的實作，因此，請結合效率和其他圍繞著可靠性或抽象化的技術，以供實際使用。雖然有時必須為關鍵路徑建構完全訂製的邏輯（見第 10 章），但基本、一般來說的良好效率，來自於對簡單規則和語言功能的理解，這也是為什麼我專注於在本章中進一步概述 Go 及其功能。有了這些知識，就可以進入第 3 章，在那裡學習在需要時開始提高程式執行效率和整體效能的旅程。

---

55  *https://oreil.ly/VnFms*
56  *https://oreil.ly/Y3D2Q*

# 征服效率

行動的時間到了！第 1 章告訴我們軟體效率的重要性；第 2 章，我們學到 Go 程式語言的基礎知識和進階特性，緊接著討論 Go 易於讀寫的能力，最後提到它也可以成為編寫有效率程式碼的有效語言。

毫無疑問，要在程式中達成更高效率必須多做點事。在某些情況下，嘗試改進的功能已經得到很好的優化，因此在不重新設計系統的情況下進一步優化可能會花費大量時間，而且只會產生很小的差異；但是，目前實作可能會有效率很低等其他情況，刪除浪費的工作實例可以在幾個小時內就提高程式效率。作為一名工程師，真正的技能是，在經過短時間的評估之後，就能知道目前處於哪種情況：

- 效能方面是否需要任何改進空間？

- 如果是，是否有可能消除浪費的周期？

- 減少某一功能的延遲需要多少工作？

- 是否存在任何可疑的過度配置？

- 是否應該停止過度使用網路頻寬，並犧牲記憶體空間？

本章將向您傳授能有效幫助您回答這些問題的工具和方法。

如果您正在為這些技能而苦苦掙扎，請不要擔心！這是正常的。效率主題並非不費吹灰之力，儘管有需求，許多人仍然無法掌握，甚至主要的軟體玩家有時也會做出錯誤的決定。令人驚訝的是，看似高品質的軟體在交付時的效率可能會相當低下，例如 2021 年初，一位使用者在沒有存取原始碼的情況下，就把熱門遊戲俠盜獵車手線上（*Grand Theft Auto Online*）的載入時間，從 6 分鐘優化到 2 分鐘！如第 1 章所述，這款遊戲的製作成本高達 1.4 億美元，且耗時數年。然而，它有一個明顯的效率瓶頸，單純的 JSON 解析演算法和重複資料刪除邏輯占用大部分遊戲載入時間，並惡化遊戲體驗。這個人知道自己在做什麼，而他使用的就是您將要學習的技術，唯一區別是這裡的工作可能會更容易一些——希望您不需要在途中對用 C++ 程式碼編寫的二進位檔進行逆向工程！

在前面的範例中，遊戲公司忽略了會影響遊戲載入效能的明顯的計算浪費，該公司不太可能沒有資源來聘請專家來優化這部分；可見，這是一個經過取捨的決定，也就是優化不值得投資，因為可能有更具優先性的開發任務。總之，有人會說像這樣的低效率並沒有阻止遊戲的成功，它確實能完成工作，但也因為這樣的載入時間，我和我的朋友就從來都不是這個遊戲的粉絲。我認為如果沒有這種愚蠢的「浪費」，它可能會更成功。

### 懶惰還是刻意的效率限定？

還有其他一些有趣的例子，在某些情況下，可以限定軟體效率的某個層面。例如，有一個關於導彈軟體開發人員的小故事，他們決定接受某些記憶體洩漏，因為導彈會在應用程式執行結束時被摧毀。同樣的，聽說某些低延遲交易軟體會「故意」讓記憶體洩漏，而該軟體預計只在短時間內執行。

您可以說那些免去效率工作且沒有發生任何不幸事情的範例，是務實的作法，因為它避免了修復洩漏或減速所需的額外知識和工作。可能沒錯，但如果這些決策不是資料驅動的呢？沒人知道，但這些決定的背後因素可能只是懶惰和無知，沒有任何有效的資料點表明修復確實需要付出多少努力。如果每個範例中的開發人員都沒有完全理解所需的小努力怎麼辦？如果他們不知道如何優化軟體中有問題的部分怎麼辦？這會影響他們的決策嗎？進而承擔更少的風險？我敢打包票說是的。

本章將介紹優化主題，首先解釋「超越浪費，優化是一場零和遊戲」的定義和初始方法；第 78 頁「優化挑戰」將總結嘗試提高軟體效率時，必須克服的挑戰。

第 80 頁「了解您的目標」，將嘗試透過設定明確的效率目標，來馴服軟體的趨勢和誘惑，以最大限度地讓優化工作更優化，「足夠的」快速或效率即可，這也是為什麼一開始就設定正確效能需求是如此的重要。接下來，第 85 頁「資源感知效率需求」，將提出任何人都可以遵循的樣板和實用流程，這些效率需求會在第 92 頁「有效率問題？保持冷靜！」發揮作用，我將教您專業流程，以處理您或其他人報告的效能問題，您會了解優化過程可能是最後的選擇。

第 95 頁「優化設計等級」將解釋如何劃分和隔離優化工作，以便更容易征服。最後，第 100 頁「效率感知開發流程」將把所有部分組合成一個我一直在使用，並想推薦給您的統一優化過程，它是可靠的流程，適用於任何軟體或設計等級。

接下來要學習的事情很多，就先從了解優化的涵義開始吧。

# 超越浪費，優化是一場零和遊戲

眾所周知，軍火庫中克服效率問題的眾多武器之一，是一種稱為「優化」的火力。但是優化到底是什麼意思？看待和掌握它的最佳方式是什麼？

優化並不僅限於軟體效率這個主題，生活中也有許多事情可以在不知不覺中「優化」，例如，有下廚習慣的人，會把鹽放在好拿的地方；想要增加體重，就會攝取更多卡路里；出外旅行時，會在前一天就收拾行李、做好準備。又或者是在上下班通勤途中聽有聲讀物來打發時間；如果通勤耗時費力，有些人還會考慮直接為了交通因素而搬家。所有這些都是優化技術，旨在改善生活以達成特定目標，有時候是大幅度更改，有時候一些小修改就足夠了，因為它們會藉由重複而放大，以獲得更實質性的影響。

在工程學中，「優化」一詞起源於數學，原意是為解開受到規則所限制的問題，而在所有可能解決方案中，找出最佳選擇。然而，在電腦科學中，「優化」一詞通常用來描述針對特定層面改進系統或程式執行的行為，例如，優化程式，讓它在 Web 伺服器上處理請求時，能更快地載入檔案，或降低峰值記憶體使用率。

### 優化沒有限制

通常，如果效率不是目標，則優化不一定需要提高程式效率特性，如果目標是提高安全性、可維護性或程式碼大小，也可以為此進行優化。然而，本書談論的優化，將以效率為背景（改善資源消耗或速度）。

效率優化的目標應該是修改程式碼（通常不改變其功能[1]），以便它的執行在整體上更有效率，或至少在我們關心的類別中更有效率（並且在其他類別中的效率更差）。

從高層次角度來看，重點在於藉由以下兩件事其中之一，或兩者都做以執行優化：

- 消除「浪費的」資源消耗。

- 用一種資源消耗換取另一種資源消耗，或者故意犧牲其他軟體品質，也就是做出取捨。

讓我藉由對第一種變化的描述，即減少所謂的浪費，來解釋這兩者之間的區別。

## 合理優化

程式由程式碼組成，這是一組對某些資料操作，並使用機器上的各種資源，包括 CPU、記憶體、磁碟和電源等的指令，編寫程式碼的目的在於讓程式可以執行需求功能。但是整個過程中，從設計程式碼、編譯器、作業系統到硬體，很少會一切順利或能完美整合，導致有時會引入「浪費」。浪費的資源消耗代表程式中相對不必要的操作，它占用寶貴時間、記憶體或 CPU 時間等，這種浪費可能是由於故意簡化、意外、技術債務、疏忽，或只是一時間沒有更好的方法。例如：

- 可能不小心留下一些除錯程式碼，這些程式碼會在頻繁使用的函數中引入大量延遲（例如，fmt.Println 敘述）。

- 執行不必要、昂貴的檢查，它們因為呼叫者已經驗證輸入而顯得沒有意義。

- 忘記停止某些不再需要但仍在執行的 goroutine（一種並行典範，可見第 135 頁「Go 執行時期排程器」），這會浪費記憶體和 CPU 時間。[2]

- 使用來自第三方程式庫的未優化函數，而已優化函數卻存在於不同的、維護良好的程式庫中，而且可以用更快速度完成同樣事情。

- 在磁碟上多次儲存同一份資料，但其實它可以重複使用，且儲存一次就好。

- 演算法執行太多次檢查，而它本應該免費且用較少工作量完成，例如，只簡單搜尋排序資料，而不是使用二分搜尋（binary search）。

---

[1] 可能會有例外，可能存在可以接受近似結果的領域。有時也可以（並且應該）放棄一些可有可無的特性，如果它們阻礙我們想要的關鍵效率特性的話。

[2] 由於剩餘的並行常式，在每個週期性功能之後未清理資源的情況，通常稱為記憶體洩漏。

程式執行的運算或特定資源的消耗就是一種「浪費」，消除它，就不用再犧牲任何其他東西。這裡的「任何」，指的是一切引人關注之處，比如額外的 CPU 時間、其他資源消耗，或者和效率無關的品質，比如可讀性、靈活性或可攜性。這種消除能讓軟體整體上更加有效率。仔細觀察，您可能會訝異於每個程式都有許多浪費，在等人注意到它並收回！

透過減少「浪費」來優化程式是一種簡單而有效的技術，本書稱之為合理優化（reasonable optimization），我建議您每次發現此類浪費時都優化，即使之後沒有時間進行基準測試。是的，您沒聽錯，它應該是程式碼衛生的一部分。請注意，要視為「合理」優化，則它必須是顯而易見的，作為開發人員，您要確保：

- 這種優化消除程式的一些額外工作。

- 它不會犧牲任何其他有意義的軟體品質或功能，尤其是可讀性。

尋找那些可能是「顯然」不必要的東西。消除這些不必要的工作很容易達成，且沒有害處，否則它們就不是浪費了。

注意可讀性

通常受到程式碼修改影響的第一件事就是可讀性。如果減少一些明顯的浪費會有意義地降低可讀性，或者需要花幾個小時來試驗可讀的抽象化，就不是一個合理優化。

別擔心，稍後會在第 76 頁「蓄意優化」中再次討論。如果它影響了可讀性，就需要資料來證明這是值得的。

減少「浪費」也是一種有效的心智模式。就像因聰明的懶惰而受到獎勵的人一樣，誰都希望以最少的執行時期工作，來最大化程式所帶來的價值。

有人會說，合理優化是反樣式的一個例子，通常稱為「過早優化」，並且對此提出警示。我完全同意，像這樣減少明顯的浪費是一種過早優化，因為沒有評估和衡量它的影響。但我要說，如果確定這種過早優化除了一些額外工作以外不會帶來任何害處，就承認它是合理的過早優化，執行後前進。

再講回上班通勤的例子，當鞋子裡有幾塊石頭，一般人當然會把它們倒出來，好無痛地繼續走路，不需要評估、測量或比較移除石頭是否能改善通勤時間。把石頭倒出來就能幫助到目己，這樣做一點害處也沒有，因為不管去哪裡都不需要帶著石頭！ :)

如果有一件事情讓人煩躁，但投入處理的時間和精力回報非常小，您就不會想要立即處理。相對的，如果您在瀏覽程式碼庫時注意到一個可以顯著改進機會，可提升 10% 或 12%，您當然會立刻著手。

—Scott Meyers，「Things That Matter」

一開始，在不熟悉程式設計或特定語言時，您可能不知道哪些運算是不必要的浪費，或者消除潛在的浪費是否會損害您的程式。沒關係。「顯而易見」來自實務，所以不用花時間猜測，如果您半信半疑，就表示優化並不明顯；有了經驗後，您就會了解何謂合理，可以在第 10 章和第 11 章練習。

合理的優化會產生一致的效能改進，並且通常會簡化或使程式碼更具可讀性。然而，我們可能希望採取更深思熟慮的方法，以獲得更大效率影響，這樣的結果可能不太明顯，如下一節所述。

## 蓄意優化

除了浪費之外，還有對功能至關重要的運算，在這種情況下，可以說是零和遊戲（zero-sum game）[3]。這意味著以下情況，我們無法在不使用更多的資源 B，例如 CPU 時間；或者犧牲其他品質，例如可讀性、可攜性或正確性的情況下，消除使用資源 A，例如記憶體的特定運算。

不明顯或需要做出某種取捨的優化，可稱之為**蓄意的**（*deliberate*）[4]，因為必須在它們身上花費多一點的時間，經過了解取捨、衡量或評估後，再並決定要保留或丟棄。

蓄意優化在任何層面都不算糟。相反的，它們通常會顯著影響您想要減少的延遲或資源消耗，例如，如果請求在 Web 伺服器上太慢，就可以考慮透過引入快取來優化延遲，快取可以保存因相同資料請求而來的昂貴計算結果，此外，它還節省 CPU 時間和引入複雜平行化邏輯的需要，但也會在伺服器的生命週期內犧牲記憶體或磁碟的使用，並可能引入一些程式碼複雜性。因此，蓄意優化可能不會提高程式的整體效率，但它可以提高當下關注的特定資源使用效率。犧牲視情況而定，可能是值得的。

---

[3] 零和遊戲源自於博弈（game）和經濟理論，描述情況為，如果其他玩家總共輸幾次，就會有一個玩家只能贏幾次。（有人得益必有人損失，總和為 0）

[4] 由 Damian Gryski 領導社群所驅動的 go-perfbook（*https://oreil.ly/RuxfU*），啟發我區分合理和蓄意優化。他的書還提到了「危險」優化這個類別，但我不認為需要再進一步劃分，因為蓄意和危險之間存在模糊界限，取決於情況和個人品味。

然而，有犧牲就代表必須在和功能階段分別的單獨開發階段中執行此類優化，如第 100 頁「效率感知開發流程」中所述。原因很簡單。首先，必須確定了解犧牲內容及影響；不幸的是，人類很不擅長評估計這種影響。

例如，減少網路頻寬和磁碟使用的一種常見方法，是在發送或儲存資料之前先壓縮資料；但是，同時也需要在接收或讀取資料時解壓縮（解碼）。圖 3-1 中可見軟體在引入壓縮之前和之後使用的資源潛在平衡。

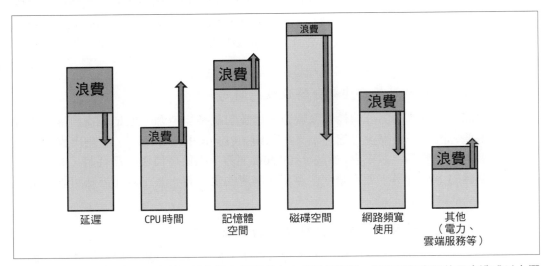

圖 3-1　如果透過網路發送資料，並在儲存於磁碟上之前壓縮資料，對延遲和資源使用會造成以上潛在影響

確切數字會有所不同，但在添加壓縮後，可能會使用更多 CPU 資源，必須遍歷所有位元組並壓縮它們，而不是簡單的將資料寫入運算。這需要一些時間，即使是最好的無損壓縮演算法如 snappy 或 gzip 也不例外。儘管如此，較少量的訊息會透過網路發送和磁碟寫入，可能會改善此類運算的總延遲。所有的壓縮演算法都需要一些額外的緩衝區，因此也需要額外的記憶體使用。

總而言之，合理、有意識地分類優化具有重要意義。如果看到潛在效率提升，必須意識到它意想不到的後果。在某些情況下，獲得優化是合理且容易的，例如從程式中免費剝離一些不必要的運算。但通常情況下，讓軟體在各個方面都有效率是不可能的，不然就是會影響其他軟體品質。這就是所謂的零和遊戲，必須慎重考慮這些問題。在本書和實務中，您會了解自己所處情況，以及如何預測這些後果。

在把這兩種優化導入開發流程之前，可以先來討論一下必須意識到的效率優化挑戰，下一節將介紹其中的部分重要內容。

# 優化挑戰

如果優化軟體很容易，我就不需要寫這本書了，它不容易，過程也可能很耗時，而且容易出錯。這也是為什麼許多開發人員傾向忽略這個主題，或在他們的職業生涯後期才學習它的原因。但不要感到沮喪！經過一定的實務，每個人都可以成為一個有效率且務實的效率感知開發者。了解優化障礙，應該可以有效指明重點改進之處。以下先來解決一些基本問題：

程式設計師不善於估計是哪些部分導致效能問題。

很難猜測程式的哪一部分消耗最多資源，以及消耗多少資源。但是，找到這些問題至關重要，因為一般來說可適用帕累托原則（Pareto Principle）[5]，它指出程式消耗的 80% 時間或資源，只來自它所執行的 20% 運算。由於任何優化都耗時，最好專注於那關鍵的 20% 運算，而不是一些雜訊。幸運的是，有一些工具和方法可以協助估算，第 9 章會有詳細介紹。

眾所周知，程式設計師也不善於估計準確的資源消耗。

同樣的，設計師對某些優化是否應該有所幫助，也經常做出錯誤假設，希望閱讀本書之後，加上隨著經驗的增加，會改善這種情況。然而，最好永遠不要相信您的判斷，並始終在蓄意優化後測量和驗證所有數字（第 7 章將深入討論）。軟體執行中的層級太多，有許多未知數和變數。

隨著時間推移而保持效率很困難。

前面提到，複雜的軟體執行層級會不斷變化，包括新版本作業系統、硬體或韌體等，更不用說程式的演變，和未來可能接觸您程式碼的開發人員了。有可能花上數週時間來優化一個部分，但如果不防止迴歸，最後還是無關緊要。有一些方法可以自動化，或至少會結構化基準測試和驗證過程，以提高程式效率，因為每天都有新變化，如第 6 章所述。

---

5   *https://oreil.ly/eZIl5*

目前效能的可靠驗證非常困難。

正如第 100 頁「效率感知開發流程」中所會提到的內容，應對上述挑戰的解決方案，是對效率進行基準測試、測量和驗證；不幸的是，這些很難執行並且容易出錯。原因很多：無法有效模擬生產環境、或有嘈雜鄰居這樣的外部因素、缺乏預熱階段、錯誤的資料集或微基準意外編譯器優化（microbenchmark accidental compiler optimization）等。這也是為什麼，第 247 頁「實驗的可靠性」會花一些時間討論這個主題。

優化很容易影響其他軟體品質。

強固的軟體在許多方面都很出色，包括功能性、相容性、可用性、可靠性、安全性、可維護性、可攜性和效率等。這些特性中的每一個都非不費吹灰之力，因此它們會替開發過程帶來一些成本。之中個別重要性可能會因使用案例而異，但是，為了讓程式有用，每個軟體品質都有安全的最低需求。當您添加更多功能和優化時，這可能具有挑戰性。

具體來說，Go 對記憶體管理沒有嚴格控制。

正如第 58 頁「Go 執行時期」所言，Go 是一種垃圾蒐集語言。雖然它對於程式碼的簡單性、記憶體安全和開發人員速度來說是救生圈，但想要提高記憶體效率時，它也有缺點。有很多方法可以改進 Go 程式碼，以使用更少記憶體，但是由於記憶體釋放模型是最後的方法，所以事情會變得棘手。一般而言，解決方案就是減少配置。第 148 頁「記憶體有問題嗎？」會介紹記憶體管理。

程式什麼時候有「足夠」效率？

最後，所有的優化都不是完全免費的，都需要開發人員或多或少的努力。合理和蓄意優化都需要先驗知識和花費在實作、實驗、測試和基準測試上的時間。鑑於此，優化最好有很好的理由，否則，就應該把這些時間花在其他地方上。應該優化掉這種浪費嗎？應該用資源 X 的消耗來換取資源 Y 嗎？這樣的轉換有用嗎？答案可能是「不」。如果「是」的話，要提高多少效率才夠？

關於最後一點，它就是了解您的目標極其重要的原因。在開發過程中，您（或您的老闆）關心哪些事物、資源和品質？它可能會因您建構的內容而異。在下一節中，我將提出一種實用的方法，來說明軟體的效能需求。

# 了解您的目標

在您朝著「程式效率優化」如此崇高的目標前進之前，您應該確認這樣做的原因。優化是軟體工程中眾多可取目標之一，並且通常和其他重要目標，如穩定性、可維護性和可攜性背道而馳。對最粗略的層面，如有效率的實作、乾淨的非冗餘介面來說，優化有益而且永遠應該實施。但在它最具侵入性的情況下，如內聯組合語言、預編譯／自修改程式碼，迴圈展開、位元欄位化（bit-fielding）、超純量（superscalar）和向量化等，它可能是耗時的實作和錯誤查找永無止境的來源。對優化程式碼的成本要保持謹慎和警惕。

—Paul Hsieh，「Programming Optimization」

根據我們的定義，效率優化可以改善程式資源消耗或延遲。挑戰自我和探索程式速度能多快很容易上癮[6]，然而，首先需要了解優化的目的，不是讓程式完美地有效率或成為「最佳」，因為這可能根本不可能或可行；而只是要足夠優化就好。但是「足夠」又是什麼意思？什麼時候該停下來？或者如果甚至不需要開始優化，又該怎麼辦？

一個答案是利益相關者（或使用者）有需求時，才在提高開發軟體的效率時優化，直到他們滿意為止。但不幸的是，由於以下幾個原因，這通常非常困難：

*XY* 問題[7]

利益關係人通常會需求提高效率，然而這往往不是最好的解決方案。例如，許多人在嘗試監視唯一事件時，抱怨度量系統的大量記憶體使用；而潛在的解決方案可能是對此類資料使用日誌記錄或追蹤系統，而不是改善度量系統的速度。[8] 因此，不能一味相信初始使用者的需求，尤其事關效率時。

## 效率不是零和遊戲

理想情況會需要看到所有效率目標的全貌。正如第 76 頁「蓄意優化」所言，一項針對延遲的優化，可能會導致更多記憶體使用或影響其他資源，因此不能不假思索地去回應每個使用者對於效率的抱怨。當然，軟體若是精簡且有效率時，它通常會有所幫助，但不太可能生產出一款軟體，可以同時滿足需要對延遲敏感的即時事件抓取解決方案的使用者，和對同一運算期間需要超低記憶體的使用者。

---

6　在某些情況下，挑戰自己總是一件好事。如果您有時間，參與 Advent of Code（*https://oreil.ly/zT0Bl*）等計畫是學習甚至維持競爭力的好方法！然而，這和有人付錢來有效地開發功能性軟體的情況不同。

7　*https://oreil.ly/AolRQ*

8　我在維護 Prometheus 專案（*https://prometheus.io*）時經歷過很多這種情況，經常面臨使用者試圖把獨特事件引入 Prometheus 的情況。問題在於，我們把 Prometheus 設計為一個有效率的度量監控解決方案，帶有訂製時間序列資料庫，該資料庫會假設隨時間推移來儲存聚合的樣本。如果攝取的序列標記為唯一值，Prometheus 會緩慢但必定會開始使用許多資源，即高基數（cardinality）情況。

### 利益關係人可能不了解優化成本

一切都要付出代價，尤其是優化工作和維護高度優化的程式碼。就技術而言，只有物理定律能限制優化軟體的方式[9]。然而，在某些時候，從優化中獲得的好處，和尋找並開發這種優化的成本相比，並不切實際，請見圖 3-2。

圖 3-2 軟體效率與不同成本之間的典型關聯。

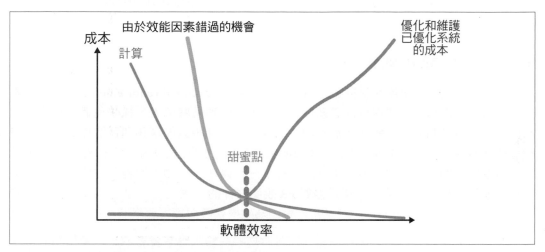

圖 3-2　除了「甜蜜點」之外，獲得更高效率的成本可能非常高

圖 3-2 解釋了為什麼在某些「甜蜜點」（sweet spot）上，投入更多時間和資源來提高軟體效率可能是不可行的。在某種程度上，優化和開發優化程式碼的成本，可能會迅速超過從更精簡軟體中獲得的收益，例如計算成本和機會。為此可能需要花費成倍增加的昂貴開發人員時間，並且需要引入巧妙、無法轉移的技巧、專用機器碼、專用作業系統等，甚至是專用硬體。

在許多情況下，超出甜蜜點的優化並不值得，最好設計一個不同系統，或使用其他流程來避免此類工作。不幸的是，對於甜蜜點位於何處並沒有單一答案，通常，軟體計畫的生命週期越長，部署規模就越大，投資於此就越值得；另一方面，如果您的程式只計畫使用幾次，甜蜜點可能就位於這張圖的開頭，而那裡的效率不會有多高。

---

9　試想一下，利用世界上所有資源，可以嘗試將優化軟體的執行到物理極限。一旦到達那種境界，就可以花費數十年時間來研究，嘗試把事物界限推向目前所認識的物理學之外。但是實際上，也有可能一輩子都找不到「真正」的極限。

問題是使用者和利益關係人不會意識到這一點。雖然理想情況下，產品所有者會幫忙找出答案，但通常開發人員的職責是使用第 6 章和第 7 章將學習到的工具，來建議這些不同成本的等級。

然而，無論同意什麼數字，解決「何時足夠」問題和明確效率需求的最好辦法，是把它們寫下來，我將在下一節解釋原因。第 85 頁「資源感知效率需求」會為它們導入輕量化公式，接著，第 87 頁「獲取和評估效率目標」中，會討論如何獲取和評估這些效率需求。

## 效率需求應該正式化

您可能已經知道，每個軟體開發都從功能需求蒐集（functional requirement, FR）階段開始。架構師、產品經理或您自己必須要去了解潛在的利益關係人、採訪他們、蒐集使用案例、最好將它們寫在一些功能需求說明文件中。然後開發團隊和利益關係人再去審查和協商此說明文件中的功能細節。FR 說明文件描述您的程式應該接受的輸入方式，以及使用者期望的行為和輸出方式；它還會提到先決條件，比如應用程式需要在哪種作業系統上執行。理想情況下，您會獲得對 FR 說明文件的正式批准，讓它成為雙方之間的「合約」。這一點非常重要，尤其是當您會因為建構軟體而獲得報酬時：

- FR 告訴開發人員他們的聚焦內容。它告訴您哪些輸入應該會有效，以及使用者可以配置哪些內容，決定您應該的聚焦點，及您是否有把時間花在利益關係人付費的事情上？

- 和具有清晰 FR 的軟體整合會比較容易。例如，利益關係人可能想要設計或訂購和您的軟體相容的更多系統部件，有些甚至會在軟體完成之前就開始進行！

- FR 可以確保清晰溝通。理想情況下，FR 是正式的書面體，因為人們往往會忘記事情而且很容易溝通不良，因此這樣很有幫助。這也是為什麼要全部寫下來，並需要利益關係人審查的原因，以確保自己沒有誤會。

對較大型的系統和功能可以提出正式功能需求。至於較小的軟體，可傾向於把待辦清單上的某些問題，例如 GitHub 或 GitLab 問題等完整且正式記錄下來。即使是小腳本或小程式，也要設定一些目標和先決條件，可能是特定環境，例如 Python 版本；和一些依賴項，如機器上的 GPU。當您希望他人能有效使用它時，您必須提及軟體功能需求和目標。

軟體產業廣泛地採用已定義且商定的功能需求；即使有點官僚主義，開發人員大多也喜歡這些規範，因為穩定和具體的需求，會讓他們的日子更輕鬆。

您應該能明白我的意思。但令人訝異的是，我們經常忽略定義類似需求，而側重於所期望建構軟體的其他非功能性層面，例如，描述功能所需的效率和速度[10]。

此類效率需求通常是非功能性需求（nonfunctional requirement, NFR）[11] 說明文件或規格的一部分。它的蒐集過程理想情況下應該類似於 FR 過程，但對於所有其他需求品質，軟體應該具有：可攜性、可維護性、可擴展性、可存取性、可操作性、容錯性和可靠性、合規性、說明文件化和執行效率等等。名單很長。

 NFR 這個名稱在某種程度上可能會讓人誤解，因為包括效率在內的許多品質，都會深刻影響軟體功能。正如第 1 章中所言，效率和速度對於使用者體驗至關重要。

事實上，根據我的經驗和研究，NFR 在軟體開發過程中沒有很受歡迎，原因很多：

- 傳統的 NFR 規格認為是官僚主義且充滿樣板。特別是如果所提到的品質不可量化且不具體時，則每個軟體的 NFR 看起來都很明顯，並且或多或少相似。當然，所有軟體都應該是可讀、可維護、使用最少資源盡可能快地、以及可用的。因此，這沒有什麼幫助。

- 此過程沒有容易使用、開放以及可存取的標準。閱讀最流行的 ISO/IEC 25010:2011 標準成本約為 200 美元，它足足有 34 頁，自 2017 年最後一次修訂以來一直沒有更改。

- NFR 通常過於複雜而無法在實務中應用。例如，前面提到的 ISO/IEC 25010 標準規定 13 個產品特性，總共有 42 個子特性[12]。這很難理解，並需要花費太多時間來蒐集和瀏覽。

- 正如第 95 頁「優化設計等級」中會提到的內容，軟體的速度和執行效率，不只取決於程式碼，還有其他更多因素。典型的開發人員通常可以透過優化演算法、程式碼和編譯器來影響效率，再由操作員或管理員將該軟體安裝至更大的系統中、對它配置、並為該工作負載提供作業系統和硬體。當開發人員不在「生產」上執行軟體時，他們很難談論執行時期效率。

---

10  從來沒有人明確要求我建立非功能性規格，我周圍的人也是如此（*https://oreil.ly/Ui2tu*）。
11  *https://oreil.ly/AQWLm*
12  *https://oreil.ly/0MMcb*

*SRE* 領域

Google 推出的網站可靠性工程（Site Reliability Engineering, SRE）[13] 是一個聚焦於結合軟體開發，和操作員／管理員這兩個領域的角色。這些工程師具有大規模執行和建構軟體的經驗，有了更多實務經驗，就更容易談論效率需求。

- 最後的壓軸，我們是人並且充滿情緒。因為很難估計軟體效率，尤其要提前進行，所以在設定效率或速度目標時感到羞辱的情況並不少見；這也是為什麼，有時會不自覺地避免同意可量化的績效目標。這可能會讓人不舒服，但很正常。

好的，不要鑽牛角尖在這問題上面了。我們需要更實用、更好用的工具，能說明需求軟體的效率和速度的粗略目標，並成為消費者和開發團隊之間某些合約的起點。在功能需求之上，預先制定這樣的效率需求非常有幫助，因為：

### 能確切知道軟體必須跑多快，或在什麼資源上有效率

例如，假設同意某個運算應該使用 1 GB 記憶體、2 CPU 秒，並且最多需要 2 分鐘，如果測試顯示需要 2 GB 記憶體和 1 個 CPU 秒以及 1 分鐘，那延遲優化就沒有意義了。

### 知道是否有取捨餘地

在前面的例子中，可以預先計算或壓縮一些東西來提高記憶體效率，例如還有 1 CPU 秒的時間可花，而且還可以慢 1 分鐘。

### 在沒有官方需求的情況下，使用者會隱含式地承擔一些效率期望

例如，也許程式對於某個輸入意外地非常快。使用者可以假設這是設計使然，而他們在未來會依賴於這個事實，或用於系統的其他部分。這可能會導致糟糕的使用者體驗和意外。[14]

### 在更大的系統中更容易使用您的軟體

通常情況下，您的軟體會依賴於另一個軟體，並形成一個更大的系統。即使是基本的效率需求說明文件也可以告訴系統架構師對元件的期望。它能有效幫助進一步的系統效能評估和容量規劃任務。

---

13　*https://sre.google*
14　有趣的是，如果有足夠多的程式使用者，即使有正式效能和可靠性合約，您系統的所有可觀察行為都將取決於某個人，此即 Hyrum 定律（*https://oreil.ly/ UcrQo*）。

### 更容易提供營運支援

當使用者不知道您的軟體需要什麼樣的效能時,隨著時間過去,您將難以支援它,必須和使用者就可接受和不可接受的效率反覆溝通。相反的,有了明確的效率需求,就更容易判斷您的軟體是否未得到充分利用,因為,問題可能出在使用者方面。

來總結一下目前情況,已知效率需求可能非常有用。另一方面,也知道它們可能很乏味且充滿樣板;因此,讓我們來探索一些選項,看看是否可以在需求蒐集工作和它所帶來的價值之間,找到某種平衡。

## 資源感知效率需求

還沒有人為建立效率需求定義一個好的標準流程,所以讓我們來嘗試看看[15]!當然,我們希望它是一個盡可能輕量級的過程,但從理想情況開始。可以在某些資源感知效率需求(Resource-Aware Efficiency Requirements, RAER)說明文件中放入的完美資訊集合為何?是某種比「我希望這個程式執行得夠快」,還要更具體、更可操作的東西。

您可以在範例 3-1,看到某個軟體中單一操作的資料驅動最小 RAER 範例。

*範例 3-1　範例 RAER 條目*

```
Program: "The Ruler"
Operation: "Fetching alerting rules for one tenant from the storage using HTTP."
Dataset: "100 tenants having 1000 alerting rules each."

Maximum Latency: "2s  for 90th percentile"
CPU Cores Limit: "2"
Memory Limit: "500 MB"
Disk Space Limit: "1 GB"
...
```

理想情況下,這個 RAER 是一組對某些運算有效率需求的紀錄;原則上,單一紀錄應包含以下資訊:

- 和它相關的運算、API、方法或函數。

- 操作的資料集大小和形狀,例如輸入或儲存的資料(如果有的話)。

- 運算的最大延遲。

- 對該資料集執行此運算的資源消耗預算,例如記憶體、磁碟、網路頻寬等。

---

15　*https://oreil.ly/DCzpu*

現在，有壞消息和好消息。壞消息是，嚴格來說，要蒐集所有小型企業的這類紀錄是不切實際的，因為：

- 在軟體執行過程中可能會執行數百種不同的運算。

- 資料集的形狀和大小幾乎是無限的。例如，假設一個 SQL 查詢是一個輸入，儲存的 SQL 資料是一個資料集，就會有近乎無限的選項排列組合。

- 具有作業系統的現代硬體會有數以千計的元素，執行軟體時，可以「消耗」這些元素。總體而言，CPU 秒數和記憶體很常見，但是單一 CPU 快取的空間和頻寬、記憶體匯流排頻寬、占用的 TCP 通訊端（socket）數量、使用的檔案描述符以及成千上萬的其他元素呢？必須指定所有可以使用的嗎？

好消息是不需要提供所有的小細節。類似於處理功能需求的方式，是否要聚焦於所有可能的使用者故事和細節？不，只有最重要的。是否定義有效輸入和預期輸出的所有可能排列組合？不，只圍繞邊界定義幾個基本特性（例如，資訊必須是正整數）。以下是簡化 RAER 條目詳細資訊等級的方法：

- 首先專注於軟體執行時最常用和最昂貴的運算，它們會嚴重影響軟體資源的使用。本書稍後會討論基準測試和概要分析，將在這方面提供幫助。

- 不需要概述所有可能消耗的微小資源需求，從那些影響最大、最重要的開始。通常，這意味著對 CPU 時間、記憶體空間和儲存空間（例如磁碟空間）的特定需求。從這可以迭代並添加將來會扮演重要角色的其他資源。也許我們的軟體需要一些獨特、昂貴、難以尋找到的那種值得一提資源，例如 GPU；也許某種消耗會對整體可擴展性造成限制，例如，如果運算使用更少的 TCP 通訊端或磁碟 IOPS，可以在一台機器上容納更多程序。只有在它們重要時才添加它們。

- 和在驗證功能時在單元測試中所做的類似，可以只聚焦於輸入和資料集的重要類別。如果選擇邊緣案例，很有可能為最壞和最好的案例資料集提供資源需求，這已經是一個輝煌勝利。

- 或者，有一種方法可以定義輸入（或資料集）和被允許的資源消耗之間關係，並用數學函數形式來描述這種關係，通常稱之為*複雜度*（*complexity*）（第 235 頁「大 O 符號的漸近複雜度」）。即使有一些近似值，也是一種非常有效的方法。然後就可以描述範例 3-1 /rules 運算的 RAER，如範例 3-2 所示。

```
Program: "The Ruler"
Operation: "Fetching alerting rules for one tenant from the storage using HTTP."
Dataset: "X tenants having Y alerting rules each."

Maximum Latency: "2*Y ms for 90th percentile"
CPU Cores Limit: "2"
Memory Limit: "X + 0.4 * Y MB"
Disk Space Limit: "0.1 * X GB"
...
```

整體而言，我甚至建議把 RAER 包含在前面提到的功能需求（FR）說明文件中，把它放在另一個名為「效率需求」的區段中。畢竟，如果沒有合理的速度和效率，就稱不上是功能齊全的軟體，不是嗎？

總而言之，本節定義資源感知效率需求規格，該規格提供對軟體效率的需求和預期效能的近似值，能幫助我們在本書進一步學習開發和優化技術。因此，我想鼓勵您了解自身目標效能，最好在開始開發軟體，並優化或添加更多功能之前。

以下解釋如何為自己想要提供的系統、應用程式或函數，擁有或建立這樣的 RAER。

## 獲取和評估效率目標

理想情況下，當您開始從事任何軟體專案時，您已經指定了 RAER 之類的東西。在較大的組織中，您可能有專門的人員，例如專案或產品經理，他們會在功能需求之上蒐集此類效率需求，並應該確保可以滿足需求。如果他們沒有蒐集 RAER，請毫不猶豫地要求他們提供此類資訊，這是他們的工作。

不幸的是，大多數情況沒有特定效率需求，尤其是在較小的公司、社群驅動的專案，或很明顯的，在您的個人專案中，在這些情況下就需要自己獲取效率目標。那要如何開始呢？

此任務同樣類似功能目標，需要為使用者帶來價值，所以理想情況下，需要詢問他們在速度和執行成本方面的需求，找出利益關係人或客戶，詢問他們的效率和速度需求，他們的支付成本以及限制為何；例如，叢集只有 4 台伺服器，或 GPU 只有 512 MB 記憶體等。同樣的，對於功能而言，優秀的產品經理和開發人員會嘗試把使用者效能需求轉化為效率目標，但如果利益關係人不是來自工程領域，這件事就不是那麼輕而易舉了。例如，「我希望這個應用程式執行得很快」這類陳述，就必須轉化為對細節的描述。

如果利益關係人無法給出他們可能期望從您的軟體獲得的延遲數字，只需選擇一個數字即可；一開始可能很高，這對您來說是好事，它會讓之後的日子比較輕鬆。或許這會引發利益相關方就該數字的涵義展開討論。

通常，系統使用者也有多個角色。例如，想像一下公司把執行軟體作為向客戶提供的服務，並且該服務已經訂出價格。在這種情況下，使用者關心的是速度和正確性，而公司關心的是軟體效率，因為這會轉化成執行服務所能獲得的淨利潤；或者如果執行計算成本太高時，會造成的損失。在這個典型的軟體即服務（software as a service, SaaS）範例中，RAER 不是只有一個輸入源，而是兩個。

### 吃狗糧

通常，對於較小的程式碼庫、工具和基礎架構軟體來說，我們既是開發人員也是使用者。在這種情況下，從使用者的角度來設定 RAER 將容易許多，這是使用自己建立軟體的好處之一，通常稱這種做法為「吃自己的狗糧」（dogfooding）。

不幸的是，即使使用者願意定義 RAER，現實也不是那麼完美。困難之處在於，從使用者角度提出的建議在預期時間內是確定可行的嗎？知道需求後，必須用可以提供的團隊技能、技術可能性和所需時間來驗證；通常，即使給出一些 RAER，也需要盡自己的努力，從可實作性的角度來定義或評估 RAER。本書將教您完成此任務需要的所有知識。

同時，來看看一個 RAER 定義過程的例子。

## 定義 RAER 的範例

定義和評估複雜的 RAER 可能會很龐雜。但是，如果必須從頭開始，從可能不費吹灰之力但明確的需求開始最為合理。

設定這些需求歸結為使用者的觀點，需要找出讓您的軟體在其上下文中有價值的最低需求。例如，假設需要建立一組在 JPEG 格式影像上應用影像增強的軟體，在 RAER 中，現在可以把這種影像轉換視為運算（operation），並把影像檔案集和所選擇的增強作為輸入（input）。

RAER 中的第二項是運算延遲。從使用者角度來看，最好盡快將之納入。然而，經驗應該會告訴我們，影像應用增強功能的速度是有限的，尤其是大且多的影像；要怎樣才能找到一個合理的延遲數需求，既能滿足潛在使用者的需求，又能讓軟體成功呢？

就一個數字達成一致並不容易，尤其是剛接觸效率的世界時。例如，我們可能會猜測單一影像處理 2 小時可能太長，而 20 奈秒是無法達成的，但很難在這裡找到中間地帶。然而，正如第 82 頁「效率需求應該正式化」所提，我鼓勵您嘗試定義一個數字，因為它會讓您的軟體更容易評估！

### 定義效率需求就像在談薪水

同意某人對其工作的報酬，類似於為程式的延遲或資源使用，找到需求的最佳點。面試者當然希望薪水盡量高一點，但作為雇主，您也不想多付錢，且難以評估此人將提供的價值，以及如何為此類工作設定有意義的目標。定義 RAER 與薪資談判相同的是：不要設定太高期望、看看其他競爭對手、協商，並給出試用期！

定義延遲或資源消耗等 RAER 詳細資訊的一種方法，是看看競爭對手，他們已經陷入某種限制和框架中，無法說明他們的效率保證。您不需要把這些設定為您的數字，但這可以為您提供一些線索，讓您了解什麼是可能的，或客戶想要為何。

雖然有用，但衡量競爭者通常並不足夠，終究還是必須估計心目中的系統和演算法，以及現代硬體的大致可能性。可以從定義初始單純演算法開始，假設第一個演算法不是最有效率的，但它會能提供一個良好的開端，讓我們可以輕鬆達成。例如，假設要從磁碟（SSD）讀取 JPEG 格式影像、把它解碼到記憶體、應用增強、編碼回來再寫入磁碟。

有了這個演算法，就可以開始討論它的潛在效率了。然而，正如您將在第 95 頁「優化設計等級」和第 247 頁「實驗的可靠性」中所了解的那樣，效率取決於許多因素！很難在現有系統上對其測量，更不用說只根據未實作的演算法對其預測了。

這就是餐巾紙數學的複雜性分析發揮作用的地方！

**餐巾紙數學**

又稱信封背面（back-of-the-envelope）計算，餐巾紙數學（*napkin math*）是一種以簡單理論假設來大概計算和估計的方法。以電腦中某些運算的延遲為例，例如，從 SSD 連續讀取 8 KB 大約需要 10 微秒，而寫入為 1 毫秒[16]。據此，可以計算讀取和寫入 4 MB 的循序資料所需時間，如果在系統中進行一些讀取動作，就可以依此開始計算總延遲等。

餐巾紙數學都是估計算法，所以可持保留態度，有時這樣做會讓人難以置信，因為一切過於抽象。然而，如此快速的計算，對猜測和初始系統想法是否正確來說，怎都算是個不錯的測試，能提供值得花點時間的早期回饋，尤其是圍繞常見的效率需求，如延遲、記憶體或 CPU 使用率等。

第 232 頁將詳細討論複雜度分析和餐巾紙數學，這裡先快速定義範例 JPEG 增強問題空間的初始 RAER。

複雜度允許把效率表達為輸入延遲（或資源使用）的函數。我們對 RAER 討論的輸入為何？首先假設最壞的情況。找到系統中最慢的部分，以及什麼輸入可以觸發它。在範例中，可以想像輸入允許的最大影像，例如 8K 解析度，會有最慢的處理速度。處理一組影像的需求使事情變得有點棘手。現在，假設最壞的情況並開始與之協商。最壞的情況是影像不同，而且不使用並行。這意味延遲可能是 $x * N$ 的函數，其中 $x$ 是最大張影像的延遲，$N$ 是集合中影像的數量。

給定 JPEG 格式的 8K 影像最壞情況輸入，可以嘗試估計複雜度。輸入的大小取決於獨特顏色的數量，但我發現，大多數影像都在 4 MB 左右，所以讓這個數字代表平均輸入大小。使用附錄 A 中的資料，可以計算出這樣的輸入至少需要 5 毫秒的讀取時間，和 0.5 秒的時間才能儲存在磁碟上。同樣的，從 JPEG 格式編碼和解碼，可能意味著至少要在記憶體中配置多達 7680 × 4320（約 3300 萬）像素，並對它們迭代。查看 image/jpeg 標準 Go 程式庫[17]，每個像素由 3 個 uint8 數字[18]，以 YCbCr 格式[19] 來表達，意味著大約 1 億個無符號 8 位元組整數，就可以找出潛在的執行時間和空間複雜度：

---

16 本書和優化過程中會頻繁使用餐巾紙數學，所以我在附錄 A 準備一個關於延遲假設的小小備忘單。

17 *https://oreil.ly/3Fnbz*

18 *https://oreil.ly/JmgZf*

19 *https://oreil.ly/lWiTf*

## 執行時間

需要從記憶體中獲取每個元素（從 RAM 中循序讀取大約需要 5 奈秒）兩次：一次用於解碼，一次用於編碼，這意味著共需要 2 * 1 億 * 5 奈秒，也就是 1 秒。快速用數學計算一下，可知在不應用任何增強或更棘手演算法的情況下，對單一影像的此類運算不會快於 1 秒 + 0.5 秒，也就是 1.5 秒。

由於餐巾紙數學只是估計，再加上沒有考慮實際增強運算，因此可以安全地假設最多錯估 3 倍的時間。這意味著可以使用 5 秒作為單一影像安全的初始延遲需求，因此 N 張影像為 5 * N 秒。

## 空間

對於把整張影像讀取到記憶體的單純演算法，儲存該影像可能會是配置最多記憶體的運算。對於之前提到的每個像素 3 個 uint8 數字，我們會有 3300 萬 * 3 * 8 個位元組，因此最大記憶體使用量為 755 MB。

在此假設使用典型案例和未優化的演算法，因此希望能夠改進這些初始數字。但對於使用者來說，為 10 張影像等待 50 秒，並在每張影像上使用 1 GB 的記憶體可能沒有問題。了解這些數字可以在可能情況下縮小效率問題的範圍！

如果想要進一步確認計算，或是卡在餐巾紙數學計算的話，也可以對系統中關鍵的、最慢的運算執行快速基準測試。因此，我使用標準 Go jpeg 程式庫編寫一個用於讀取、解碼、編碼和儲存 8K 影像的基準測試。範例 3-3 顯示這個基準測試結果的結論。

範例 3-3 　 *Go 讀取、解碼、編碼和儲存 8K JPEG 檔案的微觀基準測試結果*

```
name       time/op
DecEnc-12  1.56s ±2%
name       alloc/op
DecEnc-12  226MB ± 0%
name       allocs/op
DecEnc-12   18.8 ±3%
```

事實證明，執行時間計算非常準確。對 8K 影像進行基本運算平均需要 1.56 秒！然而，配置的記憶體比想像的要好三倍之多。仔細檢查 YCbCr struct's comment[20]，會發現這種型別會儲存每個像素的 Y 個樣本，但每個 Cb 和 Cr 樣本可以跨越一個或多個像素，這可能解釋了差異。

---

20　*https://oreil.ly/lm3T4*

獲取和評估 RAER 似乎很複雜，但我建議在任何認真開發之前，先練習並獲取這些數字。透過基準測試和餐巾紙數學，可以快速了解 RAER 是否可以透過我們想到的粗略演算法來達成，同樣的過程也可以用來判斷是否有更容易達成的優化空間，如第 95 頁「優化設計等級」中所述。

有了獲取、定義和評估您的 RAER 能力，終於可以嘗試克服一些效率問題了！下一節中將討論我建議的步驟，以能夠專業地處理這種有時會讓人有些壓力的情況。

# 有效率問題？保持冷靜！

首先，不要驚慌！大家都面臨過同樣的情況。編寫一段程式碼並在機器上測試，效果很好，讓人感到驕傲，但一發布出去，馬上就有人報告效能問題。可能在別人的機器上跑得不夠快。也或許它對其他使用者的資料集，使用意外數量的 RAM。

在建構、管理或負責的程式面臨效率問題時，通常有多種選擇；但在做出任何決定之前，必須做一件至關重要的事情。問題發生時，請清除您對自己或合作團隊的負面情緒，將錯誤歸咎於自己或他人很常見，當有人抱怨您的作品時，您會自然而然地感到內疚。然而，每個人都必須明白，效率這個主題極具挑戰性，誰也不例外。最重要的是，低效率或錯誤程式碼每天都會發生，即使對於最有經驗的開發人員來說也是如此。因此，不用為犯下這種錯誤而感到羞恥。

為什麼我要在程式設計書籍中強調情緒這件事？因為心理安全是開發人員對程式碼效率採取錯誤方法的重要原因。拖延、感覺被卡住、害怕嘗試新事物，或困於不好的念頭，都只是負面結果的一部分。根據我個人經驗，責怪自己或他人也無法解決任何問題；相反的，只會扼殺創新和生產力，並帶來焦慮、負面情緒和壓力。這些感覺會進一步阻止您處理所報告的效率問題方法，或對任何其他問題做出專業、合理的決定。

 無可指責的文化很重要

在網站可靠性工程師於事件發生後執行的「事後分析」（postmortem）過程中，強調無可指責（blameless）的態度尤為重要。例如，有時候代價高昂的錯誤是由一個人引發的，雖然沒有人樂見這個人因此感到灰心或得到懲罰，但了解事件的原因並防止至關重要。此外，無可指責的方法除了能夠尊重他人，同時也可以誠實地對待事實，因此每個人都可以放心地升級問題而不用感到害怕。

不要無謂的擔心，保持頭腦清醒，遵循系統性、甚至可說是機械化的過程（是的，理想情況下，有一天所有這些都是自動化的！）面對現實吧，實際上並非每個效能問題都必須優化。我建議的開發人員潛在流程如圖 3-3 所示。請注意，優化步驟尚未在列表中！

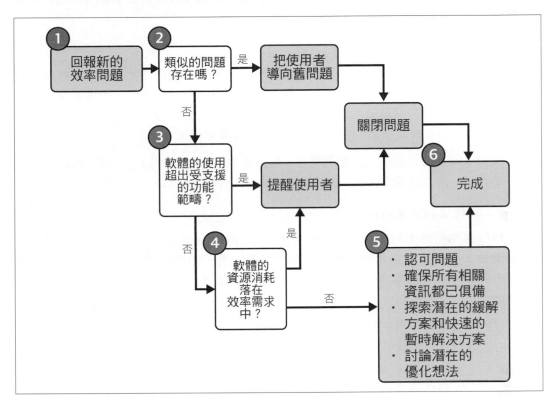

圖 3-3　效率問題分類的推薦流程

這裡概述報告效率問題時要執行的 6 個步驟：

**第 1 步：錯誤追蹤器報告了效率問題。**

當有人報告我們負責的軟體存在效率問題時，整個過程就開始了；如果報告問題不只 1 個，請一一針對每個問題開始圖 3-3 所示的過程，各個擊破。

請注意，應該養成完成此過程，並透過錯誤追蹤器來處理的習慣，即使小型個人專案也是如此，不然怎麼能詳細記住想要改進的所有事情呢？

### 第 2 步：檢查重複項。

這件事可能是不費吹灰之力的，但請盡量把一切組織起來。把多個問題組合成一個單一的、有重點的對話以節省時間。不幸的是，目前還沒有辦法依賴可靠的人工智慧等自動化，找出重複項。

### 第 3 步：根據功能需求驗證環境。

此步驟必須確保效率問題報告器使用了受支援的功能。我們會為功能需求中所定義的特定使用案例設計軟體，由於對於解決各種獨特但有時卻又相似的使用案例的高度需求，使用者經常試圖「濫用」軟體來做一些不符合它設計目的的事，運氣好會奏效；有但時也會以崩潰、意外的資源使用或速度變慢而告終[21]。

同樣的，如果約定的先決條件不符合，也應該根據功能需求驗證環境。例如，發送不受支援、格式錯誤的請求，或者軟體部署在沒有所需的 GPU 資源機器上。

### 第 4 步：根據 RAER 來驗證情況。

一些對速度和效率的期望無法或並不需要得到滿足，這就是第 85 頁「資源感知效率需求」所討論的正式效率需求規格的寶貴之處。如果報告出來的觀察結果，例如有效請求的反應延遲等仍在商定的軟體效能數字內，應該傳達這一事實並繼續前進[22]。

同樣的，當問題作者把軟體部署在需要 SSD 的 HDD 磁碟上，或者程式執行在 CPU 核心數低於正式協議規定的機器上時，也應該禮貌地關閉此類錯誤報告。

**功能或效率需求可能會改變！**

也可能存在功能或效率規格沒有預測到的某些極端情況，因此，可能需要修改規格以符合實際情況。需求和要求會不斷改變，效能規格和期望也應如此。

### 第 5 步：確認問題，記下優先級，然後繼續。

是的，您沒有看錯。在確認影響和之前的所有步驟之後，對目前報告出來的問題，幾乎不用做任何事，這是可以接受甚至推薦的做法！因為可能有其他更重要的事情需要注意，可能是一個重要的、超過期限的功能或程式碼不同部分中的另一個效率問題。

---

21　例如，參見第 80 頁「了解您的目標」中提到的 XY 問題實例。

22　問題的報告者顯然可以和產品所有者協商更改規格，如果他們認為它夠重要，或者想要額外付費等。

世界並不完美，沒有人有辦法解決所有問題，讓自己有自信點。請注意，這和忽略問題不同，因為我們仍然必須承認問題存在，並提出後續問題，這會有助於找到瓶頸，並在之後對它優化。確保要詢問他們正在執行的確切軟體版本，嘗試對正在發生的事情提供解決方法或提示，以便使用者可以幫助您找到根本原因。討論可能出錯的想法，把這一切都寫在問題中，能幫助您或其他開發人員在之後有一個好的開始。清楚地傳達您會在下一次的優先級排序會議中，和團隊優先考慮此問題以進行潛在優化工作。

### 第 6 步：完成，問題已分類。

恭喜，問題已解決，不是封閉就是開放的。如果在所有步驟之後它是開放的，現在可以考慮它的急迫性，並和團隊討論接下來的步驟。一旦計畫解決特定問題，第 100 頁「效率感知開發流程」中的效率流程會告訴您如何有效地完成。不要害怕，可能比您想像的還要容易！

**此流程適用於 SaaS 和外部安裝軟體**

相同的流程適用於使用者在其筆記型電腦、智慧型手機或伺服器上安裝與執行的軟體，或稱「本地端」（on-premise）安裝；以及由公司「即服務」（as a service）管理的軟體：軟體即服務（software as a service, SaaS）。開發人員仍應嘗試以系統性方法對所有問題分類。

優化分為合理的和蓄意的之後，也許還會有其他類別。為了簡化和隔離軟體效率優化問題，可以把它分為多個等級，然後單獨設計和優化。我們將在下一節討論這些內容。

# 優化設計等級

再回到本章多次使用的每天長途通勤真實案例。如果這樣的通勤讓您不開心，因為它會讓人耗費心力而且花上很多時間，優化它可能就是有意義的，以下是可以嘗試的努力：

- 從小處著手，購買適合步行距離、更舒適的鞋子。
- 如果有幫助就購買電動滑板或汽車。
- 計畫行程，以減少通勤的時間或距離。
- 購買電子書閱讀器並培養閱讀興趣，以免浪費時間。
- 最後，搬得離工作場所近一點，或甚至換工作。

這些方法可以逐一或一次全面性的優化，但每次優化都需要一些投資、取捨和努力，例如買車要花的錢等等。最好的情況當然是極小化工作量，同時極大化價值並有所作為。

這些方法還有另一個關鍵考量點：如果選擇在某個方法的進階優化，則其他已優化的方法可能會受到影響或貶值。例如，針對通勤做出的許多優化，包括買一輛更好的汽車、或參與汽車共享以節省燃料、調整工作時間以避免交通擁塞等等。但如果更進一步地決定在更高等級上優化，如搬到離工作場所步行距離內可達的公寓，是不是也表示，之前優化的任何努力和投資就算不是徹底浪費的話，至少也不是那麼有價值了。工程領域也是如此，應該知道要在哪裡以及何時，將功夫花在優化工作上。

在研讀電腦科學時，學生第一次接觸優化是學習有關演算法和資料結構的理論時。他們探索如何使用具有更好時間或空間複雜度的不同演算法，來優化程式（見第 235 頁「大 O 符號的漸近複雜度」）。雖然改變程式碼中使用的演算法是一項重要的優化技術，但有更多的領域和變數可以優化，以提高軟體效率。要恰當地談論效能，還有更多軟體會依賴的等級。

圖 3-4 顯示在軟體執行中發揮重要作用的等級。這個等級列表的靈感來自 Jon Louis Bentley 在 1982 年製作的列表 [23]，至今仍然非常準確。

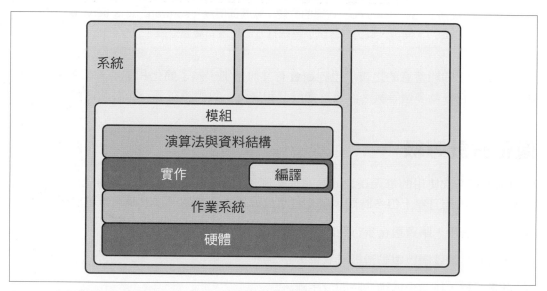

圖 3-4　參與軟體執行的等級，可以對每一個等級單獨優化。

---

23　Jon Louis Bentley, *Writing Efficient Programs* (Prentice Hall, 1982)

---

本書概述 5 個優化設計等級，每個等級都有它的優化方法和驗證策略，以下依照順序，從最高到最低深入探討：

## 系統等級

在大多數情況下，軟體是某個更大系統的一部分。也許它是許多分散式程序中的一個，或者是更大的單體（monolith）應用程式中的一個執行緒。在所有情況下，系統都是圍繞多個模組（module）建構的。模組是一種小型軟體元件，它封裝方法、介面或其他 API（例如網路 API 或檔案格式）背後的某些功能，以便容易互換和修改。

每個 Go 應用程式，即使是最小的應用程式，都是一個可執行模組，它會從其他模組匯入程式碼，因此，您的軟體依賴於其他元件。在系統等級優化意味著更改使用的模組、它們是如何連結在一起、誰呼叫哪個元件以及呼叫頻率為何。可以說我們正在設計的是跨模組和 API 工作的演算法，而這些模組和 API 是我們的資料結構。

這是一項重要的工作，需要多個團隊努力和良好架構設計；好在值得的是，它通常會帶來巨大的效率提升。

## 模組內演算法和資料結構等級

給定一個要解決的問題、它的輸入資料和預期的輸出，模組開發人員通常從設計程序的兩個主要元素開始。首先是演算法（*algorithm*），也就是一組有限數量的電腦指令，來運算資料並解決問題，例如，產生正確的輸出。您可能聽說過許多流行的演算法：二分搜尋、快速排序（quicksort）、合併排序（merge sort）、map-reduce 等等，但是您的程式執行的任何客製化步驟集合，都可以稱為演算法。

第二個元素是資料結構（*data structure*），通常隱含在所選的演算法中。它們允許我們在電腦上儲存資料，例如輸入、輸出或間歇性資料。這裡也有無限的選擇：陣列（array）、雜湊映射（hash mapping）、鏈結串列（linked list）、堆疊（stack）、佇列（queue）、還有其他混合的或客製化結構。在模組中可靠地選擇演算法非常重要。它們必須根據您的特定目標，例如請求延遲和輸入特性來進行修改。

## 實作（程式碼）等級

模組中的演算法在以程式碼編寫並可編譯為機器碼之前並不存在。開發人員在這裡擁有巨大的控制權，可以有效率地實作一個低效率的演算法，從而滿足 RAER。另一方面，一個驚人的、有效率的演算法也有可能實作不當，而導致意外的系統減速。在程式碼等級優化，意味著採取用進階語言（例如 Go）所編寫的程式，來實作特定演算法，並使用相同的演算法，在想要的任何層面（例如延遲）產生更有效率的程式，並產生相同的正確輸出。

通常，演算法和程式碼等級會同時優化。在某些情況下，選擇一種演算法並只聚焦於程式碼優化會更容易，第 10 章和第 11 章會介紹這兩種方法。

 以前的一些資料把編譯步驟視為單獨等級，但我認為程式碼等級優化技術就必須包含編譯器等級優化技術。您的實作和編譯器如何把它翻譯成機器碼之間存在著深刻的綜效，身為一個開發人員必須了解這種關係。第 116 頁「理解 Go 編譯器」會探討更多 Go 編譯器的涵義。

## 作業系統等級

如今的軟體從不直接在機器硬體上執行，也從不單獨執行。相反的，執行的作業系統會把每個軟體分開成程序（然後是執行緒）、在 CPU 核心上排程、並提供其他基本服務，例如記憶體和 IO 管理、裝置存取等。最重要的是，有額外的虛擬化層（虛擬機器、容器），可以把它們放入作業系統桶中，尤其是在雲端原生環境中。

所有這些層都會帶來一些額外負擔，而這些額外負擔可以交由那些控制作業系統的開發和配置的人員優化。本書假設 Go 開發人員很少能影響到這個等級，然而，了解這些也能幫助我們在其他更高等級上達到效率的挑戰和使用樣式，收穫良多，第 4 章會繼續介紹，主要聚焦於 Unix 作業系統和流行的虛擬化技術。我在本書中假設裝置驅動程式和韌體也屬於這個類別。

## 硬體等級

最後，一組從程式碼翻譯而來的指令有時候會由電腦 CPU 單元來執行，其中包含的內部快取會連接到主機板中的其他重要部分：RAM、本地端磁碟、網路介面、輸入和輸出裝置及其他。通常，身為開發人員或操作人員，由於前面提到的作業系統等級可以抽離這種複雜度（這也會因硬體產品而異）。然而，應用程式的效能受到硬體限制，其中一些可能令人驚訝。例如，您是否知道多核心機器的 NUMA 節點的存在以及它們會如何影響效能？您知道 CPU 和記憶體節點之間的記憶體匯流排頻寬有限嗎？這是一個廣泛的話題，可能會影響軟體效率優化過程。第 4 章和第 5 章會簡要探討這個主題，以及 Go 用來解決這些問題的機制。

把問題空間劃分為等級有哪些實際好處？首先，研究 [24] 表明，就應用程式速度而言，通常可以在上述任一等級達成 10 到 20 倍的加速，甚至更多。這也和我的經歷相似。

---

24 Raj Reddy 和 Allen Newell 的「Multiplicative Speedup of Systems」（*Perspectives on Computer Science*, A.K. Jones, ed., Academic Press）詳細闡述每個軟體設計等級大約 10 倍的潛在加速。更令人興奮的是，對於階層式系統，不同等級的加速會成倍增加，這在優化時提供巨大效能提升潛力。

好消息是，這意味著可以把優化集中在一個等級上以獲得所需的系統效率 [25]。但是，假設您在一個等級上優化實作 10 到 20 倍。在那種情況下，如果不顯著地犧牲開發時間、可讀性和可維護性（圖 3-2 中的甜蜜點），可能很難再進一步優化這一等級。因此，您可能必須查看另一個等級才能獲得更多。

壞消息是您可能無法更改某些等級。例如，作為程式設計師，我們通常沒有能力輕易改變編譯器、作業系統或硬體。同樣的，系統管理員也無法更改軟體正在使用的演算法，但相對的，他們可以更換系統並配置或調整它們。

當心優化偏差！

有時既有趣也很可怕的是，一家公司內的不同工程團隊，會針對相同效率問題，提出截然不同的解決方案。

如果團隊中系統管理員或 DevOps 工程師比較多，解決方案通常是切換到另一個系統、軟體或作業系統，或者嘗試「調校」它們。相比之下，軟體工程組主要會在相同的程式碼庫、優化系統、演算法或程式碼等級上迭代。

這種偏見來自改變每個等級的經驗，但它可能會產生負面影響。例如，把整個系統從 RabbitMQ [26] 切換到 Kafka [27] 是一件大工程。如果您只是因為 RabbitMQ「感覺很慢」而這樣做，並沒有嘗試做出貢獻，那簡單的程式碼等級優化也可能是過度的。或者換句話說，嘗試在程式碼等級優化為那些因不同目的而設計的系統效率，可能是不夠的。

我們討論優化意涵，也提到如何設定效能目標、處理效率問題以及在其中執行的設計等級。現在是時候把所有內容整合在一起，並把這些知識結合到完整的開發週期中了。

---

25　這是一個讓人振奮的想法。例如，假設您的應用程式以 10 分鐘為單位傳回結果。透過優化一個等級（例如，一種演算法）就能把它減少到 1 分鐘，讓你成為能夠改變遊戲規則的人。

26　*https://oreil.ly/ZVYo1*

27　*https://oreil.ly/wPpUD*

# 效率感知開發流程

> 在程式生命週期的早期階段，程式設計師的主要關注點應該是程式設計專案的整體組織，和產生正確且可維護的程式碼。此外，在許多情況下，設計簡潔的程式，對於手頭上的應用程式來說通常就足夠有效率了。
>
> —Jon Louis Bentley，*Writing Efficient Programs*

希望此時您已經意識到必須考慮效能，最好是從早期開發階段就開始，但這也存在著風險，畢竟開發程式碼並不是為了提高效率。為特定功能編寫程式，以滿足設定的或從利益關係人那裡獲得的功能需求，為了能有效完成這項工作，因此需要務實方法。從高層次的角度來看，開發一個可行但有效率的程式碼不就好了？

開發流程可以簡化為 9 個步驟，如圖 3-5 所示。由於沒有更好的術語，姑且稱之為 *TFBO* 流程：含測試（test）、修復（fix）、基準測試（benchmark）、和優化（optimize）。

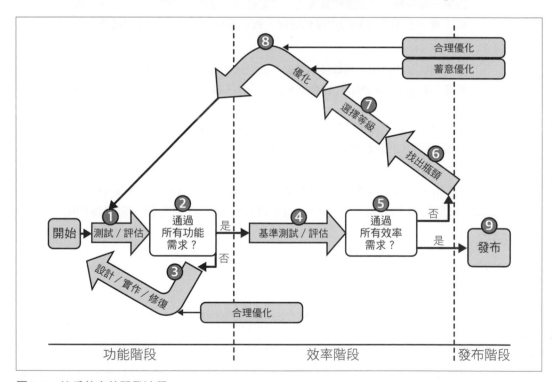

圖 3-5　注重效率的開發流程

這個流程具系統性且高度迭代，需求、依賴項和環境都在變化，所以我們也必須在更小的區塊中工作。TFBO 流程可能感覺有點嚴格，但請相信我，認真和有效的軟體開發需要一些紀律，它適用於您從頭開始建立新軟體、添加功能或更改程式碼的情況。不僅是 Go，TFBO 應該可以適用於所有語言編寫的軟體，它也適用於第 95 頁「優化設計等級」中提到的所有等級。以下是 TFBO 的 9 個步驟。

# 功能階段

> 讓正確的程式快速執行，比讓快速的程式正確執行要容易得多。
>
> 　　　—H. Sutter 和 A. Alexandrescu，*C++ Coding Standards: 101 Rules, Guidelines, and Best Practices*（Addison-Wesley，2004 年）

永遠要先從功能開始；無論目標是開始一個新程式、添加新功能、還是只是優化現有程式，都應該從功能的設計或實作開始。根據設定目標，讓它運作、讓它簡單、可讀、可維護、安全等，最好是以書面形式。特別是當您開始成為軟體工程師時，請一次只專注於一件事。透過實務，可以儘早添加更合理的優化。

## 1. 先測試功能

對某些人來說這可能有違直覺，但您再怎樣都應該從預期功能的驗證框架開始，越自動化越好；當您有一個空白頁面並開始開發新程式時，這也適用。這種開發典範稱為測試驅動開發（test-driven development, TDD），主要聚焦於程式碼可靠性和功能交付速度效率，在嚴格形式下，在程式碼等級需求特定流程：

1. 編寫或擴展一個現有的測試，它會用於實作功能。

2. 確保執行所有測試，並看到新測試因預期原因而失敗，如果沒有看到任何失敗，請先修復這些測試。

3. 以盡可能小的更改來迭代，直到所有測試都通過且程式碼乾淨為止。

TDD 消除許多未知數。想像一下，如果不遵循 TDD，例如添加一個功能後編寫一個測試，即使沒有這個功能，也很容易犯一個總是通過測試的錯誤。同樣的，假設在實作後添加測試，而此測試通過了，但之前添加的其他測試都失敗了，很有可能是因為實作之前沒有執行測試，所以不知道之前是否一切正常。TDD 確保您不會在工作結束時遇到這些問題，從而有效提高可靠性，它還減少實作時間，允許安全地修改程式碼，並儘早提供回饋。

此外，如果想要實作的功能已經完成但沒有注意到該怎麼辦？先編寫測試會很快揭示這一點，從而節省時間。以下為劇透：後面的第 4 步中也會使用相同原則來進行基準測試驅動優化！

TDD 可以很容易理解為程式碼等級的實務，但是如果您是在設計或優化演算法和系統呢？答案是流程保持不變，但測試策略必須應用於不同等級，例如，驗證系統設計。

假設目前設計或實作的內容已測試或評估，那下一步為何？

## 2. 是否通過功能測試？

有了第 1 步的結果，工作就容易許多，可以做出下一步資料驅動內容的決策！首先，比較測試或評估結果和約定功能需求，目前的實作或設計是否符合規格？若完全符合則可以跳到第 4 步；但是，如果測試失敗或功能評估顯示存在一些功能差距，就前往第 3 步並解決這種情況。

問題是當您沒有在任何地方說明這些功能需求時。正如第 82 頁「效率需求應該正式化」中所討論的，這也是為什麼詢問功能需求或自行定義如此重要的原因。即使是在專案讀我（README）檔案中編寫的最簡單目標列表，也總比沒有好。

現在，來探討如果軟體的目前狀態沒有通過功能驗證該怎麼辦。

## 3. 測試失敗，則必須設計、實作或修復缺失的部分

根據設計等級，這一步驟應該設計、實作或修復功能部分，以縮小目前的狀態和預期功能之間的差距。正如第 74 頁「合理優化」內容，除了明顯的合理優化之外，這裡不允許進行任何優化，而是要聚焦於可讀性、模組設計和簡單性。例如，不要費心思考是透過度量或值來傳遞參數會比較優化、或者在這裡去解析整數是否會太慢，除非那是顯而易見的；去做任何從功能和可讀性角度來看有意義的事情。此時還沒有驗證效率，所以先暫時忘記蓄意優化。

您可能已經注意到，圖 3-5 中的步驟 1、2 和 3 形成一個小循環。每當程式碼或設計更改時，都會提供一個早期回饋循環。第 3 步就像在海洋上航行時，為「軟體」這艘船轉個方向，因為我們知道目的地，也知道如何以正確方向來觀察太陽或星星。然而，如果沒有像 GPS 這樣精確的回饋工具，最終可能會航行到錯誤的地方，並且在幾週後才意識到這一點。這也是為什麼在短時間內驗證航行位置以獲得早期回饋，會非常有幫助！

和程式碼相同，誰都不想工作幾個月後，才知道根本沒有接近軟體期望值。透過對程式碼或設計進行小的迭代，以利用功能階段迴圈，轉到第 1 步（執行測試）、第 2 步、然後返回第 3 步，來進行另一個小的修正[28]，這是多年來工程師發現的最有效開發週期。所有現代方法論，例如極限程式設計（extreme programming）[29]、Scrum、Kanban 和其他敏捷（Agile）[30] 技術，都建立在小迭代的前提下。

可能在經過數百次迭代之後，就能擁有足以滿足第 2 步驟為本次開發會議而設定的功能需求軟體或設計。現在，是時候來確保軟體夠快也夠有效率了！請見下一節。

# 效率階段

一旦軟體在功能方面讓人感到滿意，就要來確保它符合預期的資源消耗和速度。

乍看之下，拆分階段並把它們彼此隔離似乎是一種額外負擔，但它會幫助您進一步組織開發人員工作流程，讓人更專注、控制早期未知和錯誤、並幫助我們避免代價高昂的焦點上下文（focus context）切換。

可以透過步驟 4 中執行初始（基線）效率驗證，來開始效率階段；也許軟體會在沒有任何更改的情況下就足夠有效率了，這很難說！

## 4. 效率評估

這裡採用與功能階段第 1 步類似的策略，但朝向效率空間。先定義一個和第 1 步中解釋的 TDD 方法等效的方法，稱之為基準測試驅動優化（benchmark-driven optimization, BDO）。實際上，第 4 步在程式碼等級看起來像這個過程：

1. 為想要比較的效率需求的所有運算編寫或擴展現有基準測試，即使您知道目前的實作效率不高，也不要略過，因為稍後會需要這項工作。這並不是一件小事，第 8 章會詳細討論相關內容。

2. 理想情況下，執行所有基準測試以確保您的更改不會影響不相關的運算。實際上，這會花費過多時間，因此請專注於您要檢查程式的一部分，例如一個運算即可，並僅為該部分執行基準測試。儲存結果以備後用，這就是基線。

和第 1 步類似，更高階的評估可能需要不同的工具。有了來自基準測試或評估的結果後，跳到第 5 步。

---

28  最理想的情況是對儲存的程式碼檔案的每個程式碼片段或事件進行功能檢查，越早進行回饋迴圈越好，主要障礙是執行所有測試所需的時間及其可靠性。

29  *https://oreil.ly/rhx8W*

30  *https://oreil.ly/sKZUA*

## 5. 有符合 RAER 嗎？

此步驟中必須把第 4 步的結果和蒐集到的 RAER 對比。例如，延遲是否在目前實作的可接受標準內？運算所消耗的資源量是否在約定範圍內？如果是，則不需優化！

同樣的，和第 2 步類似，必須為效率建立需求或粗略目標，否則無法評估目前看到的數字是否可以接受，這裡可以參閱第 87 頁「獲取和評估效率目標」，以了解定義 RAER 的方法。

對比之後，應該就有明確答案，是否在可接受的範圍內？如果是，可以直接跳到第 9 步的發布過程；如果不是，第 6 至 8 步會有讓人振奮的優化邏輯，現在就來看看這些步驟。

## 6. 找到主要瓶頸

這裡必須解決第 78 頁「優化挑戰」中所提到的第一個挑戰。要猜測是運算的哪一部分導致最大瓶頸並不容易，但不幸的是，這也是優化應該首先聚焦之處。

瓶頸（*bottleneck*）一詞描述特定資源或軟體的大部分消耗來源。它可能是大量的磁碟讀取、死結（deadlock）、記憶體洩漏，或在單一運算期間執行數百萬次的函數。單一程式通常只會有這其中的幾種瓶頸，要執行有效的優化，必須先了解瓶頸會造成的後果。

要進入這個過程，首先需要了解第 5 步所發現的問題根本原因，第 9 章會討論完成這項工作的最佳工具。

假設找出了執行最多的函數集合，或消耗最多資源的另一部分程式，下一步又是什麼呢？

## 7. 等級的選擇

第 7 步必須選擇希望優化的方法。應該讓程式碼更有效率嗎？也許可以改進演算法？或者可能在系統等級優化？極端情況下，也可能會想優化作業系統或硬體！

選擇取決於目前什麼東西會更實用，以及圖 3-1 中效率頻譜內所處的位置。重要的部分是在一次優化迭代中堅持進行單一等級優化，和功能階段類似，短迭代和小修正即可。

一旦知道想要提高效率或速度的等級，就可以開始優化了！

## 8. 優化!

這是眾人期待的步驟。最後，經過前面所有努力之後，已可知:

- 程式碼或設計中的哪些地方需要優化以獲取最大影響。

- 要優化的內容，也就是哪種資源消耗過大。

- 因為有 RAER，所以知道如何取捨在其他資源上要做的犧牲。

- 想優化的等級。

這些元素會讓優化過程變得更加容易，甚至通常可以從一開始就進行。現在讓我們聚焦於第 73 頁「超越浪費，優化是一場零和遊戲」中所介紹的思維，尋找浪費，也就是尋找可以減少工作量的地方。總有一些東西可以消除，無論是免費的還是利用其他資源來做其他工作，第 11 章會介紹一些樣式，第 10 章也有範例。

假設找到一些改進的想法，這是您應該實作或設計它的時候（依據等級）。但下一步為何?不能只因為以下兩點就發布優化:

- 不知道自己沒有引入功能性問題（錯誤）。

- 不知道是否改進任何效能。

這也是為什麼現在必須執行完整的迴圈（沒有例外!）轉到第 1 步並測試優化後的程式碼或設計至關重要，有問題的話，必須修復它們或回復優化，即步驟 2 和 3。

 在迭代優化時，很容易忽略功能測試階段。例如，如果您只是透過重用一些記憶體來減少一個記憶體配置，這會出現什麼問題?

我經常發現自己這樣做，這是讓人痛苦的錯誤。不幸的是，當您發現您的程式碼在經過幾次優化迭代後無法通過測試時，很難找到導致如此的原因，通常必須全部還原並從頭開始。因此，我鼓勵您在每次嘗試優化後，都執行局部的單元測試。

一旦確信優化沒有破壞任何基本功能後，檢查優化對情況是否有所改善就很重要了。執行相同的基準測試很關鍵，確保除了您所做的優化（第 4 步）之外沒有任何變化，這能夠減少未知數，並在小部分迭代優化。

比較第一次拜訪第 4 步的基線，和最新一次的第 4 步結果。這個關鍵步驟會告訴我們是否優化任何東西或導入效能迴歸；同樣，不要假設任何事情，讓資料來說明一切！Go 有很棒的工具，第 8 章將會討論。

如果新的優化沒有產生更好的效率結果，只需再次嘗試不同想法，直到它成功為止；如果優化產生更好的結果，就儲存工作，並轉到第 5 步驟來檢查是否已經足夠。如果不是，必須進行另一次迭代。在已經做過的事情上建構另一個優化通常很有用，也許還有更多需要改進的地方！

重複這個迴圈幾次甚或數百次之後，希望能在第 5 步中得到可接受的結果。若是如此，就可以在第 9 步驟享受工作成果！

## 9. 發布，好好享受！

很好！您經歷了效率感知開發流程的完整迭代，您的軟體現在可以相當安全地在外面發布和部署。這個過程可能令人感覺有點繁瑣，但要為它建立本能並自然地遵循很容易；當然，您可能已經在不知不覺中使用了這個流程！

## 總結

正如本章所言，征服效率並非不費吹灰之力的事情，但是，某些樣式的存在，有助於系統有效地引導此過程，例如 TFBO 流程對於讓我的效率感知開發保持務實並有效，非常有幫助。

TFBO 中包含的一些框架，例如測試驅動開發和基準測試驅動優化，最初可能看起來很乏味。然而，和這句話很像，「給我 6 個小時砍一棵樹，我會花 4 個小時磨一把斧頭」[31]，磨刀不誤砍柴工，您會注意到花時間來進行適當的測試和基準測試，從長遠來看會為您節省大量精力！

主要收穫是把優化分為合理的和蓄意的。然後，為了注意取捨和努力而討論定義 RAER，在每個人都能理解的正式目標下評估軟體，接下來的內容是出現效率問題時應該做哪事，以及有哪些優化等級。最後討論 TFBO 流程，在它指導下，完成實際開發過程。

---

31 *https://oreil.ly/qNPId*

總而言之，尋找優化可以視為是一種解決問題的技巧，注意到浪費並不容易，這需要大量練習，有點類似於在程式設計面試中表現良好。最後，看看過去效率不夠高的樣式以及如何改進它們的經驗法則很有幫助，這本書將鍛煉這些技能，並介紹許多可以幫助我們完成這段旅程的工具。

然而在此之前，有一些關於現代電腦架構的重要知識需要學習，可以透過範例來學習典型的優化樣式，但優化並不能有效泛化。如果不了解讓這些優化有效的機制，也就無法有效地找到它們，並把它們應用到獨特的環境中。下一章中將討論 Go 如何和典型電腦架構中的關鍵資源互動。

# Go 如何使用 CPU 資源（或兩個）

> 可以進行的最有用抽象化之一，是把硬體以及基礎架構系統的屬性視為資源。
> CPU、記憶體、資料儲存和網路類似於自然界中的資源：有限且是現實世界中
> 的實體物件，必須在生態系統中的各個關鍵參與者之間配置和共享。
>
> —Susan J. Fowler，*Production-Ready Microservices*
> （O'Reilly，2016 年）

正如第 3 頁「效能背後」所言，軟體效率取決於程式如何使用硬體資源，相同功能如果使用較少資源，就能提高效率，降低執行這樣一個程式的需求和淨成本。例如，使用較少的 CPU 時間（CPU「資源」），或存取時間較慢的資源（例如磁碟），通常也會減少軟體的延遲。

這聽起來可能很簡單，但在現代電腦中，這些資源以一種複雜、不可忽視的方式互動。此外，不只一個程序正在使用這些資源，因此程式不會直接使用它們，相反的，這些資源由作業系統所管理。如果這樣還不夠複雜，在雲端環境中，我們通常會進一步「虛擬化」（visualize）硬體，以便它可以以隔離方式，在許多個別系統之間共享。這意味著「主」（host）作業系統有一些方法，可以讓「客」（guest）作業系統存取單一 CPU 或磁碟的一部分，而「客」作業系統會認為那就是所有存在的硬體。最後，作業系統和虛擬化機制在程式和用來儲存或計算資料的實際物理裝置之間，建立起層級（layer）。

要了解如何編寫有效率程式碼或有效地提高程式效率，就必須了解典型電腦資源，如 CPU、不同類型的儲存和網路，和其特性、用途和限制，這沒有捷徑。此外，也不能略過對作業系統和典型虛擬化層級管理這些實體元件方法的理解。

本章將從 CPU 角度來檢查程式執行，並將討論 Go 如何使用 CPU 來處理單核心和多核心任務。

我們不會討論所有類型的電腦架構和所有現存作業系統的全部機制，因為這不可能放在一本書中，更不用說一章了。因此，本章將重點介紹採用 Intel 或 AMD、ARM CPU，和現代 Linux 作業系統的典型 x86-64 CPU 架構。如果您曾經在其他獨特類型的硬體或作業系統上執行您的程式，這應該可以幫助您入門，並提供一個起點。

先從探索現代電腦架構中的 CPU 開始，了解現代電腦的設計方式，主要聚焦於 CPU，也就是處理器（processor）。然後我會介紹組合語言（Assembly language），這能幫助理解 CPU 核心執行指令的方式；之後會深入研究 Go 編譯器，以了解當進行 `go build` 時會發生什麼事。然後會跳入 CPU 和記憶體牆問題，向您展示現代 CPU 硬體很複雜的原因，這個問題對在這些超關鍵路徑上編寫有效率程式碼產生直接影響。最後進入多工（multitasking）領域，解釋作業系統排程器（scheduler）如何嘗試在數量眾多的 CPU 核心上，配置數千個執行程式；以及 Go 執行時期排程器如何利用它來實作一個有效率的並行框架以供使用，並總結該使用並行的時機。

機械同感

本章一開頭可能會讓人不知所措，尤其是如果您是低階程式設計的新手。然而，了解正在發生的事情會有助於理解優化，因此，請專注於理解每個資源的進階樣式和特徵，例如，Go 排程器的運作方式。不需要知道如何手動編寫機器碼，或如何蒙著眼睛組裝電腦。

相反的，請懷著對電腦機器外殼下運作方式所保持的好奇心，來看待這個問題；換句話說，請具有機械同感（mechanical sympathy）[1]。

要了解 CPU 架構的工作原理，需要解釋現代電腦的執行方式，因此，讓我們在下一節中深入探討。

---

1   *https://oreil.ly/Co2IM*

# 現代電腦架構中的 CPU

在使用 Go 程式設計時,要做的就是建構一組敘述,一步一步地告訴電腦要做什麼。給定預定義的語言結構,如變數、迴圈、控制機制、算術和 I/O 運算,以實作任何可以和儲存在不同媒介中的資料互動演算法。這也是為什麼像許多其他流行的程式語言一樣,Go 可以稱為命令式(imperative)的,因為開發人員必須描述程式執行方式;這也是當今硬體設計方式,同樣具命令式,它會等待程式指令、可選輸入資料和所需的輸出位置。

程式設計並不總是那麼簡單。在一般用途機器出現之前,工程師必須設計固定程式硬體來實作所需的功能,例如桌上型計算器(calculator)。添加功能、修復錯誤或優化需要更改電路和製造新裝置,對「程式設計師」來說,這都稱不上是最容易的時刻!

幸運的是,在 1950 年代左右,世界各地的發明家研究出通用機器的機會,可以使用儲存在記憶體中的一組預定義指令進行程式設計,其中最早記錄這個想法的人,是偉大的數學家約翰・范紐曼(John von Neumann)和他的團隊。

> 很明顯的,機器不只必須能夠以某種方式儲存給定計算中所需的數位資訊……計算的中間結果(不同時間長度可能各有所需),而且還可以儲存指令,用來掌控要對數值資料執行的實際常式。……對於一般用途機器而言,必須能夠指示裝置,去執行任何可以用數值表示的計算。
>
> —Arthur W. Burks、Herman H. Goldstine 和 John von Neumann,
> *Preliminary Discussion of the Logical Design of an Electronic Computing Instrument*
> (Institute for Advanced Study,1946 年)

值得注意的是,大多數現代一般用途電腦,例如 PC、筆記型電腦和伺服器,都是基於約翰・范紐曼的設計。它假設可以像儲存和讀取程式資料,即指令輸入和輸出一樣,來儲存和獲取程式指令。透過從主記憶體或高速快取中的某個記憶體地址,讀取位元組來獲取要執行的指令,例如 add;和資料。例如加法的運算元。雖然現在聽起來不像是一個新穎的想法,但它確立了一般用途機器的工作方式,稱之為范紐曼電腦架構,可以在圖 4-1 [2] 介紹它的現代、進化後的變體。

---

2  從技術上嚴格來說,現在的現代電腦對程式指令和資料都有不同的快取,而兩者都儲存在主記憶體中。這就是所謂的修正 Harvard 架構。本書想要達到的優化等級中,可以安全地跳過這一等級的細節。

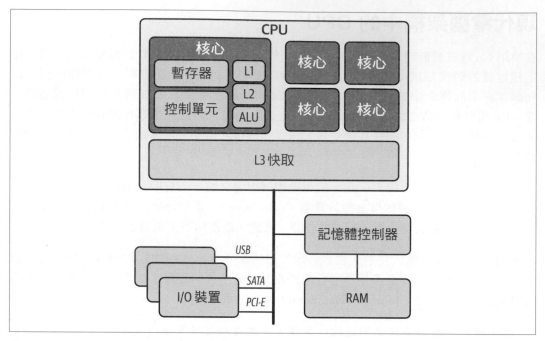

圖 4-1　具有單一多核心 CPU 和統一記憶體存取（uniform memory access, UMA）的進階電腦架構

現代架構的核心可以看到一個由多核心組成的 CPU，4 到 6 個實體核心是 2020 年代 PC 的標準。每個核心都可以執行所需的指令，並把某些資料儲存在隨機存取記憶體（random-access memory, RAM）或任何其他記憶體層級，例如暫存器（register）或 L-快取（cache），這會稍後討論。

第 5 章會介紹的 RAM，執行主要、快速及揮發性（volatile）記憶體職責，只要電腦通電，就可以儲存資料和程式程式碼（program code）。此外，記憶體控制器確保為 RAM 提供恆定的功率流，以把資訊儲存在 RAM 晶片上。最後，CPU 可以和各種外部或內部的輸入／輸出（I/O）裝置互動。從高層次的角度來看，I/O 裝置是指任何可以發送或接收位元組流的裝置，例如滑鼠、鍵盤、喇叭、顯示器、HDD 或 SSD 磁碟、網路介面和 GPU 等等。

簡單說，CPU、RAM 和流行的 I/O 裝置（如磁碟和網路介面），是電腦架構的重要組成部分。這就是第 82 頁「效率需求應該正式化」中提到的，在 RAER 中用來作為「資源」的東西，也是軟體開發通常想要優化的東西。

本章把重點聚焦於一般用途機器的大腦——CPU。什麼時候應該關心 CPU 資源？一般而言，從效率觀點來看，當發生以下任一情況時，就應該查看 Go 程序的 CPU 資源使用情況：

- 機器無法執行其他任務，因為程序使用所有可用的 CPU 資源計算能力。

- 程序執行速度出乎意料地慢，同時有明顯的較高 CPU 消耗。

有很多技術可以解決這些問題，但必須首先了解 CPU 的內部工作和程式執行的基礎，這是 Go 程式設計有效率的關鍵。此外，它還解釋了一開始可能會讓人感到驚訝的眾多優化技術，例如，您知道為什麼在 Go（和其他語言）中，如果計畫對它們進行大量迭代，應該避免使用像鏈結串列（linked list）這樣的結構，儘管它們具有快速插入和刪除等理論上的優勢？

在了解原因之前，必須先了解 CPU 核心如何執行程式。出乎意料之外的是，我發現解釋這一點的最好方法，是學習組合語言的工作原理；相信我，它可能比您想像的要容易！

# 組合語言

CPU 核心可以間接的執行我們寫的程式，例如範例 4-1 中的簡單 Go 程式碼。

範例 4-1　從檔案中讀取數字並傳回總和的簡單函數

```go
func Sum(fileName string) (ret int64, _ error) {
    b, err := os.ReadFile(fileName)
    if err != nil {
        return 0, err
    }

    for _, line := range bytes.Split(b, []byte("\n")) {
        num, err := strconv.ParseInt(string(line), 10, 64)
        if err != nil {
            return 0, err
        }

        ret += num ❶
    }

    return ret, nil
}
```

❶ 此函數中的主要算術運算，會把檔案中解析的數字添加到表示總和的 ret 整數變數中。

不幸的是，雖然這樣的語言遠遠不像英語口語，但它對於 CPU 來說仍然過於複雜和難以理解。它不是「機器可讀」程式碼。值得慶幸的是，除了第 116 頁「理解 Go 編譯器」中討論的其他事項，每種程式語言都有一個稱為編譯器[3]的專用工具，會把高階程式碼轉換為機器碼，您可能已經相當熟悉呼叫預設 Go 編譯器的 go build 命令。

機器碼是以二進位格式，即著名的 0 和 1 編寫的一系列指令。原則上，每則指令都由一個數字（opcode）表達，後面跟著可選的運算元，其形式為常數值或主記憶體中的位址（address）。也可以參照一些 CPU 核心暫存器，它們是直接位於 CPU 晶片上的微小「插槽」，可用於儲存中間結果。例如，在 AMD64 CPU 上有 16 個 64 位元一般用途暫存器，分別稱為 RAX、RBX、RDX、RBP、RSI、RDI、RSP 和 R8-R15。

在轉換為機器碼時，編譯器通常會添加額外的程式碼，例如額外的記憶體安全邊界檢查，它會自動更改程式碼，以符合給定架構的已知效率樣式。這不一定是我們所期望的，這也是為什麼在解決某些效率問題時，檢查所產生的機器碼有時會很有用。人類需要閱讀機器碼的另一個進階範例，是當我們需要對沒有原始碼的程式進行逆向工程（reverse engineer）時。

不幸的是，除非您是天才，否則不可能閱讀機器碼。但是，在這種情況下可以使用一個很棒的工具，那就是把範例 4-1 程式碼編譯為組合語言[4]而非機器碼。也可以把編譯好的機器碼反組合成組合語言。組合語言代表開發人員實際上可以閱讀和（理論上）編寫的最低階程式碼，它在轉換為機器碼時，CPU 也能清楚表達解讀的內容。

值得一提的是，編譯後的程式碼可以反組合成各種組合語言。例如：

- 使用標準 Linux 工具 objdump -d -M intel <binary>[5] 來反組合到 Intel 語法[6]

- 使用類似命令 objdump -d -M att <binary>[7] 來反組合到 AT&T 語法[8]

---

3　腳本（直譯）語言沒有完整的程式碼編譯，而是用一個直譯器（interpreter）逐行的編譯程式碼。另一種獨特的語言類型是使用 Java 虛擬機器（Java Virtual Machine, JVM）的一系列語言。這樣的機器可以動態地從直譯切換到即時（just-in-time, JIT）編譯，以進行執行時期優化。

4　*https://oreil.ly/3xZAs*

5　*https://oreil.ly/kZO3j*

6　*https://oreil.ly/alpt4*

7　*https://oreil.ly/cmAW9*

8　*https://oreil.ly/k6bKs*

---

- 使用 Go 工具 `go tool objdump -s <binary>`[9] 來反組合到 Go 的「偽」組合語言[10]

這三種作法都用於各種工具，並且語法各不相同；為了能更輕鬆，請再次確保您的反組合工具使用的語法。Go Assembly 是一種試圖盡可能可攜的方言，因此它可能不完全表達機器碼；然而，它通常一致且相當接近目的。它可以顯示第 116 頁「理解 Go 編譯器」中討論的所有編譯優化。這也是為什麼本書主要使用 Go Assembly 的原因。

**我需要了解組合語言嗎？**

您不需要知道如何用組合語言程式設計來編寫有效率的 Go 程式碼；然而，還是需要大概理解組合語言和反編譯過程是缺一不可的工具，它們通常可以揭示隱藏的、較低階的計算浪費。實際上，在應用所有更直接的優化時，它主要是用於進階優化上。組合語言也有助於理解編譯器翻譯成機器碼時對程式碼所做的修改，有時這些可能會會令大吃一驚！最後，它還能告訴我們 CPU 的工作方式。

範例 4-2 可以看到使用 `go tool objsdump -s` 編譯後的範例 4-1 的一小部分反組合程式碼，用來表達 `ret += num` 敘述[11]。

範例 4-2　編譯後的範例 4-1，經過反編譯後所得的 *Go Assembly* 附加部分程式碼

```
// go tool objdump -s sum.test
ret += num
0x4f9b6d        488b742450        MOVQ 0x50(SP), SI  ❶
0x4f9b72        4801c6            ADDQ AX, SI  ❷
```

❶ 第一行表示一個四字組（quadword）（64 位元）MOV 指令，它告訴 CPU 要從記憶體中（位址儲存在暫存器 SP 中再加上 80 位元組）複製 64 位元的值並把它放入 SI 暫存器[12]。編譯器決定 SI 會在函數中儲存傳回引數的初始值，也就是用於 `ret+=num` 運算的 ret 整數變數。

❷ 作為第二個指令，我們告訴 CPU 把一個四字組值從 AX 暫存器加到 SI 暫存器。編譯器使用 AX 暫存器來儲存 num 整數變數，它是解析自前面的指令中的 string（在這個片段之外）。

---

9　*https://oreil.ly/5I9t2*
10　*https://oreil.ly/lT07J*
11　透過使用 `go build -gcflags -S <source>` 來把原始碼編譯為組合語言，可以獲得和範例 4-2 類似的輸出。
12　請注意，在 Go Assembly 暫存器中，名稱已為了可攜性而抽象化。由於會編譯為 64 位元架構，因此 SP 和 SI 會代表 RSP 和 RSI 暫存器。

前面的範例顯示 MOVQ 和 ADDQ 指令。讓事情變得更複雜的是，每個不同的 CPU 實作都允許一組不同的指令，具有不同的記憶體定址等。業界建立了指令集架構（Instruction Set Architecture, ISA）[13]，來指定嚴格的、軟體和硬體之間的可攜介面。多虧了 ISA，可以把程式編譯為和 x86 架構的 ISA 相容的機器碼，並在任何 x86 CPU 上執行它 [14]。ISA 定義了資料型別、暫存器、主記憶體管理、固定指令集、唯一識別、輸入／輸出模型等。針對不同類型的 CPU 有各種 ISA，例如，32 位元和 64 位元 Intel 和 AMD 處理器都使用 x86 ISA，而 ARM 使用它的 ARM ISA（例如，新的 Apple M 晶片使用 ARMv8.6-A）。

就 Go 開發人員而言，ISA 定義一組編譯後的機器碼可以使用的指令和暫存器。為了產生可攜程式，編譯器可以把 Go 程式碼轉換為和特定 ISA（架構）及所需作業系統類型相容的機器碼，下一節中可見預設的 Go 編譯器運作方式，在此途中，將揭露能幫助 Go 編譯器產生有效率快速機器碼的機制。

# 理解 Go 編譯器

建構有效編譯器的這個主題可以寫好幾本書；不過這本書會嘗試理解，身為對有效率程式碼感興趣的 Go 開發人員，所必須了解的 Go 編譯器基礎知識。通常，在典型作業系統上執行編寫的 Go 程式碼涉及很多事情，而不僅僅是編譯，首先要使用編譯器來編譯，然後必須使用連結器（linker），把不同目標檔案（object file）連結在一起，包括潛在的共享程式庫。這些編譯和連結過程通常稱為*建構*（*building*），會產生作業系統可以執行的執行檔「二進位檔」（binary）。在初始啟動期間，也稱為*載入*（*loading*），其他共享程式庫也可以動態地載入，例如 Go 外掛程式（plug-in）。

Go 程式碼有多種程式碼建構方法，針對不同目標環境而設計。例如，Tiny Go [15] 優化成可以為微控制器產生二進位檔，gopherjs [16] 可以為瀏覽器內的執行產生 JavaScript，而 android [17] 產生可在 Android 作業系統上執行的程式。但是，本書將把重點放在介紹 **go build** 命令中可用的預設和最流行的 Go 編譯器與連結機制。編譯器本身是用 Go 編寫的（最初用 C 編寫），粗略的說明文件和原始碼可以在這裡找到 [18]。

---

13　*https://oreil.ly/eTzST*
14　可能存在不相容性，但主要是和密碼或 SIMD 指令等專用指令不相容，而如果它們在執行前可用時，可以在執行時檢查它們。
15　*https://oreil.ly/c2C5E*
16　*https://oreil.ly/D83Jq*
17　*https:// /oreil.ly/83Wm1*
18　*https://oreil.ly/qcrLt*

`go build` 可以把程式碼建構成許多不同的輸出。可以建構需要在啟動時動態連結系統程式庫的可執行檔案，可以建構共享程式庫甚至 C 相容的共享程式庫。然而，最常見和眾人推薦的使用 Go 方法，是建構已靜態連結所有依賴項的可執行檔案，它提供更好的體驗，在之中引動（invoke）二進位檔並不需要在特定目錄中特定版本的任何系統依賴項。它是具有起始 `main` 函數的程式碼的預設建構樣式，也可以使用 `go build -buildmode=exe` 來外顯式引動。

`go build` 命令會引動編譯和連結。雖然連結階段也會執行某些優化和檢查，但編譯器大概會執行其中最複雜的任務。Go 編譯器一次只關注一個套件，它把套件原始碼編譯成受目標架構和作業系統支援的本機程式碼。最重要的是，它會驗證、優化該程式碼，並為除錯目的而準備重要的元資料。編譯器（以及作業系統和硬體）是來「協助」我們編寫出有效率的 Go，而不是來挑戰我們的。

> 我跟每個人說，如果您不確定該如何做某件事，請把問題圍繞在 Go 中最慣用的方法為何？因為之中的許多答案，已經調整為對某硬體作業系統懷有同感。
>
> —Bill Kennedy，「Bill Kennedy on Mechanical Sympathy」

想要讓事情更有趣，如果您想編譯混用 C、C++ 甚至 Fortran 來實作函數的 Go 程式碼，`go build` 還提供一種特殊的交叉編譯樣式！這是可能的，如果您啟用稱為 cgo 的樣式，而該樣式混合使用 C（或 C++）編譯器和 Go 編譯器。但我其實並不推薦使用 cgo，且認為應該盡可能避免，因為它會讓建構過程變慢，在 C 和 Go 之間傳遞資料的效能值得懷疑，非 cgo 的編譯已經足夠強大，可以為不同的架構和作業系統交叉編譯二進位檔。幸運的是，大多數程式庫要不是純 Go，要不就是正在使用不需 cgo 就可以包含在 Go 二進位檔中的組合語言片段。

要了解編譯器對程式碼的影響，請參見圖 4-2 中 Go 編譯器的執行階段。雖然 `go build` 包含這樣的編譯，但可以使用 `go tool compile` 來單獨觸發編譯（不做連結）。

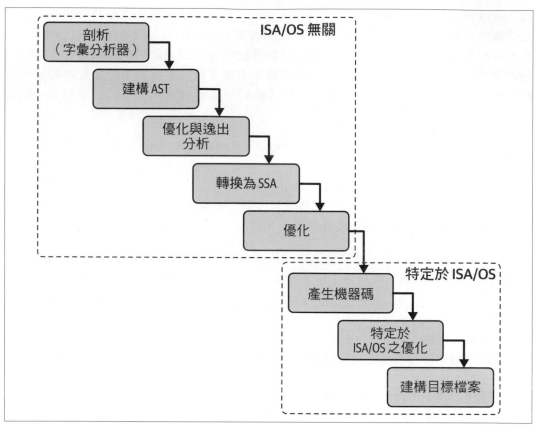

圖 4-2　Go 編譯器在每個 Go 套件上執行的階段

如前所述，整個過程圍繞著您在 Go 程式中使用的套件。每個套件都是分別編譯的，允許平行編譯和關注點分離（separation of concerns）。圖 4-2 中的編譯流程如下：

1. Go 原始碼首先會符記化（tokenize）和剖析（parse），以檢查它的語法。語法樹參照檔案和檔案位置來產生有意義的錯誤和除錯資訊。

2. 建構抽象語法樹（abstract syntax tree, AST）。這樣的樹概念是一種常見的抽象化，它允許開發人員建立可以輕鬆轉換或檢查已剖析敘述的演算法。在 AST 形式中，程式碼一開始會進行型別檢查，偵測已宣告但未使用的項目。

3. 執行第一遍優化。例如，消除初始死程式碼，因此可以縮小二進位檔，需要編譯的程式碼也更少。然後，執行逸出分析（第 166 頁「Go 的記憶體管理」）來決定哪些變數可以放在堆疊上，哪些必須配置在堆積上。最重要的是，在這個階段，函數內聯發生在簡單和小的函數上。

### 函數內聯（inlining）

程式語言中的函數[19]允許建立抽象化、隱藏複雜度、並減少重複程式碼。然而呼叫執行的成本並不為零，例如，具有單一引數呼叫的函數需要大約 10 個額外的 CPU 指令[20]。因此，雖然成本是固定的並且通常在奈秒等級，但如果熱路徑中有數千個這樣的呼叫，並且函數本體足夠小時，這個執行呼叫也可以很重要。

內聯還有其他好處。例如，編譯器可以在函數較少的程式碼中更有效地應用其他優化，並且不需要使用堆積或大堆疊記憶體（帶著副本）在函數作用域之間傳遞引數。堆積和堆疊的解釋可見第 166 頁「Go 的記憶體管理」。

編譯器會自動把一些函數呼叫替換為其主體的精確副本，這稱為內聯（inlining）或內聯擴展（inline expansion）[21]。這個邏輯相當聰明。例如，從 Go 1.9 開始，編譯器可以內聯葉（leaf）函數和中間堆疊（mid-stack）函數[22]。

### 很少需要手動內聯

新手工程師很容易透過手動內聯他們的一些函數來進行微優化。然而，雖然開發人員在程式設計的早期必須這樣做，但此功能是編譯器的基本職責，它通常更了解要在何時以及如何內聯函數。在選擇函數時透過先聚焦於程式碼的可讀性和可維護性來利用這一事實，手動內聯應該要是最後的手段，並且始終要測量。

4. 在對 AST 進行早期優化後，樹會轉換為靜態單一賦值（Static Single Assignment, SSA）形式，這種低階、更明確的表達法，可以使用一組規則來更容易執行進一步的優化過程。例如，在 SSA 的幫助下，編譯器可以輕鬆找到不必要的變數賦值位置[23]。

---

19 請注意，從編譯器的角度來看，結構方法只是函數，其中第一個引數是該結構，因此同樣的內聯技術也適用於此。

20 *https://oreil.ly/4OPbI*。函數呼叫需要更多 CPU 指令，因為程式必須透過堆疊來傳遞引數變數和傳回參數、保存目前函數的狀態、在函數呼叫後回轉堆疊、添加新的框架堆疊等。

21 *https://oreil.ly/IGde3*

22 *https://oreil.ly/CX2v0*

23 由於 GOSSAFUNC 環境變數，Go 工具允許透過 SSA 形式中的每個優化來檢查程式的狀態。這就像使用 GOSSAFUNC=<function to see> go build 並打開所產生的 *ssa.html* 檔案來建構程式一樣簡單。您可以在此處閱讀更多相關資訊：*https://oreil.ly/32Zbd*。

5. 編譯器進一步應用獨立於機器的優化規則。因此，像 `y := 0*x` 這樣的敘述會簡化為 `y :=0`。完整的規則列表非常龐大，只能證實這個空間有多麼複雜。此外，一個內在（intrinsic）函數 [24]，即高度優化的等效程式碼，例如使用原始的組合語言，可以替換一些程式碼片段。

6. 基於 GOARCH 和 GOOS 環境變數，編譯器呼叫 genssa 函數，把 SSA 轉換為所需的架構（ISA）和作業系統的機器碼。

7. 應用進一步特定於 ISA 和作業系統的優化。

8. 未死的套件機器碼建構至單一目標檔案中（帶有 *.o* 字尾）和除錯資訊。

最終的「目標檔案」壓縮成一個稱為 Go 封存檔（*archive*）的 tar 檔案，通常帶有 *.a* 檔案字尾 [25]。Go 或其他連結器可以使用每個套件的此類封存檔檔案，把所有檔案組合成一個可執行檔案，通常稱為二進位檔（*binary file*）。根據作業系統的不同，這樣的檔案遵循一定的格式，告訴系統執行和使用它的方法。通常對於 Linux 來說，它會是可執行和可連結格式（Executable and Linkable Format, ELF）[26]；在 Windows 上，則可能是可攜可執行（Portable Executable, PE）[27]。

機器碼不是這種二進位檔的唯一部分，它還攜帶程式的靜態資料，例如全域變數和常數。可執行檔案還包含大量除錯資訊，這些資訊可能占用相當大的二進位檔，例如簡單的符號表、基本型別資訊（用於反射），和程式計數器到行號映射（PC-to-line mapping）[28]（指令位址映射到原始碼中命令所在的行）。這些額外的資訊讓有價值的除錯工具可以把機器碼連結到原始碼，許多除錯工具都使用它，例如第 317 頁「在 Go 中進行效能分析」，和前面提到的 objdump 工具。為了和 Delve 或 GDB 等除錯軟體相容，DWARF 表也附加到二進位檔中 [29]。

除了這個落落長的職責列表之外，Go 編譯器還必須執行額外的步驟，來確保 Go 記憶體安全，例如，編譯器通常可以在編譯時告知某些命令將使用可以安全使用的記憶體空間，包含預期的資料結構並為程式而保留。但是，在某些情況下，這無法在編譯期間無法確定，因此必須在執行時額外檢查，例如，額外的界限檢查或 nil 檢查。

---

24 *https://oreil.ly/FMjT0*
25 您可以使用 tar <archive> 或 go tool pack e <archive> 命令來把它解壓縮。Go 封存檔通常包含 ___.PKGDEF 檔案中的物件檔案和套件元資料。
26 *https://oreil.ly/jnicX*
27 *https://oreil.ly/SdohW*
28 *https://oreil.ly/akAR2*
29 但是，有人討論要把它從預設建構過程中刪除（*https://oreil.ly/xoijc*）。

第 166 頁「Go 的記憶體管理」將更詳細地討論這個問題，但是關於 CPU 的討論，必須承認這樣的檢查會占用寶貴的 CPU 時間，雖然 Go 編譯器會在不必要時嘗試消除這些檢查，例如在 SSA 優化期間的界限檢查消除階段；但在某些情況下，可能還是需要以能幫助編譯器消除某些檢查的方式，來編寫程式碼[30]。

Go 建構過程有許多不同的配置選項。第一大批的選項可以透過 `go build -ldflags="<flags>"` 來傳遞，它代表連結器命令選項[31]（ld 字首傳統上代表 Linux 連結器（Linux Linker）[32]）。例如：

- 使用 `-ldflags="-w"` 來省略 DWARF 表，從而減少二進位檔大小（建議用於生產建構，如果不在那裡使用除錯器的話）。

- 使用 `-ldflags= "-s -w"` 來進一步縮小大小，刪除 DWARF 和帶有其他除錯資訊的符號表。我不推薦後一種選擇，因為非 DWARF 元素會允許使用重要的執行時常式，例如蒐集效能分析器（profile）。

同樣的，`go build -gcflags="<flags>"` 表示 Go 編譯器選項[33]。gc 代表 Go Compiler，不要和 GC 混淆，GC 的意思是垃圾蒐集（garbage collection，詳見第 179 頁。例如：

- `-gcflags="-S"` 會從原始碼列印 Go Assembly。

- `-gcflags="-N"` 會禁用所有編譯器優化。

- `-gcflags="-m=<number>` 會在列印主要優化決策的同時建構程式碼，其中數字代表詳細程度。關於範例 4-1 的 Sum 函數自動編譯器優化，請參見範例 4-3。

範例 4-3　範例 4-1 程式碼中 *go build -gcflags="-m=1" sum.go* 的輸出

```
# 命令行參數
./sum.go:10:27: inlining call to os.ReadFile ❶
./sum.go:15:34: inlining call to bytes.Split ❶
./sum.go:9:10: leaking param: fileName ❷
./sum.go:15:44: ([]byte)("\n") does not escape ❸
./sum.go:16:38: string(line) escapes to heap ❹
```

❶ os.ReadFile 和 bytes.Split 夠短，因此編譯器可以復製 Sum 函數的整個主體。

❷ filename 引數是「洩漏的」，這意味著該函數在傳回後還讓參數保持活躍（儘管它仍然可以還在堆疊上）。

---

30　本書不會解釋界限檢查消除（bound check elimination，*https://oreil.ly/E5TJI*），因為這是不常見的優化想法。

31　*https://oreil.ly/g8dvv*

32　*https://oreil.ly/uJEda*

33　*https://oreil.ly/rRtRs*

❸ `[]byte("\n")` 的記憶體會配置在堆疊上。此類訊息有助於除錯逸出分析。可見註釋了解更多資訊[34]。

❹ `string(line)` 的記憶體會配置在更昂貴的堆積中。

編譯器會使用遞增的 `-m` 數字來列印更多詳細資訊,例如,`-m=3` 會解釋做出某些決定的原因。期望某些優化(內聯或把變數保留在堆疊中)發生時,此選項很方便,但仍然會在 TFBO 週期中進行基準測試時看到額外負擔(第 100 頁「效率感知開發流程」)。

Go 編譯器實作經過高度測試並且成熟,但是有相當多種方法可以編寫相同功能。實作混淆編譯器時可能會出現邊緣情況,因此它不會應用某些簡單實作,如果有問題,則進行基準測試、分析程式碼、並使用 `-m` 選項來幫忙確認。還可以使用更多選項來列印更詳細的優化,例如 `-gcflags="-d=ssa/check_bce/debug=1"` 會列印所有界限檢查消除優化。

**程式碼越簡單,編譯器優化就越有效**

過於巧妙的程式碼難以閱讀,並且難以維護程式設計的功能,但它也會混淆試圖把樣式和它們優化後的等價物匹配的編譯器。使用慣用的程式碼,讓您的函數和迴圈簡單明瞭,增加編譯器應用優化的機會,好讓您不用做這個工作!

了解編譯器內部機制會有所幫助,尤其是涉及到更進階的優化技巧時,這些技巧可以幫助編譯器優化程式碼;不幸的是,這也意味著優化在不同編譯器版本之間的可攜性方面可能有點不可靠。Go 團隊保留更改編譯器實作和旗標的權利,因為它們不是任何規格的一部分,這可能意味著您編寫讓編譯器自動內聯函數的方式,可能不會在下一版本的 Go 編譯器中觸發內聯。這也是為什麼當您切換到不同的 Go 版本時,對程式進行基準測試並密切觀察它的效率是如此的重要。

總而言之,編譯過程在把程式設計師從相當繁瑣的工作中解放出來這方面,扮演重要的角色。如果沒有編譯器優化,就需要編寫更多程式碼才能達到相同的效率水準,同時還犧牲掉可讀性和可攜性;相反的,如果您專注於讓程式碼簡單,可以相信 Go 編譯器能做得夠好。如果您需要提高特定熱路徑的效率,仔細檢查編譯器是否有按照您的預期來進行可能會有所幫助。例如,可能是編譯器沒有把程式碼匹配到常見的優化;有一些編譯器可以進一步消除額外的記憶體安全檢查,或可以內聯但沒有內聯的函數。在非常極端的情況下,編寫專用的組合語言程式碼,並從 Go 程式碼匯入它甚至可能會有價值。[35]

---

34  *https://oreil.ly/zBCyO*
35  這在標準程式庫中經常用於關鍵程式碼。

---

Go 建構過程，會從 Go 原始碼建構完全可執行的機器碼。作業系統把機器碼載入到記憶體中，並在需要執行時把第一個指令的位址寫入程式計數器（program counter, PC）暫存器，從那裡，CPU 核心可以一個個地計算每個指令。乍看之下，這可能意味著 CPU 要做的工作相對簡單，但不幸的是，記憶體牆（memory wall）問題導致 CPU 製造商不斷致力於額外的硬體優化，以改變這些指令的執行方式。了解這些機制讓能更效控制 Go 程式的效率和速度，下一節將揭開這個問題。

# CPU 和記憶體牆問題

要了解記憶體牆及其後果，先來簡要介紹一下 CPU 核心的內部結構。CPU 核心的細節和實作會隨著時間推移而改變，以提高效率，通常會變得更複雜；但其基本原理維持不變。原則上，圖 4-1 中所示的控制單元會管理記憶體的讀取，透過各種 L- 快取（從最小和最快）、解碼程式指令、協調它們在算術邏輯單元（Arithmetic Logic Unit, ALU）中的執行、並處理中斷。

有一件很重要的事，CPU 是循環工作的，大多數 CPU 可以在一個週期內對一組微小資料執行一個指令。這種樣式在 Flynn 分類 [36] 中提到的特性裡，稱為單指令單資料（Single Instruction Single Data, SISD），它是范紐曼架構的關鍵層面。一些 CPU 還允許使用 SSE 等特殊指令來處理單指令多資料（Single Instruction Multiple Data, SIMD）[37]，它允許在一個週期內對 4 個浮點數進行相同算術運算，不幸的是，這些指令在 Go 中使用起來並不簡單，因此很少見。

同時，暫存器是 CPU 核心可用且最快的本地端儲存空間，因為它們是直接連接到 ALU 的小電路，所以只需要一個 CPU 週期來讀取它們的資料。不幸的是，它們也只有幾個，這取決於 CPU，一般情況下通常為 16 個，而且它們的大小通常不大於 64 位元。這意味著它們會在程式生命週期中用為短時變數，一些暫存器可以用在機器碼上，其他則保留給 CPU 使用。例如，PC 暫存器 [38] 會儲存 CPU 應該獲取、解碼和執行的下一個指令位址。

---

36  *https://oreil.ly/oQu0M*

37  除了 SISD 和 SIMD，Flynn 分類法還有描述對同一資料執行多個指令的 MISD，和描述完全平行性的 MIMD。MISD 很少見，只有在可靠性相當重要時才曾使用，例如，每架 NASA 太空梭上有 4 台飛行控制電腦，在執行完全相同的四重錯誤檢查計算。相較之下，由於多核心甚至多 CPU 設計，MIMD 則比較常見。

38  *https://oreil.ly/TvHVd*

計算的核心就是資料。正如第 1 章所言，如今有大量資料分散在不同的儲存媒介中，比單一 CPU 暫存器中可儲存的資料多得多。此外，從單一 CPU 週期存取資料，會比從主記憶體（RAM）來得快，平均而言快上 100 倍，正如本書一再使用，附錄 A 中用來粗略計算延遲的餐巾紙數學所示。第 16 頁「硬體正在變快變便宜」的誤解中曾討論，技術能夠建立具有動態時脈速度的 CPU 核心，但最大值始終在 4 GHz 左右。有趣的是，無法製造更快的 CPU 核心這一事實並不是最重要的問題，因為現在的 CPU 核心已經……太快了！但實際上也無法再製造更快的記憶體了，因為它會導致當今 CPU 的主要效率問題。

> 我們每秒可以執行大約 360 億條指令，但不幸的是，大部分時間都花在等待資料上。幾乎每個應用程式都花了大約 50% 的時間，某些應用程式中更花超過 75% 的時間，而且是花在等待資料，非執行指令上。如果這有嚇到您，很好，是應該的。
>
> ── Chandler Carruth，「Efficiency with Algorithms, Performance with Data Structures」

上述問題通常稱為「記憶體牆」問題 [39]。由於這個問題，我們冒著在每條指令上浪費就算不是數百個，至少也是數十個 CPU 週期的風險，因為獲取該指令和資料，再儲存結果，需要很長時間。

這個問題非常明顯，以至於最近引發關於重新審視范紐曼架構 [40] 的討論，因為用於人工智慧（AI）的機器學習（machine learning, ML）工作負載，例如神經網路已越來越流行。這些工作負載尤其受到記憶體牆問題的影響，因為它們大部分時間都花在執行複雜的矩陣數學計算上，而這需要遍歷大量記憶體 [41]。

記憶體牆問題有效地限制程式完成工作的速度，它還會影響對行動應用程式至關重要的整體能源效率，然而，它是當今最常見的一般用途硬體。業界透過開發一些接下來將討論的主要 CPU 優化，來緩解其中的許多問題：階層式快取系統、管線化、亂序執行和超執行緒。這些直接影響低階 Go 程式碼效率，特別是程式執行速度方面。

---

39  *https://oreil.ly/l5zgk*

40  *https://oreil.ly/xqbNU*

41  這也是為什麼專用晶片，即神經處理單元（Neural Processing Units, NPU）會出現在商品裝置中，例如，Google 手機中的張量處理單元（Tensor Processing Unit, TPU）、iPhone 中的 A14 仿生晶片、以及蘋果筆記型電腦 M1 晶片中的專用 NPU。

# 階層式快取系統

所有現代 CPU 都包含用於常用資料的本地端、快速、小型快取。L1、L2、L3（有時還有 L4）快取是晶載（on-chip）靜態隨機存取記憶體（static random-access memory, SRAM）電路。SRAM 使用不同的技術，能比主記憶體 RAM 更快地儲存資料，但大容量的使用和生產的成本要高得多。第 149 頁「實體記憶體」會解釋主記憶體。因此，當 CPU 需要從主記憶體（RAM）中獲取指令或指令資料時，首先會接觸 L- 快取。CPU 使用 L- 快取的方式如圖 4-3 所示，[42] 範例 4-2 使用一個簡單的 CPU 指令 `MOVQ`。

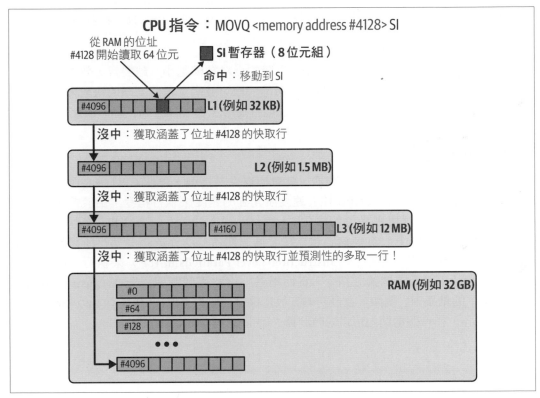

圖 4-3　CPU 執行的「查找」快取方法，透過 L- 快取從主記憶體讀取位元組

---

42　快取的大小可能會有所不同。範例大小取自我的筆記型電腦。您可以使用 `sudo dmidecode -t cache` 命令來檢查 Linux 中 CPU 快取的大小。

要從特定記憶體位址複製 64 位元（`MOVQ` 命令）到暫存器 SI，必須存取通常駐留在主記憶體中的資料。由於從 RAM 讀取速度很慢，因此它首先會使用 L- 快取來檢查資料。CPU 會在第一次嘗試時向 L1 快取請求這些位元組，如果資料不存在（快取未命中），它會存取更大的 L2 快取，然後是最大的 L3 快取，最後才是主記憶體（RAM）。在任何這些未命中的情況中，CPU 都會嘗試獲取完整的「快取行」（通常為 64 個位元組，因此是暫存器大小的 8 倍）、把它儲存在所有快取中、並且只使用這些特定位元組。

一次讀取更多位元組（快取行）很有用，因為它只需要和讀取單一位元組相同的延遲（第 149 頁「實體記憶體」）。從統計而論，下一個運算也很可能需要緊挨著先前存取的區域位元組。L- 快取部分緩解了記憶體延遲問題，並減少要傳輸的資料總量，從而保留記憶體頻寬。

在 CPU 中使用 L- 快取的第一個結果是，定義的資料結構越小、越對齊，效率就越高，這樣的結構會有更多機會完全適合較低等級的快取，並避免代價高昂的快取未命中。第二個結果是循序資料的指令會更快，因為快取行通常包含多個彼此相鄰的儲存項目。

## 管線化和亂序執行

如果資料可以在零時間內神奇地存取，就會出現完美情況，每個 CPU 核心週期都會執行一條有意義的指令，並以 CPU 核心速度所允許的速度來執行指令。由於情況並非如此，現代 CPU 會嘗試使用級聯管線化（cascading pipelining），讓 CPU 核心的每個部分都忙碌起來。原則上，CPU 核心可以在一個週期內一次完成指令執行所需的多個階段，表示可以利用指令級平行（Instruction-Level Parallelism, ILP）來執行，例如，在 5 個 CPU 週期內執行 5 個獨立指令，從而提供平均為每個週期一指令（instruction per cycle, IPC）的結果 [43]。例如，在最初的五級管線化系統 [44]（現代 CPU 有 14-24 級！）單一 CPU 核心，在一個週期內可以同時計算 5 個指令，如圖 4-4 所示。

---

43 如果 1 個 CPU 每個週期最多可以執行 1 個指令（IPC $\Leftarrow$ 1），稱為純量（scalar）CPU。大多數現代 CPU 核心是 IPC $\Leftarrow$ 1，但 1 個 CPU 可以有多個核心，這使得 IPC > 1，這些 CPU 也就成為超純量（superscalar）。IPC 已迅速成為 CPU 的效能度量。

44 *https://oreil.ly/ccBg2*

---

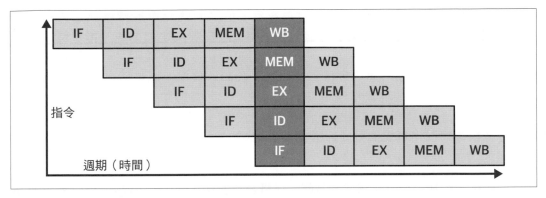

圖 4-4　五級管線化範例

經典的五級管線化由 5 個運算組成：

IF

　　獲取要執行的指令。

ID

　　解碼指令。

EX

　　開始執行指令。

MEM

　　獲取執行的運算元。

WB

　　寫回運算的結果（如果有的話）。

更複雜的是，正如在 L - 取小節中討論的那樣，即使只是獲取資料，例如 MEM 階段，它也很少出現只需要一個週期的情況。為了緩解這種情況，CPU 核心還採用了一種稱為亂序執行（out-of-order execution）的技術 [45]。在這種方法中，如果可能的話，CPU 會嘗試按照由輸入資料和執行單元的可用性所控制的順序來安排指令，而不是它們在程式中的原始順序。目的是把它視為一個複雜的、更動態的管線，這樣就足夠了，它利用內部佇列來提高 CPU 執行效率。

---

45　*https://oreil.ly/ccBg2*

由此產生的管線化和亂序 CPU 執行會很複雜，但前面的簡單解釋應該是開發人員要理解兩個關鍵結果所需的全部知識。第一個，不費吹灰之力的是，指令流的每次切換都有巨大成本，例如延遲 [46]，因為除了明顯的快取垃圾處理之外，管線還必須重設並從頭開始。這還不算必須添加的作業系統額外負擔，通常稱之為上下文交換（context switch），這在現代電腦中是不可避免的，因為典型的作業系統使用搶占式（preemptive）任務排程。在這些系統中，單一 CPU 核心的執行流每秒可以被搶占多次，這在極端情況下可能很重要。第 131 頁「作業系統排程器」會討論如何影響此類行為。

第二個結果是程式碼越具有預測性越好。這是因為管線化需要 CPU 核心執行複雜的分支預測（branch prediction），以找到會在目前指令之後執行的指令。如果程式碼充滿 if 敘述、switch 案例、或 continue 之類的跳轉敘述之類的分支，這樣即使只是要找到兩個同時執行的指令也似乎不太可能，因為一個指令可能會決定下一步要執行的指令，這稱為資料依賴性（data dependency）。現代 CPU 核心實作透過進行推測性執行而更進一步，由於它不知道下一個指令是什麼，它會選擇最有可能的指令，並假定會選擇這樣的分支，在錯誤分支上進行不必要的執行，總比什麼都不做而浪費 CPU 週期要好，因此出現許多無分支程式設計技術，有助於 CPU 預測分支並可能產生更快的程式碼。Go 編譯器 [47] 會自動應用一些方法，但有時還是必須加上手動改進。

一般來說，程式碼越簡單，嵌套條件和迴圈越少，分支預測器就越好，這也是為什麼大家常說「向左傾斜」（leans to the left）的程式碼速度會更快的原因。

> 根據我的經驗，[ 我一直看到 ] 想要快速的程式碼，轉到頁面的左側。所以如果您 [ 寫了 ] 像一個迴圈和 if，以及 for 和 switch，那不會很快。對了，您知道 Linux 核心的程式碼編寫標準是什麼嗎？8 個字元定位符，80 個字元的行寬。不能在 Linux 核心中編寫糟糕和緩慢的程式碼，一旦有太多 if 和決定點的時候……程式碼的效率就不見了。
>
> — Andrei Alexandrescu，「Speed Is Found in the Minds of People」

CPU 中分支預測器和推測方法的存在還有另一個後果，它會讓連續記憶體資料結構在具有 L- 快取的管線化的 CPU 架構中表現得更好。

---

46 這裡說「巨大成本」並不誇張。上下文切換的延遲取決於許多因素，但據測量，在最佳情況下，直接延遲約為 1,350 奈秒，包括作業系統交換延遲；如果必須遷移到不同核心，則為 2,200 奈秒。而這還只是從一個執行緒結束到另一個執行緒開始的直接延遲，包括快取和管線預熱形式的間接成本在內的總延遲可能高達 10,000 奈秒（可見表 A-1）。在此期間，可以計算大約 40,000 個指令。

47 *https://oreil.ly/VqKzx*

連續記憶體結構很重要

實際上，在現代 CPU 上，開發人員在大多數情況下應該更喜歡連續記憶體資料結構，例如陣列，而不是程式中的鏈結串列。這是因為典型的類鏈結串列實作例如樹，會使用指向下一個、過去、子元素或父元素的記憶體指標。這意味著當迭代這樣的結構時，CPU 核心無法判斷下一步將執行什麼資料和什麼指令，直到存取該節點並檢查該指標。這大幅限制了推測能力，導致 CPU 使用效率低下。

# 超執行緒

Intel 稱同步多執行緒（*simultaneous multithreading, SMT*）[48] 的 CPU 優化技術為超執行緒（Hyper-Threading）[49]，其他 CPU 製造商也實作了 SMT。這種方法允許單一 CPU 核心可以在程式和作業系統視為是兩個邏輯 CPU 核心的樣式下執行 [50]。SMT 會提示作業系統把兩個執行緒排程到同一個實體 CPU 核心上。雖然單一實體核心永遠不會一次執行多個指令，但佇列中的更多指令有助於讓 CPU 核心在空閒時間保持忙碌。考慮到記憶體存取等待時間，這可以在不影響程序執行延遲的情況下，盡可能地利用單一 CPU 核心。此外，SMT 中的額外暫存器，讓 CPU 能夠在單一實體核心上執行的多個執行緒之間達成更快的上下文交換。

SMT 必須得到支援並與作業系統整合，啟用後，您應該會看到機器中的核心數量是實體核心的兩倍。要了解您的 CPU 是否支援超執行緒，請查看規格中的「每核心執行緒數」（thread(s) per core）資訊。例如，使用範例 4-4 中的 Linux lscpu 命令，可知我的 CPU 有兩個執行緒，就表示可以使用超執行緒。

範例 4-4　*lscpu 命令在我的 Linux 筆記型電腦上的輸出*

```
Architecture:            x86_64
CPU op-mode(s):          32-bit, 64-bit
Byte Order:              Little Endian
Address sizes:           39 bits physical, 48 bits virtual
CPU(s):                  12
On-line CPU(s) list:     0-11
Thread(s) per core:      2 ❶
Core(s) per socket:      6
```

---

48　*https://oreil.ly/L5va6*

49　在某些資料中，這種技術也稱為 CPU 執行緒（或硬體執行緒），由於可能和作業系統執行緒混淆，本書會避免使用該術語。

50　不要把超執行緒邏輯核心，和使用虛擬機器等虛擬化時所參照的虛擬 CPU（vCPU）混為一談。客作業系統會根據主機來選擇使用機器的實體或邏輯 CPU，但在這兩種情況下，它們都稱為 vCPU。

```
Socket(s):                    1
NUMA node(s):                 1
Vendor ID:                    GenuineIntel
CPU family:                   6
Model:                        158
Model name:                   Intel(R) Core(TM) i7-9850H CPU @ 2.60GHz
CPU MHz:                      2600.000
CPU max MHz:                  4600.0000
CPU min MHz:                  800.0000
```

❶ 我的 CPU 支援 SMT，它在我的 Linux 安裝中有啟用。

SMT 通常預設為啟用，但可以根據需要在較新的核心上啟用。這會在執行 Go 程式時造成一個後果，通常可以選擇是否應該為流程啟用或禁用此機制，但是要這麼做嗎？在大多數情況下，最好為 Go 程式啟用它，因為它允許在一台電腦上執行多個不同任務時，充分地利用實體核心。然而，在某些極端情況下，把整個實體核心專用於單一程序以確保最高服務品質，相信是值得的。一般來說，每個特定硬體的基準測試，應該能知曉是否如此。

總而言之，所有上述 CPU 優化和利用這些知識的相對應程式設計技術，往往只在優化週期的最後階段使用，並且只在需要擠出關鍵路徑上的最後十幾奈秒時使用。

在關鍵路徑上編寫 *CPU 有效率程式碼的 3 個原則*

產生對 CPU 友善程式碼的 3 個基本規則如下：

- 使用會做較少工作的演算法。

- 專注於編寫更容易針對編譯器和 CPU 分支預測器優化的低複雜度程式碼。理想情況下，將「熱」程式碼與「冷」程式碼分開。

- 當您計畫大量迭代或遍歷資料時，最好使用連續記憶體資料結構。

透過對 CPU 硬體動態的簡要了解，就可以更深入地研究在共享硬體上同時執行數千個程式的基本軟體類型——排程器。

# 排程器

一般而言，排程意味著為某個程序配置必要且通常是有限的資源來完成它。例如，組裝汽車零件必須在汽車工廠的特定時間至特定地點進行嚴格安排，以避免停機。也有可能是指需要安排某些與會者之間的會議，並且一天之中只有某些時間段是空閒的。

---

在現代電腦或伺服器叢集中，成千上萬的程式必須在 CPU、記憶體、網路及磁碟等共享資源上執行。這也是業界開發許多類型排程軟體的原因，通常稱為**排程器**（*scheduler*），它們聚焦於將這些程式配置給多個層次的免費資源。

本節中將討論 CPU 排程。從底層開始，有一個作業系統可以在有限數量的實體 CPU 上排程任意程式，作業系統機制應該告知多個程式同時執行時，會如何影響 CPU 資源，以及造成的實質 Go 程式執行延遲。它還會幫助開發人員了解如何在同時，以平行或並行的方式來利用多個 CPU 核心，以達到更快執行速度。

## 作業系統排程器

和編譯器一樣，有許多不同的作業系統（operating system, OS），每個作業系統都有不同任務排程和資源管理邏輯。雖然大多數系統都在類似的抽象化上執行（例如，執行緒、具有優先級的程序），但本書將聚焦於 Linux 作業系統，它的核心（稱 kernel）具有許多重要功能，如管理記憶體、裝置、網路存取及安全性等，使用稱為排程器的可配置元件來確保程式執行。

> 作為資源管理的核心部分，作業系統執行緒排程器必須保持以下簡單不變的特性：確保就緒的執行緒排程至可用的核心上。
>
> —J.P. Lozi 等人，「The Linux Scheduler: A Decade of Wasted Cores」

Linux 排程器的最小排程單元稱為作業系統執行緒（OS thread）。執行緒有時也稱為**任務**（*task*）或**輕量級程序**（*lightweight process*），包含一組獨立的機器碼，其形式為 CPU 指令，旨在循序執行。雖然執行緒可以維護它們的執行狀態、堆疊和暫存器集合，但它們不能脫離上下文。

每個執行都可作為程序的一部分來執行。程序代表一個正在執行的程式，可以透過它的程序識別號碼（Process Identification Number, PID）來識別，當 Linux OS 執行編譯的程式時，會建立一個新程序（例如使用 fork[51] 系統呼叫時）。

程序的建立包括配置新的 PID、建立初始執行緒及其機器碼（Go 程式碼中的 func main()），和堆疊、標準輸出和輸入的檔案，以及大量其他資料，例如開啟的檔案描述符列表、統計資訊、限制、屬性、安裝的項目及群組等。最重要的是，建立一個新的記憶體位址空間，必須保護它不受其他程序影響。在程式執行期間，所有這些資訊都儲存在專用目錄 */proc/<PID>* 下。

---

51  *https://oreil.ly/IPKYU*

執行緒可以建立具有獨立機器碼序列，但共享相同記憶體位址空間的新執行緒例如使用 clone[52] 系統呼叫。執行緒還可以建立新程序，例如使用 fork[53]，這些程序將獨立運行並執行所需的程式。執行緒會維護它們的執行狀態：運行（Running）、就緒（Ready）和阻塞（Blocked），這些狀態的可能轉換如圖 4-5 所示。

執行緒狀態告訴排程器執行緒此刻的工作內：

執行（*running*）

執行緒配置給 CPU 核心並執行它的工作。

阻塞（*blocked*）

執行緒正在等待某個可能需要比上下文交換更長時間的事件。例如，一個執行緒從網路連接中讀取並等待資料封包，或輪到使用互斥鎖。這是排程器介入並允許其他執行緒執行的機會。

就緒（*ready*）

執行緒已準備好執行，正在等待。

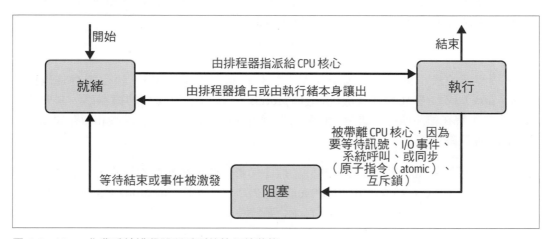

圖 4-5　Linux 作業系統排程器所看到的執行緒狀態

您可能已經注意到，Linux 排程器會執行搶占式執行緒排程，搶占（preemptive）意味著排程器可以隨時凍結執行緒的執行。在現代作業系統中，要執行的執行緒總是多於可用的 CPU 核心，因此排程器必須在單一 CPU 核心上執行多個「就緒」執行緒。執行緒

---

52　*https://oreil.ly/6qSg3*
53　*https://oreil.ly/idB06*

每次等待 I/O 請求或其他事件時都會被搶占，執行緒還可以告訴作業系統讓出自己（例如，使用 sched_yield[54] 系統呼叫）。當被搶占時，它會進入「阻塞」狀態，同時另一個執行緒可以取代它。

單純的排程演算法可以等待執行緒去搶占自己。這對於 I/O 密集（I/O bound）執行緒非常有用，它們通常處於「阻塞」狀態，例如具有圖形介面的交談式系統。或使用網路呼叫的輕量級 Web 伺服器。但是，如果執行緒是 CPU 密集的（CPU bound）該怎麼辦呢？這意味著它大部分時間都只會使用 CPU 和記憶體，例如執行一些計算量大的工作，如線性搜尋、矩陣乘法或暴力破解雜湊密碼。在這種情況下，CPU 核心可能會忙於一項任務數分鐘，這會使系統中的所有其他執行緒處於飢餓狀態。例如，想像一下無法在瀏覽器中輸入內容或調整視窗大小 1 分鐘，感覺就像長時間的系統凍結！

這個主要的 Linux 排程器實作解決這個問題，稱為完全公平排程器（Completely Fair Scheduler, CFS），它以快速的輪流來指派執行緒。每個執行緒都有一定的 CPU 時間切片，通常在 1 毫秒到 20 毫秒之間，這會產生出執行緒是同時執行的錯覺。它對桌面系統特別有幫助，因為它必須回應人類的互動。該設計還有其他一些重要後果：

- 想要執行的執行緒越多，它們每一輪的時間就越少。但是，這可能會導致 CPU 核心的生產利用率降低，從而開始在昂貴的上下文交換上花費更多時間。

- 在超載機器上，每個執行緒在 CPU 核心上的輪轉時間較短，最終導致每秒的輪轉數也可能減少。雖然沒有執行緒會完全餓死（阻塞），但它們的執行速度可能會顯著降低。

### CPU 超載

編寫 CPU 有效率程式碼意味著程式浪費的 CPU 週期明顯減少。當然，這是好事，但如果 CPU 過載，有效率的實作可能仍然會非常緩慢地完成它的工作。

過載的 CPU 或系統意味著有太多執行緒在爭奪可用的 CPU 核心。結果，機器可能過度排程，或者有一、兩個程序會產生太多執行緒來執行一些繁重的任，這種情況稱為嘈雜鄰居（noisy neighbor）。如果發生 CPU 過載情況，檢查機器 CPU 利用率度量，應該會顯示 CPU 核心以 100% 的產能執行。在這種情況下，每個執行緒的執行速度都會變慢，從而導致系統凍結、超時和缺乏反應能力。

---

54 *https://oreil.ly/QfnCs*

- 很難依靠純粹的程式執行延遲來估計程式 CPU 效率，有時也稱為牆壁時間（*wall time*）或壁鐘時間（*wall clock time*）。這是因為現代作業系統排程器是搶占式的，程式經常會等待其他 I/O 或同步；因此，很難可靠地檢查程式在修復後，是否比之前的實作更能利用 CPU。這也是為什麼業界定義一個重要度量來蒐集程式的程序（所有執行緒），在所有 CPU 核心上處於「執行」狀態的時間，通常稱為 CPU 時間（CPU time），第 221 頁「CPU 使用率」會討論它。

> **超載機器上的 *CPU* 時間**
>
> 測量 CPU 時間是檢查程式 CPU 效率的好方法，但是，從某個狹窄的程序執行時間窗口來查看 CPU 時間時要小心。例如，較低的 CPU 時間可能意味著程序在那一刻沒有使用太多 CPU，但它也可能代表 CPU 已經超載了。

總體而言，在同一個系統上共享程序有它的問題。這也是為什麼虛擬化環境中傾向於保留這些資源，例如，可以把一個程序的 CPU 使用限制為每秒使用 200 毫秒的 CPU 時間，也就是一個 CPU 核心的 20%。

- CFS 設計的最終結果，是過於公平地確保單一執行緒的專用 CPU 時間。Linux 排程器具有優先級、使用者可配置的「niceness」旗標和不同的排程策略，現代 Linux 作業系統甚至有一個排程策略，使用特殊的即時排程器來代替 CFS 處理需要按第一順序執行的執行緒 [55]。

不幸的是，就算使用即時排程器，Linux 系統也無法確保優先級較高的執行緒擁有所需的所有 CPU 時間，因為它仍會嘗試確保優先級較低的執行緒不會餓死。此外，由於 CFS 和它的即時對應物都是搶占式的，因此它們不是確定性的和可預測性的；因此，任何具有硬性即時需求的任務，例如，毫秒交易或飛機軟體，都不能保證在執行期限之前會有足夠的執行時間。這也是為什麼有些公司會為 Zephyr OS[56] 這類嚴格的即時程式開發自己的排程器或系統的原因。

---

55  有很多關於調校作業系統的有用資料（*https://oreil.ly/8OPW3*）。許多虛擬化機制，比如帶有 Kubernetes 等編排系統的容器，也有它們的優先級和親和力（affinity），即把程序固定到特定的核心或機器的概念。本書專注於編寫有效率的程式碼，但也意識到執行環境調校對於確保快速、可靠地執行程式具有重要作用。

56  *https://oreil.ly/hV7ym*

---

儘管 CFS 排程器的特性有些複雜，但它仍然是現代 Linux 系統中可用且最流行的執行緒編排系統。2016 年，一篇著名研究論文 [57] 發現，CFS 還針對多核心機器和 NUMA 架構而進行全面檢查。因此，執行緒現在巧妙地分布在閒置核心之間，同時確保在核心間的遷移不會過於頻繁，並且不會在共享相同資源的執行緒之間進行。

在對 OS 排程器有基本了解後，即可深入了解 Go 排程器存在的原因，以及它如何讓開發人員能夠編寫多個任務，以在單一或多個 CPU 核心上同時執行。

## Go 執行時期排程器

Go 並行框架建立在像這樣的前提下，也就是由於典型工作流的 I/O 密集性質，單一 CPU 指令流（例如，函數）很難利用所有 CPU 週期。雖然作業系統執行緒抽象化，透過把執行緒多路複用（multiplex）到一組 CPU 核心中來緩解這種情況，但 Go 語言帶入另一層級：*goroutine*，來在一組執行緒之上多路複用函數。goroutines [58] 的想法與共常式（coroutine）[59] 類似，但因為它們並不一樣（goroutine 可以被搶占）並且因為它在 Go 語言中，因此它有 *go* 字首。和 OS 執行緒類似，當 goroutine 在系統呼叫或阻塞在 I/O 上時，Go 排程器（不是 OS！）可以快速交換到另一個 goroutine，它會在同一個執行緒上回復；或如果需要的話，在不同的執行緒回復。

> 從本質上來講，Go 已經把 [ 在應用程式等級 ] 的 I/O 密集工作，轉變為作業系統等級的 CPU 密集工作。由於所有上下文交換都發生在應用程式等級，因此不會像使用執行緒時那樣，在每次上下文交換時丟掉相同的 12K 指令（平均）。在 Go 中，這些相同的上下文交換會花費 200 奈秒或 2.4K 個指令。排程器還有助於提高快取行效率和 NUMA，這也是為什麼不需要比虛擬核心更多的執行緒。
>
> —William Kennedy，「Scheduling in Go: Part II—Go Scheduler」

57  *https://oreil.ly/kUEiQ*
58  *https://oreil.ly/TClXu*
59  *https://oreil.ly/t7oXZ*

結果，在使用者空間中擁有非常便宜的執行「執行緒」（一個新的 goroutine 只為初始的本地端堆疊配置幾千位元組），就能減少機器中競爭執行緒的數量，並允許數百個 goroutine 在程式中而不會產生大量額外負擔。每個 CPU 核心只有一個作業系統執行緒，就足以完成 goroutine 中的所有工作[60]。這使得許多可讀性樣式成為可能，比如事件迴圈、map-reduce、管線及迭代器等等，而不用涉及更昂貴的核心多執行緒。

以 goroutine 的形式來使用 Go 並行是一個很好的方法：

- 表達複雜的非同步抽象化（例如，事件）
- 充分利用 CPU 來處理 I/O 密集型任務
- 建立可以利用多個 CPU 來更快執行的多執行緒應用程式

在 Go 中啟動另一個 goroutine 非常容易，可透過 `go <func>()` 語法建構，範例 4-5 展示啟動兩個 goroutine 並完成其工作的函數。

範例 4-5 啟動兩個 *goroutine* 的函數

```
func anotherFunction(arg1 string) { /*...*/ }

func function() {
  // ... ❶

  go func() {
     // ... ❷
  }()

  go anotherFunction("argument1") ❸

  return ❹
}
```

❶ 目前 goroutine 的作用域。

❷ 現在隨時可以並行執行的新 goroutine 作用域。

❸ anotherFunction 將隨時開始並行執行。

❹ 當 function 終止時，已啟動的兩個 goroutine 仍然可以執行。

---

60 關於實作 Go 排程的 Go 執行時期詳細資訊非常引人入勝（*https://oreil.ly/G9bFb*）。本質上，Go 所做的一切，都是為了讓作業系統執行緒保持忙碌，也就是讓作業系統執行緒旋轉，因此它不會維持長時間的阻塞狀態。如果需要時，它可以從其他執行緒、輪詢網路等竊取 goroutine，以確保 CPU 保持忙碌，這樣作業系統就不會搶占 Go 程序。

重要的是要記住，所有 goroutine 之間都有一個扁平的階層結構。技術上，是從 goroutine A 啟動 B，或從 goroutine B 啟動 A，並無差別。在這兩種情況下，A 和 B goroutine 都是平等的，而且彼此不知道對方[61]，也不能互相讓對方停止，除非實作外顯式通訊，或同步並「要求」goroutine 關閉。唯一的例外是以 main() 函數開頭的主 goroutine，它完成時，整個程式會終止，強行結束所有其他 goroutine。

關於通訊，goroutine（和 OS 執行緒類似）可以存取程序內的相同記憶體空間，這意味著可以使用共享記憶體在 goroutine 之間傳遞資料。然而，這並不是那麼不費吹灰之力的，因為 Go 中幾乎沒有任何運算是原子的（atomic）。從同一記憶體並行寫入（或寫入及讀取）會導致資料競爭，從而導致不確定性行為甚至資料損壞。解決這個問題需要使用同步技術，如外顯式原子函數，如範例 4-6；或互斥，如範例 4-7，換句話說，就是一個鎖。

範例 4-6　透過專用原子加法實作安全的多執行緒通訊

```
func sharingWithAtomic() (sum int64) {
   var wg sync.WaitGroup ❶

   concurrentFn := func() {
      atomic.AddInt64(&sum, randInt64())
      wg.Done()
   }
   wg.Add(3)
   go concurrentFn()
   go concurrentFn()
   go concurrentFn()

   wg.Wait()
   return sum
}
```

❶ 請注意，雖然使用原子來同步 concurrentFn goroutine 之間的加法，但也使用額外的 sync.WaitGroup（另一種形式的鎖定）來等待所有這些 goroutine 完成。範例 4-7 也相同。

範例 4-7　透過互斥（鎖）進行安全的多執行緒通訊

```
func sharingWithMutex() (sum int64) {
   var wg sync.WaitGroup
   var mu sync.Mutex
```

---

61 實際上，有多種方法可以使用除錯追蹤來獲取此資訊。但是，最好不要依賴程式來知道哪個 goroutine 是正常執行流程的父級（parent）goroutine。

```
concurrentFn := func() {
    mu.Lock()
    sum += randInt64()
    mu.Unlock()
    wg.Done()
}
wg.Add(3)
go concurrentFn()
go concurrentFn()
go concurrentFn()

wg.Wait()
return sum
}
```

原子和鎖之間的選擇取決於可讀性、效率需求、以及您要同步的運算。例如，如果您想同時對一個數字執行一個簡單的運算，比如值的寫入或讀取、加法、替換或比較與交換，您可以考慮 atomic 套件 [62]。原子通常比互斥（鎖）更有效，因為編譯器會把它們轉換為特殊的原子 CPU 運算 [63]，這些運算可以用執行緒安全的方式，來更改單一記憶體位址下的資料 [64]。

然而，如果使用原子會影響程式碼的可讀性、程式碼不在關鍵路徑上、或者有更複雜的同步運算，就可以使用鎖。Go 提供允許簡單鎖定的 sync.Mutex，以及允許鎖定讀（RLock()）和寫（Lock()）的 sync.RWMutex。如果您有許多不會修改共享記憶體的 goroutine，請使用 RLock() 來鎖定，這樣它們之間就不會發生鎖的爭用，因為並行讀取共享記憶體是安全的。只有當 goroutine 想要修改該記憶體時，它才能使用 Lock() 來獲取完全的鎖，這會阻止所有讀取者。

另一方面，鎖和原子並不是唯一的選擇，Go 語言在這個問題上還有另一張王牌。在共常式概念之上，Go 還利用了 C. A. R. Hoare 的通訊循序程序（Communicating Sequential Process, CSP）[65] 範式，這也可以看作是 Unix 管線型別上安全的泛化。

> 不要透過共享記憶體來通訊；相反的，要透過通訊來共享記憶體。
>
> —「Effective Go」

---

62  *https://oreil.ly/NZnXr*
63  *https://oreil.ly/8g0yM*
64  有趣的是，即使是 CPU 上的原子運算也需要某種鎖定。不同之處在於，原子指令可以使用更快的記憶體匯流排鎖（*https://oreil.ly/9jchk*），而不是像旋轉鎖（spin lock，*https://oreil.ly/ZKXuN*）這樣的專門鎖定機制。
65  *https://oreil.ly/5KXA9*

此模型透過使用頻道（channel）概念，在 goroutine 之間實作通訊管線來鼓勵共享資料，透過共享相同的記憶體位址來傳遞一些資料需要額外的同步。但是，假設一個 goroutine 把該資料發送到某個頻道，而另一個 goroutine 接收它，在這種情況下，整個流程自然會自我同步，共享資料永遠不會由兩個 goroutine 同時存取，從而確保執行緒安全[66]。頻道通訊如範例 4-8 所示。

*範例 4-8　透過頻道來進行記憶體安全的多共常式通訊的範例*

```go
func sharingWithChannel() (sum int64) {
    result := make(chan int64) ❶

    concurrentFn := func() {
        // ...
        result <- randInt64() ❷
    }
    go concurrentFn()
    go concurrentFn()
    go concurrentFn()

    for i := 0; i < 3; i++ { ❸
        sum += <-result ❹
    }
    close(result) ❺
    return sum
}
```

❶ 可以使用 ch := make(chan <type>, <buffer size>) 語法在 Go 中建立頻道。

❷ 可以將給定型別的值發送到頻道。

❸ 請注意，此範例不需要 sync.WaitGroup，因為濫用期望收到多少確切訊息的知識。如果沒有這些資訊，會需要一個等待群組或其他機制。

❹ 可以從頻道中讀取給定型別的值。

❺ 如果不打算再透過它們來發送任何東西，也應該會關閉頻道，這會釋放資源並解鎖某些接收和發送流（稍後會詳細介紹）。

---

66 假設程式設計師會遵守該規則。有一種方法可以發送指向共享記憶體的指標變數，例如 *string，這會違反透過通訊共享資訊的規則。

頻道的重要層面是它們可以得到緩衝，在這種情況下，它的行為就像一個佇列，如果建立一個頻道，例如一個包含 3 個元素的緩衝區，發送的 goroutine 可以在它被阻塞之前發送恰好 3 個元素，直到有人從這個頻道進行讀取。如果發送 3 個元素並關閉頻道，接收的 goroutine 仍然可以在注意到頻道關閉之前讀取 3 個元素，一個頻道可以處於 3 種狀態。重要的是要記住，goroutine 在這些狀態之間交換時從，這個頻道發送或接收的表現狀況：

### 已配置，開啟頻道

使用 make(chan <type>) 來建立一個頻道，它會從一開始就配置和打開。假設沒有緩衝區，這樣的頻道會阻止想要發送值的嘗試，直到另一個 goroutine 接收到它；或者在多個案例中使用 select 敘述時。同樣的，頻道的接收將會阻塞，直到有人發送到該頻道，除非在具有多個案例的 select 敘述中接收到，或頻道已關閉。

### 關閉頻道

如果 close(ch) 配置的頻道，發送到該頻道會導致恐慌，並且接收會立即傳回零值，這也是為什麼建議要讓發送資料的發送者（goroutine）負責關閉頻道。

### 零頻道

如果定義頻道類型 (var ch chan <type>)，而未使用 make(chan <type>) 來配置，則頻道為零（nil），可以透過指派 nil（ch = nil）來「清零」已配置的頻道。在這種狀態下，發送和接收會永遠阻塞；實際上，零頻道很少有用。

Go 的頻道是一個令人驚嘆且優雅的範式，它允許建構非常可讀的、基於事件的並行樣式。但是，就 CPU 效率而言，和 atomic 套件以及互斥鎖相比，它們可能是效率最低的。不要因此氣餒！對於大多數實際應用程式來說，如果沒有過度使用的話，頻道可以把應用程式建構為強固且有效率的並行實作。第 388 頁「使用並行來優化延遲」會探索使用頻道的一些實用樣式。

在完成本節之前，了解如何調整 Go 程式中的並行效率很重要。並行邏輯由 Go 執行時期套件中的 Go 排程器實作，它還負責其他事情，例如垃圾蒐集（第 179 頁）、效能分析器或堆疊結構（stack framing）。Go 排程器非常自動，沒有很多配置旗標，就目前而言，開發人員可以透過兩種實用方式來控制程式碼中的並行性 [67]：

---

67 我故意省略兩個額外機制。首先是 runtime.Gosched()，它允許讓出目前的 goroutine，以便其他程序可以同時做一些工作。這個命令現在不太有用，因為目前的 Go 排程器是搶占式的，手動讓步已經顯得不切實際。第二個是有趣的運算：runtime.LockOSThread()，聽起來很有用，但它並不是為了效率而設計的；相反的，它會把 goroutine 固定到 OS 執行緒，以便從中讀取某些 OS 執行緒狀態。

### 一些 *goroutine*

開發人員通常會控制在程式中建立 goroutine 的數量，為每個小工件都產生它們通常不會是個多好的主意，所以不要過度使用。許多來自標準程式庫或第三方程式庫的抽象化可以產生 goroutine，尤其是那些需要 Close 或取消的 goroutine。值得注意的是，常見的 `http.Do`、`context.WithCancel` 和 `time.After` 等運算會建立 goroutine。如果使用不當，goroutine 很容易洩露，留下孤兒 goroutine，這通常會浪費記憶體和 CPU 資源，第 350 頁「Goroutine」會討論除錯 goroutine 數量和快照的方法。

**有效率程式碼的第一條規則**

始終關閉或釋放您使用的資源。有時，如果忘記關閉簡單的結構，可能會導致記憶體和 goroutine 巨大且無限制的浪費。第 412 頁「別洩露資源」會探討常見範例。

### GOMAXPROCS

可以設定這個重要的環境變數來控制會在 Go 程式中利用的虛擬 CPU 數量，透過 `runtime.GOMAXPROCS(n)` 函數來應用相同的配置值。Go 排程器使用此變數的底層邏輯相當複雜[68]，但它通常會控制 Go 可以預期的平行 OS 執行緒執行數量，內部稱為「proc」數。然後，Go 排程器會維護 `GOMAXPROCS/proc` 佇列數，並嘗試在它們之間分散 goroutine。`GOMAXPROCS` 的預設值永遠是您的作業系統所公開的虛擬 CPU 核心數，這通常會為您提供最佳效能。如果您希望 Go 程式使用較少的 CPU 核心，也就是較少平行性並得到潛在的更高延遲，請降低 `GOMAXPROCS` 值。

**推薦的 *GOMAXPROCS* 配置**

把 `GOMAXPROCS` 設定為您希望 Go 程式一次使用的虛擬核心數，通常會希望使用整台機器，因此，預設值應該就可以了。

對於虛擬化環境，特別是使用像容器這樣的輕量級虛擬化機制，可以使用 Uber 的 `automaxprocs` 程式庫[69]，它會根據容器允許使用的 Linux CPU 限制，來調整 `GOMAXPROCS`，通常就能符合需求。

---

68 我建議觀看 Chris Hines 在 GopherCon 2019 的演講（*https://oreil.ly/LoFiH*），以了解有關 Go 排程器的底層細節。

69 *https://oreil.ly/ysr40*

多工處理始終是一個很難引入語言的概念。我相信 Go 中具有頻道的 goroutine 是解決這個問題一個非常優雅的方案，它讓許多可讀的程式設計樣式成為可能而且不用犧牲效率。可透過改進本章範例 4-1 的延遲，以在第 388 頁「使用並行來優化延遲」，來探索實用的並行樣式。

現在就來看看並行在 Go 程式中有用的可能時機。

# 何時使用並行？

和任何效率優化一樣，在把單一 goroutine 程式碼轉換為並行程式碼時，也適用同樣經典規則，這裡也不例外。我們必須專注於目標、應用 TFBO 迴圈、儘早進行基準測試、並尋找最大的瓶頸。和所有事情一樣，添加並行需要取捨，而且在某些情況下應該避免。以下總結並行程式碼和循序程式碼的實際優缺點：

優點

- 並行性可藉由把工作分成多個部分，並同時執行每個部分，來加快工作速度。只要同步和共享資源不是重大瓶頸，就能期待延遲將有所改善。

- 因為 Go 排程器實作一種有效率的搶占機制，並行提高 I/O 密集任務的 CPU 核心利用率，應該會轉化為更低的延遲，即使 GOMAXPROCS=1（單一 CPU 核心）時也是如此。

- 虛擬環境中尤其會經常為程式預留一定的 CPU 時間，並行性允許以更均勻的方式，在可用 CPU 時間上配置工作。

- 對於某些情況，如非同步程式設計和事件處理，並行性有效代表一個問題領域，儘管增加一些複雜性，但可讀性仍會有所提高。另一個例子是 HTTP 伺服器，把每個 HTTP 傳入的請求視為單獨的 goroutine，不僅可以提高 CPU 核心的利用率，而且會很自然地適配程式碼閱讀和理解的方式。

缺點

- 並行性明顯增加程式碼的複雜度，尤其是現有程式碼轉換為並行性時（而不是從第一天開始就圍繞著頻道建構 API）。這會影響可讀性，因為它幾乎總是會混淆執行流程，但更糟糕的是，它限制了開發人員預測所有邊緣情況和潛在錯誤的能力，這是我建議盡可能延遲添加並行的主要原因之一。一旦您必須引入並行，就能針對給定的問題，使用盡可能少的頻道。

- 對於並行來說，存在著由於無限並行（unbounded concurrency），即單一時刻裡出現不受控制的 goroutine 數量；或洩漏的孤兒 goroutine，而導致資源飽合的風險，這也是需要關心和測試的事情（更多資訊請參見第 412 頁「別洩露資源」）。

- 儘管 Go 的並行框架非常有效率，但共常式和頻道並非沒有額外負擔。如果使用不當，它會影響程式碼效率。想專注於為每個 goroutine 提供足夠工作，以證明它的成本合理，基準測試是必不可少的。

- 使用並行時，會突然在程式中添加 3 個更重要的調整參數。GOMAXPROCS 設定能根據實作方式，控制產生的 goroutine 數量，以及應該擁有多大的頻道緩衝區。找到正確數字需要數小時的基準測試，而且仍然容易出錯。

- 並行程式碼很難進行基準測試，因為它更取決於環境、可能的嘈雜鄰居、多核心設定或作業系統版本等。另一方面，循序的單核心程式碼具有更多的確定性和可攜效能，會更容易證明和比較。

如同所示，使用並行無法解決所有效能問題，它只是我們手中可以用來達成效率目標的另一個工具。

 添加並行應該是最後要嘗試的優化之一

根據 TFBO 週期，如果仍然還沒有達到您的 RAER，例如在速度方面，請確保在添加並行之前嘗試更直接的優化技術。當 CPU 分析器（可見第 9 章）顯示程式只把 CPU 時間花在對功能至關重要的事情上時，經驗法則是考慮並行性。理想情況下，在達到可讀性極限之前，這是所能知道最有效率的方法。

上面提到的缺點列表是其中一個原因，但第二個原因是程式的特性在基本（沒有並行）優化後可能會有所不同。例如，原本以為受到 CPU 限制的任務，在經過改進後，可能會發現現在大部分時間都花在等待 I/O 上，或者可能意識到根本不需要大量的並行更改。

## 總結

現代 CPU 硬體是一個非常重要的元件，它能夠有效率地執行軟體。隨著作業系統、Go 語言的發展和硬體的進步，只會出現更多的優化技術和複雜性，來降低執行成本和提高處理能力。

在本章中，我希望為您提供基礎知識，以幫助您優化 CPU 資源的使用，並且也一併優化您的軟體執行速度。首先，這章討論了組合語言，以及它在 Go 開發過程中的用處；然後探索 Go 編譯器的功能、優化和除錯其執行的方法。

之後進入 CPU 執行的主要挑戰：現代系統中的記憶體存取延遲；接著討論各種低階優化，如 L- 快取、管線化、CPU 分支預測和超執行緒。

之後探討的是在生產系統中執行程式的實際問題，不幸的是，機器程式很少是唯一程序，因此有效率執行很重要。最後總結 Go 的並行框架的優缺點。

在實務上，CPU 資源對於優化現代基礎架構以達到更快執行速度，和為工作負載支付更少的費用至關重要。不幸的是，CPU 資源只是一個方面，例如，選擇的優化可能寧可使用較多記憶體來減少 CPU 使用率，反之亦然。

因此，程式通常會使用大量記憶體資源（加上透過磁碟或網路的 I/O 流量）。雖然執行和記憶體與 I/O 等 CPU 資源相關，但它可能是優化列表中的第一個，具體取決於設定目標，例如更便宜還是更快的執行，或兩者兼而有之。下一章將討論記憶體資源。

# Go 如何使用記憶體資源？

第 4 章深入了解現代電腦，討論使用 CPU 資源的效率層面。在 CPU 中有效率地執行指令很重要，但執行這些指令的唯一目的是要修改資料。不幸的是，更改資料的路徑並不總是不費吹灰之力的。例如，從第 4 章中可了解到，范紐曼架構（如圖 4-1 所示）中，從主記憶體（RAM）存取資料時會遇到 CPU 和記憶體牆問題。

業界發明許多技術和優化層來克服這樣的挑戰，包括記憶體安全和確保記憶體容量夠大。因為這些發明，從 RAM 來存取 8 個位元組到 CPU 暫存器，可以表達為一個簡單的 `MOVQ <destination register> <address XYZ>` 指令。然而，CPU 從儲存這些位元組的實體晶片中獲取資訊的實際過程非常複雜，除了我們提到的階層式快取系統等機制，還有更多其他。

在某些方面，這些機制是盡可能從程式設計師那裡抽象化出來的。因此，例如在 Go 程式碼中定義一個變數時，不需要考慮必須要保留多少記憶體、在哪裡、以及它必須適配多少 L- 快取。這對提高開發速度很有幫助，但有時需要處理的是大量資料，就可能會讓人感到訝異，這個時候會需要恢復對記憶體資源的機械同感[1]、優化 TFBO 流程（第 100 頁「效率感知開發流程」）和良好的工具。

本章將聚焦於了解 RAM 資源。從探索整體記憶體相關性開始，在第 148 頁「記憶體有問題嗎？」小節中設定上下文；接下來，從下到上解釋記憶體存取中涉及的每個元素樣式和結果。記憶體的資料之旅開始於第 149 頁「實體記憶體」，也就是硬體記憶體晶片。

---

1   *https://oreil.ly/Co2IM*

然後轉向能夠在多程序（multiprocess）系統中，管理有限實體記憶體空間的作業系統（operating system, OS）記憶體管理技術：第 153 頁「虛擬記憶體」和第 163 頁「作業系統記憶體映射」，以及第 157 頁「mmap 系統呼叫」有更詳細的解釋。

在解釋較低層級的記憶體存取之後，可以轉向尋求優化記憶體效率的 Go 程式設計師關鍵知識：第 166 頁「Go 的記憶體管理」。這包括必要元素，例如記憶體布局、第 171 頁「值、指標和記憶體區塊」涵義、以及第 176 頁「Go 配置器」的基礎知識及其可衡量的結果。最後要探討的是第 179 頁「垃圾蒐集」。

本章會詳細介紹記憶體，但主要目的是在記憶體使用方面建立對 Go 程式樣式和行為的直覺。例如，存取記憶體時會出現什麼問題？該如何測量記憶體使用情況？配置記憶體是什麼意思？要怎樣才能釋放它？本章都將一一探討這些問題的答案。但在一開始，先來闡明 RAM 和程式執行有關的原因，為什麼它如此重要？

# 記憶體相關性

所有 Linux 程式都需要比 CPU 更多的資源，來執行它們的程式設計功能。若以用 C 編寫的 NGINX[2]，或用 Go 編寫的 Caddy[3] 這樣的 Web 伺服器為例。這些程式允許從磁碟或代理 HTTP 請求來提供靜態內容以及其他功能，它們使用 CPU 來執行編寫的程式碼。然而，這樣的網路伺服器也會和其他資源互動，例如：

- 使用 RAM 來快取基本的 HTTP 回應

- 使用磁碟來載入配置、靜態內容、或寫入日誌行以滿足可觀察性需求

- 透過網路為來自遠端客戶端的 HTTP 請求提供服務

因此，CPU 資源只是等式的一部分。這對大多數程式來說都是一樣的，它們建立為儲存、讀取、管理、運算和轉換來自不同媒介的資料。

有人主張，「記憶體」資源（通常稱為 RAM）[4] 位於這些互動的核心。RAM 是電腦的骨幹，因為每個外部資料，來自磁碟、網路或其他裝置的位元組，都必須緩衝在記憶體中才能由 CPU 存取。因此，作業系統啟動一個新程序所做的第一件事，就是把程式的部分機器碼和初始資料載入到記憶體中，以供 CPU 執行。

---

2   *https://oreil.ly/7F0cZ*

3   *https://oreil.ly/MpHMZ*

4   在本書中，當我說「記憶體」時，我指的是 RAM，反之亦然。其他媒介也會在電腦架構中提供「記憶」資料（例如，L- 快取），但一般都傾向於把 RAM 視為「主要的」記憶體資源。

不幸的是，在程式中使用記憶體時，必須注意 3 個主要警告：

- RAM 存取速度明顯低於 CPU 的執行速度。

- 機器中的 RAM 是有限的，通常每台幾 GB 到幾百 GB，所以空間效率很重要[5]。

- 除非持久型記憶體[6]會以類似 RAM 的速度、價格和穩健性商品化，否則主記憶體是完全地揮發性的。當電腦斷電時，所有資訊都將全部遺失。[7]

記憶體的短暫特性及其有限大小，是不得不向電腦添加輔助且持久 I/O 資源（即磁碟）的原因。如今的固態硬碟（solid state drive, SSD）磁碟相對較快，雖然仍比 RAM 慢 10 倍左右；但使用壽命有限，約 5 年。另一方面也有更慢、更便宜的硬式磁碟（hard disk drive, HDD），雖然比 RAM 便宜，但磁碟資源也是一種稀疏資源。

最後的重點為，出於可擴展性和可靠性的原因，電腦依賴於來自遠端位置的資料。業界發明不同的網路和協定，讓我們能夠和遠端軟體（例如資料庫），甚至可以透過 iSCSI 或 NFS 協定的遠端硬體通訊，這種類型的 I/O 通常會抽象化為網路資源使用。不幸的是，網路是最具挑戰性的資源之一，因為它具有不可預測的性質、有限的頻寬和更嚴重的延遲。

在使用任何這些資源時，都要透過記憶體資源，因此，了解其機制至關重要。程式設計師可以做很多事情來影響應用程式的記憶體使用；但不幸的是，如果學好這門課，我們的實作往往會導致效率低下，和不必要地浪費電腦資源或執行時間。如今的程式必須處理大量資料，更加劇這個問題，這也是為什麼常言道有效率的程式設計都和資料相關。

 **記憶體效率低下往往是 *Go* 程式中最常見的問題**

Go 是一種垃圾回收語言，這也因此讓它非常有效率。然而，垃圾蒐集器（garbage collector, GC）犧牲一些可見性和對記憶體管理的控制（更多資訊請參見第 179 頁）。

但是即使忘記 GC 的額外負擔，對於需要處理大量資料或在某些資源限制下的情況，也必須更加注意程式如何使用記憶體。因此，我建議您格外小心地閱讀本章，因為大多數的初級優化通常都是圍繞記憶體資源而進行的。

---

5  不只是因為晶片接腳、空間和電晶體能量不足等實體限制，還因為管理大記憶體會帶來巨大的額外負擔，第 152 頁「作業系統記憶體管理」會討論這一點。

6  *https://oreil.ly/uaPiN*

7  在某種程度上，RAM 的揮發性有時可以視為一種特性，而不是錯誤！您有沒有想過為什麼重啟電腦或程序，通常可以解決您的問題？記憶體揮發性迫使程式設計師實作強大的初始化技術、從備份媒介重建狀態、增強可靠性並減少潛在程式錯誤。在極端情況下，具有重啟功能的僅崩潰軟體（crash-only software，*https://oreil.ly/DAbDs*）是故障處理的主要方式。

什麼時候應該開始記憶體優化過程？一些常見的症狀可能說明已存在記憶體效率問題。

# 記憶體有問題嗎？

了解 Go 如何使用電腦的主記憶體及其效率後果會很有用，但還是必須遵循務實的方法。和任何優化一樣，在知道存在問題之前，應該避免優化記憶體，可以定義一組情況，應該能觸發對 Go 記憶體的使用和該領域潛在優化的興趣：

- 實體電腦、虛擬機器、容器或程序因記憶體不足（out-of-memory, OOM）訊號而崩潰，或者程序即將達到該記憶體限制[8]。

- Go 程式執行速度比平時慢，而記憶體使用率卻高於平均水準。劇透：系統可能處於記憶體壓力下，導致猛移（thrashing）或調換（swapping），如第 163 頁「作業系統記憶體映射」中所述。

- Go 程式執行速度比平時慢，但 CPU 使用率卻很高。劇透：如果建立過多的短期物件，配置或釋放記憶體會減慢我們的程式。

如果您遇到上述任何一個情況，可能就是時候除錯和優化 Go 程式記憶體使用了。正如第 232 頁「複雜度分析」會教到的，如果您已經有心理準備，有一組早期警告訊號會指出可以輕鬆避免掉的巨大記憶體問題。此外，培養這種積極主動的本能，可以讓您成為寶貴的團隊資產！

但是，沒有良好的基礎也無法建設任何東西。和 CPU 資源一樣，如果不真正了解它們，您將無法應用優化！我們必須了解這些優化背後的原因，例如，範例 4-1 為輸入中的 100 萬個整數配置 30.5 MB 的記憶體，這是什麼意思？那個空間是在哪裡預留的？這是否意味著我們剛好使用 30.5 MB 的實體記憶體，還是更多？這段記憶體會在某個時候釋放嗎？本章旨在讓您擁有能夠回答所有這些問題的意識，並了解記憶體常常成為問題的原因，以及該有什麼因應之道。

讓我們從硬體（hardware, HW）、作業系統（OS）和 Go 執行時期的角度，開始介紹記憶體管理的基礎知識，從會直接影響程式執行的實體記憶體基本細節開始。最重要的是，這些知識可能會幫助您更能理解現代實體記憶體的規格和說明文件！

---

8  可以透過簡單地向系統添加更多記憶體，或換到具有更多記憶體資源伺服器或虛擬機器，來解決該問題。如果不是記憶體洩漏，並且可以增加這樣的資源，例如具有更多記憶體的虛擬機器雲端，加上願意額外付費，這可能是一個可靠的解決方案。然而，我建議確認您的程式記憶體使用情況，尤其是當您必須不斷擴展系統記憶體時。這可能很容易有贏家，歸功於可以優化的那些不費吹灰之力的空間浪費。

# 實體記憶體

以電腦基本儲存單位「位元」形式，來儲存資訊。位元的值不是 0 就是 1，有了足夠位元，就可以表達任何資訊，包括整數、浮點值、字母、訊息、聲音、影像、視訊、程式及元宇宙（metaverse）等。

執行程式時使用的主要實體記憶體（RAM），是基於動態隨機存取記憶體（random-access memory, DRAM）。這些晶片焊接到模組中，通常稱為 RAM「棒」，當連接到主機板時，只要 DRAM 持續供電，就可以用晶片儲存和讀取資料位元。

DRAM 包含數十億個儲存單元，和 DRAM 可以儲存的位元數一樣多。每個儲存單元包括一個作為開關的存取電晶體，和一個儲存電容器。電晶體用來保護對電容器的存取，電容器會充電到儲存 1 或耗盡以保持 0 值。這讓每個儲存單元可以儲存 1 位元的資訊，這種架構比靜態 RAM（SRAM）更簡單，生產和使用上也更便宜。靜態 RAM（SRAM）通常速度更快，用於較小型的記憶體，如 CPU 中的暫存器和階層式快取。

本文撰寫時，用於 RAM 的最流行記憶體是 DRAM 系列中的較簡單同步（時脈）版本：SDRAM，尤其是稱為 DDR4 的第五代 SDRAM。

8 個位元構成 1 個「位元組」（byte），這個數字由來如下：過去可以容納一個文本字元的最小位元數是 8 [9]。產業把「位元組」標準化為最小的有意義資訊單位。

因此，大多數硬體都是可定址（addressable）到位元組的。從軟體程式設計師的角度來看，這意味著存在能存取單一位元組資料的指令，如果您想存取單一位元，則需要存取整個位元組，並使用位元遮罩（bitmask）[10] 來獲取，或寫入您想要的位元。

位元組定址能力使開發人員在處理來自不同媒介的資料，不管是記憶體、磁碟還是網路等，都更輕鬆。不幸的是，它也造成一種錯覺，也就是資料始終可以按位元組的粒度來存取。不要被它騙了，一般情況下，底層硬體必須傳輸更大的資料塊，才能為您提供所需的位元組。

---

9　如今，像 UTF-8 這樣的流行編碼可以動態地為每個字元使用 1 到 4 個位元組的記憶體。
10　*https://oreil.ly/pFoxI*

例如，從第 125 頁「階層式快取系統」中可了解 CPU 暫存器通常為 64 位元（8 位元組），快取行甚至更大（64 位元組）。有 CPU 指令可以把單一位元組從記憶體複製到 CPU 暫存器，然而，有經驗的開發人員會注意到，要複製單一位元組，在許多情況下 CPU 不會從實體記憶體中獲取 1 個位元組，而是至少獲取一個完整的快取行（64 位元組）。

從高層角度來看，實體記憶體（RAM）也可以看作是位元組可定址的，如圖 5-1 所示。

記憶體空間可以看作是具有唯一位址的一組連續單位元組槽位。每個位址都是從 0 開始，一直到系統中的總記憶體容量（以位元組為單位）的數字。出於這個原因，只使用 32 位元整數作為記憶體位址的 32 位元系統，通常無法處理容量超過 4 GB 的 RAM；可以用 32 位元來表達的最大數字是 232。隨著導入使用 64 位元（8 位元組）[11] 整數進行記憶體定址的 64 位元作業系統，也移除了這個限制。

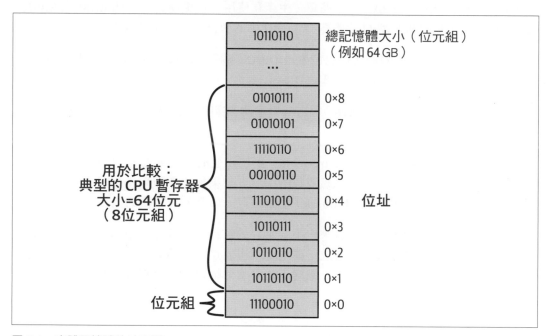

圖 5-1　實體記憶體位址空間

---

11　透過把「指標」的大小加倍，可以定址的元素數量限制移動到極端大小，甚至可以估計 64 位元就足以處理地球上所有沙灘上的每一粒沙（*https://oreil.ly/By1J3*）！

第 123 頁「CPU 和記憶體牆問題」曾討論，和 CPU 速度等相比，記憶體存取速度並不快。但不只如此。理論上，可定址性應該允許從主記憶體中快速、隨機地存取位元組，畢竟，這就是稱主記憶體為「隨機存取記憶體」的原因。不幸的是，如同附錄 A 的餐巾紙數學，循序記憶體存取可能比隨機存取還要快 10 倍，或更多！

但更有甚者，在可知的未來，這領域不會有任何進展。過去幾十年裡，只提高了循序讀取的速度（頻寬），根本沒有改善隨機存取的延遲！延遲方面缺乏改進並不是一個錯誤，而是一個戰略選擇，現代 RAM 模組的內部設計必須滿足各種需求和限制，例如：

## 容量

對更大容量的 RAM 有強烈需求，例如，計算更多資料或執行更逼真的遊戲。

## 頻寬和延遲

希望在寫入或讀取大塊資料時，會等待更少時間來存取記憶體，因為記憶體存取是 CPU 運算的主要減速因素。

## 電壓

每個記憶體晶片都需要較低的電壓需求，這將允許執行更多記憶體晶片，同時保持低功耗和可管理的熱特性，也就是說，筆記型電腦和智慧型手機的電池使用時間會延長！

## 成本

RAM 是有大量需求的電腦基本部件；因此，生產和使用成本必須維持在較低水準。

較慢的隨機存取對本章將學習的諸多管理器層級有各種影響。例如，這也是為什麼具有 L- 快取的 CPU，會預先去獲取和快取更大的記憶體塊，即使計算只需要一個位元組。

總結一下關於 DDR4 SDRAM 等現代 RAM 硬體一些需要記下來的事情：

- 記憶體的隨機存取相對較慢，一般而言，沒有太多好辦法可以快速改進這個狀況。如果有的話，更低的功耗、更大的容量和頻寬只會增加延遲。

- 業界正在透過允許傳輸更大的相鄰（循序）記憶體塊，來提高整體記憶體的頻寬。這意味著對齊 Go 資料結構，和努力了解它們如何儲存在記憶體中很重要，能確保更快存取。

無論是循序還是隨機，程式從不直接存取實體記憶體，作業系統會管理 RAM 空間。這對開發人員來說是件好事，因為不需要了解低階記憶體存取的細節。但是，出於更重要的原因，程式和硬體之間必須有一個作業系統；除了討論原因之外，也可討論它對 Go 程式的意義。

# 作業系統記憶體管理

作業系統的記憶體管理目標為何？隱藏實體記憶體存取的複雜性只是其中一回事，另一個更重要的目標，是讓數千個程序以及它們的 OS 執行緒同時安全地使用相同的實體記憶體[12]。在公共記憶體空間上執行多程序的問題很重要，原因很多：

## 每個程序的專用記憶體空間

程式的編譯假設會對 RAM 進行幾乎完全和連續的存取。因此，作業系統必須從位址空間（如圖 5-1 所示）追蹤實體記憶體中的哪些槽位屬於哪個程序，再找到一種方法，來協調這些對程序的「保留」，以便只存取配置的位址。

## 避免外部碎片（external fragmentation）

由於沒效率的打包，擁有數千個使用動態記憶體的程序，會帶來記憶體浪費的巨大風險，這個問題可稱為記憶體的外部碎片[13]。

## 記憶體隔離

必須確保沒有程序能接觸為同一台機器執行的其他程序，例如作業系統程序！而保留的實體記憶體位址。這是因為來自程序的記憶體外部（越界記憶體存取）的任何意外寫入或讀取，都可能導致其他程序崩潰、永久性媒介（例如磁碟）上的資料格式錯誤、或使整個機器崩潰，例如損壞作業系統使用的記憶體。

## 記憶體安全

作業系統通常是多使用者系統，這意味著程序可以對不同資源，例如磁碟上的檔案或其他程序記憶體空間具有不同權限，這也是為什麼提到的越界記憶體（out-of-bound）存取具有嚴重安全風險[14]。想像一個沒有權限的惡意程式從其他程序記憶體

---

12　第 131 頁「作業系統排程器」介紹過程序和執行緒等術語。

13　*https://oreil.ly/lBfRq*

14　由於各種會允許越界記憶體存取的臭蟲（*https://oreil.ly/iSbqk*），存在許多常見漏洞和暴露（Common Vulnerabilities and Exposures, CVE）問題。

中讀取憑證，或者導致阻斷服務（Denial-of-Service, DoS）攻擊[15]。這一點對於虛擬化環境尤其重要，因為在其中，單一記憶體單元可以在不同作業系統，甚至更多使用者之間共享。

有效率的記憶體使用

程式永遠不會同時使用它們所需求的所有記憶體。例如，指令程式碼和靜態配置的資料，例如常數變數，可能有幾十個百萬位元組那麼大。但是對於單執行緒應用程式來說，在給定的 1 秒鐘內，最多只會使用幾千位元組的資料。而錯誤處理的指令很少會用到，在最壞的情況下，陣列通常會過大。

為了解決所有這些挑戰，現代作業系統使用將在本節中學習的 3 種基本機制：分頁虛擬記憶體、記憶體映射和硬體位址轉換，來管理記憶體。以下就從解釋虛擬記憶體開始。

# 虛擬記憶體

虛擬記憶體（virtual memory）[16] 背後的關鍵思想是，每個程序都賦予屬於自己對於 RAM 邏輯上的簡化觀點，因此，程式語言設計人員和開發人員就可以有效地管理程序的記憶體空間，就好像它們擁有自己的完整記憶體空間一樣。更重要的是，使用虛擬記憶體，程序可以為它的資料使用從 0 到 $2^{64}$ - 1 的完整位址範圍，即使實體記憶體的容量只能容納 235 個位址（32 GB 記憶體）。這讓程序無須在其他程序之間協調記憶體、裝箱（bin packing）挑戰、以及其他重要任務，例如實體記憶體碎片重組（defragmentation）、安全性、限制和置換等。相反的，所有這些複雜且容易出錯的記憶體管理任務，都可以委託給核心（kernel），即 Linux 作業系統的核心部分。

實作虛擬記憶體有幾種方法，但最流行的技術稱為分頁（paging）[17]。作業系統把虛擬記憶體和實體記憶體劃分為固定大小的記憶體塊。虛擬記憶體塊稱為分頁（page），而實體記憶體塊稱為頁框（frame），皆可單獨管理。分頁大小通常預設為 4 KB[18]，但也可以根據特定 CPU 功能更改大小[19]。也可以把 4 KB 分頁用於正常工作負載，並使用從 2 MB 到 1 GB 的專用大分頁，這些專用大小有時對程序來說是透明的[20]！

---

15 它可能不太直觀，但如果對另一個程序記憶體的存取不受限制，則惡意程序可以執行 DoS。例如，透過把計數器設定為不正確的值，或破壞迴圈的不變量，受害程式可能會出錯或耗盡機器資源。

16 *https://oreil.ly/RBiCV*

17 以前使用分段（segmentation，*https://oreil.ly/8BFmb*）來實作虛擬記憶體。事實證明，這具有較少的變通性，尤其是無法移動此空間來進行碎片重組（更好地壓縮記憶體）。儘管如此，即使使用分頁，分段也會由程序本身（使用底層分頁）應用於虛擬記憶體。另外，核心有時仍然對其關鍵核心記憶體部分使用非分頁的分段。

18 您可以使用 getconf PAGESIZE 命令來檢查 Linux 系統上的目前分頁大小。

19 例如，在一般情況下，Intel CPU 能夠處理硬體支援的 4 KB、2 MB 或 1 GB 分頁（*https://oreil.ly/mxlry*）。

20 *https://oreil.ly/7KuGx*

**分頁大小的重要性**

4 KB 這個數字出現於 1980 年代，由於現代硬體和更便宜的 RAM（以每位元組美元來計算），很多人都認為是時候提高這個數字了。

然而，分頁大小的選擇是一種取捨的遊戲。較大的分頁不可避免地會浪費更多記憶體空間，[21] 這通常稱為內部記憶體碎片（fragmentation）[22]。另一方面，保持 4 KB 的分頁大小，或讓它更小，會讓記憶體存取變慢、記憶體管理成本更高，最終會阻礙電腦使用更大的 RAM 模組。

作業系統可以動態地把虛擬記憶體中的分頁映射到特定的實體記憶體頁框，或如磁碟空間塊的其他媒介，這對程序來說大多是透明的。分頁的映射、狀態、權限和其他元資料，會儲存在作業系統所維護的許多階層式分頁表（page table）的分頁條目中 [23]。

要達成易於使用的動態虛擬記憶體，需要一個通用的位址轉換機制，問題是只有作業系統，才知道目前的虛擬空間和實體空間之間的記憶體空間有沒有映射。正在執行的程式程序只知道虛擬記憶體位址，所以機器碼中的所有 CPU 指令都使用了虛擬位址。如果嘗試為每個記憶體存取詢問作業系統以翻譯每個位址，程式會更慢，因此業界研發出專門硬體，來支援翻譯記憶體分頁。

從 1980 年代開始，幾乎所有 CPU 架構都開始包含會用在每次記憶體存取的記憶體管理單元（Memory Management Unit, MMU），它會基於作業系統分頁表中的條目，把 CPU 指令的每個記憶體位址轉換為實體位址。為了避免存取 RAM 來搜尋相關的分頁表，工程師添加轉換後備緩衝區（Translation Lookaside Buffer, TLB），這是一個小型快取，可以快取幾千個分頁表條目（通常為 4 KB 條目）。總體流程如圖 5-2 所示。

---

21　即使是最簡單和保守的計算。也表明 2 MB 分頁大約浪費 24% 的總記憶體（*https://oreil.ly/iklRd*）。

22　*https://oreil.ly/PnOuT*

23　這裡不會討論分頁表實作，因為它非常複雜，也不是 Go 開發人員需要擔心的事。然而，這個話題非常有趣，因為分頁的簡單實作，會在記憶體使用方面產生巨大額外負擔；畢竟，記憶體管理如果會占用它管理的大部分記憶體空間，又有什麼意義呢？您可以在此處了解更多資訊：*https://oreil.ly/jU9Is*。

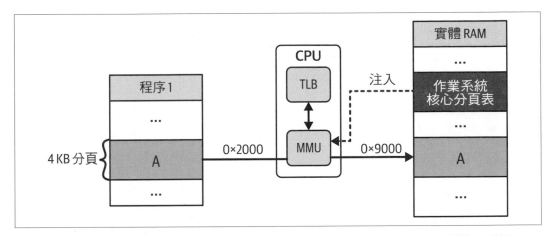

圖 5-2　位址轉換機制由 CPU 中的 MMU 和 TLB 完成。作業系統必須注入相關分頁表，以便 MMU
　　　　知道哪些虛擬位址會對應於哪些實體位址。

TLB 速度非常快，但容量有限，如果 MMU 無法在 TLB 中找到要存取的虛擬位址，TLB
就無法命中。這意味著 CPU（硬體 TLB 管理）或作業系統（軟體管理 TLB）必須遍歷
RAM 中的分頁表，這會導致顯著的延遲，大約 100 個 CPU 時脈週期！

必須指出的是，並非每個「已配置」的虛擬記憶體分頁，後面都有一個保留的實體記憶
體分頁，事實上，大部分虛擬記憶體根本就沒有 RAM 的備份。結果就是，幾乎所有程
序都使用大量虛擬記憶體，在各種 Linux 工具如 ps 中稱為 VSS 或 VSZ。儘管如此，為該
程序保留的實際實體記憶體，即通常稱為「常駐記憶體」（resident memory）中的 RSS
或 RES）可能很小。通常情況下，單一程序所配置的虛擬記憶體，會多於整個機器可用
的記憶體！請在圖 5-3 中查看我的機器範例情況。

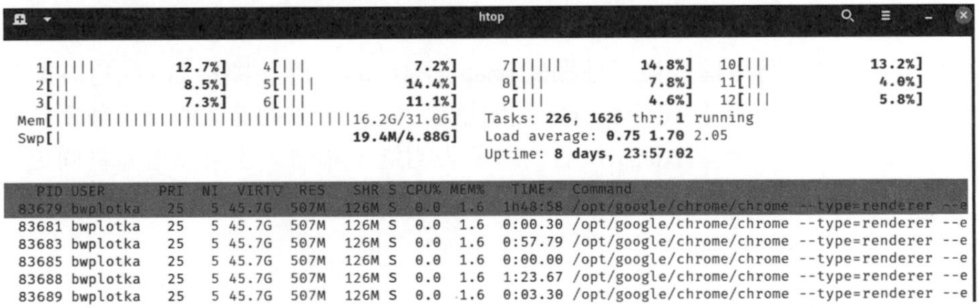

圖 5-3　htop 輸出的前幾行，顯示幾個 Chrome 瀏覽器程序按虛擬記憶體大小排序的目前使用情況

如圖 5-3 所示,我的機器有 32 GB 的實體記憶體,目前使用了 16.2 GB,然而每個 Chrome 程序使用了 45.7 GB 的虛擬記憶體!但是,如果您查看 RES 欄,它只有 507 MB 的常駐,其中 126 MB 是和其他程序共享。這怎麼可能呢?鑑於機器只有 32 GB,而系統實際上只配置幾百 MB 的 RAM,該程序怎麼會認為它有 45.7 GB 的 RAM 可用?

這種情況可稱為記憶體過度承諾(overcommitment)[24],它的存在和航空公司經常超賣機位的原因相同。根據經驗,許多旅行者會在最後一刻取消機票,或因各種原因而沒有出現在航班上;因此,為了最大化飛機使用容量,航空公司就會銷售比飛機座位更多的機票,並且以「優雅」手段處理罕見的「缺席」情況,例如將倒楣的顧客移到另一個航班等,以確保更有利可圖;這意味著旅客登機並實際「存取」座位時,才會真正的開始「配置」。

預設情況下[25],作業系統會對嘗試配置實體記憶體的程序,執行相同的過度承諾策略,實體記憶體只在程式存取它時才開始配置,而不是在它「建立」一個大物件,例如 make([]byte, 1024) 時配置,可見第 176 頁「Go 配置器」的實際範例。

過度承諾會透過分頁和記憶體映射技術來實作,通常,記憶體映射是指 Linux 上的 mmap[26] 系統呼叫,以及 Windows 中類似的 MapViewOfFile 函數所提供的低階記憶體管理功能。

 開發人員可以在特定使用案例的程式中明確使用 *mmap*

mmap 呼叫幾乎廣泛用於所有資料庫軟體,例如 MySQL 和 PostgreSQL,以及用 Go 來編寫的軟體,例如 Prometheus、Thanos 和 M3db 專案。mmap 及其他記憶體配置技術,也都是 Go 執行時期和其他程式語言在後台,用於從 OS 配置記憶體的方法,例如,用於堆積,可見第 166 頁「Go 的記憶體管理」。

不建議對大多數 Go 應用程式使用外顯式 mmap。相反的,應該堅持 Go 執行時期的標準配置機制,相關內容可見第 166 頁「Go 的記憶體管理」。正如第 100 頁「效率感知開發流程」中所言,只有透過基準測試所看到跡象表明還不夠時,才可以考慮轉向更進階的方法,例如 mmap;這也是為什麼我甚至沒有將 mmap 列在第 11 章表中的原因!

---

24  *https://oreil.ly/wbZGf*

25  還有一個選項可以在 Linux 上禁用過度承諾機制(*https://oreil.ly/h82uS*)。禁用時,虛擬記憶體大小(VSS)不能大於程序所使用的實體記憶體(RSS)。這樣做通常是希望程式可以更快地存取記憶體,但也會大幅浪費記憶體,因此,我從未見過實際使用這樣的選項。

26  *https://oreil.ly/m5n7A*

---

但是，仍然有必要在開始使用記憶體資源時解釋 mmap。即使沒有明確地使用它，作業系統也會使用相同的記憶體映射機制，來管理系統中所有配置分頁。Go 程式中使用的資料結構，會間接地儲存到某些虛擬記憶體分頁，然後由作業系統或 Go 執行時期來進行類似 mmap 的管理。因此，理解外顯式 mmap 系統呼叫，將能便於解釋 Linux 作業系統用於管理虛擬記憶體的隨選分頁（on-demand paging）和映射技術。

接下來請聚焦於 Linux mmap 系統呼叫。

## mmap 系統呼叫

要了解作業系統記憶體映射樣式前，先來討論 mmap [27] 系統呼叫。範例 5-1 顯示一個簡化的抽象化，使用 mmap OS 系統呼叫，它允許程序的虛擬記憶體配置一個位元組切片，而無須 Go 的記憶體管理協調。

*範例 5-1  特定於 Linux 的 Prometheus mmap 抽象化的改編片段 [28]，允許建立和維護唯讀記憶體映射位元組陣列*

```go
import (
    "os"

    "github.com/efficientgo/core/errors"
    "github.com/efficientgo/core/merrors"
    «golang.org/x/sys/unix»
)

type MemoryMap struct {
    f *os.File // nil if anonymous.
    b []byte
}

func OpenFileBacked(path string, size int) (mf *MemoryMap, _ error) { ❶
    f, err := os.Open(path)
    if err != nil {
        return nil, err
    }
    b, err := unix.Mmap(int(f.Fd()), 0, size, unix.PROT_READ, unix.MAP_SHARED) ❷
    if err != nil {
        return nil, merrors.New(f.Close(), err).Err() ❸
    }

    return &MemoryMap{f: f, b: b}, nil
```

27  *https://oreil.ly/m5n7A*
28  *https://oreil.ly/KJ4dD*

```
}

func (f *MemoryMap) Close() error {
    errs := merrors.New()
    errs.Add(unix.Munmap(f.b))  ❹
    errs.Add(f.f.Close())
    return errs.Err()
}

func (f *MemoryMappedFile) Bytes() []byte { return f.b }
```

❶ OpenFileBacked 會建立由來自所提供路徑之檔案支持的外顯式記憶體映射。

❷ unix.Mmap 是一個特定於 Unix 的 Go 幫助程式，它使用 mmap 系統呼叫，在磁碟檔案的位元組（0 和 size 位址之間），和存於 b 變數中傳回的 []byte 陣列配置的虛擬記憶體之間，建立直接映射。還傳遞了唯讀旗標（PROT_READ）和共享旗標（MAP_SHARED）[29]。還可以跳過傳遞的檔案描述子，並把 0 作為第一個引數來傳遞、把 MAP_ANON 作為最後一個參數來傳遞，以建立匿名映射（稍後會詳細介紹）[30]。

❸ 使用 merrors[31] 套件來確保在 Close 也傳回錯誤時，抓取這兩個錯誤。

❹ unix.Munmap 是為數不多從虛擬記憶體中刪除映射和解配置（de-allocate）mmap 位元組的方法之一。

從開放的 MemoryMap.Bytes 結構中傳回的位元組切片，可以作為以典型方式（例如 make([]byte, size)）所獲取的常規位元組切片而讀取。然而，由於將此記憶體映射位置標記為唯讀（unix.PROT_READ），因此寫入此類切片，會導致作業系統以 SIGSEGV 原因來終止 Go 程序[32]。此外，如果對其執行 Close（Unmap）後，再從該切片中讀取，也會發生分段錯失（segmentation fault）。

乍看之下，經過 mmap 處理的位元組陣列，看起來像一個帶有額外步驟和限制的常規位元組切片，所以它有什麼獨特之處呢？最好用以下例子解釋！想像一下，緩衝一個 600 MB 的檔案到一個 []byte 切片中，這樣就可以根據需要，來從該檔案的隨機偏移中快速地存取幾個位元組。600 MB 聽起來可能過大，但這樣的需求在資料庫或快取中很常見，因為從磁碟中隨選讀取可能太慢了。

---

29  MAP_SHARED 表示任何其他程序在存取同一個檔案時，都可以重用同一個實體記憶體分頁。如果映射檔案不隨時間變化則將是無害的，但它對於映射可修改的內容，會有更複雜的細微差別。

30  完整的選項列表可以在 mmap 說明文件（*https://oreil.ly/m5n7A*）中找到。

31  *https://oreil.ly/lnrJM*

32  SIGSEV 表示分段錯失，可得知該程序想要存取無效的記憶體位址。

---

沒有外顯式 mmap 的簡單解決方案可能類似於範例 5-2。每隔幾個指令，就查看作業系統記憶體統計資訊，所顯示有關實體 RAM 上已配置分頁的資訊。

範例 5-2　緩衝來自於檔案的 600 MB，以存取來自 3 個不同位置的 3 個位元組

```
f, err := os.Open("test686mbfile.out") ❶
if err != nil {
    return err
}


b := make([]byte, 600*1024*1024)
if _, err := f.Read(b); err != nil { ❷
    return err
}


fmt.Println("Reading the 5000th byte", b[5000]) ❸
fmt.Println("Reading the 100 000th byte", b[100000]) ❸
fmt.Println("Reading the 104 000th byte", b[104000]) ❸


if err := f.Close(); err != nil {
    return err
}
```

❶ 打開 600+ MB 的檔案。此時，如果您在 Linux 機器上執行 ls -l /proc/$PID/fd 命令，其中 $PID 是這個執行程式的程序 ID，您會看到檔案描述子告訴您，這個程序已經使用了這些檔案。其中一個描述子是指向剛剛打開的 test686mbfile.out 檔案的符號連結。該程序會保留該檔案描述子，直到檔案關閉。

❷ 把 600 MB 讀取到預配置的 []byte 切片中。f.Read 方法執行後，程序的 RSS 顯示了 621 MB [33]，表示需要超過 600 MB 的空閒實體 RAM 來執行這個程式；虛擬記憶體大小（VSZ）也增加了，達到 1.3 GB。

❸ 無論從緩衝區存取什麼位元組，程式都不會在 RSS 上為緩衝區配置更多位元組；但是，它可能需要額外的位元組以用於 Println 邏輯。

通常，範例 5-2 會證明如果沒有外顯式 mmap，需要從一開始就在實體 RAM 上保留至少 600 MB 的記憶體（約 150,000 個分頁），也要為程序保留這些記憶體，直到垃圾蒐集程序蒐集為止。

使用外顯式 mmap 時，相同的功能會是什麼樣子呢？讓我們使用範例 5-1 的抽象化，在範例 5-3 做類似事情。

---

[33] 在 Linux 上，您可以透過執行 ps -ax --format=pid,rss,vsz | grep $PID 來找到此資訊，其中 $PID 是程序 ID。

範例 5-3　把來自檔案的 600 MB 記憶體映射，以存取來自 3 個不同位置的 3 個
位元組，使用範例 5-1

```
f, err := mmap.OpenFileBacked("test686mbfile.out," 600*1024*1024) ❶
if err != nil {
    return err
}
b := f.Bytes() ❷

fmt.Println("Reading the 5000th byte", b[5000]) ❸
fmt.Println("Reading the 100 000th byte", b[100000]) ❹
fmt.Println("Reading the 104 000th byte", b[104000]) ❺

if err := f.Close(); err != nil { ❻
    return err
}
```

❶ 打開測試檔案，並把它內容的 600 MB 記憶體映射到 []byte 切片中，此時與範例 5-2
類似，fd 目錄可見 test686mbfile.out 檔案的相關檔案描述符。然而，更重要的是，
如果您執行 ls -l /proc/$PID>/map_files 命令（同樣的，$PID 是程序 ID），您還會有
另一個指向剛剛引用的 test686mbfile.out 檔案符號連結。這表示檔案支援的記憶體
映射。

❷ 這行敘述之後，有了包含檔案內容的位元組緩衝區 b。但是，如果檢查此程序的記憶
體統計資訊，作業系統並不會在實體記憶體中為切片元素配置任何分頁 [34]。因此，
儘管 b 中有 600 MB 的內容可存取，但總 RSS 只有 1.6 MB；另一方面，VSZ 大約為
1.3 GB，這指出作業系統告訴 Go 程式，它可以存取這個空間。

❸ 從切片存取一個位元組後，可以看到 RSS 增加了，大約 48-70 KB 的 RAM 分頁，用
於此映射。這意味著當程式碼想要存取來自 b 的單一具體位元組時，作業系統只會
在 RAM 上配置可能 10 個左右的分頁。

❹ 存取離已配置分頁很遠的不同位元組，會觸發額外分頁的配置。RSS 讀數會顯示
100-128 KB。

---

34　我怎麼知道的？歸功於 /proc/<PID>/smaps 檔案，可以獲得在 Linux 上使用的每個記憶體映射程序的準
確統計資訊。

❺ 如果存取距離上一次讀取 4,000 位元組的單一位元組，作業系統不會配置任何額外的分頁。這可能有幾個原因[35]，例如，當程式讀取偏移 100,000 位元組處的檔案內容時，作業系統已經配置一個包含要存取位元組的 4 KB 分頁，因此，RSS 讀數仍會顯示 100-128 KB。

❻ 如果刪除記憶體映射，所有相關的分頁最終都會從 RAM 中解除映射，這意味著流程的總 RSS 數量應該更小[36]。

### 頗受低估的了解程序和作業系統資源行為方式

Linux 為目前的程序或執行緒狀態提供驚人的統計資訊和除錯資訊。*/proc/<PID>* 中的所有內容都可以作為特殊檔案來存取。它對每個詳細統計資訊，例如每個小記憶體映射狀態，和配置進行除錯的能力，讓我大開眼界。請透過閱讀 proc [37]（pseudofilesystem，程序偽檔案系統）說明文件，來了解更多相關步驟。

如果您打算更大量地使用低階 Linux 軟體，我建議您熟悉 Linux 偽檔案系統，或任何使用它的工具。

範例 5-3 使用外顯式 mmap 時，突顯的主要行為之一稱為隨選分頁。當程序使用 mmap 來向作業系統請求任何虛擬記憶體時，作業系統並不會在 RAM 上配置任何分頁，無論分頁有多大。相反的，作業系統只會為程序提供虛擬位址範圍；更進一步來說，當 CPU 執行第一個從該虛擬位址範圍存取記憶體的指令時，例如範例 5-3 的 fmt.Println("Reading the 5000th byte," b[5000])，MMU 會產生一個分頁錯誤（page fault），由作業系統核心處理的硬體中斷，然後作業系統會以各種方式反應：

### 配置更多的 *RAM* 頁框

如果在 RAM 中有閒置的頁框（實體記憶體分頁），作業系統可以把它們其中一些標記為已使用，並把它們映射到觸發分頁錯誤的程序，這是作業系統唯一會實際「配置」RAM 並增加 RSS 度量的時候。

---

35 在記憶體映射情況下存取附近位元組時，可能不需要在 RAM 上配置更多分頁的原因有很多。例如，快取階層（可見第 125 頁「階層式快取系統」）、作業系統和編譯器，決定一次淬取更多、或者由於先前的存取，這樣的分頁已經是共享或私有分頁。

36 請注意，該檔案的實體頁框仍然可以由作業系統配置到實體記憶體上，只是不考慮我們的程序，這稱為 page cache，在任何程序試圖記住同一個檔案時很有用。分頁取會盡最大努力儲存在記憶體中，不然就不會使用此記憶體。它可以在系統處於高記憶體壓力下，或由管理員手動釋放，例如，使用 sysctl -w vm.drop_caches=1。

37 *https://oreil.ly/jxBig*

### 取消配置未使用的 *RAM* 頁框，並重新使用它們

如果不存在閒置頁框（機器上的記憶體使用率很高），作業系統就可以刪除屬於任何程序，且目前未存取的受檔案支援映射（file-backed mapping）頁框。因此，在作業系統不得不訴諸更殘酷的方法之前，許多分頁可以從實體框架中取消映射。儘管如此，這仍可能會導致其他程序產生另一個分頁錯誤。如果這種情況經常發生，整個作業系統和所有程序都會嚴重變慢（記憶體猛移情況）。

### 觸發記憶體不足情況

如果情況惡化，並且所有未使用的受檔案支援記憶體映射分頁都遭釋放，而仍然沒有分頁可用，表示作業系統基本上就是記憶體不足。這種情況可以在作業系統的配置中處理，但通常有以下三個選項：

- 作業系統可以對受匿名檔案支援的記憶體映射開始，從實體記憶體中取消映射分頁。為了避免資料丟失，可以配置置換磁碟分割（swap disk partition），swapon --show 命令會顯示 Linux 系統中置換分區的存在和使用情況。該磁碟空間隨後會用於備份來自匿名檔案記憶體映射的虛擬記憶體分頁，您應該也猜得出來，好像還不夠糟似的，這會導致類似記憶體浪費情況和整個系統速度下降 [38]。

- 作業系統的第二個選項是簡單地重啟系統，通常稱為系統級 OOM 崩潰 [39]。

- 最後一個選項，是透過立即終止一些優先級較低，例如來自使用者空間的程序，從 OOM 情況中恢復。這通常由作業系統發送 SIGKILL 訊號 [40] 來完成。要偵測哪些程序可以終止的作法各不相同 [41]，但如果想要更多確定性，系統管理員可以使用例如 cgroups [42] 或 ulimit [43] 來配置每個程序，或程序群組的特定記憶體限制 [44]。

在隨選分頁策略之上，值得一提的是，作業系統從不在程序終止時，或外顯式釋放一些虛擬記憶體時，從 RAM 中釋放任何的頁框分頁，此時只會更新虛擬映射。相反的，實體記憶體主要是藉助本書沒有討論的分頁頁框回收演算法（page frame reclaiming algorithm, PFRA）[45]，來惰性回收，即隨選之意。

---

38  大多數機器上的置換通常預設為關閉。

39  *https://oreil.ly/BboW0*

40  *https://oreil.ly/SLWOv*

41  「Teaching the OOM killer」（*https://oreil.ly/AFDh0*）中解釋選擇先殺死哪個程序的一些問題。要記得的是，全域 OOM 殺手通常很難預測（*https://oreil.ly/4rPzk*）。

42  *https://oreil.ly/E72wh*

43  *https://oreil.ly/fF12F*

44  可以在此處：*https://oreil.ly/Ken3G*，找到記憶體控制器的確切實作。

45  *https://oreil.ly/ruKUM*

使用和理解 mmap 系統呼叫可能常常看起來很複雜，然而，它能解釋當程式透過詢問作業系統，來配置一些 RAM 的意思。現在就將學到的知識，整合到作業系統管理 RAM 方法的大圖中，並討論開發人員在處理記憶體資源時可能觀察到的結果。

## 作業系統記憶體映射

範例 5-3 中顯示的外顯式記憶體映射，只是所有可能的作業系統記憶體映射技術的其中一個範例。此外，對於罕見的檔案支援映射和進階堆積外（off-heap）解決方案，幾乎不需要在 Go 程式中外顯式地使用這樣的 mmap 系統呼叫。然而，為了有效地管理虛擬記憶體，作業系統透明地對幾乎所有 RAM 使用相同的分頁記憶體映射技術！範例記憶體映射情況如圖 5-4 所示，它把機器中可能存在的一些常見分頁映射情況，拉入一個圖形中。

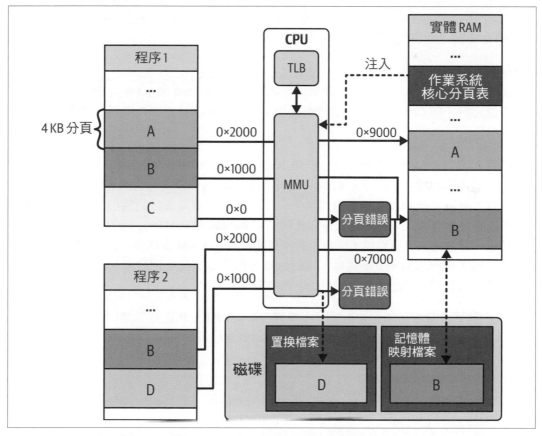

圖 5-4　來自兩個程序虛擬記憶體的一些記憶體分頁 MMU 轉換範例

圖 5-4 中的情況可能看起來很複雜,但前面已經討論其中一些情況,現在從程序 1 或程序 2 的角度來列舉一些:

### 分頁 A

表示已把頁框映射到 RAM 上的**匿名檔案映射**(*anonymous file mapping*)最簡單情況。因此,如果程序 1 在它的虛擬空間中從 `0x2000` 到 `0x2FFF` 之間的位址,寫入或讀取一個位元組,則 MMU 會把位址轉換為 RAM 實體位址 `0x9000`,再加上所需的偏移量。結果,CPU 將能夠把它作為快取行,來獲取或寫入到它的 L- 快取和所需的暫存器。

### 分頁 B

表示映射到實體頁框的**基於檔案的記憶體分頁**(*file-based memory page*),如同範例 5-3 所中建立。這個頁框也和另一個程序共享,因為不需要保留相同資料的兩個副本,且這兩個映射都映射到磁碟上的同一個檔案。這只有當映射未設定為 `MAP_PRIVATE` 時才允許這樣做。

### 分頁 C

這是一個尚未存取的匿名檔案映射。例如,程序 1 向 `0x0` 和 `0xFFF` 之間的位址寫入一個位元組,則 CPU 會產生分頁錯誤硬體中斷,作業系統會需要找到一個閒置頁框。

### 分頁 D

這是一個像 C 一樣的匿名分頁,但是上面已經寫了一些資料。然而,作業系統似乎啟用了置換功能,並把它從 RAM 中取消映射,因為程序 2 已經很長時間沒有使用該分頁,或者系統處於記憶體壓力之下。作業系統把資料備份到置換分割中的置換檔案以避免資料丟失。程序 2 去存取任何介於 `0x1000` 和 `0x1FFF` 之間的虛擬位址中的位元組,都會導致分頁錯誤,這會告訴作業系統要在 RAM 上找到一個閒置頁框,並從置換檔案中讀取分頁 D 的內容,只有這樣,程序 2 才能使用資料。請注意,大多數作業系統會預設禁用匿名分頁的此類置換邏輯。

您現在應該更清楚地了解作業系統記憶體管理基礎知識,和虛擬記憶體樣式,接著就來看看這些對 Go 及和任何其他程式語言所造成的重要後果列表:

### 實際上，觀察虛擬記憶體的大小是沒有用的

隨選分頁是程序的虛擬記憶體使用量（由虛擬集合大小或 VSS 表達），總是比常駐記憶體使用量（RSS）還大的原因，例如圖 5-3 中的瀏覽器記憶體使用量。雖然該程序認為它在虛擬位址空間上看到的所有分頁都在 RAM 中，但它們之中大多數目前可能並未映射並儲存在磁碟上（映射檔案或置換分割）。在大多數情況下，您可以在評估 Go 程式所使用的記憶體量時，忽略[46] VSS 度量。

### 不可能準確地判斷一個程序或系統，在給定時間內使用多少記憶體

如果 VSS 度量無助於評估程序記憶體的使用情況，還可以使用什麼度量？對那些對程式記憶體效率感興趣的 Go 開發人員來說，了解目前和過去的記憶體使用情況，是必不可少的資訊，能得知程式碼的效率，以及優化是否有按預期工作。

不幸的是，從本節所學到的隨選分頁和記憶體映射行為就可知道，目前來說，這件事非常困難，只能粗略估計。第 225 頁「記憶體使用情況」小節會討論最佳可用度量，但如果 RSS 度量顯示比您預期還多或少幾千位元組，甚至幾百萬位元組時，也不用太過訝異。

### 作業系統記憶體的使用，擴展到所有可用的 *RAM*

由於惰性釋放和分頁快取，即使 Go 程序釋放所有記憶體，如果系統記憶體壓力普遍較低時，有時 RSS 仍然會看起來很高。這意味著有足夠的實體 RAM 來滿足其餘程序，因此作業系統不會釋放分頁。這也是 RSS 度量並不是那麼可靠的原因，如第 225 頁「記憶體使用情況」中所述。

### *Go* 程式記憶體存取的尾部延遲，比實體 *DRAM* 存取延遲慢得多

使用具有虛擬記憶體的作業系統要付出很高代價。在最壞的情況下，由 DRAM 設計（第 149 頁「實體記憶體」）所導致的已經很慢的記憶體存取，甚至會更慢。如果疊加可能發生的事情，例如 TLB 未命中、分頁錯誤、尋找閒置分頁或從磁碟隨選載入記憶體，就會遇到極度延遲，這可能會浪費數千個 CPU 週期。作業系統會盡可能地確保那些壞情況不常發生，因此攤銷（平均）存取延遲會盡可能的低。

Go 開發人員有一些控制權，來降低這些額外延遲會更頻繁發生的風險。例如，可以在程式中使用更少的記憶體，或更喜歡循序記憶體存取，可見之後的詳細介紹。

---

[46] *https://oreil.ly/u9l5k*

*RAM 使用率高可能會導致程式執行緩慢*

當系統執行許多想要存取幾乎用完 RAM 容量的大量分頁程序時，記憶體存取延遲和作業系統清理常式，會占用掉大部分的 CPU 週期。此外，正如一再討論，諸如記憶體垃圾處理、經常性記憶體置換、以及分頁回收機制之類的事情，會降低整個系統速度。因此，如果您的程式延遲很高，不一定是因為在 CPU 上做太多工作，或執行緩慢運算，例如 I/O，它可能只是使用了大量記憶體！

希望您了解作業系統記憶體管理，對考量記憶體資源時的影響，第 149 頁「實體記憶體」只解釋記憶體管理的基礎知識，因為作業系統核心的演算法隨著不斷發展，不同作業系統對記憶體的管理也不同。但我提供的資訊，應該能讓您對標準技術及其後果有粗略了解，這樣的基礎應該讓您進一步從 Daniel P. Bovet 和 Marco Cesati 所寫的 *Understanding the Linux Kernel* [47]（O'Reilly），或 LWN.net [48] 中獲得更多知識。

有了這些知識，可以開始討論 Go 會如何選擇利用作業系統和硬體所提供的記憶體功能。如果必須聚焦於 Go 程式的記憶體效率，它應該可以幫忙找到正確的優化，來嘗試 TFBO 流程。

# Go 的記憶體管理

這裡的程式語言任務，是確保編寫程式的開發人員可以建立安全、有效率，且在理想情況下毫不費力地使用記憶體的變數、抽象化和運算！因此，以下將深入研究 Go 語言如何做到這一點。

Go 使用其他語言（例如 C/C++）所共享的、相對標準的內部程序記憶體管理樣式，其中也包含一些獨特元素。正如第 131 頁「作業系統排程器」所言，當一個新程序啟動時，作業系統會建立有關該程序的各種元資料，包括一個新的專用虛擬位址空間，作業系統還會根據儲存在程式二進位檔中的資訊來，為一些起始分段建立初始記憶體映射，程序啟動後，它會使用 mmap 或 brk/sbrk [49]，在需要時於虛擬記憶體上動態配置更多分頁。圖 5-5 顯示 Go 中虛擬記憶體組織的範例。

---

47  *https://oreil.ly/Wr1nY*

48  *https://lwn.net*

49  *https://oreil.ly/31emh*。請記住，無論作業系統為程序提供何種類型或數量的虛擬記憶體，它都會使用記憶體映射技術。sbrk 允許更簡單地調整通常由堆積涵蓋的虛擬記憶體區段大小，但是，它的行為會如同所有使用匿名分頁的 mmap 一樣。

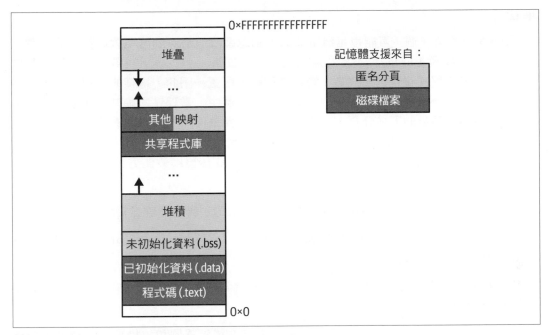

圖 5-5　執行中的 Go 程式在虛擬位址空間中的記憶體布局

以下列舉幾個常見區段：

### .text、.data 及共享程式庫

程式碼和所有全域資料（例如全域變數），在程序啟動時會由作業系統自動進行記憶體映射，無論需要 1 MB 還是 100 GB 的虛擬記憶體。此資料唯讀，由二進位檔備份。此外，CPU 一次只執行程式一小部分的連續部分，因此作業系統可以在實體記憶體中保留最少數量的帶有程式碼和資料的分頁，這些分頁也會大量共享，更多程序使用相同二進位檔來啟動，加上一些動態連結的共享程式庫。

### 區塊起始符號（.bss）

當 OS 啟動一個程序時，它還會為未初始化的資料（.bss）配置匿名分頁。.bss 使用的空間量可預先得知，例如，http 套件定義了 DefaultTransport[50] 全域變數。雖然不知道這個變數的值，但已知道它會是一個指標，所以需要為它準備 8 個位元組的記憶體。這種類型的記憶體配置稱為靜態配置。該空間會配置一次，由匿名分頁支持，並且永遠不會釋放；至少不會從虛擬記憶體中釋放，如果啟用置換，它可以從 RAM 中取消映射。

---

50　*https://oreil.ly/7m0Wv*

## 堆積

圖 5-5 中的第一個（可能也是最重要的）動態區段，是為動態配置保留的記憶體，通常稱為**堆積**（*heap*），不要和同名資料結構混淆。那些必須在單一函數的作用域之外可用的程式資料例如變數，需要進行動態配置，因此，這樣的配置事先未知，並且必須在一段不可預測的時間內儲存在記憶體中。當程序啟動時，作業系統為堆積準備初始數量的匿名分頁，之後，作業系統會讓程序對該空間有一定控制權。然後，它可以使用 sbrk 系統呼叫，或使用 mmap 和 unmmap 系統呼叫，以準備或刪除額外的虛擬記憶體來增加或減少其大小。程序本身必須以最佳方式來組織和管理堆積，不同語言會以不同方式做到這一點：

- C 會使用 malloc 和 free 函數，強制程式設計師手動為變數配置和釋放記憶體。

- C++ 添加了聰明指標，例如 std::unique_ptr[51] 和 std::shared_ptr[52]，提供簡單計數機制，來追蹤物件生命週期（參照計數）[53]。

- Rust 具有強大記憶體所有權機制 [54]，但它會讓非記憶體關鍵程式碼區域的程式設計變得更加困難 [55]。

- 最後，Python、C#、Java 等語言實作進階堆積配置器和垃圾蒐集器機制，該機制會定期檢查是否有未使用且可以釋放的記憶體。

  從這個意義上說，Go 在記憶體管理上比起 C 更接近 Java。Go 內隱式地，也就是對程式設計師透明地配置需要在堆積上動態配置的記憶體。為此，Go 有其獨特的元件，以 Go 和組合語言實作；請參閱第 176 頁「Go 配置器」和第 179 頁「垃圾蒐集」。

 **大多數時候，優化堆積的使用就足夠了**

堆積，是實體記憶體分頁中通常存放資料量最大的記憶體。它是如此重要，以至於在大多數情況下，查看堆積的大小就足以評估 Go 程序記憶體使用情況。最重要的是，執行時期垃圾蒐集的堆積管理額外負擔也很大。兩者都讓堆積成為優化記憶體使用時分析的首選。

---

51  *https://oreil.ly/QS9zj*
52  *https://oreil.ly/QbQqQ*
53  當然，沒有人會阻止任何人在 C 和 C++ 中的這些機制之上實作外部垃圾收集。
54  *https://oreil.ly/MajFo*
55  Rust 中的所有權模型很難要求程式設計師去深入了解每個記憶體配置，以及擁有它的是哪一部分。儘管如此，如果可以把這種記憶體管理範圍僅限於程式碼特定部分，我將成為 Rust 所有權模型的忠實粉絲。我相信給 Go 帶來一些所有權樣式是有益的，少量的程式碼可以使用它，而其餘的會使用 GC。也許是這未來某天的願望清單？:)

## 手動程序映射

Go 執行時期和編寫 Go 程式碼的開發人員，都可以手動地配置額外的記憶體映射區域，例如使用範例 5-1 抽象化。當然，使用哪種記憶體映射取決於程序，不管是私有或共享、讀取或寫入、匿名或檔案支援，但它們在程序的虛擬記憶體中都有一個專用空間，如圖 5-5 所示。

## 堆疊

Go 記憶體布局的最後一部分是為函數堆疊保留的。堆疊是一種簡單而快速的結構，允許以後進先出（last in, first out, LIFO）的順序來存取值。程式語言使用它們來儲存所有可以使用自動配置的元素，例如變數。和堆積實現的動態配置相反，自動配置對區域性資料來說效果很好，例如區域變數、函數輸入、或傳回引數。這些元素的配置可以是「自動」的，因為編譯器會在程式啟動之前推斷出它們的生命週期。

一些程式語言可能有只有一個堆疊，或每個執行緒都有一個堆疊。Go 在這裡有點獨特。正如第 135 頁「Go 執行時期排程器」所言，Go 的執行流程是圍繞著 goroutine 設計的，因此，Go 為每個 Go 常式維護一個動態調整大小的堆疊，這表示可能意味著有數十萬個堆疊 [56]。每當 goroutine 呼叫另一個函數時，可以把它的區域變數和引數壓入堆疊頁框中；離開函數時，可以從堆疊中取出這些元素，即取消配置堆疊頁框。如果堆疊結構需要的空間，比虛擬記憶體中保留的空間還多，Go 會向作業系統請求更多歸因於堆疊區段的記憶體，例如，透過 mmap 系統呼叫。

堆疊速度非常快，因為不需要額外的負擔來確定何時必須刪除某些元素所使用的記憶體，因為沒有使用狀況追蹤。因此理想情況下，會把演算法編寫成讓它們主要在堆疊而不是堆積上配置；但不幸的是，由於堆疊的限制，也就是不能配置太大物件，或當變數必須存在的比函數作用域更長時間時，這在許多情況下是不可能的。因此，編譯器會決定哪些資料可以自動在堆疊上配置，哪些又必須在堆積上動態配置，這整個過程稱為逸出分析（escape analysis），如範例 4-3 所示。

除了手動映射，這裡討論的所有機制都在幫助 Go 開發人員，可以不用一直關注要在哪裡以及如何為變數配置記憶體，這是莫大的勝利，舉例來說，想要進行一些 HTTP 呼叫時，只需使用標準程式庫來建立一個 HTTP 客戶端，例如使用 client := http.Client{} 程式碼敘述。由於 Go 的記憶體設計，可以立即使用 client，並專注於程式碼功能、可讀性和可靠性。尤其是：

---

56  *https://oreil.ly/zrqhj*

- 不需要確保作業系統有閒置的虛擬記憶體分頁來儲存 client 變數；同樣的，也不需要為它找到有效的區段和虛擬位址。兩者都會由編譯器（如果變數可以儲存在堆疊中）或執行時期配置器（在堆積上動態配置）自動完成。

- 停止使用 client 變數時，不需要記住要釋放它保留的記憶體；相反的，要假設 client 會超出程式碼範圍（沒有東西參照它）。在這種情況下，會釋放 Go 中的資料，當資料儲存在堆疊上時會立即釋放，若是儲存在堆積時，則會在下一個垃圾蒐集執行週期中釋放（更多資訊請見第 179 頁「垃圾蒐集」）。

  這種自動化不太容易出現潛在的記憶體洩漏，也就是「忘記為 client 釋放記憶體」；或懸盪指標（dangling pointer），也就是「我有為 client 釋放記憶體，但實際上某些程式碼仍在使用它」。

一般情況下，日常使用 Go 語言時，不需要關心物件用的是什麼區段。

> 我怎麼知道一個變數是配置在堆積上還是堆疊上？從正確性的角度來看，您不需要知道，只要有對它的參照，Go 中的每個變數就會存在。實作所選擇的儲存位置和語言語意無關。
>
> 儲存位置確實會對編寫有效率程造成影響。
>
> —Go 團隊，「Go: Frequently Asked Questions（FAQ）」

但是，由於配置非常輕鬆，因此也存在著未注意到記憶體浪費的風險。

**透明的配置意味著存在過度配置的風險**

配置在 Go 中是內隱式的，使程式設計更容易，但需要取捨。一是關於記憶體效率：如果沒有看到明確的記憶體配置和釋放，就很容易錯過程式碼中明顯的高記憶體使用率。

這類似於用現金或用信用卡購物的選擇。和使用現金相比，信用卡更容易超支，因為消費時看不到錢在流動，可以說，使用信用卡時，花錢過程是透明的，這點和 Go 配置一樣。

總而言之，Go 是一種非常有效率的語言，因為在程式設計時，無須擔心變數和抽象化所儲存的資料，儲存在何處又如何儲存。然而，有時測量指出存在效率問題時，對程式中可能配置記憶體的部分、配置記憶體的方式以及記憶體釋放方式先有基本了解還是很有用的，因此，以下將揭開這一點。

# 值、指標和記憶體區塊

開始之前要先釐清的是，您不需要知道什麼類型的敘述會觸發記憶體配置、放在堆疊或堆積上以及配置多少記憶體；但是，正如您將在第 7 章和第 9 章中所了解到的，許多強大的工具可以準確且快速地告訴我們這一切的資訊，大多數情況下，幾秒鐘內就可以找到是哪些程式碼行大致配置多少記憶體。由此可得出一個共識：反正有相對應的工具，所以不用去猜測這些資訊，而且我們也常常猜錯。

這是正確的，但是建立一些基本配置意識不會帶來什麼害處；相反的，它可能會讓我們在使用這些工具分析記憶體的使用情況時更加有效。目的是建立正確的心態，了解哪些程式碼片段可能會配置可疑的記憶體量，以及需要注意的地方。

許多書籍都會列出常見配置敘述範例，以傳達這點，這沒什麼不對，但就有點像給人魚而不是釣竿一樣；儘管很有用，但僅適用於「常見」敘述。理想情況下，我還是希望您能了解配置某些內容的原因和基本規則。

就先從深入了解要如何在 Go 中參照物件以更快開始注意到該配置。程式碼可以對儲存在某些記憶體中的物件執行某些運算，因此必須把這些物件連結到運算，通常可透過變數達成，可以使用 Go 的型別系統來描述這些變數，以讓編譯器和開發人員更輕鬆。

但是，Go 就像許多受管理執行時期（managed runtime）[57] 語言一樣，是以值為導向而非參照導向，這意味著 Go 變數從不參照物件；相反的，變數總會儲存物件的整個值，這個規則沒有例外！

為了能更深入理解這點，3 個變數的記憶體表達法如圖 5-6 所示。

---

57　*https://oreil.ly/ben85*

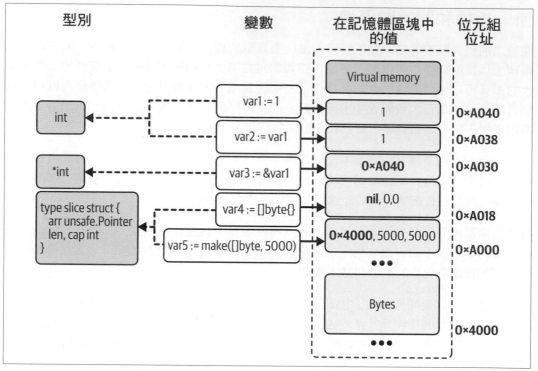

圖 5-6　在程序的虛擬記憶體上配置 3 個變數的表達法

**把變數視為包含值的盒子**

每當編譯器在呼叫作用域內看到 var 變數或函數引數（包括參數）的定義時，它就會為一個盒子配置一個連續的「記憶體區塊」，這個盒子大到可以包含給定型別的全部值，例如，var var1 int 和 var var2 int 就需要一個 8 位元組的盒子 [58]。

歸功於「盒子」中的可用空間，可以複製一些值，如圖 5-6，可以把整數 1 複製到 var1。Go 沒有參照變數，所以即使把 var1 的值賦值給另一個名為 var2 的盒子，這也是另一個具有唯一性空間的盒子，可以透過列印 &var1 和 &var2 來確認，它應該會分別列印 0xA040 和 0xA038。因此，一個簡單的賦值就會是一個複製動作，這會增加和值大小成正比的延遲。

---

58　您可以使用 unsafe.Sizeof（*https://oreil.ly/QtpSf*）函數來顯示盒子大小。

和 C++ 不同，Go 程式中定義的每個變數都占據一個唯一的記憶體位置，不可
能建立一個 Go 程式，含有在記憶體中共享相同儲存位置的兩個變數。但可以
建立兩個內容指向相同儲存位置的變數，不過那就是另一件事了。

—Dave Cheney，「There Is No Pass-By-Reference in Go」

var3 盒子是指向整數型別的指標，「指標」變數是一個儲存用來表達記憶體位址的值的
盒子。記憶體位址的型別只有 uintptr 或 unsafe.Pointer，所以就只是一個可以指向記
憶體中另一個值的 64 位元無正負號整數；因此，任何指標變數都需要一個 8 個位元組
的盒子。

指標也可以是 nil（Go 的 NULL 值），這個特殊的值是用來表達指標沒有指向任何東
西。圖 5-6 可見 var3 盒子也包含一個值，即是 var1 盒子的記憶體位址。

這也符合更複雜的型別。例如，var var4 和 var var5 都只需要 24 個位元組的盒子，這
是因為 slice 結構值具有 3 個整數。

**Go Slice 的記憶體結構**

切片讓給定型別的底層陣列可以具有簡單動態行為。切片資料結構需要一
個記憶體區塊來儲存所需陣列的 length、capacity 和 pointer [59]。

通常，切片只是一個較複雜的結構，您可以把它想像成一個充滿抽屜的櫃子，結構欄位
就是抽屜，而這些抽屜只是和同一櫃子中的其他抽屜共享記憶體區塊的盒子；以此為例
slice 型別具有 3 個抽屜。其中之一是指標型別。

slice 和其他一些特殊型別有兩種特殊行為：

- 您可以使用只適用於 map、chan 和 slice 型別的 make [60] 內建函數。它會傳回型別的
  值 [61]，並配置底層結構，例如用於切片的陣列、用於頻道的緩衝區和用於映射的雜湊
  圖（hashmap）。

- 可以把 nil 放入型別的盒子中，例如 func、map、chan 或 slice，例如 []byte(nil)，
  儘管它們嚴格來說不是指標。

---

59 請參閱用來表達切片的方便 reflect.SliceHeader（*https://oreil.ly/9uhR4*）結構。
60 *https://oreil.ly/Mlx6Q*
61 以技術而言，型別 map 變數是指向雜湊圖的指標，但是，為了避免要一直輸入 *map，Go 團隊決定隱藏
   該細節（*https://oreil.ly/mfwDa*）。

var4 和 var5 櫃子的一個抽屜,是一種儲存記憶體位址的指標。感謝 var5 中的 make([] byte, 5000),它會指向另一個包含 5,000 個元素位元組陣列的記憶體區塊。

**結構填充**

具有 3 個 64 位元欄位的切片結構,需要一個 24 位元組長的記憶體區塊,但是結構型別的記憶體區塊大小並不總等於其欄位大小的總和!

像 Go 中的智慧型編譯器,可能會嘗試把型別大小和典型的快取行或作業系統或內部 Go 配置器分頁大小對齊。出於這個原因,Go 編譯器有時會在欄位之間添加補白(padding)。[62]

為了強化這個知識點,設計新函數或方法時不妨常問自己這個問題:我的引數應該是值的指標嗎?當然,首先要回答的問題顯然是,是否想讓呼叫者看到那個值的修改。但也有效率層面的問題,範例 5-4 會討論其間的區別,前提是不需要從外部查看這些引數修改。

範例 5-4 不同參數突顯了使用值、指標和特殊型別(如 *slice*)的差異

```
func myFunction(
    arg1 int, arg2 *int, ❶
    arg3 biggie, arg4 *biggie, ❷
    arg5 []byte, arg6 *[]byte, ❸
    arg7 chan byte, arg8 map[string]int, arg9 func(), ❹
) {
    // ...
}

type biggie struct { ❷
    huge [1e8]byte
    other *biggie
}
```

❶ 函數引數就像任何新宣告的變數:也就是盒子。因此對於 arg1,它會建立一個 8 位元組的盒子(很可能在堆疊上配置它),並在 myFunction 呼叫期間複製傳遞的整數。對於 arg2,取而代之的是它會建立一個類似 8 位元組盒子來複製指標。

對於這種簡單的型別,如果不需要修改值的話,避免使用指標會更有意義。您使用了相同數量的記憶體和相同的複製額外負擔。唯一的區別是 arg2 指向的值必須存在於堆積上,而這會更昂貴,而且在許多情況下是可以避免的。

---

62 這個版本不會介紹結構補白(*https://oreil.ly/1gx5O*)。另外還有一個驚人的工具程式,可以幫助您注意到結構未對齊所帶來的浪費(*https://oreil.ly/WtYFZ*)。

❷ 客製化 struct 引數的規則相同，但大小和複製的額外負擔可能更重要。例如，arg3 是 biggie struct，非常大，由於具有 1 億個元素的靜態陣列，該型別需要大約 100 MB 的記憶體區塊。

對於像這樣較大的型別，應該考慮在傳遞函數時使用指標。這是因為每次 myFunction 的呼叫都會在堆積上為 arg3 盒子配置 100 MB（太大而無法在堆疊上配置）！最重要的是，它會花費 CPU 時間在盒子之間複製大物件。因此，arg4 會在堆疊上配置 8 個位元組（並只複製它），並使用 biggie 物件來指向堆積上的記憶體，而此物件可以在函數呼叫之間重用。

請注意，儘管 biggie 在 arg3 中複製，但副本是淺層的（*shallow*），也就是 arg3.other 會和前一個盒子共享一個記憶體！

❸ slice 型別的行為類似於 biggie 型別，必須記住底層切片的 struct 型別 [63]。

結果，arg5 會配置一個 24 位元組的盒子並複製 3 個整數；相較之下，arg6 會配置一個 8 位元組的盒子並只複製 1 個整數（指標）。從效率上看，這並不重要。只有當想要曝露底層陣列的修改（arg5 和 arg6 都允許這樣做），或者如果還想像 arg6 所允許的那樣來曝露對 pointer、len 和 cap 欄位的更改時，才有重要性。

❹ 像 chan、map 和 func() 這樣的特殊型別可以如同指標一樣對待。它們透過堆積來共享記憶體，唯一的成本是配置指標值，並把它複製到 arg7、arg8 或 arg9 盒子中。

相同的決策流程可以應用來決定以下狀況為指標型別還是值型別：

- 傳回引數
- struct 欄位
- 映射、切片或頻道的元素
- 方法接收者，例如 func (receiver) Method()

希望前面的資訊能讓您了解哪些 Go 程式碼敘述會配置記憶體，以及大致配置多少記憶體。一般來說：

- 每個變數宣告，包括函數引數、傳回引數和方法接收者，會配置整個型別或只是一個指向它的指標。
- make 會配置特殊型別及其底層（它指向的）結構。

---

63 *https://oreil.ly/Tla4w*

- new(<type>) 和 &<type> 相同，因此它在堆積上單獨的記憶體區塊中配置一個指標盒子和型別。

大多數程式記憶體配置只在執行時期才知道，故需要動態配置（在堆積中）。因此，在 Go 程式中優化記憶體時，99% 的時間只聚焦於堆積。Go 自帶兩個重要的執行時期元件：配置器（Allocator）和 GC，負責堆積的管理，這些元件是非常重要的軟體片段，它們通常會在程式執行時，帶來由額外 CPU 週期和一些記憶體浪費所造成一定的浪費。鑑於其不確定性和非立即記憶體釋放的性質，值得對此詳細討論，這就是接下來兩節的內容。

# Go 配置器

管理堆積遠非易事，因為它提出類似作業系統對實體記憶體的挑戰。例如，Go 程式會執行多個 goroutine，每個 goroutine 都需要一些（動態大小的！）使用不同時間的堆積記憶體區段。

Go 配置器是由 Go 團隊所維護，一段內部執行時期 Go 程式碼，顧名思義，它可以動態地，也就是在執行時期配置要對物件操作時所需的記憶體區塊。此外，它還經過優化以避免鎖定和碎片化（fragmentation），並減輕對作業系統的緩慢系統呼叫。

在編譯期間，Go 編譯器會執行複雜的堆疊逸出分析，以偵測物件的記憶體是否可以自動配置（如範例 4-3 所述）。如果是的話，它會添加適當的 CPU 指令，把相關記憶體區塊儲存在記憶體布局的堆疊區段中。然而，在大多數情況下，編譯器無可避免的會把大部分記憶體放在堆積上。碰到這種情形，它會產生不同的 CPU 指令，來呼叫 Go 配置器程式碼。

Go 配置器負責包裝虛擬記憶體空間中的記憶體區塊。它還會在需要時使用帶有私有匿名分頁的 mmap 向作業系統請求更多空間，這些分頁會以 0 初始化 [64]。正如在第 163 頁「作業系統記憶體映射」所言，這些分頁也只會在被存取時配置到實體 RAM 上。

通常，Go 開發人員可以在不了解 Go 配置器內部細節的情況下過日子；只要記住以下內容就夠了：

- 它基於稱為 TCMalloc [65] 的客製化 Google C++ malloc 實作。

- 它可以知道作業系統虛擬記憶體分頁的資訊，但會以 8 KB 分頁來執行。

---

64 這也是為什麼在 Go 中，每個新結構在開始時都會定義零值或 nil，而不是隨機值的原因之一。
65 *https://oreil.ly/AZ5S7*

- 它透過把記憶體區塊配置給包含一個或多個 8 KB 分頁的特定跨度，來減少碎片化。每個跨度都為類別記憶體區塊大小所建立，例如，在 Go 1.18 中，有 67 個不同大小的類別，或可說大小的桶，最大的是 32 KB。

- 不包含指標物件的記憶體區塊可標記為 noscan 型別，讓它在垃圾蒐集階段更容易追蹤嵌套式物件。

- 具有超過 32 KB 記憶體區塊的物件，例如 600 MB 的位元組陣列會有特殊處理，像是直接配置而沒有跨度。

- 如果執行時期需要來自作業系統的更多虛擬空間以用於堆積上，它會立即配置更大的記憶體區塊，至少 1 MB，從而分攤系統呼叫的延遲。

上述所有各點都在不斷變化中，其中開源社群和 Go 團隊添加了各種小優化和功能。

聽說，一個程式碼片段抵得上 1000 個字，所以讓我們用一個例子來視覺化和解釋由 Go、OS 和硬體混合所引起的一些配置特性。範例 5-5 顯示和範例 5-3 相同的功能，但依賴 Go 記憶體管理以及沒有底層檔案，而不是外顯式 mmap。

*範例 5-5 配置一個大 []byte 切片，其後跟著不同的存取樣式*

```
b := make([]byte, 600*1024*1024) ❶
b[5000] = 1
b[100000] = 1
b[104000] = 1 ❷
for i := range b { ❸
   b[i] = 1
}
```

❶ b 變數宣告為 []byte 切片。接下來的 make 敘述的任務是建立一個包含 600 MB 資料的位元組陣列，這個陣列中約有 6 億個元素。此記憶體區塊在堆積上配置 [66]。

如果仔細分析這種情況，Go 配置器似乎為該切片建立 3 個連續的匿名映射，具有不同的（虛擬）記憶體大小：2 MB、598 MB 和 4 MB；由於 Go 配置器內部的分桶（bucketed）演算法，總大小通常大於請求的 600 MB。總結一下有趣的統計資料：

- 切片所使用的 3 個記憶體映射的 RSS：548 KB、0 KB 和 120 KB（遠低於 VSS 數字）。

- 整個程序的總 RSS 顯示為 21 MB，分析顯示其中大部分來自堆積之外。

- Go 報告堆積大小為 600.15 MB（儘管 RSS 明顯更低）。

---

66 知道這點是因為 go build -gcflags="-m=1" slice.go 輸出了 ./slice.go:11:11: make([]byte, size) escapes to heap 行。

❷ 只有透過寫入或讀取開始存取切片元素之後，作業系統才會開始保留這些元素周圍的實際實體記憶體。統計資料如下：

- 3 種記憶體映射的 RSS：556 KB、（還是）0 KB 和 180 KB（只比存取前多幾 KB）。

- 總 RSS 仍然顯示為 21 MB。

- Go 報告了 600.16 MB 的堆積大小（實際上多了幾 KB，可能是由於背景的 goroutine）。

❸ 在遍歷所有元素以存取它之後，可見作業系統會隨選映射實體記憶體中 b 切片的所有分頁。統計資料可證明這一點：

- 3 種記憶體映射的 RSS：1.5 MB、（完全映射）598 MB 、以及 1.2MB。

- 整個程序的總 RSS 顯示為 621.7 MB（終於，和堆積大小相同了）。

- Go 報告了相同的 600.16 MB 堆積大小。

這個範例可能和範例 5-2 和 5-3 相似，但又有些不同。請注意，在範例 5-5 中，如果未映射分頁的話，就不涉及可以儲存某些資料的（外顯式）檔案。我們還利用 Go 配置器，以最有效率的方法組織和管理不同的匿名分頁映射，而在範例 5-3 中，Go 配置器並不知道記憶體的使用情況。

### 內部 Go 執行時期知識，對上作業系統知識

Go 配置器會追蹤第 6 章中討論的，不同可觀察性機制蒐集的某些資訊。

使用時要小心。在前面範例中，Go 配置器追蹤的堆積大小明顯大於實體 RAM（RSS）上實際使用的記憶體量 [67]！同樣的，外顯式 mmap 所使用的記憶體，如範例 5-3 所示，不會反映在任何 Go 執行時期度量中。這也是為什麼，在 TFBO 旅程中依賴多個度量會比較好的原因，如第 225 頁「記憶體使用情況」中所述。

由隨選分頁支援的 Go 堆積管理行為，往往是不確定和模糊的，也無法直接控制。例如，如果您嘗試在機器上重現範例 5-5，很可能會觀察到略有不同的映射、或多或少不同的 RSS 數字（容許的差異為幾 MB），和不同的堆積大小。這完全取決於您建構程式時使用的 Go 版本、作業系統核心版本、RAM 的容量和模型以及系統負載。這對 TFBO 過程的評估步驟提出重大挑戰，第 247 頁「實驗的可靠性」將會討論這點。

---

[67] 這種行為常由更進階的記憶體鎮壓所利用，在 Go 1.19 導入第 179 頁「垃圾蒐集」中討論的記憶體軟限制之後，通常也就不需要這種行為了。

**不要被小的記憶體增加所困擾**

不要試圖了解程序 RSS 記憶體的每一個幾百位元組或千位元組的來源，在大多數情況下，不可能在這麼低的水準上告訴您細節或進行控制。堆積管理的額外負擔、作業系統和 Go 配置器的推測性分頁配置、動態作業系統映射行為、以及最終的記憶體蒐集（見下一節），會讓事情在這種「微」千位元組等級上變得不確定。

即使您在某種環境中發現某種樣式，它在其他環境中也會有所不同，除非談論的是更大的數字，比如數億個位元組或更多！

至此，要調整的心態是，總會有一些未知數，重點在於了解較大的未知數，這些未知數對潛在記憶體使用率過高的情況會有極大貢獻。結合對配置器的了解，您將在第 6 章和第 9 章中學習如何做到這一點。

到目前為止，我們已經討論如何透過 Go 配置器，有效率地為記憶體區塊預留記憶體，以及如何存取。但是，如果沒有能夠刪除程式碼不再需要的記憶體區塊的邏輯，就不能無限期地保留更多記憶體。這也是為什麼理解堆積管理第二部分，也就是負責從堆積中釋放未使用物件的垃圾蒐集，是如此重要，這正是下一節內容。

# 垃圾蒐集

您會不只一次為記憶體配置付出代價。第一次顯然是配置它的時候，但之後每次執行垃圾蒐集時，您都要付出代價。

—Damian Gryski，「go-perfbook」

堆積管理的第二部分類似於幫房子除塵，它和從程式堆積中移除眾所周知的垃圾，即未使用物件的過程有關。一般來說，垃圾蒐集器（garbage collector, GC）是一個額外的背景常式，它會在特定時刻執行「蒐集」，而這節奏很關鍵：

- 如果 GC 執行頻率較低，會面臨配置大量新的 RAM 空間，而無法重用目前由垃圾（未使用的物件）所配置的記憶體分頁的風險。

- 如果 GC 執行過於頻繁，有可能把大部分程式時間和 CPU 花在 GC 工作上，而不是把功能往前推進。正如稍後將了解到的，GC 相對較快，但會直接或間接影響系統中的其他 goroutine，尤其是在堆積中有很多物件時（如果配置許多）。

GC 執行的間隔並不是根據時間而定；相反的，有兩個獨立運作的配置變數定義了速度：GOGC、以及從 Go 1.19 開始的 GOMEMLIMIT。要了解更多與它們相關的資訊，可閱讀 GC 調整的官方詳細指南 [68]，本書則簡要解釋如下：

GOGC 選項代表「*GC 百分比*」。

GOGC 預設啟用，其值為 100。這意味著下一次 GC 蒐集將會在堆積大小擴展到上一個 GC 週期結束時的大小的 100% 時進行。GC 的步調演算法會根據目前的堆積增長來估計何時會達到該目標，也可以使用 debug.SetGCPercent 函數 [69] 以程式設計方式來設定。

GOMEMLIMIT 選項控制軟性記憶體限制。

GOMEMLIMIT 選項於 Go 1.19 中導入，預設情況下為禁用的（設定為 math.MaxInt64），當接近或超過設定的記憶體限制時，會更頻繁執行 GC，可以和 GOGC=off（禁用）一起使用，或和 GOGC 一起使用。也可以使用 debug.SetMemoryLimit 函數 [70] 以程式設計方式設定此選項。

> GOMEMLIMIT 不會阻止程式配置超過設定值！
>
> GC 的軟性記憶體限制配置之所以稱為「軟性」，是有原因的，它告訴 GC 有多少記憶體額外負擔空間，好讓 GC 的「惰性」用以節省 CPU。
>
> 然而，當您的程式配置和使用記憶體超過預期限制時，設定 GOMEMLIMIT 選項只會讓事情變得更糟。這是因為 GC 幾乎會連續執行，而從其他功能中占用 25% 的寶貴 CPU 時間。
>
> 總之，優化程式記憶體效率仍然是必要的！

手動觸發。

程式設計師還可以透過呼叫 runtime.GC() [71] 來隨選觸發另一個 GC 收集。它主要用於測試或基準測試程式碼，因為它可以阻塞整個程式。其他節奏配置如 GOGC 和 GOMEMLIMIT，可能在兩次觸發之間執行。

---

68  *https://oreil.ly/f2F6H*
69  *https://oreil.ly/7khRe*
70  *https://oreil.ly/etDUv*
71  *https://oreil.ly/znoCL*

Go GC 實作可以描述為並行、非分代（nongenerational）、三色標記和清除蒐集器（sweep collector）[72] 實作。無論由程式設計師或基於執行時期的 `GOGC` 或 `GOMEMLIMIT` 選項呼叫，`runtime.GC()` 實作包括了幾個階段。第一個是標記階段，必須：

1. 執行「停止世界」（stop the world, STW）事件，以把基本的寫入屏障（write barrier，寫入資料的鎖）[73]，注入所有 goroutine。儘管 STW 相對較快（平均 10-30 微秒），但它的影響非常大，能暫停程序中所有 goroutine 的執行。

2. 嘗試使用配置給程序的 25% CPU 容量，來並行標記堆積中所有仍在使用的物件。

3. 透過從共常式中移除寫入屏障來終止標記，這需要另一個 STW 事件。

標記階段之後，GC 功能大致完成。聽起來很有趣，但 GC 沒有釋放任何記憶體！相反的，清理階段會釋放未標記為正在使用的那些物件。它以懶惰的方式完成：每次 goroutine 想要透過 Go 配置器來配置記憶體時，就必須先執行清理工作，然後再配置。這可算作 `allocation` 的延遲，即使它在技術上是垃圾蒐集的功能，值得注意！

一般來說，Go 配置器和 GC 組成了一個複雜的分桶物件池化實作[74]，其中每個不同大小的槽位池，都為傳入的配置做好準備。當不再需要配置時，最終會釋放它。此配置的記憶體空間不會立即釋放給作業系統，因為它可以很快指派給另一個傳入的配置，類似於使用 `sync.Pool` 的池化樣式，第 434 頁「記憶體重用和池化」會討論。當閒置桶的數量夠大時，Go 會把記憶體釋放給作業系統，但即便如此，這並不一定意味著執行時期會立即刪除映射的區域。例如，在 Linux 上，Go 執行時期通常會透過預設帶有 `MADV_DONTNEED` 參數的 `madvise` 系統呼叫[75]，來「釋放」記憶體。[76] 這是因為映射區域可能很快就會再次有需要，因此要保留它們以防萬一，並且只在其他程序需要此實體記憶體時，才要求作業系統收回它們會更快。

---

72  *https://oreil.ly/vvOgl*
73  *https://oreil.ly/Sl9PI*
74  *https://oreil.ly/r1K18*
75  *https://oreil.ly/pxXum*
76  也可以透過更改 GODEBUG 環境變數（*https://oreil.ly/ynNXr*），來更改 Go 記憶體釋放策略。例如，可以設定 GODEBUG=madvdontneed=0，這樣 MADV_FREE 將取而代之的用來通知作業系統關於不需要的記憶體空間資訊。MADV_DONTNEED 和 MADV_FREE 之間的區別，恰好和這裡引用的 Linux 社群中提到的要點有關。對於 MADV_FREE，Go 程式的記憶體釋訊速度更快，但呼叫程序的常駐集合大小（RSS）度量可能不會立即減少，直到作業系統回收該空間。事實證明，這會在某些依賴 RSS 來管理程序的系統上造成嚴重問題，例如像 Kubernetes 這樣的輕度虛擬化系統。這發生在 2019 年，當時 Go 的幾個版本預設為 MADV_FREE，我的部落格文章（*https://oreil.ly/UYXJy*）對此有更多解釋。

請注意，當應用於共享映射時，MADV_DONTNEED 可能不會導致立即釋放範圍內的分頁。作業系統核心可以自由地延遲釋放分頁，直到適當時刻，但是，呼叫程序的常駐集合大小（RSS）會立即減少。

— Linux 社群，「madvise(2), Linux Manual Page」(*https://oreil.ly/JDuS7*)

有了 GC 演算法背後的理論，就可以更容易理解，如果嘗試在範例 5-6 清理於範例 5-5 建立的 600 MB 位元組大切片所使用的記憶體時，會發生什麼事。

*範例 5-6　釋放（取消配置）範例 5-5 建立的大切片記憶體*

```
b := make([]byte, 600*1024*1024)
for i := range b {  ❶
   b[i] = 1
}

b[5000] = 1  ❷
b = nil  ❸
runtime.GC()  ❹

// 讓我們再配置一個，這次是 300 MB！
b = make([]byte, 300*1024*1024)
for i := range b {  ❺
   b[i] = 2
}
```

❶ 正如範例 5-5 中討論的那樣，配置一個大切片並存取所有元素後的統計資訊可能如下所示：

- 切片配置在具有相對應虛擬記憶體大小（VSS）編號的 3 個記憶體映射中：2 MB、598 MB 和 4 MB。

- 3 種記憶體映射的 RSS：1.5 MB、598 MB 和 1.2 MB。

- 整個程序的總 RSS 顯示為 621.7 MB。

- Go 報告的堆積大小為 600.16 MB。

❷ 在存取 b 資料的最後一行敘述之後，甚至在 b = nil 之前，GC 的標記階段會把 b 視為需要清理的「垃圾」。然而，GC 有自己的節奏；因此，在這行敘述之後，不會立即釋放任何記憶體，記憶體統計資訊會是相同的。

❸ 在典型情況下，當您不再使用 b 值並且函數作用域結束時，或者您用指向不同物件的指標來替換 b 的內容時，不需要外顯式的 b = nil 敘述；GC 會知道 b 所指向的陣列是垃圾。但有時，尤其是在長生命週期的函數上，例如，一個執行由 Go 頻道所交付的背景作業項目的 goroutine，把變數設定為 nil，以確保下一次的 GC 執行會把它標記為要更早清理是很有用的。

❹ 在測試中，手動呼叫 GC 看看會發生什麼事。在這行敘述之後，統計資訊將如下所示：

- 所有 3 個記憶體映射仍然存在，具有相同的 VSS 值，這證明了我們提到的 Go 配置器只會建議記憶體映射，而不是直接刪除它們！

- 三種記憶體映射的 RSS：1.5 MB、0（RSS 清理了）和 60 KB。

- 整個程序的總 RSS 顯示為 21 MB（回到初始數字）。

- Go 報告的堆積大小為 159 KB。

❺ 配置另一個小兩倍的切片。下面的記憶體統計資料證明 Go 會嘗試重用之前的記憶體映射的理論！

- 相同的 3 個記憶體映射仍然存在，具有相同的 VSS 值。

- 3 種記憶體映射的 RSS：1.5 MB、300 MB 和 60 KB。

- 整個程序的總 RSS 顯示為 321 MB。

- Go 報告的堆積大小為 300.1 KB。

正如之前所提到，GC 的美妙之處在於它簡化了程式設計師的生活，這要歸功於大多數應用程式的無憂配置、記憶體安全和可靠效率。不幸的是，當程式違反效率預期時，它也會讓我們的日子更難過，而原因可能不是您所想的那樣。Go 配置器和 GC 這個配對的主要問題是，它們隱藏了記憶體效率問題的根本原因：程式碼不管在什麼情況下，都配置太多記憶體！

> 把垃圾蒐集器想像成掃地機器人 Roomba，有垃圾蒐集器，不代表您的孩子就可以隨意亂丟垃圾。
>
> —Halvar Flake，Twitter

不在意配置的數量和類型時，可以探討一下在 Go 中可能會注意到的潛在症狀：

*CPU 額外負擔*

首先也是最重要的，GC 必須遍歷儲存在堆積上的所有物件，以判斷哪些物件正在使用中。這會占用很大一部分的 CPU 資源，尤其是在堆積中有很多物件的情況下。[77]

如果儲存在堆積上的物件具有很多指標型別，這一點尤其明顯，這會迫使 GC 遍歷它們以檢查它們是否指向尚未標記為「正在使用」的物件。鑑於電腦中的 CPU 資源有限，必須為 GC 做的工作越多，可以為核心程式功能執行的工作就越少，這將轉化為更高的程式延遲。

> 在有垃圾回收的平台上，記憶體壓力自然會轉化為 CPU 消耗的增加。
>
> —Google 團隊，*Site Reliability Engineering*

**程式延遲的額外增加**

花費在 GC 上的 CPU 時間是一回事，還有其他要點。首先，執行兩次 STW 事件會減慢所有 goroutine，這是因為 GC 必須停止所有 goroutine，並注入（然後刪除）寫入屏障。它還會阻止一些必須在記憶體中儲存一些資料的 goroutine，在 GC 標記時做任何進一步的工作。

還有第二個經常讓人忽略的影響，GC 蒐集的執行，會破壞階層式快取系統的效率。

> 為了讓程式更快，您希望所做的一切都在快取中。在矽晶片中配置記憶體、把它丟棄並由 GC 清理，有其技術及物理原因，這不僅會減慢程式速度，還由於 GC 正在執行它的工作，所以還會減慢程式其餘部分速度，因為它會把所有內容踢出 [CPU] 快取。
>
> —Bryan Boreham，「Make Your Go Go Faster!」

**記憶體額外負擔**

從 Go 1.19 開始，就有了為 GC 設定軟性記憶體限制的方法。這仍然意味著我們必須經常在身邊實施檢查，以防止無限制配置，例如，拒絕讀取太大的 HTTP 主體請求；但如果您需要避免這種額外負擔，至少 GC 會更及時反應。

---

77  嚴格來說，Go 會確保配置給程序的總 CPU 中，最多有 25% 被會用於 GC 上（*https://oreil.ly/9rtOs*）。然而，這不是靈丹妙藥，透過減少使用的最大 CPU 時間，只是使用相同的時間，但期間更長。

儘管如此，蒐集階段是最後工作，這意味著可能無法在新配置進入之前釋放一些記憶體區塊。更改 `GOGC` 選項以減少執行 GC 的頻率，只會放大問題，但如果優化 CPU 資源，而且機器上有備用的 RAM，則可能是一個很好的取捨。

此外，在極端情況下，如果 GC 的速度不足以處理所有新配置，程式甚至可能會洩漏記憶體！

GC 有時會對程式效率產生驚人影響。希望本節之後，您能夠注意何時會受到影響。您也可以使用第 9 章將介紹的可觀察性工具，來注意 GC 瓶頸。

**大多數記憶體效率問題的解決方案**

少製造垃圾！

在 Go 中很容易過度配置記憶體，這也是為什麼解決 GC 瓶頸，或其他記憶體效率問題的最佳方法，是配置更少的記憶體，可見第 407 頁「3 個 R 優化方法」，它透過不同優化，來幫助解決這些效率問題。

# 總結

這章節內容很多，但總算結束了！不幸的是，記憶體資源是最難解釋和掌握的資源之一，可能這也是為什麼有這麼多機會，來減少 Go 程式配置的大小或數量。

您了解需要在記憶體上配置位元的程式碼，和能夠登陸在 DRAM 晶片的位元之間的漫長多層路徑，也了解作業系統等級的許多記憶體取捨、行為以及後果。最後，您知道 Go 會如何使用這些機制，以及 Go 中記憶體配置如此透明的原因。

也許您已經可以找出範例 4-1 中，當輸入檔案為 3 MB 大時，每個運算會需要 30.5 MB 堆積的根本原因。第 380 頁「優化記憶體使用」中，我將提出對範例 4-1 的演算法和程式碼的改進，允許它只使用大小為輸入檔案幾分之一的記憶體，同時還能改善延遲。

重要的是要注意這個空間正在發展。Go 編譯器、Go 垃圾蒐集器和 Go 配置器正在不斷改進、更改和擴展，以滿足 Go 使用者的需求。然而，大多數即將到來的變化，可能只是現在在 Go 中所擁有東西的後續迭代。

緊接而來的是第 6 章和第 7 章，也是我自認本書最重要的兩章。在過去的章節中，我已經提到用來解釋主要概念的許多工具：度量、基準測試和分析等等，現在就來仔細學習它們吧！

# 效率可觀察性

第 100 頁「效率感知開發流程」可學習到遵循 TFBO 流程,即測試、修復、基準測試和優化,以驗證並以最不費力的方式,來實作所需的效率結果。圍繞著效率階段的要素中,可觀察性(observability)扮演關鍵角色,尤其是在第 7 章和第 9 章中。圖 6-1 重點聚焦於該階段。

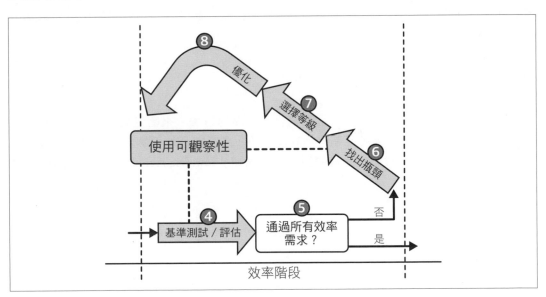

圖 6-1　圖 3-5 的摘錄重點,聚焦於需要良好可觀察性的部分

我將在本章解釋這部分流程所需的可觀察性和監控工具。首先要了解何謂可觀察性及其解決的問題，然後討論不同的可觀察性訊號，通常分為日誌（log）、追蹤（tracing）、度量（metric）和最近的效能分析器（profile）。接下來，第 193 頁「範例：檢測延遲」將解釋前三個訊號，它以延遲作為我們可能想要測量的效率資訊範例（第 9 章解釋效能分析（profiling））。最後的壓軸是第 213 頁「效率度量語意」，會詳細介紹和程式效率相關的度量特定語意與來源。

**無法衡量的事物，就無法改進！**

很多人都認為這句話是彼得·杜拉克（Peter Drucker）的名言，它是改善任何事物的關鍵：企業收入、汽車效率、家庭預算、身體脂肪乃至幸福感。

特別是當低效率軟體正在產生無形浪費時，可以說，如果不在更改前後評估和測量，就不可能優化軟體。每個決定都必須由資料來驅動，因為我們在這個虛擬空間中的猜測往往是錯誤的。

事不宜遲，讓我們學習如何以最簡單的方式，來衡量軟體效率，也就是使用業界稱為可觀察性的概念。

# 可觀察性

想控制軟體效率，首先需要找到一種結構化且可靠的方法，來衡量 Go 應用程式的延遲和資源使用情況，關鍵是盡可能準確地計算，並在最後以易於理解的數值呈現。這也是為什麼對於消耗測量，我們有時會使用「度量訊號」（metric signal），這是所謂可觀察性的基本軟體（或系統）特性支柱。

可觀察性

雲端原生基礎架構領域經常談論應用程式的可觀察性。但其實，這是一個慘糟濫用的詞[1]，可以總結如下：一種從外部訊號來推斷系統狀態的能力。

當今產業所使用的外部訊號，通常可分為 4 種類型：度量、日誌、追蹤和效能分析[2]。

可觀察性現在是一個很熱門的話題，因為它可以在許多情況下幫助我們開發和操作軟體。可觀察性樣式能夠除錯程式的故障或意外行為、找到事件的根本原因、監控健康狀況、對不可預見的情況發出警報、執行計費、衡量服務等級指標（service level indicator, SLI）[3] 以及執行分析等等。當然，只聚焦於可觀察性的部分，這會幫助我們確保軟體效率符合需求，可見第 82 頁「效率需求應該正式化」提到的 RAER。只是，什麼是可觀察性訊號呢？

- 度量是在一段時間內所測量資料的數字表達法。度量可以利用數學建模和預測力量，來獲取系統在目前和未來一段時間內的行為知識。

- 事件日誌是隨時間發生、離散事件的不可變、帶時間戳記（timestamp）的紀錄。事件日誌通常有三種形式，但基本上是相同的：時間戳記和某些上下文的酬載（payload）。

- 追蹤是一系列因果相關的分散式事件表達法，這些事件會對藉由分散式系統的端到端請求流編碼。追蹤是日誌的表達法；追蹤的資料結構看起來幾乎就像是事件日誌的資料結構；單一追蹤可以看到請求所遍歷的路徑，以及請求的結構。

—Cindy Sridharan，*Distributed Systems Observability*（O'Reilly，2018 年）

---

1   也許會有人好奇，為什麼我堅持使用**可觀察性**這個詞，而不提及監控（monitoring）。說到此，我不得不同意我的朋友 Björn Rabenstein（*https://oreil.ly/9ado0*）的觀點，也就是監控和可觀察性之間的差異，往往視行銷需求而不同。有人可能會主張現今的可觀察性已經毫無意義可言。理論上，監控意味著回答已知的未知困境，即已知問題；而可觀察性則允許了解未知的未知性，才任何將來可能會遇到的問題。在我看來，監控是可觀察性的一個子集合，本書中將保持務實。聚焦於如何在實務中利用可觀察性，而不是使用理論概念。

2   第 4 個信號效能分析，一開始有些人會視為可觀察性信號；直到最近，業界才看到持續蒐集效能分析的價值和需求。

3   *https://oreil.ly/hsdXJ*

通常，這些訊號都可用於觀察 Go 應用程式的延遲和資源消耗，以優化。例如，可以測量特定運算的延遲並把公開為度量，可以把這個值編碼到日誌行或追蹤註解中，例如「行李（baggage）」[4] 項目。可以透過把兩個日誌行的時間戳記，即運算開始時間和完成時間的相減，來計算延遲；可以透過設計來追蹤跨度，即完成的個別工作單元的延遲。

然而，無論使用何者來傳遞該資訊，透過特定於度量的工具、日誌、追蹤、或效能分析器均可，最終都必須具有度量語意。需要把資訊匯出為數值，以便可以隨著時間的推移來蒐集它、減去，找到最大值、最小值或平均值，並聚合維度；需要資訊來視覺化和分析；需要它來允許工具在需要時反應性地提醒，可能會建構進一步的自動化來使用它，並比較其他度量。這也是為什麼效率討論主要會透過度量聚合來導航：包括應用程式的尾部延遲、隨時間推移的最大記憶體使用量等。

正如這一切所討論的，要優化任何東西，必須先測量它，因此產業開發許多度量和工具，來抓取各種資源的使用情況。觀察或測量的過程總是從檢測（instrumentation）開始。

**檢測**

為程式碼添加或啟用工具的過程，能會揭露需要的可觀察性訊號。

檢測可以有多種形式：

**手動檢測**

可以在程式碼中添加一些敘述，來匯入產生可觀察性訊號的 Go 模組，例如 Prometheus 度量客戶端[5]、go-kit 日誌記錄器[6]、或追蹤[7]程式庫，並把它掛到所做的運算。當然，這需要修改 Go 程式碼，但它通常會導致具有更多上下文、更個性化和更豐富的訊號。通常，它代表開箱（open box）[8]資訊，因為可以蒐集針對程式功能定製的資訊。

---

4　*https://oreil.ly/V5sQ6*
5　*https://oreil.ly/AoWkJ*
6　*https://oreil.ly/adTO3*
7　*https://oreil.ly/o7uYH*
8　*https://oreil.ly/qMjUP*

### 自動檢測

有時，檢測意味著安裝（和配置）工具，該工具可以透過查看外部效果，來獲取有用資訊。例如，透過查看 HTTP 請求和反應，來蒐集可觀察性的服務網格，或者掛在作業系統並透過 cgroups[9] 或 eBPF[10] 來蒐集資訊的工具。自動檢測不需要更改和重建程式碼，通常表示封箱（closed box）資訊[11]。

最重要的是，根據資訊的粒度（granularity）而替檢測分類很有幫助：

### 抓取原始事件

此類別中的檢測會嘗試為流程中的每個事件提供單獨資訊。例如，若是想知道在程序服務的所有 HTTP 請求中，發生多少錯誤以及哪些錯誤，在這種情況下，就可以使用工具來提供關於每個請求的單獨資訊，例如，作為日誌行來提供。此外，這些資訊通常有一些關於其上下文的元資料，比如狀態程式碼、使用者 IP、時間戳記以及發生的程序和程式碼敘述，如目標元資料。

一旦攝取到某些可觀察性後端，這些原始資料的上下文就會非常豐富，並且在理論上允許進行任何特定分析。例如，可以掃描所有事件以找到平均錯誤數或百分位數分布（更多資訊請參見第 213 頁「延遲」）。可以導航到代表單一事件的每個單獨錯誤以詳細檢查它。不幸的是，這種資料的使用、攝取和儲存通常非常昂貴，經常冒著不準確的風險，因為很可能會錯過一兩個單獨的事件。在極端情況下，只有巨量資料、資料探勘探索的複雜技能以及自動化，才能找到您想要的資訊。

### 抓取聚合資訊

可以抓取預先聚合的資料而非原始事件。此類檢測提供的每則資訊都代表有關一組事件的特定資訊，在 HTTP 伺服器範例中，可以計算成功和失敗的請求，並定期傳遞該資訊。在轉發這些資訊之前可以更進一步，在程式碼中預先計算錯誤率。值得一提的是，這類資訊也需要元資料，可以對這些聚合後的資訊進一步歸納、聚合、比較和分析。

---

9   *https://oreil.ly/aCe6S*
10  *https://oreil.ly/QjxV9*。可以給出這個儲存庫（*https://oreil.ly/sPlPe*）當作最近的範例，它透過 eBPF 探測器來蒐集資訊，並嘗試搜尋流行的函數或程式庫。
11  *https://oreil. ly/UO0gK*

預先聚合的偵測，迫使 Go 程序或自動檢測工具做更多工作，但結果通常會更容易使用。最重要的是，由於資料量較小，檢測、訊號傳輸和後端的複雜度會較低，從而提高了可靠性和顯著地降低成本。這會經過取捨，丟失一些資訊，通常稱為基數（cardinality）。需要預先做出要預建構哪些資訊的決定，並編碼到檢測中。如果突然有不同問題需要回答，例如，單一使用者在您的程序中有多少錯誤，並且檢測沒有設定為會預先聚合該資訊，您就必須改變它，而這需要時間和資源。然而，如果在這之前，您就大概知道自己的需求，則聚合類型的資訊會是一個了不起的勝利，也是更務實的方法 [12]。

最後的重點在於，一般來說，可以把可觀察性流程設計為推拉式蒐集模型：

拉取（*pull*）

一個使用集中式遠端程序，來從您的應用程式（包括 Go）蒐集可觀察性訊號的系統。

推送（*push*）

應用程式程序會把訊號推送到遠端集中式可觀察性系統的系統。

推送對上拉取

兩個慣例各有其優缺點。您可以推送度量、日誌和追蹤，但也可以從您的程序中拉取所有這些東西，還可以使用混合方法，對每個可觀察性訊號都會不同。

推送與拉取方法有時頗具爭議。業界對於何者更佳各有看法，不僅是在可觀察性方面，對於任何其他架構也是如此，第 205 頁「度量」將討論優缺點，但困難點在於，這兩種方式都極具擴展性，只是要使用不同解決方案、工具和最佳實務。

在了解這 3 個分類之後，應該也準備好進一步深入研究可觀察性訊號。為了測量和提供可觀察性資訊以優化效率，無可避免地要更了解如何檢測 3 種常見的可觀察性訊號：日誌、追蹤和度量。研讀下一節內容時，請牢記一個實際目標：測量延遲。

---

12 在某種程度上，我試圖在本書中圍繞優化和效率建立有用的流程，這些流程會透過設計產生預先知道的標準問題。這種聚合資訊通常對我們來說已經足夠了。

# 範例：檢測延遲

本節中將學到的這 3 種訊號，都可用來建構適合討論的 3 種分類中的任何一種可觀察性。每個訊號都可以：

- 手動或自動檢測
- 提供聚合資訊或原始事件
- 從程序中拉取，指蒐集、去尾或刮除；或推送，指上傳

然而，每一個訊號，日誌、追蹤或度量，對這些工作來說都有其適合和不適合之處，本節將討論這些傾向。

學習使用可觀察性訊號及其取捨的最佳方法，是聚焦於實際目標。假設想要測量程式碼中特定運算的延遲，如簡介中所述，需要開始測量延遲以對其評估，並決定程式碼是否需要在每次優化迭代期間，進行更多優化。正如您將在本節中了解到的，可以使用任何這些可觀察性訊號來獲得延遲結果。有關資訊如何呈現、檢測有多複雜等詳細資訊，會幫助您了解該在這趟旅程中如何選擇，現在就開始吧！

## 日誌記錄

日誌記錄（logging）可能是了解檢測的最清晰訊號。因此，先來探索可以把它歸類為日誌記錄的最基本工具，以蒐集延遲的測量值。感謝標準的 `time` 套件[13]，對 Go 程式碼中的單一運算進行基本延遲測量非常簡單。無論您是手動還是使用標準或第三方程式庫來獲取延遲，如果它們是用 Go 編寫，都能使用範例 6-1 的 `time` 套件樣式。

範例 6-1　Go，單一運算的手動和最簡單的延遲測量

```
import (
    "fmt"
    "time"
)

func ExampleLatencySimplest() {
    for i := 0; i < xTimes; i++ {
        start := time.Now() ❶
        err := doOperation()
        elapsed := time.Since(start) ❷

        fmt.Printf("%v ns\n", elapsed.Nanoseconds()) ❸
```

---

13　*https://oreil.ly/t9FDr*

```
            // ...
        }
    }
```

❶ time.Now() 會從作業系統時鐘中以 time.Time 的形式抓取目前壁鐘時間（時鐘時間）。請注意指明所需執行次數的範例變數 xTime。

❷ 完成 cooperation 函數後，可以使用 time.Since(start) 來抓取 start 和目前時間之間的時間，它會傳回方便的 time.Duration。

❸ 可以利用這樣的工具來提供度量樣本。例如，可以使用 .Nanoseconds() 方法，來把以奈秒為單位的持續時間列印到標準輸出。

可以說，範例 6-1 代表最簡單的檢測和可觀察性形式，進行延遲測量並透過把結果列印到標準輸出來交付。鑑於每個運算都會輸出一個新行，範例 6-1 代表對原始事件資訊的手動檢測。

不幸的是，這有點天真。首先，正如第 247 頁「實驗的可靠性」內容，對任何事物的單一測量都可能產生誤導，必須抓取更多這樣的資料，而且出於統計目的最好是上百成千個。如果有一個程序，而且只有一個想要測試或基準測試的功能時，範例 6-1 會列印數百個可以稍後用來分析的結果。然而，為了簡化分析，可以嘗試預先聚合一些結果，使用數學的平均函數來預先聚合並輸出，而不是記錄原始事件。範例 6-2 修改自範例 6-1，把事件聚合成一個更容易使用的結果。

### 範例 6-2　檢測 Go 以記錄 Go 中運算的平均延遲

```
func ExampleLatencyAggregated() {
    var count, sum int64
    for i := 0; i < xTimes; i++ {
        start := time.Now()
        err := doOperation()
        elapsed := time.Since(start)

        sum += elapsed.Nanoseconds() ❶
        count++

        // ...
    }
    fmt.Printf("%v ns/op\n", sum/count) ❷
}
```

❶ 可以蒐集總和與總和中的運算次數，而不是列印原始延遲。

❷ 這兩則資訊可用於計算準確的平均值，並顯示一組事件的平均值，而不是唯一的延遲。例如，在我的機器上的一次執行列印了 188324467 ns/op 字串。

鑑於停止呈現原始事件的延遲，範例 6-2 代表手動的、聚合的資訊可觀察性。這種方法能夠快速獲取所需資訊，而無須使用複雜且耗時的工具，來分析日誌記錄輸出。

這個範例是 Go 基準測試工具計算平均延遲的方式。可以在帶有 _test.go 字尾的檔案中，使用範例 6-3 中的程式碼片段，來達到和範例 6-2 中完全相同的邏輯。

範例 6-3　最簡單的 Go 基準測試，會測量每個運算的平均延遲

```
func BenchmarkExampleLatency(b *testing.B) {
    for i := 0; i < b.N; i++ { ❶
        _ = doOperation()
    }
}
```

❶ 帶有 N 變數的 for 迴圈在基準測試框架中不可或缺。它允許 Go 框架去嘗試不同的 N 值來執行足夠的測試執行，以滿足配置的執行次數或測試持續時間。例如，預設情況下，Go 基準測試會執行一秒，這對於有意義的輸出可靠性來說，通常太短了。

一旦使用 go test 來執行範例 6-3（第 267 頁「Go 的基準測試」會詳細解釋），它會列印某些輸出。資訊的一部分是結果行，其中包含執行次數和每次運算的平均奈秒數。在我的機器上的一次執行給出了 197999371 ns/op 的輸出延遲，這和範例 6-2 中的結果基本上是匹配的，可以說 Go 基準測試是一種自動檢測，它使用了諸如延遲之類的日誌記錄訊號來聚合資訊。

除了蒐集有關整個運算的延遲之外，還可以從這些測量的不同粒度中獲得很多見解，例如，可能希望抓取單一運算中的幾個子運算的延遲。最後，對於更複雜的部署，當 Go 程式是分散式系統的一部分時，正如第 293 頁「宏觀基準測試」（macrobenchmark）中所討論的那樣，可能有許多必須跨程序測量的程序。對於這些情況，必須使用更複雜的日誌記錄，才能提供更多的元資料和傳遞日誌記錄訊號的方法，不只可以簡單地列印到檔案，還可以透過其他方式。

必須附加到日誌記錄訊號的資訊量，結果是產生在 Go 和其他程式語言中稱為日誌記錄器（logger）的樣式。日誌記錄器是一種結構，它允許我們以最簡單和最易讀的方式，來手動檢測 Go 應用程式的日誌。日誌記錄器隱藏了下列複雜性：

• 日誌行的格式。

• 根據日誌記錄等級，例如除錯、警告、錯誤或其他，來決定是否應該記錄日誌。

- 把日誌行傳送到所配置的位置，例如輸出檔案。此外可選地，讓更複雜、基於推送的日誌記錄傳送到遠端後端成為可能，它必須支援退避重試（back-off retry）、授權及服務發現等功能。

- 添加基於上下文的元資料和時間戳記。

Go 標準程式庫非常豐富，包含許多有用的工具程式，日誌記錄也含在內。例如，`log` 套件 [14] 包含一個簡單的日誌記錄器，適用於許多應用程式，但容易出現一些使用陷阱 [15]。

### 使用 Go 標準程式庫日誌記錄器時要注意

如果您想使用 `log` 套件中的標準 Go 日誌記錄器的話，請記住以下幾點：

- 不要使用全域 `log.Default()` 日誌記錄器，還有 `log.Print` 等功能，它遲早會咬您一口。

- 永遠不要在函數和結構中直接儲存或使用 `*log.Logger`，尤其是在編寫程式庫時 [16]。這樣會讓使用者被迫使用非常有限的 `log` 記錄器，而不是他們自己的日誌記錄程式庫。請改用客製化介面，例如 go-kit 日誌記錄器 [17]，以便使用者可以調整他們的日誌記錄器，以適應您在程式碼中使用的內容。

- 切勿在主函數之外使用 `Fatal` 方法。它會恐慌，這不應該是您的預設錯誤處理方式。

為了不掉入這些陷阱，我從事的專案決定使用第三方流行的 go-kit [18] 日誌記錄器。go-kit 日誌記錄器的另一個優點是它很容易維持某種結構，而結構邏輯對於在 OpenSearch [19] 或 Loki [20] 等日誌記錄後端中，進行自動日誌分析時所需的可靠剖析器至關重要。為了測量延遲，請見範例 6-4 中的日誌記錄器使用範例，其輸出如範例 6-5 所示，這裡使用 go-kit 模組 [21]，但其他程式庫也遵循類似的樣式。

---

14 *https://oreil.ly/JEUjT*
15 鑑於 Go 相容性保證，即使社群同意改進它，我們也不能更改它，直到 Go 2.0。
16 用來讓其他人匯入的不可執行的模組或套件。
17 *https://oreil.ly/tCs2g*
18 *https://oreil.ly/ziBdb*。有很多用於日誌記錄的 Go 程式庫，go-kit 有一個足夠好的 API，它在我迄今為止幫助過的所有 Go 專案中提供各式需要的各種日誌記錄。這並不意味著 go-kit 沒有缺陷，例如，它很容易會忘記要為類似鍵值對的邏輯中放置偶數個引數。Go 社群還有一個關於標準程式庫中的結構日誌記錄（`slog` 套件）的未決提案（*https://oreil.ly/qnJ6y*）。請隨意使用任何其他程式庫，但要確保它們的 API 簡單、可讀、且有用。還要確保您選擇的程式庫不會導入效率問題。
19 *https://oreil.ly/RohpZ*
20 *https://oreil.ly/Fw9I3*
21 *https://oreil.ly/vOafG*

範例 6-4 透過使用 *go-kit* 日誌記錄器[22] 進行記錄來抓取延遲

```
import (
    "fmt"
    "time"

    "github.com/go-kit/log"
    "github.com/go-kit/log/level"
)

func ExampleLatencyLog() {
    logger := log.With( ❶
        log.NewLogfmtLogger(os.Stderr), "ts", log.DefaultTimestampUTC,
    )

    for i := 0; i < xTimes; i++ {
        now := time.Now()
        err := doOperation()
        elapsed := time.Since(now)

        level.Info(logger).Log( ❷
            "msg", "finished operation",
            "result", err,
            "elapsed", elapsed.String(),
        )

        // ...
    }
}
```

❶ 初始化日誌記錄器。程式庫通常允許您把日誌行輸出到檔案,例如標準輸出或標準錯誤裝置,或直接把它推送到某些蒐集工具,例如到 fluentbit[23] 或 vector[24]。這裡選擇把所有日誌輸出到標準錯誤裝置[25],並在每個日誌行上附加一個時間戳記。並選擇使用 New LogfmtLogger,以人類可存取的方式來格式化日誌;仍然是結構化的,以便它可由軟體剖析,以空格作為分隔符號。

---

22 *https://oreil.ly/9uCWi*

23 *https://oreil.ly/pUcmX*

24 *https://oreil.ly/S0aqR*

25 這是一個典型的樣式,允許程序列印一些對標準輸出有用的東西,並把日誌分開放在 stderr Linux 檔案中。

❷ 範例 6-1 簡單地列印延遲數，這裡則向其中添加某些元資料，以便更輕鬆地跨程序和跨系統中發生的不同運算，來使用該資訊。請注意，要維持一定結構，傳遞偶數個用來代表鍵值的引數。這允許日誌行構造成更容易自動化使用。此外，選擇 `level.Info`，表示如果選擇像只有錯誤這樣的等級，則不會列印此日誌行。

*範例 6-5　範例 6-4 所產生的範例輸出日誌（為了便於閱讀而包裝過）*

```
level=info ts=2022-05-02T11:30:46.531839841Z msg="finished operation" \
result="error other" elapsed=83.62459ms ❶
level=info ts=2022-05-02T11:30:46.868633635Z msg="finished operation" \
result="error other" elapsed=336.769413ms
level=info ts=2022-05-02T11:30:47.194901418Z msg="finished operation" \
result="error first" elapsed=326.242636ms
level=info ts=2022-05-02T11:30:47.51101522Z msg="finished operation" \
result=null elapsed=316.088166ms
level=info ts=2022-05-02T11:30:47.803680146Z msg="finished operation" \
result="error first" elapsed=292.639849ms
```

❶ 感謝日誌結構，它對我們來說都是可讀的，而且自動化程序可以清楚地區分出不同欄位，例如 `msg`、`elapsed`、`info` 等，而無須昂貴且容易出錯的模糊剖析。

使用日誌記錄器來記錄，可能仍然是手動提供延遲資訊的最簡單方法。我們可以追蹤檔案來讀取這些日誌行以進一步分析，如果 Go 程序在 Docker 中執行，則使用 `docker log`；如果部署在 Kubernetes 上，則使用 `kubectl logs`。還可以設定一個自動化系統，從檔案中追蹤這些檔案，或把它們直接推送到蒐集器，從而添加更多資訊。然後配置蒐集器把這些日誌行推送到免費和開源的日誌記錄後端，如 OpenSearch[26]、Loki[27]、Elasticsearch[28] 等其他許多付費供應商。因此，您可以把來自多個程序的日誌行儲存在一個地方，搜尋、視覺化並分析它們，或者建構進一步的自動化，來根據需要處理它們。

日誌記錄是否適合效率可觀察性？是也不是。就第 261 頁「微觀基準測試」中解釋的微觀基準測試來說，日誌記錄是主要測量工具，因為它很簡單。另一方面，在宏觀層面上，如第 293 頁「宏觀基準測試」，則傾向於把日誌記錄用於原始事件類型的可觀察性，在這種規模上，分析和保持可靠性變得非常複雜和昂貴。儘管如此，由於日誌記錄是如此普遍，可以在具有日誌記錄的更大系統中找到效率瓶頸。

---

26　*https://oreil.ly/RohpZ*
27　*https://oreil.ly/Fw9I3*
28　*https://oreil.ly/EUlts*

日誌記錄工具也在不斷發展中。例如，許多工具允許從日誌行中推導出度量，例如 Grafana Loki 在 LogQL 中的 Metric 查詢 [29]。然而，在實務上，簡單自有其代價。其中一個問題源於以下事實，也就是日誌有時由人直接使用，有時則是自動化使用，例如推導出度量或對日誌發現的情況做出反應。因此，日誌通常是非結構化的，即使使用範例 6-4 中的 go-kit 等出色的日誌記錄器，日誌的結構也不一致，這使得自動化剖析變得非常困難和昂貴。例如，不一致的單位（如範例 6-5 中的延遲測量）對人類來說非常有用，但幾乎不可能把值推導為度量。Google mtail [30] 等解決方案嘗試使用客製化剖析語言來解決這個問題；儘管如此，複雜性和不斷變化的日誌結構，會因此難以使用這個訊號來衡量程式碼的效率。

而下一個可觀察性訊號是追蹤，一起來了解它可以在哪些領域幫助我們達成效率目標。

## 追蹤

鑑於日誌中缺乏一致的結構，因此出現可解決一些日誌問題的追蹤訊號，和日誌記錄相反，追蹤是關於您的系統的一段結構化資訊。該結構圍繞交易所建構，例如，請求 - 反應（requests-response）架構，這意味著諸如狀態程式碼、運算結果、和運算延遲之類的東西都是原生編碼，因此更容易自動化和作為工具使用。出於取捨，您需要一種額外機制，例如使用者介面，以可讀方式向他人揭露此資訊。

最重要的是，運算、子運算，甚至跨程序呼叫例如 RPC，都可以連結在一起，這要歸功於和 HTTP 等標準網路協定配合良好的上下文傳播機制。這感覺就是為效率需求來測量延遲的完美選擇，對吧？一起來找出答案吧。

和日誌記錄一樣，您可以從許多不同的手動檢測程式庫中選擇。Go 的流行開源選擇是目前已棄用但仍然可行的 OpenTracing [31] 程式庫，以及 OpenTelemetry [32]，或來自專用追蹤供應商的客戶端。不幸的是，在撰寫本文時，OpenTelemetry 程式庫有一個過於複雜的 API 而無法在本書中解釋，而且它還在不斷變化，因此我開始了一個名為 tracing-go [33] 的小專案，來把 OpenTelemetry 客戶端 SDK 封裝到最小的追蹤檢測中。雖然 tracing-go 是我對要使用的最小追蹤功能集合的解讀，但它應該能教會您上下文傳播（context propagation）和跨度（span）邏輯的基礎知識。以範例 6-6 的追蹤，探索使用 tracing-go 來測量虛擬 doOperation 函數的延遲（以及更多！）的範例手動檢測。

---

29  *https://oreil.ly/fdoNm*
30  *https://oreil.ly/Q4wAC*
31  *https://oreil.ly/gJeAV*
32  *https://oreil.ly/uxKoW*
33  *https://oreil.ly/rs6fQ*

範例 6-6 使用 *tracing-go* [34] 來抓取運算和潛在子運算的延遲

```go
import (
    "fmt"
    "time"

    "github.com/bwplotka/tracing-go/tracing"
    "github.com/bwplotka/tracing-go/tracing/exporters/otlp"
)

func ExampleLatencyTrace() {
    tracer, cleanFn, err := tracing.NewTracer(otlp.Exporter("<endpoint>")) ❶
    if err != nil { /* Handle error... */ }
    defer cleanFn()

    for i := 0; i < xTimes; i++ {
        ctx, span := tracer.StartSpan("doOperation") ❷
        err := doOperationWithCtx(ctx)
        span.End(err) ❸

        // ...
    }
}

func doOperationWithCtx(ctx context.Context) error {
    _, span := tracing.StartSpan(ctx, "first operation") ❹
    // ...
    span.End(nil)

    // ...
}
```

❶ 如同以往，必須初始化程式庫。在範例中，通常這意味著建立一個 Tracer 實例，該實例能夠發送會形成追蹤的跨度，把跨度推送到某個蒐集器並最終推送到追蹤後端，這也是為什麼必須指定一些要發送到的位址。在此範例中，您可以指定支援 gRPC OTLP 追蹤協定 [35] 的蒐集器（例如，OpenTelemetry Collector [36]）端點的 gRPC host:port 位址。

---

34 *https://oreil.ly/1027d*
35 *https://oreil.ly/4IaBd*
36 *https://oreil.ly/z0Pjt*

❷ 使用追蹤器（tracer）可以建立一個初始的根 span，它表示跨越整個交易的跨度。traceID 是在建立期間建立，標識了追蹤中的所有跨度，而跨度代表完成個別工作，例如添加不同名稱，甚至可以添加日誌或事件等行李項目，並可獲得一個 context.Context 實例作為建立的一部分。如果 doOperation 函數會執行任何值得檢測的子工作，則此 Go 原生上下文介面可用於建立子跨度。

❸ 在手動偵測中，必須告訴追蹤提供者工作是何時完成以及結果如何。在 tracing-go 程式庫中，可以為此使用 end.Stop(<error or nil>)。一旦您停止跨度，它將記錄跨度從開始時的延遲、潛在錯誤，並把自己標記為準備好要由 Tracer 非同步發送。追蹤器匯出實作通常不會直接發送跨度，而是緩衝它們以進行批次推送。Tracer 還會檢查是否可以根據所選的採樣策略，來把包含某些跨度的追蹤發送到端點，這點稍後會詳細介紹。

❹ 一旦您與注入的跨度建立者有了上下文之後，就可以向它添加子跨度。當您想要對完成一項工作所涉及的不同部分和序列除錯時，這會很有用。

追蹤最有價值的部分之一是上下文傳播，這也是分散式追蹤和非分散式訊號的區別。我沒有在範例中反映這一點，但想像一下，如果運算對其他微服務進行網路呼叫，分散式追蹤允許傳遞各種追蹤資訊，如 traceID，或透過傳播 API 採樣（例如，使用 HTTP 標頭的某些編碼），請參閱有關上下文傳播的相關部落格文章 [37]。為了在 Go 中工作，您必須添加一個特殊的中介軟體（middleware），或具有傳播支援的 HTTP 客戶端，例如 OpenTelemetry HTTP 傳輸 [38]。

由於結構複雜，原始的追蹤和跨度非人可讀，這也是為什麼，許多專案和供應商透過提供有效使用追蹤的解決方案，來幫助使用者。存在著開源解決方案，例如帶有 Grafana UI 的 Grafana Tempo [39] 和 Jaeger [40]，提供良好的使用者介面和追蹤蒐集，因此可以觀察追蹤，可見範例 6-6 中的跨度在後一個專案中的樣子。圖 6-2 顯示一個多追蹤搜尋視圖，圖 6-3 顯示單獨 doOperation 追蹤的樣子。

---

37  *https://oreil.ly/Q76lF*
38  *https://oreil.ly/Rvq6i*
39  *https://oreil.ly/CQ1Aq*
40  *https://oreil.ly/enkG9*

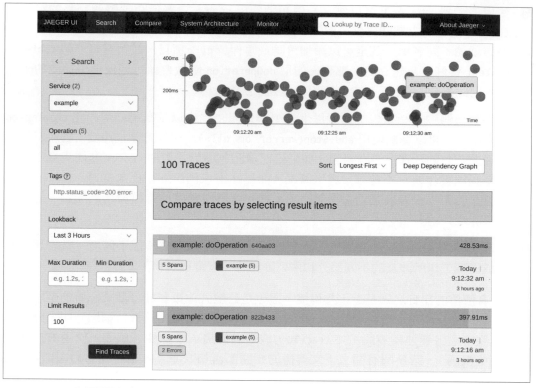

圖 6-2　100 個運算的視圖，顯示成 100 個追蹤及其延遲結果

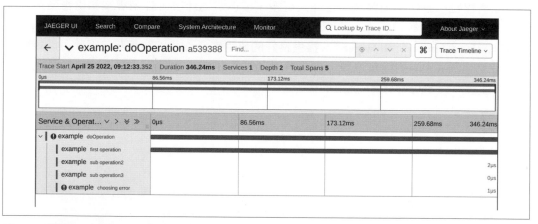

圖 6-3　單擊一條追蹤，以檢查它的所有跨度和相關資料

工具和使用者介面可能會有所不同，但通常都會遵循我在本節中解釋的相同語意。圖 6-2 中的視圖允許根據時間戳記、持續時間及涉及服務等搜尋追蹤，目前的搜尋匹配 100 個運算，然後把它們列印在螢幕上。放置一個方便的互動式延遲圖，因此可以導航到想要的運算。單擊後，會顯示圖 6-3 中的視圖，從中可以看到此運算的跨度分布。如果運算跨越多個程序並且使用網路上下文傳播，則所有連結的跨度都會在此處列出。例如，從圖 6-3 中可以立即看出第一個運算造成大部分延遲，最後一個運算引入錯誤。

追蹤的所有好處讓它成為學習系統互動、除錯或查找基本效率瓶頸的絕佳工具，它還可以用來作為系統延遲測量的隨意性驗證，例如在 TFBO 流程中評估延遲。但不幸的是，在您由於效率或其他需要，而規劃要在實務上使用追蹤時，您必須注意追蹤的一些缺點：

## 可讀性和可維護性

追蹤的優點是可以把大量有用的上下文放入程式碼中，在極端情況下，可能只透過查看所有追蹤及其發出的跨度，就可以重寫整個程式甚至系統。但是有一個問題！所有這些手動檢測都需要程式碼行，而連接到現有程式碼的更多程式碼行，會增加程式碼的複雜性，這反過來又降低了可讀性，因此需要確保檢測會隨著不斷變化的程式碼而保持更新。

實際上，追蹤產業會較傾向於自動檢測，因為它理論上可以自動添加、維護和隱藏此類檢測。像 Envoy 這樣的代理是成功也更簡單用於追蹤的自動檢測工具絕佳例子，它會記錄程序間的 HTTP 呼叫，特別是使用服務網格技術。但不幸的是，涉及更多的自動檢測並不算容易，主要問題是自動化必須掛鉤到一些泛用路徑，例如公共資料庫或程式庫運算、HTTP 請求、或系統呼叫，例如透過 Linux 中的 eBPF 探測器。此外，這些工具通常很難理解您還想在應用程式中抓取的內容，例如特定程式碼變數內的客戶端 ID 等；最重要的是，像 eBPF 這樣的工具非常不穩定，並且依賴於作業系統核心版本。

### 在抽象化下隱藏檢測

在手動和全自動檢測之間有一個中間地帶，只能手動檢測一些常見的 Go 函數和程式庫，因此所有使用它們的程式碼都將自動（！）內隱式且一致地追蹤。

例如，可以為流程中的每個 HTTP 或 gRPC 請求添加追蹤，已經有用於此目的的 HTTP 中介軟體[41] 和 gRPC 攔截器（interceptor）[42]。

---

41  *https://oreil.ly/wZ559*

42  *https://oreil.ly/7gXVF*

### 成本與可靠性

追蹤在設計上屬於可觀察性這種原始事件類別,也就是說,追蹤通常比預先聚合的等價物更昂貴,原因在於使用追蹤所發送的巨大資料量。即使對單一運算的這種檢測非常適中,理想情況下也會有幾十個追蹤跨度。如今,系統必須維持許多 QPS(queries per second, 每秒查詢數),在範例中,即使是 100 QPS,也會產生超過 1,000 個跨度,每個跨度都必須傳送到某個後端才能有效使用,並在攝取和儲存端複製。然後,您需要大量計算能力來分析這些資料,例如找到跨追蹤或跨度的平均延遲,這很容易超過您在沒有可觀察性的情況下執行系統的價格!

業界意識到這一點,這就是進行追蹤採樣的原因,因此一些決策配置或程式碼會決定要轉發的資料,以及忽略哪些資料。例如,您可能只想蒐集失敗的運算,或花費超過 120 秒運算的追蹤。

不幸的是,採樣有其缺點,例如,執行尾部採樣(tail sampling)具有挑戰性。[43] 最後的重點在於,採樣會遺漏一些資料(類似於效能分析)。在延遲範例中,這可能意味著測量的延遲只能代表發生的所有運算的一部分。有時這可能就足夠了,但很容易透過採樣得出錯誤的結論,而這可能會導致錯誤的優化決策。

## 持續時間短

第 213 頁「延遲」會詳細討論這個問題,但是嘗試改進只持續幾毫秒或更短時間的非常快速函數時,追蹤不會告訴我們太多資訊。和 time 套件類似,跨度本身也導入了一些延遲;最重要的是,為許多小運算添加跨度,會讓追蹤的整體攝取、儲存和查詢增加巨大成本。

這在分塊編碼(chunked encoding)、壓縮或迭代器等串流式演算法中尤為明顯。如果執行部分運算,仍然經常對某些邏輯的所有迭代的總和的延遲感興趣,但不能為此使用追蹤,因為這樣就需要為每次迭代建立微小的跨度。對於這些演算法,第 317 頁「在 Go 中進行效能分析」能產生最好的可觀察性。

---

43 尾部採樣是一種邏輯,它會延遲決定是否應該在交易結束時,排除或採樣追蹤,例如只知道其狀態碼之後。尾部採樣的問題在於,您的檢測可能已經假設所有跨度都將採樣。

儘管存在一些缺點，但追蹤變得非常強大，甚至在許多情況下取代日誌記錄訊號。供應商和專案添加了更多功能，例如，Tempo 專案的度量產生器[44]允許記錄來自追蹤的度量，譬如說滿足效率需求的平均或尾部延遲。毫無疑問的，如果沒有 OpenTelemetry[45]社群的推動，追蹤不會增長得如此之快；如果您熱衷於追蹤，這個社群會帶來令人驚奇的事情。

一個框架的缺點，通常是選擇不同取捨的其他框架優點。例如，許多追蹤問題源於這樣一個事實，也就是它自然地表達了系統中發生的原始事件，而它們可能觸發其他事件。現在就來討論頻譜上相反的訊號，旨在抓取隨時間變化的聚合。

## 度量

度量是旨在觀察聚合資訊的可觀察性訊號，這種聚合導向的度量工具，可能是解決效率目標的最實用的方法。度量也是我作為開發人員和 SRE 的日常工作中使用最多的東西，用於觀察和除錯生產工作負載。此外，度量更是 Google 用於監控的主要訊號。

範例 6-7 顯示可用於測量延遲的預聚合檢測。此範例使用 Prometheus 的 client_golang[46]。

*範例 6-7　使用 Prometheus `client_golang` 的直方圖度量來測量 doOperation 延遲*

```
import (
    "fmt"
    "time"
    "github.com/prometheus/client_golang/prometheus"
    "github.com/prometheus/client_golang/prometheus/promauto"
    "github.com/prometheus/client_golang/prometheus/promhttp"
)

func ExampleLatencyMetric() {
    reg := prometheus.NewRegistry() ❶
    latencySeconds := promauto.With(reg).

NewHistogramVec(prometheus.HistogramOpts{ ❷
        Name:    "operation_duration_seconds",
        Help:    "Tracks the latency of operations in seconds.",
        Buckets: []float64{0.001, 0.01, 0.1, 1, 10, 100},
    }, []string{"error_type"}) ❸
```

---

44 *https://oreil.ly/33Lye*

45 *https://oreil.ly/sPiw9*

46 *https://oreil.ly/1r2zw*。我和 Prometheus 團隊一起維護這個程式庫。免費和開源的 client_golang 也是本書編寫時使用最多的 Go 度量客戶端 SDK，有超過 53,000 個開源專案（*https://oreil.ly/UW0fG*）在使用它。

```
go func() {
    for i := 0; i < xTimes; i++ {
        now := time.Now()
        err := doOperation()
        elapsed := time.Since(now)

        latencySeconds.WithLabelValues(errorType(err)).
            Observe(elapsed.Seconds()) ❹

        // ...
    }
}()

err := http.ListenAndServe(
    ":8080",
    promhttp.HandlerFor(reg, promhttp.HandlerOpts{})
) ❺
// ...
}
```

❶ 要使用 Prometheus 程式庫，一開始要建立新的度量註冊表[47]。

❷ 下一步是用您想要的度量定義來填充註冊表。Prometheus 允許使用幾種類型的度量，但典型的效率延遲測量最好以直方圖的形式進行，因此，除了類型之外，還需要幫助和直方圖桶，稍後會討論更多有關桶和直方圖的選擇。

❸ 作為最後一個參數，定義了該度量的動態維度。在這裡，我建議測量不同類型的錯誤（或無錯誤）的延遲。這很有用，因為故障通常具有其他時序特徵。

❹ 以浮點數秒數來觀察確切的延遲。在簡化的 goroutine 中執行所有運算，因此可以在功能執行時公開度量。Observe 方法會把此類延遲添加到由桶子表達的直方圖中。請注意觀察到某些錯誤的這種延遲，也不接受任意錯誤字串，而是使用一些客製化的 errorType 函數來把它清理為一個型別。這很重要，因為維度中受控的值數量會使度量有價值且便宜。

❺ 使用這些度量的預設方式是允許其他程序，例如 Prometheus 伺服器去拉取度量的目前狀態。例如，在這個簡化的[48]程式碼中，透過 8080 連接埠上的 HTTP 端點，從註冊表中提供這些度量。

---

47  使用全域的 prometheus.DefaultRegistry 很誘人，但請盡量避免，以試圖擺脫這種可能會導致許多問題和副作用的樣式。

48  總是要檢查錯誤並在程序拆卸時執行優雅的終止。請參閱利用執行 goroutine 幫助程式（*https://oreil.ly/sDIwW*）的 Thanos 專案（*https://oreil.ly/yvvTM*）中的生產等級用法。

Prometheus 資料模型支援 4 種度量類型：計數器（counter）、量規（gauge）、直方圖（histogram）和摘要（summary），詳細可見 Prometheus 說明文件[49]。我選擇較為複雜的直方圖，而非計數器或量規度量來觀察延遲是有原因的，可見第 213 頁「延遲」的解釋。現在，直方圖可以抓取延遲分布，這就足夠了，這通常就是觀察生產系統的效率和可靠性時所需要的。範例 6-7 中所定義和檢測的此類度量將會表達在 HTTP 端點上，如範例 6-8 所示。

範例 6-8 　以範例 6-7 的度量的輸出為範例，使用和 *OpenMetrics* 相容的 *HTTP* 端點[50]

```
# HELP operation_duration_seconds 以秒為單位追蹤運算的延遲。
# TYPE operation_duration_seconds 直方圖
operation_duration_seconds_bucket{error_type="",le="0.001"} 0 ❶
operation_duration_seconds_bucket{error_type="",le="0.01"} 0
operation_duration_seconds_bucket{error_type="",le="0.1"} 1
operation_duration_seconds_bucket{error_type="",le="1"} 2
operation_duration_seconds_bucket{error_type="",le="10"} 2
operation_duration_seconds_bucket{error_type="",le="100"} 2
operation_duration_seconds_bucket{error_type="",le="+Inf"} 2
operation_duration_seconds_sum{error_type=""} 0.278675917 ❷
operation_duration_seconds_count{error_type=""} 2
```

❶ 每個桶代表一些（計數器）延遲小於或等於 le 中指明的值的運算。例如，可以立即看到從程序開始有兩個成功的運算，第一個快於 0.1 秒；第二個比 1 秒快，但比 0.1 秒慢。

❷ 每個直方圖還抓取一些觀察到的運算和匯總值，在這種情況下是觀察到的延遲總和。

正如第 188 頁「可觀察性」所言，每個訊號都可以拉取或推送。但是 Prometheus 生態系統預設使用拉取方法來獲取度量。不過，這不是單純的拉取，Prometheus 生態系統不會像從檔案中拉取（跟蹤）日誌的追蹤那樣，拉取積壓的事件或樣本。相反的，應用程式以 OpenMetrics 格式（如範例 6-8 所示）來提供 HTTP 酬載，然後由 Prometheus 伺服器或 Prometheus 相容系統，例如 Grafana Agent 或 OpenTelemetry 蒐集器定期蒐集，也就是抓取。使用 Prometheus 資料模型，可以抓取有關程序的最新資訊。

要一起使用 Prometheus 和範例 6-7 中檢測的 Go 程式，必須啟動 Prometheus 伺服器，並配置以 Go 程序伺服器為目標的抓取作業。例如，假設正在執行範例 6-7 中的程式碼，可以使用範例 6-9 中所示的命令集，來啟動度量蒐集。

---

49　*https://oreil.ly/mamdO*
50　*https://oreil.ly/aZ6GT*

範例 6-9　從終端機執行 *Prometheus*，以開始蒐集範例 6-7 度量的最簡單命令集

```
cat << EOF > ./prom.yaml
scrape_configs:
- job_name: "local"
  scrape_interval: "15s"  ❶
  static_configs:
  - targets: [ "localhost:8080" ]  ❷
EOF
prometheus --config.file=./prom.yaml  ❸
```

❶ 出於示範目的，我可以把 Prometheus 的配置限制為單一抓取作業。首先要做的決定
之一是指定抓取間隔，通常，持續且有效率的度量蒐集大約需要 15-30 秒。

❷ 我還提供了一個指向範例 6-7 的微型檢測 Go 程式目標。

❸ Prometheus 只是一個用 Go 編寫的二進位檔，可以多種方式安裝。在最簡單的配置
中，可以把它指向一個已建立的配置，啟動後，UI 將在 `localhost:9090` 上可用。

透過前面設定，可以開始使用 Prometheus API 來分析資料。最簡單的方法是使用這兩
處所說明的 Prometheus 查詢語言（PromQL）：*https://oreil.ly/nY6Yi* 及 *https://oreil.ly/jH3nd*。如範例 6-9 所示，隨著 Prometheus 伺服器啟動，可以使用 Prometheus UI 並查
詢已蒐集資料。

例如，圖 6-4 顯示簡單查詢的結果，該查詢為用來表示成功運算的 `operation_duration_seconds` 度量名稱去獲取從流程開始那一刻起的一段時間內，最新的延遲直方圖數字，
這通常和範例 6-8 中所見格式相匹配。

要獲得單一運算平均延遲，可以使用某些數學運算把 `operation_duration_seconds_sum` 的
速率除以 `operation_duration_seconds_count`，使用 `rate` 函數來確保跨多個程序及其重啟
的準確結果。`rate` 把 Prometheus 計數器轉換為每秒速率[51]，然後可以使用 / 來除以這些
度量的速率，這種平均查詢的結果如圖 6-5 所示。

---

51　請注意，對度量的量規類型執行 `rate` 會產生不正確的結果。

圖 6-4　Prometheus UI 中繪製，所有對 operation_duration_seconds_bucket 度量的簡單 PromQL 查詢結果

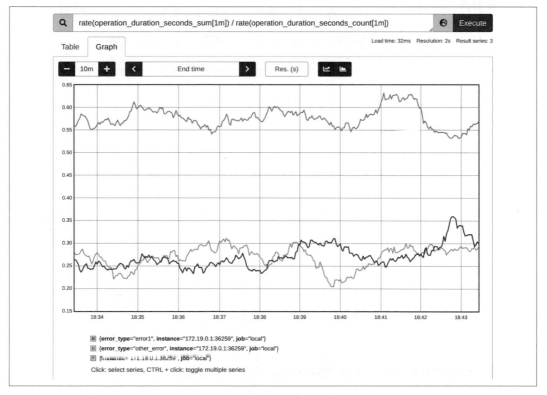

圖 6-5　Prometheus UI 中繪製的 PromQL 查詢結果，這是由範例 6-7 中的檢測所抓取的平均延遲

使用另一個查詢可以檢查總運算，或者最好使用 `operation_duration_seconds_count` 計數器的 `increase` 函數，來檢查每分鐘的速率，如圖 6-6 所示。

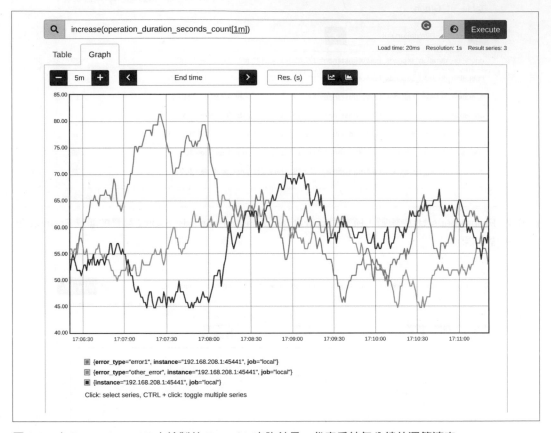

圖 6-6　在 Prometheus UI 中繪製的 PromQL 查詢結果，代表系統每分鐘的運算速率

Prometheus 生態系統中還有許多其他函數、聚合和使用度量資料的方式，後面內容會有更詳細解說。

Prometheus 使用這種特定抓取技術的驚人之處在於，拉取度量讓 Go 客戶端變得超瘦身和有效率。因此，Go 程序不需要：

- 在記憶體或磁碟中緩衝資料樣本、跨度或日誌
- 維護有關潛在資料發送至何處的資訊，並會自動更新！
- 在度量後端暫時關閉時，實作複雜的緩衝和持久化邏輯

---

- 確保一致的樣本推送間隔

- 了解度量酬載的任何身分驗證、授權或 TLS

最重要的是，當您用以下方式來拉取資料時，會有更好的可觀察性體驗：

- 度量使用者可以輕鬆地從中央位置來控制抓取間隔、目標、元資料和記錄，這使得度量的使用更簡單、實用，而且通常也更便宜。

- 更容易預測此類系統的負載，從而更容易擴展它，並對需要擴展蒐集管線的情況做出反應。

- 最後同樣重要的是，拉取度量可以讓您可靠地了解應用程式的健康狀，換句話說，如果無法從中拉取度量，則它很可能是不健康的或已關閉的。而且通常還會知道哪個樣本是度量的最後一個樣本，即陳舊性 [52]。

和所有事情一樣，總需要有所取捨，每個拉取、跟蹤或抓取訊號都有其缺點，可觀察性基於拉取的系統典型問題包括：

- 從短期程序，例如 CLI 和批次處理作業中拉取資料通常比較困難 [53]。

- 並非每個系統架構都允許進入流量。

- 通常較難確保所有資訊片段會安全地到達遠端位置，例如，這種拉取亡不適合稽查（auditing）。

Prometheus 度量旨在減輕不利因素，並利用拉取模型優勢。我們使用的大多數度量都是計數器，這意味著它們只會增加，這使得 Prometheus 可以跳過程序中的一些細節，但最終仍然可以在更大的時間窗口如分鐘內，為每個度量提供完全準確的數字。

如前所述，最後，以數值呈現的度量是評估效率時所需的，與比較和分析數字有關。這也是為什麼，度量可觀察性訊號是蒐集所需資訊的實用好方法，第 293 頁「宏觀基準測試」和第 316 頁「根本原因分析，要不是為了效率」中會廣泛使用此訊號。它簡單、實用，生態系統巨大，幾乎可以找到所有類型的軟體和硬體的度量匯出器；而且它通常很便宜，對人類使用者和諸如警報等的自動化來說，都很好用。

---

52 相反的，對於基於推送的系統，如果沒有看到預期的資料，則很難判斷是因為發送方已關閉，還是發送管線已關閉。

53 請參閱 KubeCon EU 2022（*https://oreil.ly/TtKwH*）的相關案例演講。

度量可觀察性訊號，尤其是 Prometheus 資料模型，適用於聚合資訊檢測。討論完好處後，了解一些限制和缺點也很重要，所有缺點都來自這樣一個事實：經常無法把預聚合資料窄化回聚合之前的狀態，例如單一事件。就算能透過度量來知道有多少請求失敗了，也不知道發生的單一錯誤的確切堆疊追蹤、錯誤訊息等。通常所能擁有的最細粒度資訊是錯誤的類型，例如狀態碼，這讓詢問一個度量系統問題的可能面向，比抓取的所有原始事件還要小。另一個的可能缺點基本特性，是度量的基數以及必須讓它保持較低的事實。

高度量基數

基數代表度量的唯一性。例如，假設在範例 6-7 中注入一個唯一的錯誤字串，而不是 error_type 標籤，每個新的標籤值都會建立一個新的、可能短暫存在的唯一度量。只有一個或幾個樣本的度量代表更多原始事件，而不是隨時間的聚合。不幸的是，如果使用者試圖把像事件的資訊推送到為度量而設計的系統，如 Prometheus，往往既昂貴又緩慢。

把更多基數資料推送到為度量而設計的系統非常誘人，這是因為想要從這種廉價且可靠、類似訊號的度量中了解更多是很自然的。避免這種情況，並透過度量預算、記錄規則、和重新標記允許列表來保持較低基數。如果您希望抓取獨特的資訊，例如準確的錯誤訊息或系統中單一特定運算的延遲，請切換到基於事件的系統，例如日誌記錄和追蹤！

無論是從日誌、追蹤、效能分析器還是度量訊號蒐集而來，前面的章節中已經談到一些度量，例如每秒使用的 CPU 核心、堆積上配置的記憶體位元組數，或每個運算使用的常駐記憶體位元組數。因此，現在就來詳細了解其中一些，並討論它們的語意、解釋方式、潛在粒度，以及使用您剛剛學習的訊號，來說明它們的範例程式碼。

沒有可觀察性靈丹妙藥！

度量很強大。然而，正如您在本章中了解到的那樣，日誌記錄和追蹤也提供不少機會，可以透過專用工具來提高效率可觀察性體驗，從中獲取度量。本書將可看到我使用所有這些工具，連同尚未介紹的效能分析等，來提高 Go 程式的效率。

實用系統能抓取足夠多適合您使用案例的每個可觀察性訊號，不太可能建構僅限度量、僅限追蹤或僅限效能分析的系統！

## 效率度量語意

可觀察性感覺像是一個龐大而嚴肅的話題，需要數年時間才能掌握和建立。產業不斷發展，建立新的解決方案無濟於事，但是，一旦開始把可觀察性用於特定目標，例如提高效率，它就能比較容易讓人理解。以下就來確切地討論可觀察性細節對於開始測量令人關心的資源，例如 CPU 和記憶體的延遲和消耗，是如何必不可少。

**作為數值的度量，對上度量可觀察性訊號**

第 205 頁「度量」小節討論了度量可觀察性訊號，這裡則要討論有助於抓取效率的特定度量語意。為了釐清，我們可以透過各種方式來抓取這些特定度量，可以使用度量可觀察性訊號，但也可以從其他訊號中推導出它們，比如日誌、追蹤、和效能分析！

有兩件事可以定義所有度量：

### 語意

這個數字是什麼意思？要測量什麼？用什麼單位？如何稱呼？

### 粒度

這些資訊有多詳細？例如，它是對每一運算而得的嗎？還是根據此運算的結果類型（成功還是錯誤）？還是每個共常式？還是每個程序？

度量語意和粒度都在很大程度上取決於檢測，本節將重點定義可以用來追蹤軟體的資源消耗和延遲的典型度量語意、粒度和範例檢測。必須了解將使用的具體度量，以便有效地使用第 257 頁「基準測試等級」，和第 317 頁「在 Go 中進行效能分析」將學習到的基準測試和效能分析工具。遍歷這些語意，能發現必須注意的常見最佳實務和陷阱，開始吧！

## 延遲

如果想提高程式執行某些運算的速度，需要測量延遲，也就是運算從開始一直到成功或失敗的持續時間，因此乍看之下，需要的語意非常簡單，通常指的就是完成軟體運算所需的「時間量」。度量通常有一個名稱，其中包含延遲（*latency*）、持續時間（*duration*）或經過（*elapsed*）這些單字，以及所需的單位。但是細節決定成敗，正如您將在本節中了解到的那樣，測量延遲很容易出錯。

典型的延遲測量偏好單位，取決於所測量的運算類型。如果測量非常短的運算，例如壓縮延遲或作業系統上下文置換延遲，必須聚焦於奈秒粒度。奈秒也是典型現代電腦中可以指望的最精細計時。這就是 Go 標準程式庫 time.Time[54] 和 time.Duration[55] 結構以奈秒為單位來測量時間的原因。

一般來說，軟體運算的典型度量幾乎總是以毫秒、秒、分鐘或小時為單位，這也是為什麼通常以秒為單位來測量延遲就足夠了，並表達為浮點值，而且最高可達奈秒粒度。使用秒還有另一個優勢：它是一個基本單位，在許多解決方案中，使用基本單位通常是自然而一致的[56]。一致性在這裡至關重要，可以避免的話，您不會想要用奈秒來測量系統的某一部分、用秒來測量另一部分、然後又用小時來測量又另一部分。如果不去嘗試猜測正確的單位或編寫它們之間的轉換，很容易被資料弄得糊裡糊塗，而得出錯誤結論。

第 193 頁「範例：檢測延遲」的程式碼範例中，已經提到使用各種可觀察性訊號來檢測延遲的多種方法。範例 6-10 會擴展範例 6-1，以展示能夠確保延遲盡可能可靠地測量的重要細節。

範例 6-10　單一運算的手動和最簡單的延遲測量可能會出錯，並且必須有準備和拆除階段

```
prepare()

for i := 0; i < xTimes; i++ {
    start := time.Now() ❶
    err := doOperation()
    elapsed := time.Since(start) ❷

    // 使用日誌、追蹤、或度量來抓取 'elapsed' 的值 ...

    if err != nil { /* 處理錯誤 ... */ }
}

tearDown()
```

❶ 抓取盡可能接近 doOperation 呼叫開始的 start 時間，能確保在 start 和運算開始之間不會出現任何意外情況，這些意外情況可能會導入不相關的延遲，這可能會誤導我們進一步從該度量得出的結論。按照設計，這應該要排除為測量運算所做的任何潛在準備或設定，讓它們明確地作為另一個運算來測量。這也是為什麼您應該避

---

54　*https://oreil.ly/QGCme*
55　*https://oreil.ly/9agLb*
56　這也是 Prometheus 生態系統建議基本單位的原因（*https://oreil.ly/oJozb*）。

---

免在 start 和運算呼叫之間放置任何換行符號（空行）的原因。結果是，下一個程式設計師，或一段時間後的您自己不會在兩者之間添加任何東西，而忘記您添加的檢測。

❷ 同樣，重要的是使用 time.Since helper 在完成後抓取 finish 時間，因此不會抓取無關的持續時間。例如，類似於排除 prepare() 時間，要排除任何潛在的 close 或 tearDown 持續時間。此外，如果您是進階 Go 程式設計師，您的直覺總是讓您會在某些函數完成時檢查錯誤。這很關鍵，但應該在抓取延遲後出於檢測目的而這樣做。否則可能會增加風險，因為有人不會注意到檢測，並會在測量的內容和時間之間添加不相關的敘述。最重要的是，在大多數情況下，您希望確保成功和失敗的運算延遲都能測量，以了解您的程式全部的情況。

### 較短的延遲更難可靠地測量

範例 6-10 中顯示的測量運算延遲方法，不適用於完成時間低於 0.1 微秒（100 奈秒）的運算。這是因為獲取系統時脈編號、配置變數、以及進一步計算 time.Now() 和 time.Since 函數也需要花費時間，這些動作對於如此短的測量來說十分明顯 [57]。此外，正如第 247 頁「實驗的可靠性」所言，每個測量值都有一些差異。延遲越短，這種雜訊的影響就越大 [58]。這也適用於測量追蹤跨度的延遲。

Go 基準測試使用一種用來測量非常快的函數解決方案，如範例 6-3 所示，可透過執行許多次運算來估計每個運算的平均延遲，更多資訊請參見第 261 頁「微觀基準測試」。

### 時間是無限的，但測量時間的軟體結構不是！

在測量延遲時，必須意識到軟體中時間或持續時間測量的局限性。不同的型別可以包含不同範圍的數值，並不是所有型別都可以包含負數。例如：

- time.Time 只能測量從 1885 [59] 年 1 月 1 日一直到 2157 年的時間。
- time.Duration 型別可以測量「起點」之前大約 290 年前，到「起點」之後最多 290 年之間的時間（以奈秒為單位）。

---

57 例如，在我的機器上 time.Now 和 time.Since 大約需要 50~55 奈秒。
58 這也是為什麼最好進行數千次甚至更多次相同的運算、測量總延遲，並透過把它除以運算次數來獲得平均值。而這正是 Go 基準測試在做的事，第 267 頁「Go 的基準測試」會繼續說明。
59 您知道嗎？會選擇這個日期，正是因為電影《回到未來》第二集（*https://oreil.ly/Oct6X*）。

如果您想測量那些典型值之外的東西，需要擴展這些型別，或使用您自己的型別。最後的重點是，Go 容易出現閏秒問題和作業系統的時間偏差。在某些系統上，如果電腦進入睡眠狀態，例如筆記型電腦或虛擬機器中止，`time.Duration`（單調時鐘）也會停止，這會導致錯誤的測量，千萬要記住這一點。

討論了一些典型的延遲度量語意後，現在轉向粒度問題，可以決定所測量程序中運算 A 或 B 的延遲，也可以測量一組運算（例如交易）或它的單一子運算，或跨多個程序來蒐集這些資料，也可以只查看一個程序，具體取決於想要達成的目標。

更複雜的是，即使選擇單一運算作為測量延遲的粒度，該單一運算也有很多階段。在單一程序中，這可以用堆疊追蹤來表達，但對於具有某些網路通訊的多程序系統，可能需要建立額外的邊界。

以一些程式為例，使用上一章中解釋的 Caddy HTTP Web 伺服器，並使用簡單的 REST [60] HTTP 呼叫來檢索 HTML 作為範例運算。如果在生產環境中的雲端中安裝這樣的 Go 程式，來對客戶端，例如某人瀏覽器的 REST HTTP 呼叫提供服務，應該測量什麼延遲？可以測量延遲的範例粒度如圖 6-7 所示。

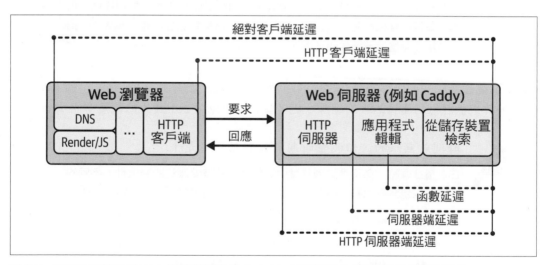

圖 6-7　可以在和使用者 Web 瀏覽器通訊的 Go Web 伺服器程式中測量的範例延遲階段

---

60　*https://oreil.ly/SHEor*

概述以下 5 個範例階段:

## 絕對(總)客戶端延遲

延遲會從使用者在瀏覽器輸入的 URL 中按下 Enter 開始,直到檢索到整個回應、載入內容、並且瀏覽器呈現所有內容。

## HTTP 客戶端延遲(回應時間)

從客戶端把 HTTP 請求的第一個位元組寫入新的或重用的 TCP 連接,一直到客戶端收到回應的所有位元組之間所抓取的延遲。這不包括在客戶端之前例如 DNS 查找,或之後,如在瀏覽器中呈現 HTML 和 JavaScript 發生的所有事情。

## HTTP 伺服器端延遲

延遲是從伺服器接收到來自客戶端 HTTP 請求的第一個位元組開始計算的,直到伺服器完成寫入 HTTP 回應的所有位元組時。如果在 Go 中使用 HTTP 中介軟體樣式 [61],這通常就是要測量的內容。

## 伺服器端延遲(服務時間)

回應 HTTP 請求所需的伺服器端計算延遲,會在沒有 HTTP 請求剖析和回應編碼的情況下測量。延遲是從剖析 HTTP 請求的那一刻開始,一直到開始編碼和發送 HTTP 回應的那一刻為止。

## 伺服器端函數延遲

單一伺服器端函數計算的延遲,從呼叫時刻開始,一直到函數完成工作,並且傳回位於呼叫函數的上下文的引數為止。

這些只是可以用來測量 Go 程式或系統延遲的眾多排列中的一部分。應該選擇哪一個進行優化?哪個最重要?事實證明,它們都有自己的使用案例。應該使用什麼延遲度量粒度的優先級,以及何時使用它們,完全取決於我們的目標、第 247 頁「實驗的可靠性」中解釋的測量準確性、以及想要聚焦的元素,會如同第 257 頁「基準測試等級」所討論。要了解全貌並找到瓶頸,必須同時測量其中一些不同的粒度。正如第 316 頁「根本原因分析,要不是為了效率」中所討論的,追蹤和效能分析等工具可以幫忙解決這個問題。

---

61　*https://oreil.ly/Js0NO*

**無論您選擇何種度量粒度，理解並記下測量內容！**

如果從測量中得出錯誤的結論，會浪費很多時間。一般人都很容易忘記或誤解正在測量粒度的哪些部分，例如，您認為您正在測量伺服器端的延遲，但慢速客戶端軟體正在導入延遲，而您沒有把它包括在度量中，因此，您可能試圖在伺服器端找到瓶頸，但潛在的問題卻很可能在不同的程序中 [62]。理解、記錄並明確說明您的檢測，以避免這些錯誤。

第 193 頁「範例：檢測延遲」討論如何蒐集延遲，其中提到，一般來說會使用兩種主要的衡量方法，來衡量 Go 生態系統中的效率需求，如下。這兩種方式通常是最可靠也最便宜的，在執行負載測試和基準測試時很有用：

- 使用第 261 頁「微觀基準測試」來進行基本日誌記錄，以實作隔離功能、單一程序測量

- 用於涉及具有多個程序、較大系統的宏觀測量度量，例如範例 6-7

特別是在第二種情況下，如前所述，必須多次測量單一運算的延遲，才能獲得可靠的效率結論無法使用度量來存取每個運算的原始延遲數字，而是必須選擇一些聚合作法。範例 6-2 提出一種用於檢測內部的簡單平均聚合機制，很容易就能使用度量檢測，簡單到只需要建立兩個計數器：一個用於延遲的 sum，一個用於運算的 count。這兩個度量可以用來把蒐集的資料評估為平均值，即算術平均值。

不幸的是，平均值是一種過於幼稚的聚合，可能因此錯過很多關於延遲特性的重要資訊。第 261 頁「微觀基準測試」中，可以用基本統計的平均值做很多事情，這也是 Go 基準測試工具正在使用的。但是在具有更多未知數的更大系統中測量軟體效率時，必須更小心，例如，假設想要改善過去需要大約 10 秒的一項運算延遲，而使用 TFBO 流程進行潛在優化，以評估宏觀層面的效率。在測試中，系統在 5 秒內執行了 500 次運算（更快！）但是還有 50 次運算很慢，具有 40 秒的延遲。假設堅持平均值的 8.1 秒，在這種情況下，可能會得出優化是成功的這種錯誤結論，而忽略優化所導致的潛在重大問題，從而導致 9% 的運算極其緩慢。

這也是為什麼以百分位數衡量特定度量如延遲，會很有幫助。這就是範例 6-7 中使用度量直方圖類型來進行延遲測量的檢測。

---

62 根據我的經驗，值得注意的範例是測量具有大量回應的 REST，或具有串流式回應的 HTTP/gRPC 的伺服器端延遲。伺服器端延遲不僅取決於伺服器，還取決於網路和客戶端消耗這些位元組的速度；以及在 TCP 控制流（*https://oreil.ly/jcrSF*）中寫回確認資料封包。

一般多認為，度量最好是分布而不是平均值。例如，對於延遲 SLI [ 服務等級指標（service level indicator）] ，一些請求會很快得到服務，而其他請求總是需要更長時間，且有時長很多。一個簡單的平均可以掩蓋這些尾巴延遲，以及它們的變化。（……）使用百分位數作為度量可以讓您考慮分布的形狀及其不同屬性：高階百分位數，例如第 99 或 99.9 百分位數，顯示一個合理的最壞情況值，而使用又稱中位數（median）的第 50 百分位數，則強調典型案例。

—C. Jones 等人，*Site Reliability Engineering*，
「Service Level Objectives」（O'Reilly，2016 年）

我在範例 6-8 中提到的直方圖度量非常適合測量延遲，因為它計算有多少運算會適配某個延遲範圍。在範例 6-7 中，我選擇了 [63] 0.001、0.01、0.1、1、10、100 這幾個指數桶。最大的桶應該代表您在系統中期望的最長運算持續時間，例如超時 [64]。

第 205 頁討論過如何使用 PromQL 來使用度量。對於直方圖類型的度量和我們的延遲語意，想理解它的最好方法是使用 histogram_quantile 函數。請參見圖 6-8 中的範例輸出來了解中位數，參見圖 6-9 來了解第 90 百分位數。

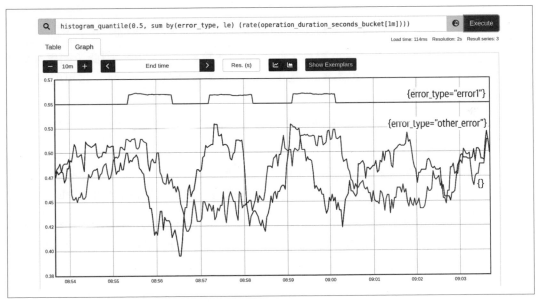

圖 6-8　範例 6-7 檢測中每種錯誤類型的運算延遲第 50 百分位數（中位數）

---

63　現在，如果您想使用 Prometheus，在直方圖中要用手動方式來選擇桶。然而，Prometheus 社群正在研究稀疏直方圖（*https://oreil.ly/qFdC1*），其中包含可自動調整的動態桶數。

64　有關使用直方圖的更多資訊，請參閱此處：*https://oreil.ly/VrWGe*。

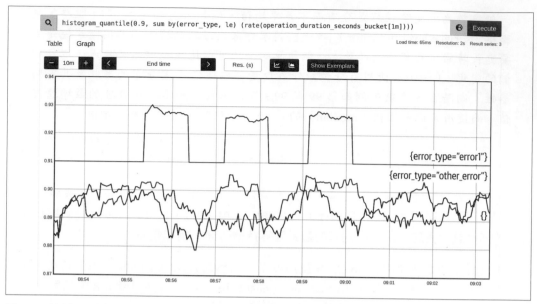

圖 6-9　範例 6-7 檢測中每種錯誤類型的運算延遲第 90 百分位數

這兩個結果都可以為我測量的程式得出有趣的結論,並觀察到一些事情:

- 有一半的運算通常會快於 590 毫秒,而 90% 的運算會快於 1 秒。因此,如果 RAER (第 85 頁「資源感知效率需求」)指出,90% 的運算應該少於 1 秒,這可能意味著不需要進一步優化。

- 因 error_type=error1 而失敗的運算會相當慢,很可能在該程式碼路徑中存在一些瓶頸。

- 在 UTC 時間 17:50 左右,可以看到所有運算的延遲略有增加。這可能意味著一些副作用或環境變化,導致我的筆記型電腦作業系統為我的測試提供更少的 CPU[65]。

這種測量和定義的延遲,可以幫忙確定延遲是否足以滿足需求,以及所做的任何優化是否有幫助。它還可以幫助我們使用不同的基準測試和瓶頸發現策略,來找到會導致速度緩慢的部分,詳情請見第 7 章。

---

65　這是有道理的。我在測試期間大量使用網路瀏覽器,這證實第 247 頁「實驗的可靠性」將討論的知識。

有了典型的延遲度量定義和範例檢測之後，可轉到下一個我們可能想要效率之旅中衡量的資源：CPU 使用率。

# CPU 使用率

在第 4 章中，您了解執行 Go 程式時會如何使用 CPU。我也解釋了，查看 CPU 使用情況可以減少 CPU 驅動的延遲 [66] 和成本，並在同一台機器上執行更多程序。

各種度量能夠測量程式不同部分的 CPU 使用率。例如，使用 proc 檔案系統 [67] 和 perf [68] 等 Linux 工具，可以測量 Go 程式的未命中率和命中率、CPU 分支預測命中率 [69] 以及其他低階統計資料。然而，對於基本的 CPU 效率，通常聚焦於 CPU 週期、指令或使用時間：

*CPU 週期*

用於在每個 CPU 核心上執行程式執行緒指令的 CPU 時脈週期總數。

*CPU 指令*

指在每個 CPU 核心中所執行的程式執行緒的 CPU 指令總數。在某些 RISC 架構 [70] 的 CPU，例如 ARM 處理器上，這可能等於週期數，因為一個指令總是需要一個週期以攤銷成本。然而，在 CISC 架構，例如 AMD 和 Intel x64 處理器上，不同的指令可能會使用額外的週期。因此，計算 CPU 必須執行多少個指令才能完成某些程式的功能，可能會更穩定。

迴圈和指令都非常適合用來比較不同的演算法，這是因為以下兩個原因，讓它們的雜訊較小：

- 它們不依賴於程式執行期間 CPU 核心的頻率
- 記憶體獲取的延遲，包括不同的快取、未命中和 RAM 延遲

---

66 提醒一下，除了優化 CPU 使用率之外，也可以透過多種方式來改善程式功能的延遲，可以使用通常會增加總 CPU 時間的並行執行，來改善延遲。

67 *https://oreil.ly/MJVHl*

68 *https://oreil.ly/QPMD9*

69 *https://oreil.ly/VdENl*

70 *https://oreil.ly/ofvB7*

## CPU 時間

指程式執行緒在每個 CPU 核心上執行所花費的時間（以秒或奈秒為單位）。正如您將在第 355 頁「Off-CPU 時間」中了解到的那樣，這個時間和程式的延遲會不同，可能較長或較短，因為 CPU 時間不包括 I/O 等待時間和作業系統排程時間。此外，程式的作業系統執行緒可能會在多個 CPU 核心上同時執行，有時也會用 CPU 時間來除以 CPU 容量，這通常稱為 CPU 使用率。例如，1.5 的 CPU 使用率意味著程式（平均）需要使用一個 CPU 核心 1 秒的時間，以及使用第二個核心 0.5 秒的時間。

在 Linux 上，CPU 時間通常分為使用者時間和系統時間：

- 使用者時間代表程式在使用者空間的 CPU 上執行所花費的時間。

- 系統時間是代表使用者在核心空間中執行某些功能所花費的 CPU 時間，例如，像 `read` 這樣的系統呼叫 [71]。

通常，容器等更高等級上無法同時滿足所有 3 個度量，主要依賴的是 CPU 時間。幸運的是，CPU 時間通常會是一個足夠好的度量，可以追蹤 CPU 執行工作負載所需的工作。在 Linux 上，要檢索從程序開始執行起計算的目前 CPU 時間，最簡單方法是使用 */proc/<PID>/stat*，其中 `PID` 代表程序 ID。在 */proc/<PID>/tasks/<TID>/stat* 中也有類似的執行緒等級的統計資訊，其中 `TID` 表示執行緒 ID。這正是像 `ps` 或 `htop` 這樣實用程式所使用的方法 [72]。

`ps` 和 `htop` 工具可能確實是測量目前 CPU 時間的最簡單工具，但是，通常需要評估的是正在優化的全部功能所需的 CPU 時間。不幸的是，第 267 頁「Go 的基準測試」中沒有提供每個運算的 CPU 時間，只有延遲和配置。您也許可以從 `stat` 檔案中獲取該數字，例如，以程式設計方式使用 `procfs` Go 程式庫 [73]，但我會建議使用以下兩種主要方法：

- CPU 效能分析，可見第 352 頁「CPU」。

- Prometheus 度量檢測。接下來就來快速介紹這個方法。

在範例 6-7 中，我展示一個註冊客製化延遲度量的 Prometheus 工具，添加 CPU 時間度量也非常容易，但 Prometheus 客戶端程式庫 [74] 已經為此建構了幫助程式，推薦的方法如範例 6-11 所示。

---

71 *https://oreil.ly/xEQuM*
72 也有一個有用的 `procfs` Go 程式庫（*https://oreil.ly/ZcCDn*），允許以程式設計方式來檢索 `stats` 檔案資料編號。
73 *https://oreil.ly/ZcCDn*
74 *https://oreil.ly/1r2zw*

範例 *6-11* 註冊有關 *Prometheus* 使用程序的 *proc stat* 工具

```
import (
    "net/http"

    "github.com/prometheus/client_golang/prometheus"
    "github.com/prometheus/client_golang/prometheus/collectors"
    "github.com/prometheus/client_golang/prometheus/promhttp"
)

func ExampleCPUTimeMetric() {
    reg := prometheus.NewRegistry()
    reg.MustRegister(
        collectors.NewProcessCollector(collectors.ProcessCollectorOpts{}),
    ) ❶

    go func() {
        for i := 0; i < xTimes; i++ {
            err := doOperation()
            // ...
        }
    }()

    err := http.ListenAndServe(
        ":8080",
        promhttp.HandlerFor(reg, promhttp.HandlerOpts{}),
    )
    // ...
}
```

❶ 要使用 Prometheus 來獲得 CPU 時間度量，您唯一需要做的就是註冊使用前面提到的 */proc stat* 檔案 `collectors.NewProcessCollector`。

`collectors.ProcessCollector` 提供多個度量，例如 `process_open_fds`、`process_max_fds`、`process_start_time_seconds` 等。但讓人感興趣的是 `process_cpu_seconds_total`，它是計算從程式開始起所使用的 CPU 時間的計數器。使用 Prometheus 來執行此任務的特別之處在於，它會定期從 Go 程式中蒐集此度量的值，這意味著可以向 Prometheus 查詢某個時間窗口的程序 CPU 時間，並把它映射到即時。使用 `rate`[75] 函數可以做到這一點，它提供了給定時間窗口中該 CPU 時間的每秒速率。例如，`rate(process_cpu_seconds_total{}[5m])` 會提供程式在過去 5 分鐘內的平均每秒使用 CPU 時間。

---

75  *https://oreil.ly/8BaUw*

您將在第 303 頁「了解結果和觀察」中找到基於此類度量的 CPU 時間分析範例。但是，現在，我想向您展示一個有趣且常見的案例，說明 `process_cpu_seconds_total` 有助於縮小主要的效率問題。想像一下您的機器只有兩個 CPU 核心，或者限制程式只能使用兩個 CPU 核心，您執行想要評估的功能，會看到 Go 程式的 CPU 時間率如圖 6-10 所示。

從這個視角可以看出 `labeler` 程序正在經歷 CPU 飽和狀態。這意味著 Go 程序需要比可用時間更多的 CPU 時間。有兩個訊號可以說明 CPU 飽和度：

- 典型的「健康」CPU 使用率會有更多突起，如本書圖 8-4 所示。這是因為典型的應用程式不太可能一直使用相同數量的 CPU，但是，在圖 6-10 只看到 5 分鐘內的 CPU 使用率相同。

- 因此，沒人想到看到 CPU 時間如此接近 CPU 限制，如此例的兩個。圖 6-10 可以清楚地看到 CPU 限制附近有一個小的波動，這表明 CPU 完全飽和。

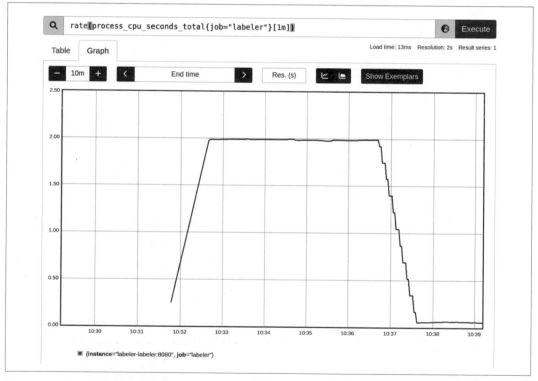

圖 6-10　測試之後的 Go `labeler` 程式 CPU 時間的 Prometheus 表視圖（第 293 頁「宏觀基準測試」的範例將使用該圖）

了解何時處於 CPU 飽和狀態至關重要。首先，它可能會給人一種錯誤的印象，也就是目前 CPU 時間是程序所需的最大值。此外，這種情況還會顯著減慢程式的執行時間（增加延遲），甚至完全停止。這也是為什麼正如您在此處所明白的，基於 Prometheus 的 CPU 時間度量，已證明了解此類飽和情況至關重要，這也是分析程式效率時必須首先了解的內容之一。當飽和發生時，必須給程序更多的 CPU 核心，優化 CPU 使用率或者降低並行性，例如，限制它可以並行執行的 HTTP 請求數量。

另一方面，CPU 時間能找出程序可能阻塞的相反情況。例如，如果您希望 CPU 密集功能和 5 個 goroutine 一起執行，並且您看到 CPU 時間為 0.5，表示一個 CPU 核心的 50%，這可能意味著 goroutine 阻塞了，或整個機器和作業系統都忙，更多資訊請參見第 355 頁「Off-CPU 時間」。

以下將進入記憶體使用度量的部分。

# 記憶體使用情況

正如第 5 章所言，關於 Go 程式如何使用記憶體有不同機制構成的複雜層次，這也是為什麼程式的實際實體記憶體（RAM）使用情況，是最難衡量和歸究的原因之一。在大多數具有作業系統記憶體管理機制，例如虛擬記憶體、分頁和共享分頁的系統上，每個記憶體使用度量都只是一個估計值。雖然不完美，但這就是現況，所以先來簡單看一下什麼最適合 Go 程式。

Go 程序有兩個主要的記憶體使用資訊來源：Go 執行時期堆積記憶體統計資訊，和作業系統持有的有關記憶體分頁的資訊。先從程序內執行時期統計資訊開始。

## 執行時期堆積統計

正如第 168 頁「Go 記憶體管理」所言，Go 程式虛擬記憶體的堆積區段可以充分代表記憶體使用情況。這是因為對於典型的 Go 應用程式來說，大多數位元組都配置在堆積上，此外，此類記憶體也永遠不會從 RAM 中被逐出（除非啟用置換）。因此，可以透過查看堆積的大小，來有效地評估功能的記憶體使用情況。

一般最讓人感興趣的是，評估記憶體空間或執行特定運算所需的記憶體區塊數量，為了嘗試對此評估，通常使用兩種語意：

- 堆積上位元組或物件的總配置允許查看記憶體配置，而不會經常受到不確定的 GC 影響。

- 堆積上目前正在使用的位元組數或物件數。

前面的統計資料非常準確並且可以快速存取，因為 Go 執行時期會負責堆積管理，因此它追蹤所有需要的資訊。在 Go 1.16 之前，以程式設計方式來存取這些統計資訊的推薦方法是使用 runtime.ReadMemStats 函數 [76]。出於相容性原因，它仍然有效，但不幸的是它需要 STW（停止世界）事件，來蒐集所有記憶體統計資訊。Go 1.16 問世後，都應該使用 runtime/metrics [77] 套件，它提供許多關於 GC、記憶體配置等的廉價蒐集的見解。範例 6-12 就是使用這個套件來獲取記憶體使用度量。

*範例 6-12  列印堆積配置的總位元組數，和目前使用的位元組數的最簡單程式碼*

```
import(
    "fmt"
    "runtime"
    "runtime/metrics"
)

var memMetrics = []metrics.Sample{
    {Name: "/gc/heap/allocs:bytes"}, ❶
    {Name: "/memory/classes/heap/objects:bytes"},
}

func printMemRuntimeMetric() {
    runtime.GC() ❷
    metrics.Read(memMetrics) ❸

    fmt.Println("Total bytes allocated:", memMetrics[0].Value.Uint64()) ❹
    fmt.Println("In-use bytes:", memMetrics[1].Value.Uint64())
}
```

❶ 要從 runtime/metrics 中讀取樣本，必須先透過參照所需的度量名稱來定義它們。完整的度量列表在不同的 Go 版本中可能有所不同，主要是添加的，您可以在 *pkg.go.dev* [78] 上查看帶有描述的列表。例如可以獲得堆積中物件的數量。

❷ 記憶體統計資訊會在 GC 執行後立即記錄，因此可以觸發 GC 以獲取有關堆積的最新資訊。

❸ metrics.Read 會填充樣本的值。如果您只關心最新的值，可以重用相同的樣本切片。

❹ 這兩個度量都是 uint64 型別，因此使用 Uint64() 方法來檢索值。

---

76  *https://oreil.ly/AwX75*
77  *https://oreil.ly/WYiOd*
78  *https://oreil.ly/HWGUJ*

以程式設計方式存取此資訊對於本地端除錯很有用，但並非每次優化嘗試都有用，這也是為什麼在社群中，通常會看到其他存取該資料的方法：

- Go 基準測試，第 267「Go 的基準測試」中有所解釋

- 堆積分析，第 346 頁「堆積」中會解釋

- Prometheus 度量檢測

要 把 `runtime/metric` 註 冊 為 Prometheus 度 量，可 以 在 範 例 6-11 中 添 加 一 行：`reg.MustRegister(collectors.NewGoCollector())`。Go 蒐集器是一種結構，預設情況下會揭露各種記憶體統計資訊。由於歷史原因，這些會映射到 MemStats Go 結構，因此和範例 6-12 中定義的度量等價的是，用於計數器的 `go_memstats_heap_alloc_bytes_total`，以及用於目前使用情況量規的 `go_memstats_heap_alloc_bytes`。第 297 頁「Go e2e 框架」中將展示對 Go 堆積度量的分析。

不幸的是，堆積統計資訊只是一個估計，很可能 Go 程式上的堆積越小，記憶體效率卻越好。但是，假設您添加了一些有意的機制，例如使用外顯式 `mmap` 系統呼叫的大型堆積外記憶體配置，或數千個具有大堆疊的 goroutine。在那種情況下，這可能會導致您的機器出現 OOM，但它不會反映在堆積統計資訊中。同樣，第 176 頁「Go 配置器」中，我解釋了只有部分堆積空間配置在實體記憶體上的罕見情況。

儘管如此，就算存在缺點，堆積配置仍然是衡量現代 Go 程式記憶體使用情況的最有效方法。

## 作業系統記憶體分頁統計

檢查每個執行緒的 Linux 作業系統追蹤數量，可以了解更真實但也更複雜的記憶體使用統計資訊。和第 221 頁「CPU 使用率」類似，*/proc/<PID>/statm* 提供了記憶體使用統計資訊，以分頁為單位。還可以從 */proc/<PID>/smaps* 看到的每個記憶體映射統計資訊中，檢索更準確的數字，見第 163 頁「作業系統記憶體映射」。

此映射中的每個分頁都可以有不同的狀態，分頁有可能配置到實體記憶體上，但也可能不會，某些分頁可能會跨程序共享，一些分頁可能在實體記憶體中配置並計入已用記憶體，但程式仍將其標記為「閒置」，請參閱第 179 頁「垃圾蒐集」中提到的 `MADV_FREE` 釋放方法。有些分頁甚至可能不在 `smaps` 檔案中，譬如它是 Linux 快取緩衝區檔案系統一部分的話。由於這些原因，對以下度量中觀察到的絕對值都應該持懷疑態度，很多情況下，作業系統釋放記憶體時是懶惰的；例如，程式使用的部分記憶體會以最佳方式快取，只要其他人需要，就會立即釋放。

從作業系統可以獲得一些關於程序的典型記憶體使用度量：

*VSS*

虛擬集大小（virtual set size）代表為程式所配置的分頁數或位元組數，取決於工具。它不是很有用的度量，因為大多數虛擬分頁從未在 RAM 上配置。

*RSS*

常駐集大小（residential set size）代表常駐在 RAM 中的分頁數或位元組數。請注意，不同的度量可能對此有不同的解釋；例如，cgroups RSS 度量[79] 不包括會被單獨追蹤的檔案映射記憶體。

*PSS*

比例集大小（proportional set size）代表共享記憶體分頁在所有使用者之間平均配置的記憶體。

*WSS*

工作集大小（working set size）估計程式目前用於執行工作的分頁數或位元組數，經由 Brendan Gregg[80] 的介紹，它最初為熱門、經常使用的記憶體，即程式的最低記憶體需求。

這個想法是，一個程式可能已經配置了 500 GB 的記憶體，但在幾分鐘內，它可能只使用了 50 MB 來進行一些局部計算。理論上，其餘記憶體可以安全地卸載到磁碟。

WSS 有很多實作，但我看到最常見的是使用 cgroup 記憶體控制器[81] 的 cadvisor 解讀[82]。它把 WSS 計算為 RSS（包括檔案映射），加上快取分頁的某些部分（用於磁碟讀取或寫入的快取），再減去 inactive_file 條目，也就是一段時間未被觸及的檔案映射。它不包括不活動的匿名分頁，因為典型的作業系統配置無法把匿名分頁卸載到磁碟（禁用置換）。

---

79  *https://oreil.ly/NL5Ab*
80  *https://oreil.ly/rWy8D*
81  *https://oreil.ly/ovSlH*
82  *https://oreil.ly/mXjA3*

在實務上，RSS 或 WSS 可用來確定 Go 程式的記憶體使用情況。它們高度依賴同一台機器上的其他工作負載，並遵循 RAM 的使用，擴展到所有可用空間的流程，正如第 148頁「記憶體有問題嗎？」中提到的那樣。它們的所有用處都取決於目前的 Go 版本，和提供這些度量的檢測。根據我的經驗，使用最新的 Go 版本和 cgroup 度量，RSS 度量往往會提供更可靠的結果[83]。不幸的是，無論準確與否，WSS 在 Kubernetes 等系統中會用來觸發驅逐（eviction），例如 OOM[84]，因此應該使用它來評估可能導致 OOM 的記憶體效率。

由於我專注於基礎架構 Go 程式，我非常依賴一個名為 cadvisor[85] 的度量匯出器，它會把 cgroup 度量轉換為 Prometheus 度量，第 297 頁「Go e2e 框架」中將詳細解釋它的使用方式。它可用來分析 container_memory_rss + container_memory_mapped_file 和 container_memory_working_set_bytes 等社群常用的度量。

## 總結

現代的可觀察性提供一套對效率評估和改進至關重要的技術。然而，一些人認為這種主要為 DevOps、SRE、和雲端原生解決方案設計的可觀察性，並不適用於開發人員使用案例；過去稱為應用程式效能監控（Application Performance Monitoring, APM）。

我認為，相同的工具可以同時讓開發人員用於那些提高效率和除錯的旅程，也可用於系統管理員、操作人員、DevOps 和 SRE，以確保其他人交付的程式有效執行。

本章討論前 3 個可觀察性訊號：度量、日誌和追蹤，並在 Go 中對它們進行範例檢測；最後解釋後面章節將會使用的延遲、CPU 時間和記憶體使用測量等常見語意。

現在是時候學習如何利用這種有效率的可觀察性，在實務上做出資料驅動的決策了。但先來聚焦於如何模擬程式，以評估不同等級的效率。

---

83  原因之一是 cadvisor 中的問題（*https://oreil.ly/LKmSA*），會在 WSS 中包含一些仍可回收的記憶體。

84  *https://oreil.ly/lnDkI*

85  *https://oreil.ly/RJzKd*

# 第七章

# 資料驅動的效率評估

在上一章中，您學習了如何使用不同的可觀察性訊號，來觀察 Go 程式，也討論把這些訊號轉換為數值或度量的方法，以有效地觀察和評估程式的延遲和資源消耗。

不幸的是，知道如何測量目前執行程式最大消耗或延遲，並不能保證正確評估應用程式的整體程式效率。這裡缺少的是實驗，這通常可能是優化中最具挑戰性的部分：如何使用第 6 章中提到的可觀察性工具，來觸發值得衡量的情況！

### 測量的定義

我發現「測量」（to measure）這個動詞非常不準確，它常常過度使用在這兩件事上：進行實驗，和從中蒐集數字資料的過程。

在本書中，每常您讀到「測量」程序時，我都會遵循計量學（metrology，即測量科學）中使用的定義[1]，真正的意思是使用工具，來量化現在正在發生的事情，例如，事件的延遲，或者它需要多少記憶體等，或給定時間窗口內發生的事情與過程。這會導致所有測量事件都將自成一個單獨主題，不管是基準測試模擬或自然發生，且將在本章中討論。

本章將向您介紹以提高效率為目的的實驗和測量藝術。我會把重點放在資料驅動的評估，通常稱為基準測試（benchmarking）。在跳到第 8 章編寫基準測試程式碼之前，本章將幫助您了解最佳實務，這在側重於效能分析的第 9 章也是無價的。

---

1　*https://oreil.ly/5PRMp*

我會從複雜度分析開始，把它當作是一種較不實驗式的評估解決方案效率的方法，然後在第 242 頁「基準測試的藝術」中拿它和功能測試比較，並澄清所謂「基準測試一直在說謊」的常見刻板印象，以解釋基準測試。

稍後在第 247 頁，將轉向用於基準測試和效能分析目的實驗可靠性，我會提供基本規則，以避免因蒐集不良資料和得出錯誤結論，而浪費時間或金錢。

最後，在第 257 頁「基準測試等級」中，我將向您介紹基準測試策略的全貌。前面章節已經使用基準測試，來提供用於解釋 CPU 或記憶體資源行為的資料，例如，在第 45 頁「一致的工具」中，我提到 Go 工具提供一個標準的基準測試框架。但我想在本章中教給您的基準測試技巧不只於此，它只是在第 261 頁「微觀基準測試」中討論的眾多工具中的一種。有許多不同的方法可以評估 Go 程式碼的效率，知道使用時機和使用方式才是關鍵。

接著先來介紹基準測試以及這些測試的關鍵層面。

# 複雜度分析

不是每次都會有經驗資料來了解特定解決方案的效率。您那些關於更好的系統或演算法的想法可能尚未實作出來，並且在對它進行基準測試之前，還需要付出很多努力才能達成。此外，我在第 88 頁「定義 RAER 的範例」，也有提到複雜度估計的必要性。

這可能和第 78 頁中學到的東西自相矛盾，請見「優化挑戰：眾所周知，程式設計師也不善於估計準確的資源消耗。」但有時工程師會依靠理論分析來評估程式，例如評估演算法等級的優化時（第 95 頁「優化設計等級」）。開發人員和科學家經常使用複雜度分析，來比較和決定哪種演算法可能會更適合解決具有特定限制的特定問題，更具體地說，他們使用漸近符號（asymptotic notation），通常稱為「大 O」複雜度，您可能也聽說過，因為在任何軟體工程師面試時，多少都會提到它。

但是，要完全理解漸近符號，您必須知道「估計的」效率複雜度涵義，以及看起來的樣子！

# 「估計的」效率複雜度

第 85 頁「資源感知效率需求」曾提過,可以把 CPU 時間或任何資源的消耗,表達為與特定輸入參數相關的數學函數,這裡通常談論的是**執行時間**(*runtime*)複雜度,它告訴我們使用特定程式碼片段和環境,來執行特定運算時所需的 CPU 時間。但也另有**空間**(*space*)複雜度,它可以描述該運算所需的記憶體、磁碟空間、或其他空間需求。

以範例 4-1 的 Sum 函數說明,可以證明這樣的程式碼估計以下函數的空間複雜度,代表堆積配置;其中 $N$ 是輸入檔案中的整數個數:

$$空間(N) = (848 + 3.6 * N) + (24 + 24 * N) + (2.8 * N) 位元組$$
$$= 872 + 30.4 * N 位元組$$

了解詳細的複雜度固然很好,但通常不可能或很難找到真正的複雜度函數,因為變數太多了。但是,可以透過簡化變數來嘗試估計它們,尤其是對於記憶體配置等更確定性的資源;例如,前面的等式只是一個簡化函數的估計,它只接受一個參數,即整數的個數。當然,此程式碼也取決於整數的大小,但我假設整數的長度約為 3.6 個位元組(來自我的測試輸入統計資料)。

**「估計」的複雜度**

正如我在本書中的諄諄教誨,用詞要準確。

好幾年來我都錯了,以為複雜度(complexity)就代表大 O 漸近複雜度,結果事實證明,複雜度(complexity)也單獨存在,並且在某些情況下非常有用。至少我們應該知道它的存在!

不幸的是,還是很容易把它和漸近複雜度混淆,因此我建議把關心常數的那個複雜度,稱為「估計」複雜度("estimated" complexity)。

我是如何找到這個複雜度方程式的?這件事並不是隨手拈來,我必須分析原始碼、進行一些堆疊逸出分析、執行多個基準測試、並使用效能分析,才能發現這些複雜度。而所有這一切,您都將在本章和接下來兩章中學到。

**這只是一個例子！**

不用擔心。要評估或優化您的程式碼，您不需要執行如此詳細的複雜度分析，尤其是詳細到這種程度。我這樣做是為了展示它的可能性及其帶來的好處，但還有更實用的方法可以快速評估效率，並找出下一個優化，您將在第 10 章中看到範例流程。

有趣的是，在 TFBO 流程的最後，當您對程式的一部分進行大量優化時，您可能會詳細了解問題空間，這樣就可以快速找到這種複雜度。但是，對程式碼的每個版本都這麼做會很浪費。

解釋如何蒐集複雜度並把它映射到原始碼的過程可能有用，如範例 7-1 所示。

**範例 7-1 範例 4-1 的複雜度分析**

```go
func Sum(fileName string) (ret int64, _ error) {
    b, err := os.ReadFile(fileName) ❶
    if err != nil {
        return 0, err
    }

    for _, line := range bytes.Split(b, []byte("\n")) { ❷
        num, err := strconv.ParseInt(string(line), 10, 64) ❸
        if err != nil {
            return 0, err
        }

        ret += num
    }

    return ret, nil
}
```

❶ 可以把複雜度方程式的 848 + 3.6 * N 部分附加到把檔案內容讀入記憶體的運算中。我使用的測試輸入非常穩定，整數有不同的位數，但平均有 2.6 位。添加換行符（\n）意味著每行大約有 3.6 個位元組。由於 ReadFile 會傳回一個包含輸入檔案內容的位元組陣列，可以說程式恰好需要 3.6 * N 個位元組，用於由 b 切片所指向的位元組陣列。848 位元組的這個常數來自 os.ReadFile 函數中在堆積上配置的各種物件，例如，b 的切片值（24 位元組），它逸出了堆疊。要發現該常數，用一個空檔案來進行基準測試，並對其效能分析就足夠了。

❷ 正如您將在第 10 章中了解到的，bytes.Split 在配置和執行時間的延遲方面都非常昂貴，但是可以把大部分配置歸因於這部分，也就是 24 + 24 * N 複雜度部分。它是「大部分」，因為它是最大常數（24）乘以輸入大小。原因是要傳回 [][]byte[2] 的資料結構所需的配置。雖然不複製底層位元組陣列（和 os.ReadFile 的緩衝區共享），但配置的 N 個空 []byte 切片總共需要 24 * N 大小的堆積，再加上 [][] 的 24 位元組切片標頭。如果 N 的數量級為十億（十億整數為 22 GB），這會是一個巨大的配置。

❸ 最後，正如第 171 頁「值、度量和記憶體區塊」所言，以及第 374 頁「優化 runtime.slicebytetostring」將提到的，這一行也配置了很多東西。一開始不可見，但是 string(line)（它總是一個副本）所需的記憶體正在逸出到堆積中[3]。這歸因於 2.8 * N 部分的複雜度，是因為平均對 2.6 位數字進行 N 次轉換。其餘 0.2 * N 的來源未知[4]。

希望透過此分析，可以讓您了解複雜度的涵義，或許您已經看到了解知識的用處，也許您已經看到很多優化機會，第 10 章將嘗試這些機會！

# 大 O 符號的漸近複雜度

漸近複雜度忽略了實作的額外負擔，特別是硬體或環境；相反的，它側重於漸近數學分析[5]：和輸入大小相關的執行時間或空間需求的增長速度。這允許基於可擴展性來對演算法分類，這通常對尋找能夠解決複雜問題，也就是常常需要大量輸入演算法的研究人員來說很重要。例如，圖 7-1 可見對典型函數的一個小概述，以及對演算法複雜度的典型壞處和好處的自以為是評估。請注意，這裡的「糟糕」複雜度並不意味著有更好的演算法，有些問題就是無法用更快的方式解決。

---

2 *https://oreil.ly/Be0OF*

3 由於一項驚人的改進（*https://oreil.ly/KLIVM*），Go 1.20 中這個特定的 ParseInt 函數已修復，但您可能會對它在任何其他函數中的表現感到驚訝！

4 只有在程式中大量字串複製時才會出現。也許它來自一些內部位元組池？

5 *https://oreil.ly/MR0Jz*

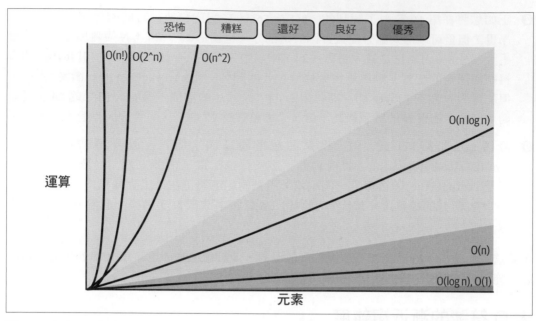

圖 7-1　來自 *https://www.bigocheatsheet.com* 的大 O 複雜度圖表。陰影表示對一般問題自以為是認定的效率所在。

大 O 表達法通常用來表示漸近複雜度。據我所知，Donald Knuth 在他於 1976 年發表的文章[6]中試圖明確定義三種符號：O、Ω、Θ[7]。

> 用口語解釋的話，O(f(n)) 可以理解為「最多是 f(n) 的等級」，Ω(f(n)) 為「至少是 f(n) 的等級」；Θ(f(n)) 則是「剛好是 f(n) 的等級」。
>
> 　　　　　　　　　　　　—Donald Knuth，「Big Omicron、Big Omega 和 Big Theta」

短語「等級為 f(N)」，表示對精確的複雜度數字不感興趣，而是對近似值感興趣：

上限（O）

　　大 O 意味著函數不能漸近式地比 f(n) 還差。如果其他輸入特性有關係時，它有時也用於反映最壞情況。例如，在排序問題中通常會談論一些元素，但有時如果輸入已經排序好時則會有關係。

---

6　*https://oreil.ly/yeFpW*
7　這三個「O 符號」分別稱為 Big O（或 Oh）、Omega 及 Theta。他也定義「o 符號」（o、ω），這意味著嚴格的上限或下限（*https://oreil.ly/S44PO*），也就是「這個函數比」f(N) 增長得慢，但不完全是 f(N)。不過實際上，o 符號並不經常使用。

## 緊密界限（Θ）

大 Theta 表示精確的漸近函數，或者有時表示平均的典型情況。

## 下限（Ω）

大 Omega 意味著該函數不能漸近地優於 f(n)。它有時也代表最好的情況。

例如，quicksort[8] 排序演算法具有 $N * logN$ 的最佳和平均執行時間複雜度，取決於輸入的排序方式和選擇樞紐點的位置；因此複雜度為 $\Omega(N * logN)$ 以及 $\Theta(N * logN)$，即使最壞的情況是 $O(N^2)$。

### 業界並不總是正確使用大 O 表達法

通常，在訪談、討論和教程中，您會看到人們使用大 Oh（$O$），而非大 Theta（$\Theta$）來描述典型案例。例如，我們經常說 quicksort 是 $O(N * logN)$，這是不正確的，但在許多情況下可接受這個答案。也許大眾試圖透過簡化這個主題來讓這個空間更容易存取，我會盡量在這裡精確表達。不過，$\Theta$ 永遠可以換成 $O$，但不能反過來。

對於範例 4-1 中的演算法，漸近空間複雜度是線性的：

空間（$N$）= $872 + 30.4 * N$ 位元組 = $\Theta(1) + \Theta(N)$ 位元組 = $\Theta(N)$ 位元組

在漸近分析中，像 1、872 和 30.2 這樣的常數並不重要，儘管在實務上，如果程式碼配置 1 MB（$\Theta N$)) 或 30.4 MB 可能會有關係。

請注意，計算漸近複雜度不需要精確的複雜度。這就是重點：精確的複雜度取決於太多的變數，尤其是在涉及執行時間複雜度時，通常可以學習根據演算法偽程式碼或描述，來找到理論上的漸近複雜度。這需要一些練習，但假設不實作範例 7-1，反之設計一種演算法。例如，求檔案中所有整數之和的天真演算法，可以描述如下：

1. 把檔案內容讀入記憶體，記憶體具有漸近空間複雜度 $\Theta(N)$，其中 $N$ 是整數或行數。讀取 $N$ 行時，這也具有 $\Theta(N)$ 的執行時間複雜度。

2. 將內容拆分為子切片，如果原地進行，意味著 $\Theta(N)$；否則，理論上它是 $\Theta(1)$。這是有趣之處，正如精確複雜度所表示，儘管在原地這樣做，額外負擔是 $24 * N$，這表明 $\Theta(N)$。在這兩種情況下，執行時間複雜度都是 $\Theta(N)$，因為必須遍歷所有的行。

---

8  *https://oreil.ly/a2jhF*

3. 對於每個子切片（空間複雜度 $\Theta(1)$ 和執行時間 $\Theta(N)$）：

   a. 剖析整數。如果整數可以儲存在堆疊中技術上，則這不需要堆積上的額外空間。如果涉及到行數並且位數有限時，它的執行時間也應該是 $\Theta(1)$。

   b. 把剖析後的值添加到包含部分總和的臨時變數中：$\Theta(1)$ 執行時間和 $\Theta(1)$ 空間。

透過這樣的分析，我們可以知道空間複雜度是 $\Theta(N) + \Theta(1) + \Theta(N) * \Theta(1)$，所以是 $\Theta(N)$。我在步驟 2 也提到執行時間複雜度，它組合成 $\Theta(N) + \Theta(N) + \Theta(N) * \Theta(1)$，因此也是線性的 $\Theta(N)$。

通常，這樣的 Sum 演算法相當容易漸近式的評估，但在許多情況下這並非不費吹灰之力的，還是需要一些練習和經驗。如果有一些自動工具可以偵測到這種複雜度，會很令人高興。過去有一些有趣的嘗試 [9]，但在實務上過於昂貴 [10]，也許有一種方法可以實作某種演算法，來評估偽程式碼的複雜度，這正是我們現在的工作！

## 實際應用

坦白說，我一直對「複雜度」這個話題持懷疑態度。也許我念大學時沒有認真去上它的課 [11]，但當有人要我去確定某些演算法的複雜度時，總是讓我很失望，我確信它只是在技術面試時用來欺騙應聘者，其實在實際軟體開發中幾乎沒有用處。

它的第一個問題是不精確。當人們要求我確定複雜度時，他們指的是大 O 表達法中的漸近複雜度。此外，如果在有償工作期間，我通常可以使用線性演算法而不是雜湊圖來搜尋陣列中的元素，並且程式碼的速度在大多數情況下仍然夠快，所以大 O 有什麼意義呢？此外，更有經驗的開發人員拒絕我的合併請求，因為我那具有更好插入複雜度的奇特鏈結串列，可能只需要一個帶有 appends 的簡單陣列就夠了。最後，我學習所有那些令人難以置信的漸近複雜度快速演算法，但這些演算法由於隱藏的常數成本或其他警告，而未在實務上使用 [12]。

---

9  *https://oreil.ly/0h9ff*

10  我將它們歸類為「蠻力」（brute force），它們使用不同輸入來進行許多基準測試，並嘗試逼近增長函數。

11  這沒什麼好訝異，就讀電腦科學研究的第二年開始，我就有一份全職 IT 工作。

12  例如，quicksort 比其他演算法的複雜度更差，但平均而言它是最快的。或者像 Coppersmith-Winograd（*https://oreil.ly/q9jhn*）這樣的矩陣乘法演算法有一個很大的常數係數，隱藏在大 O 符號中，這使得它只值得計算對現代電腦來說太大的矩陣。

---

我認為我的大部分挫敗感來自於產業刻板印象，和簡單化造成的誤解和誤用。最令我感到訝異的是，不少工程師願意執行這種「估計的」複雜度。進行超越漸近複雜度的估計難度，常常讓人感到沮喪或不知所措，就我而言，閱讀舊的程式設計書籍讓我大開眼界，其中一些書籍在大多數優化範例中都使用了這兩種複雜度！

> 程式的主 for 迴圈執行 N-1 次，包含一個本身執行了 N 次的內迴圈；因此，程式所需的總時間將由與 N^2 成正比的項來支配。片段 A1 的 Pascal 執行時間可觀察到約為 47.0N^2 微秒。
>
> —Jon Louis Bentley，*Writing Efficient Programs*

當您嘗試評估或優化需要更高效率的演算法和程式碼時，了解它的估計的複雜度，和漸近複雜度具有實際價值。以下是一些使用案例。

## 如果知道精確的複雜度，則無須測量即可了解預期的資源需求

實務上很少一開始就擁有精確的複雜度，但想像一下，手邊就是有這樣的複雜度，實可視為諸如容量規劃之類任務的凱旋勝利，在這些任務中，您需要找出在各種負載下執行系統的成本，例如不同的輸入。

例如，範例 7-1 中簡單的 Sum 實作使用了多少記憶體？事實證明，在沒有任何基準測試的情況下，我可以使用 872 + 30.4 * N 位元組的空間複雜度來判斷各種輸入大小的使用狀況，例如：

- 對於 100 萬個整數，我的程式碼需要 30,400,872 個位元組，因此如果使用 1,000 這個乘數而不是 1,024 的話，需要 30.4 MB[13]。
- 對於 200 萬個整數，需要 60.8 MB。

如果執行快速微觀基準測試，就可以確認這一點，結果如範例 7-2 所示。別擔心，此處和第 8 章就會解釋如何執行基準測試。

範例 7-2　對範例 4-1 分別輸入 100 萬個元素和 200 萬個元素的基準配置結果

```
name (alloc/op)    Sum1M        Sum2M
Sum                30.4MB ± 0%  60.8MB ± 0%


name (alloc/op)    Sum1M        Sum2M
Sum                800k ± 0%    1600k ± 0%
```

---

13 注意：不同的工具使用不同的轉換；例如，pprof 使用 1,024 乘數，而 benchstat 則使用 1,000 乘數。

只根據這兩個結果，但空間複雜度相當準確[14]。

 您不太可能總能找到完整、準確且真實的複雜度，因此，對這種複雜度通常進行非常高層次的估計就足夠了，例如，對於範例 7-1 中的 Sum 函數，30 * N 位元組的空間複雜度就夠詳細了。

## 它說明程式碼是否有任何簡單的優化

有時候，不需要詳細的經驗資料也可以知道有效率問題的存在[15]，這樣很好，因為這些技術說明進一步優化程式有多容易。在進行大量基準測試之前，我希望您知道這種快速的效率評估。

例如，當我在範例 4-1 中編寫 Sum 的簡單實作時，我希望編寫一個具有 $\Theta(N)$ 空間（漸近）複雜度的演算法。但是，我預計它的實際複雜度約為 3.5 * N，因為我會把整個檔案內容讀入記憶體中。只有當我執行基準測試並給出如範例 7-2 的輸出時，才意識到我的天真實作有多麼糟糕，記憶體使用量幾乎是預期的 10 倍（30.5 MB）。這種實際複雜度和結果複雜度的預期估計對比，通常能清楚地說明，如果非提高效率不可，可能會有一些不費吹灰之力的優化。

其次，如果我的演算法的空間大 O 複雜度是線性的，這對如此簡單的功能來說不是一個好的跡象。我的演算法會為大量輸入使用大量記憶體，根據需求不同，這可能是件好事；但如果想擴展這個應用程式時，這可能就意味著真正的問題[16]。就算現在不會造成任何問題，也應該認知並記錄預期的最大輸入大小，因為它可能會讓以後使用這個功能的某些人感到驚訝！

最後，假設測量結果完全超出預期的演算法複雜度。在這種情況下，它可能表示記憶體洩漏，如果有適合工具的話，通常會很容易修復，可見第 412 頁「別洩漏資源」。

---

14 我很驚訝能夠建構出如此準確的空間複雜度，並且對堆積上的每個位元組進行如此準確的記憶體基準測試和分析。感謝 Go 社群和 pprof 社群的辛勤工作！

15 這並不意味著應該立即解決這些問題！相反的，如果您知道問題會影響目標（例如，使用者滿意度或 RAER 需求），還是要先優化。

16 有時，一些相對簡單的方法就可以把程式碼更改為串流和使用外部記憶體（*https://oreil.ly/p6YDD*）的演算法，以確保能使用穩定的記憶體。

記憶體空間浪費中的 3 個明顯跡象

- 理論上的空間複雜度,不管是漸近的和估計的,與使用基準測量的現實之間差異,可以立即告訴您是否有不符合預期之處。

- 依賴於使用者(或呼叫者)的輸入的顯著空間複雜度,是一個不好的跡象,可能意味著未來的可伸縮性問題。

- 如果隨著時間推移,程式使用的總記憶體持續增長並且從不下降,則很可能有記憶體洩漏的問題。

## 協助評估更好的演算法以作為優化的想法

複雜度的另一個驚人使用案例,是在不實作演算法優化的情況下快速評估它們。對於 Sum 範例來說,不用極端的演算法技能也可以知道,不需要把整個檔案緩衝到記憶體中。如果想節省記憶體,應該要有一個用在剖析目的上的小緩衝區。以下描述一個改進的演算法:

1. 開啟輸入檔案而不讀取任何內容。

2. 建立一個 4 KB 的緩衝區,因此至少需要 4 KB 記憶體,這仍然是一個常數($\Theta(1)$)。

3. 以 4 KB 的塊來讀取檔案。對於每個塊:

   a. 剖析數字。

   b. 把它添加到臨時的部分總和中。

理論上,這種改進的演算法應該給我們 ~4 KB 的空間複雜度,也就是 $O(1)$,但結果範例 4-1 竟然可以使用少 7,800 倍的空間來儲存 100 萬個整數!在沒有實作的情況下知道這種演算法等級的優化會非常有益,第 380 頁「優化記憶體使用」中會看到它的實際應用。

進行此類複雜度分析可以快速評估您的改進想法,而無須完整的 TFBO 迴圈!

 更糟有時候是好事!

如果決定用更好的漸近或理論複雜度來實作演算法,請不要忘記使用基準測試對其進行程式碼等級的評估!在設計演算法時,通常會針對漸近複雜度來優化,但在編寫程式碼時,會針對漸近複雜度的常數來優化。

如果沒有良好的測量,儘管您能在大 O 複雜度層面實作好的演算法,但是低效率的程式碼需要的是效率優化,而不是改進!

## 它指出瓶頸，以及演算法的關鍵部分

最後，快速查看詳細的空間複雜度，尤其是像範例 7-1 那樣映射到原始碼時，是確定效率瓶頸的好方法。如同所見，常數 24 是最大的，它來自將在第 10 章首先優化的 bytes.Split 函數。然而，在實務上，分析可以更快地產生資料驅動的結果，因此這裡將重點放在第 9 章中的這個方法。

總而言之，關於複雜度的更廣泛知識，以及把基本測量與理論漸近相結合的能力告訴我，複雜度可能是有用的。如果使用得當，它可以成為進行更多理論效率評估的絕佳工具；然而，如您所見，真正的價值在於把經驗測量與理論相結合，就從這一點出發，接下來將介紹更多關於基準測試的資訊！

# 基準測試的藝術

評估效率在 TFBO 流程中至關重要，如圖 3-5 中的步驟 4 所示。對程式碼、演算法或系統的這種評估，通常是一個複雜的問題，可以透過多種方式達成。例如，前面討論過的研究、靜態分析和執行時間複雜度的大 O 符號，來評估演算法等級的效率。

透過執行理論分析和估計程式碼效率，可以評估很多東西，儘管如此，在許多情況下，最可靠的方法還是親自動手，執行一些程式碼，然後看看實際情況。正如第 78 頁「優化挑戰」中了解到的那樣，程式碼的資源消耗並不容易估計，因此經驗評估能夠減少評估中的猜測次數 [17]。理想情況下不會做任何假設並使用特別的測試過程來驗證效率，這類過程會測試效率而不是正確性，這些測試即稱為基準測試（*benchmark*）。

**基準測試對比壓力和負載測試**

基準測試有許多替代名稱，例如壓力測試（stress test）、效能測試（performance test）和負載測試（load test）。然而，其實它們代表的都是同一件事，為了保持一致性，我將在本書中使用基準測試。

通常，基準測試是一種有效的軟體或系統效率評估方法；抽象地說，基準測試的過程由 4 個核心部分組成，邏輯上可描述為一個簡單的函數：

$$基準測試 = N * （實驗 + 測量） + 比較$$

---

17　不幸的是，猜測是不可避免的，更多資訊請參見第 247 頁「實驗的可靠性」。沒有什麼是萬無一失的，然而，基準測試可能是開發人員確保所開發軟體有足夠效率的最好方法。

任何基準測試的核心都有實驗和測量循環：

實驗

模擬軟體特定功能以了解其效率行為的行動。可以把該實驗範圍限定為單一 Go 函數或 Go 結構，甚至是複雜的分散式系統。例如，如果您的團隊開發了 Web 伺服器，這可能意味著啟動一個 Web 伺服器，並運用使用者會使用的真實資料，來執行單一 HTTP 請求。

測量

第 6 章討論過如何準確測量延遲和各種資源的消耗，在整個實驗過程中，很重要的是以可靠地方式觀察軟體，以在實驗結束時得出有意義的結論。再以 Web 伺服器為例，這可能意味著測量不同等級的運算延遲，例如客戶端和伺服器延遲；以及 Web 伺服器的記憶體消耗。

而基準測試過程的獨特之處在於，實驗和測量循環必須執行 $N$ 次，最後是比較階段：

測試迭代次數（$N$）

$N$ 是必須執行的測試迭代次數，才能對結果建立足夠的信心，確切的執行次數取決於許多因素，第 247 頁「實驗的可靠性」會有所討論。進行的迭代次數通常是越多越好，在許多情況下，必須在更高的信賴度和過多的迭代成本或等待時間之間取得平衡。

比較

基準測試的最後定義是比較層面，能讓我們了解提高軟體效率和阻礙它的原因，以及和預期之間的差距（RAER）。

在許多方面，您可能會注意到基準測試類似於為驗證正確性所做的測試（即後文所稱的功能測試）。因此，許多測試實務適用於基準測試，和以下所言。

## 和功能測試的比較

比較已熟悉事物，是學習新事物最好的方法之一，因此，現在就來比較基準測試和功能測試，在方法論或實務方面有什麼可以互通的嗎？您將在本章中了解到這兩者之間其實共享許多東西，例如以下幾個相似的層面：

- 形成測試案例（例如邊緣案例 [18]）、表格驅動測試（table-driven testing）[19]、和迴歸測試（regression testing）的最佳實務

- 把測試拆分為單元、整合、端到端 [20] 和生產測試（更多資訊請參見第 257 頁「基準測試等級」）

- 連續測試的自動化

但是，這兩者還是有些重大差異。在基準測試中：

## 必須用不同的測試案例和測試資料

再怎麼吸引人，都不能像我們在意味著正確性測試的單元或整合測試中一樣，重複地使用相同的測試資料（輸入參數、潛在的偽造資料，或資料庫中的測試資料等），這是因為現在的目標不同。正確性測試傾向於從功能角度，例如故障樣式等來聚焦不同的邊緣情況；而在效率測試中，邊緣案例通常側重於觸發不同的效率問題，例如大請求與許多小請求）。第 248 頁「重現生產」會繼續討論。

> 儘管如此，對於大多數系統來說，程式設計師應該根據輸入資料來監視程式，這些輸入資料會是程式在生產中遇到的典型資料。請注意，一般的測試資料通常不會滿足此需求：雖然測試資料是選來執行程式碼的所有部分，但應根據其「典型性」來選擇效能分析 [和基準測試] 資料。
>
> —Jon Louis Bentley，*Writing Efficient Programs*

## 擁抱效能不確定性

現代軟體和硬體由複雜的優化層組成。這可能會導致非確定性條件在執行基準測試時發生變化，也可能意味著結果將充滿不確定性，第 247 頁「實驗的可靠性」會進一步討論，但這也是為什麼通常要重複測試迭代迴圈數百次甚至數千次（即 $N$ 元件），以增加對觀察的信賴度。這裡的主要目標是弄清楚基準測試的可重複性。如果變異數太大，就表示不能相信結果，而且必須減小變異數。這也是為什麼在基準測試中依賴統計資料會有很大幫助，但也很容易誤導他人和自己。

---

18  *https://oreil.ly/Sw9qB*

19  *https://oreil.ly/Q3bXD*

20  *https://oreil.ly/tvaMk*

---

可重複性：確保相同的運算在所有配置上進行基準測試，並且度量在許多測試執行中都是可重複的；根據經驗，5% 以下的變化通常都可以接受。

—Bob Cramblitt，「Lies, Damned Lies, and Benchmarks:
What Makes a Good Performance Metric」

## 編寫和執行的成本更高

就像您想的那樣，必須執行的迭代次數增加了基準測試的執行成本和複雜度，包括計算成本和開發人員在建立和等待上所花費的時間。但這並不是和正確性測試相比的唯一額外成本。為了引發效率問題，特別是對於大型系統的負載測試，必須耗盡不同系統容量，等於說會只為了測試而購買大量計算能力。

這也是必須專注於務實優化過程的原因，也就是只在必要時關心效率。如第 257 頁「基準測試等級」中所述，還有一些方法可以透過使用針對隔離功能的戰術性微觀基準測試來變得聰明，並避免全面的宏觀基準測試。

## 期望不太具體

正確性測試總是以一些斷言（assertion）結束，例如 Go 測試會檢查函數的結果是否具有預期值。如果不是，可以使用 `t.Error` 或 `t.Fail` 來指出測試應該失敗，或像 `testutil.Ok` [21]、`testutil.Equals` [22] 這種一行程式碼）。

如果基準測試也能做到斷言延遲和資源消耗是否超過 RAER，那就太棒了。不幸的是，微觀基準測試結束時，無法只做 `if maxMemoryConsumption < 200 * 1024 * 1024`。結果的典型高變異數、把延遲和資源消耗隔離到測試的一個功能挑戰、以及第 247 頁「實驗的可靠性」中提到的其他問題，使得斷言過程難以自動化，通常必須用人工或非常複雜的異常偵測或斷言軟體，來了解結果是否可以接受，希望將來會看到更多讓它變容易的工具。

為了讓事情更難，可能會有一個用於更大的 API 和功能的 RAER 。但是如果 RAER 說整個 HTTP 請求的延遲應該低於 20 秒，對於這個請求中所涉及數千個中的單一 Go 函數又代表什麼意思？在這個函數使用的微觀基準測試中，應該期望多少延遲？這裡並沒有好答案。

---

21 *https://oreil.ly/ncVhq*
22 *https://oreil.ly/uH1F5*

**應該聚焦於相對結果，而不是絕對數字！**

基準測試通常不會斷言絕對值。相反的，專注於比較結果和某些基線，例如程式碼更改之前的先前基準測試，就可以知道是否提高單一元件的效率，或對它產生負面影響，而無須著眼於全域。這在單元微觀基準測試等級上通常就足夠了。

解釋基準測試的基本概念後，下一節將直視房間裡的大象問題，也就是講到基準測試總讓人想到說謊的刻板印象。不幸的是，會這樣聯想背後有其充分理由 [23]，現在就撥開這層紗，看看如何判斷是否可以相信任何一個人做出來的基準測試。

## 基準測試會說謊

如同那句著名短語 [24]，若要以最好到最壞的順序來排列以下單字，將為「謊言、該死的謊言，和基準測試。」

> 電腦供應商並沒有忽視大眾對效能的興趣，幾乎每個供應商都宣傳他們的產品比較快，或更為「物超所值」。所有這些績效行銷都迴避一個問題：「怎麼可能所有競爭對手都是最快的？」事實是，電腦效能是一個複雜的現象，速度完全取決於用於呈現特定的過於簡化結論時的特定簡化。
>
> ——Alexander Carlton，「Lies, Damn Lies, and Benchmarks」

在基準測試作弊確實很普遍。透過基準測試得出的效率結果，在競爭激烈的市場中具有重要意義，使用者面臨太多選擇，所以把比較這件事簡化成一個容易的問題，「最快的解決方案是哪一個？」或「哪一個最具擴展性？」這類的問題在決策者中很常見，由此，基準測試成為一個欺騙性的遊戲化系統。事實上，效率評估非常複雜且難以重現，因此很容易得出誤導性的結論，有許多公司、供應商和個人在基準測試中撒謊的例子 [25]。然而，必須強調的是，並非所有案例都是故意或惡意的，不論好壞，在大多數情況下，作者並沒有故意報告誤導性的結果，被統計謬誤 [26] 和違反人腦直覺的悖論所欺騙是很自然的事。

---

23  *https://oreil.ly/yotxL*

24  *https://oreil.ly/xULP5*

25  例如，汽車製造商在排放基準測試上作弊（*https://oreil.ly/WNF1z*），手機供應商也在硬體基準測試上作弊（*https://oreil.ly/sf80C*），有時會導致在受歡迎的 Geekbench（*https://oreil.ly/8M4ey*）列表禁止使用。軟體世界透過不公平的基準測試（*https://oreil.ly/RmytC*），和不同供應商持續抗衡，建立它們的人通常就是結果列表中最快的人之一。

26  *https://oreil.ly/jPxnA*

---

基準測試不會說謊，是我們誤會結果了！

很多方式都會從基準測試中得出錯誤的結論，一不小心還會造成嚴重後果，通常是浪費大量的時間和金錢。就算是有意為之……好吧，謊言總是站不腳的。:)

由於人為錯誤、或和問題無關的條件下所執行的基準測試、或者僅僅是統計錯誤，都可能得到誤導的基準測試，它的結果本身不會說謊；但使用者可能會測量了錯誤的東西！

解決方案是成為這些基準的有意識使用者或開發者，並學習資料科學的基礎知識，第 247 頁「實驗的可靠性」中會討論常見錯誤和解決方案。

為了克服基準測試中自然發生的一些偏差，產業通常會提出一些標準和認證。例如，為確保公平的燃油經濟性評估，美國所有輕型車輛都必須由美國環境保護署（EPA）[27] 測試其經濟性結果。同樣，在歐洲，為了應對汽車製造商的燃油經濟性測試和現實之間 40% 的差距，歐盟採用全球統一的輕型車輛測試迴圈和程序（Worldwide Harmonized Light-Duty Vehicle Test Cycle and Procedure）[28]。至於硬體和軟體，許多獨立組織針對特定需求設計一致基準測試，其中兩個範例就是 SPEC[29] 和 Percona HammerDB[30]。

為了克服謊言和誠實的錯誤，必須集中精力了解哪些因素會讓基準測試不可靠，以及該如何提高這種品質，第 8 章將討論的眾多基準測試實務基礎知識會進一步解釋。讓我們在下一節中討論。

## 實驗的可靠性

TFBO 週期需要時間。無論在什麼等級上評估和優化效率，在所有情況下，都需要花費大量時間來實作基準測試、執行基準測試、解釋結果、發現瓶頸以及嘗試新的優化。如果全部或部分努力由於不可靠的評估而白費，真的很令人沮喪。

正如在解釋基準測試謊言時提到的那樣，基準測試容易讓人誤導原因有很多，了解接下來的一系列常見挑戰會很有用。

---

27　*https://oreil.ly/gKOc2*
28　*https://oreil.ly/LPUXj*
29　*https://oreil.ly/tkV6O*
30　*https://oreil.ly/ngRKu*

**這同樣適用於瓶頸分析！**

本章可能會討論基準測試，因此實驗主要允許衡量效率（延遲或資源消耗），但類似的可靠性問題可以應用於其他實驗或圍繞效率的測量。例如，分析 Go 程式以發現瓶頸，這會在第 9 章中討論。

概述基準測試可靠性的三個常見挑戰是：人為錯誤、實驗與生產環境的相關性，以及現代電腦的不確定效率。讓我們在下面幾節中介紹這些內容。

# 人為錯誤

就目前而言，優化和基準測試常式涉及開發人員的大量手動工作，需要用不同演算法和程式碼來實驗，同時關心再現生產和效能的不確定性。由於是手動，難免就會出現人為錯誤。

一般人很容易迷失在已經嘗試過的優化、為除錯目的添加的程式碼，以及想要儲存的內容中；也很容易搞混基準測試結果屬於哪個版本的程式碼，以及哪些是您已經證明是錯誤的假設。

基準測試的許多問題，往往是由於人為的草率和缺乏組織所造成。當然，我也犯過很多這樣的錯誤！例如，當我正在對優化 X 進行基準測試時，發現基準測試結果沒有顯著差異後就放棄了它；幾個小時後才發現我測試的是錯誤程式碼，優化 X 很有幫助！

幸運的是，有一些方法可以降低這些風險：

**讓事情簡單化。**

> 嘗試在盡可能小的迭代中，迭代和效率相關的程式碼更改。如果您嘗試同時優化程式式碼的多個元素，它很可能會混淆您的基準測試結果，讓您因此錯過其中一項優化，而限制了讓您感興趣方面的效率。
>
> 同樣的，嘗試把複雜的部分隔離成您可以分別優化和評估的更小獨立部分，也就是分而治之。

了解您正在進行基準測試的軟體版本。

這可能不費吹灰之力，但值得再講一次——使用軟體版本控制！如果您嘗試不同的優化，把它們提交到單獨的提交中，並把它們分布在不同的分支上，這樣您就可以在需要時返回到以前的版本。不要因為忘了在一天結束時提交工作，而失去優化工作[31]。

這也意味著您必須嚴格控制剛才基準測試的程式碼版本，即使對看似無關的敘述，但少量重新排序也可能會影響程式碼的效率，因此請始終以原子迭代方式來對程式進行基準測試。這還包括您的程式碼需要的所有依賴項，例如，在您的 *go.mod* 檔案中列出的那些。

了解您使用的基準測試版本。

此外，請記住對基準測試本身的程式碼進行版本控制！避免比較不同基準測試實作之間的結果，即使變化很小（添加額外檢查）。

編寫腳本以使用相同的配置來執行這些基準測試，並對它們進行版本控制，也是避免迷路的好方法。第 8 章會提到了一些關於以宣告方式，來為未來的自己以及團隊他人共享基準測試選項的最佳實務。

讓您的工作井然有序。

做筆記，設計一致的工作流程，並揭露您試驗過的程式碼版本，追蹤依賴項版本，並以一致方式明確追蹤所有基準測試結果；最後，在和別人交流您的發現時要清楚。

在不同的程式碼嘗試期間，您的程式碼也應該是乾淨的。保留所有最佳實務，如 DRY[32]、不要保留註解掉的程式碼、隔離測試之間的狀態等。

對「好得令人難以置信」的基準測試結果抱持懷疑態度。

如果您無法解釋，為什麼程式碼突然變得更快或使用更少的資源，表示您在基準測試時肯定有哪裡做錯，但一般人很容易就會慶祝、接受，然後在沒有仔細檢查的情況下繼續前進。

檢查常見問題，例如基準測試案例是否觸發錯誤，而沒有成功執行（第 279 頁「測試您的基準測試正確性！」），或者編譯器優化了您的微基準（第 288 頁「編譯器優化與基準測試」）。

---

31 如果您忘記在 git 儲存庫中提交更改，一些好的 IDE 還具有額外的本地端歷史紀錄（*https://oreil.ly/ Ytdi0*）。

32 *https://oreil.ly/S887r*

在工作中有點懶惰是健康的[33]；然而，在錯誤的時刻懶惰可能會顯著增加未知數的數量，並替本來就已困難的程式效率優化主題帶來風險。

現在就來看可靠基準測試的第二個關鍵要素，也就是相關性。

# 重現生產

這可能是顯而易見的，但並沒有優化軟體，以讓它在開發機器上執行得更快，或消耗更少的資源[34]。進行優化來確保軟體會在對業務很重要的目標，也就是所謂的生產（*production*）有足夠的執行效率。

如果您建構後端應用程式，生產可能意味著您部署的生產伺服器環境，或者如果您建構最終使用者應用程式，則可能意味著您部署的客戶端裝置，如 PC、筆記型電腦或智慧型手機。因此，可以透過增強它們的相關性，來顯著提高所有基準測試的效率評估品質；可以透過盡力模擬（重現）生產的情況和環境條件來做到這一點。特別是：

生產條件

　　生產環境的特性。例如，生產機器會有多少 RAM 和什麼 CPU 專用於我們的程式？它有什麼作業系統版本？該程式會使用哪些版本和種類的依賴項？

生產工作量

　　程式會使用的資料，以及它必須處理的使用者流量行為。

應該做的第一件事，可能是圍繞軟體目標來蒐集需求，最好在 RAER 中以書面形式蒐集需求，少了它，就無法正確評估軟體的效率。同樣的，如果您看到供應商或獨立實體完成的基準測試，您應該檢查基準測試條件是否符合您的生產和需求。通常情況下，答案是否定的，而且為了完全信任它，應該嘗試在我們這邊重現這樣的基準測試。

假設大致知道軟體的目標產品，可能會開始設計基準測試流程、測試資料和案例。壞消息是不可能在我們的開發或測試環境中，完全重現生產的每個層面，總會有差異和未知數。產生不同的原因有很多：

---

33　對於工程師來說，懶惰能帶來好處（*https://oreil.ly/u8IDm*）！但它必須是務實、富有成效和針對工作效率的合理懶惰，而不是純粹特定時刻的情緒式懶惰。

34　除非為在類似硬體上執行的開發人員編寫軟體。

- 即使執行和生產相同種類和版本的作業系統，也無法重現作業系統的動態狀態，而這會影響效率。事實上，我們無法在同一台本地端機器上的兩次執行之間完全重現這種狀態！這種挑戰通常稱為非確定性效能（nondeterministic performance），第252 頁「效能不確定性」會討論它。

- 重現可能發生的各種生產工作負載通常成本太高，例如分叉所有生產流量並讓它走過測試叢集。

- 在開發最終使用者應用程式時，不同硬體、依賴項軟體版本和情況的排列太多了。例如，假設您建立了一個 Android 應用程式，大量的智慧型手機型號都可能執行您的軟體，即使您把自己限制在過去兩年製造的智慧型手機上。

好消息是我們不需要重現生產的所有層面，相反的，通常代表了可能限制工作量的產品關鍵特性就夠了。我們可能從開發一開始就知道它，但隨著時間、實驗和宏觀基準測試（參見第 293 頁），甚至生產，您會了解真正重要的事情。

例如，假設您開發了負責將本地端檔案上傳到遠端伺服器的 Go 程式碼，並且使用者在上傳大檔案時，注意到不可接受的延遲。基於此，重現這一點的基準測試應該：

- 聚焦於涉及大檔案的測試案例。不要嘗試優化大量的小檔案、所有不同的錯誤情況和潛在的加密層，如果它們無法代表生產使用者最常使用的內容的話。相反的，要務實且專注於您現在的目標的基準測試。

- 請注意，您的本地端基準測試不會重現您在生產中看到的潛在網路延遲和行為。程式碼中的錯誤可能只在網路速度較慢的情況下才會導致資源洩漏，這說不定不會在您的電腦上重現。對於這些優化，值得把基準測試移動到不同的等級，如第 257 頁「基準測試等級」中所述。

模擬生產的「特性」並不一定意味著生產中會存在相同的資料集和工作負載！對於之前的範例，您不需要建立 200 GB 的測試檔案，並使用它們來對程式進行基準測試，在許多情況下，您可以從 5 MB 等相對較大的檔案開始，然後使用 10 MB，並結合複雜度分析，推斷出在 200 GB 等級時會發生什麼事。這將使您能夠更快、更便宜地優化這些案例。

> 通常，嘗試準確地重現特定的工作負載會非常困難且效率低下，基準測試通常是工作負載的抽象化，在把工作負載抽象化為基準測試的過程中，有必要抓取工作負載的基本層面，並以準確映射的方式來表達它們。
>
> —Alexander Carlton，「Lies, Damn Lies, and Benchmarks」

總而言之，在嘗試評估效率或重現效率迴歸時，請注意測試設定和生產之間的差異。並非所有這些都值得重現，但第一步是了解這些差異，以及它們對基準測試可靠性的影響！現在就來看看還能做什麼以提高基準測試實驗的信賴度。

## 效能不確定性

也許效率優化的最大挑戰是現代電腦的「不確定效能」。這意味著所謂的雜訊，所以實驗結果的差異，是因為所有層的高度複雜度影響了在第 4 章和第 5 章中學到的效率。因此，效率特性通常是不可預測的，並且容易受到環境副作用影響。

例如，考慮 Go 程式碼中的單一敘述，a += 4。無論這段程式碼在什麼條件下執行，假設我們是 a 變數所使用的記憶體的唯一使用者，a += 4 的結果始終是確定性的，就是 a 的值加上 4，這是因為幾乎在所有情況下，都很難影響它的正確性。您可以把電腦置於極熱或極冷的環境中、搖動它、在作業系統中安排數百萬個並行程序，也可以使用支援該硬體的任何受支援類型作業系統中存在的任何版本 CPU。除非您做了一些極端的事情，比如影響記憶體中的電力訊號，或者讓電腦斷電，否則 a += 4 運算永遠會給出相同的結果。

現在假設我們想知道 a += 4 運算會如何影響更大程式的延遲。乍看之下，延遲評估應該很簡單，需要一個 CPU 指令，例如，ADDQ[35]；和一個 CPU 暫存器，因此攤銷成本應該和您的 CPU 頻率一樣快，例如，3 GHz CPU 的平均時間為 0.3 奈秒。

然而，在實務上，額外負擔永遠不會攤銷，也不會在單次執行中保持不變，這使得該敘述延遲具有高度不確定性。正如第 4 章所言，如果暫存器中沒有資料，CPU 必須從 L-快取中獲取它，可能需要 1 奈秒；如果 L-快取包含 CPU 需要的資料，單一敘述可能需要 50 奈秒；假設作業系統正忙於執行數百萬個其他程序；則單一敘述可能需要幾毫秒。請注意，這裡談論的是一個指令！在更大的範圍內，如果這種雜訊增加，可以在幾秒鐘內累積可測量的變異數。

請記住，幾乎所有事情都會影響運算延遲，繁忙的作業系統、不同版本的硬體元素、甚至同一家公司生產的不同 CPU，都可能意味著不同的延遲測量。筆記型電腦 CPU 附近的環境溫度或電池樣式，也會觸發 CPU 頻率的熱縮放，在極端情況下，甚至對著電腦大喊大叫都會影響效率！[36] 執行程式時的複雜度和層次越多，效率測量就越脆弱。類似

---

35  *https://oreil.ly/Vv83D*

36  工程師 Brendan Gregg 示範對伺服器硬碟的大叫，會如何因為振動而嚴重影響其 I/O 延遲（*https://oreil. ly/vI8Rl*）。

的問題適用於遠端裝置、個人電腦和 AWS 及 Google 等公共雲提供商，因為它們也使用具有容器或虛擬機器等虛擬化的共享基礎架構[37]。

## 可壓縮與不可壓縮資源

所有效率方面都有一些不確定性，但有些資源比其他資源更具預測性，通常與稱為資源可壓縮程度的分類相關。壓縮是指某些資源飽和的後果，也就是當您沒有足夠的資源時會發生的事）。

- CPU 時間、記憶體、或磁碟存取，以及網路頻寬的延遲和 I/O 處理量都是可壓縮的。因此，如果有太多需要 CPU 時間的程序，可以減慢執行速度，但最終會執行所有計畫的工作。這意味著不會看到機器因 CPU 飽和而崩潰，但它也會導致高度動態的延遲結果。

- 資源的空間和配置方面，例如使用的記憶體或磁碟空間本身是不可壓縮的。正如第 5 章所言，如果程式需要比作業系統更多的記憶體空間，在大多數情況下它會讓程序或整個系統崩潰。有一些緩解措施，例如使用不同媒介的空間，如作業系統置換，和壓縮要儲存的資料，但已用空間不能自動壓縮。這可能感覺像是一個挑戰，但它有利於基準測試和測量目的，行為會更具確定性

效率評估的脆弱性如此普遍，以至於每次基準測試嘗試中都不得不期待它，因此必須接受它，並將緩解這些風險的措施嵌入到工具中。

在減輕不確定性效能之前，您可能想要做的第一件事是檢查此問題是否影響您的基準測試，可透過計算結果的變異數例如使用標準差，來驗證測試的可重複性。第 273 頁「了解結果」會解釋一個很好的工具，但通常您可以一目了然地看出來。

例如，如果您執行實驗一次並看到它在 4.05 秒內完成，而其他執行在 3.01 到 6.5 秒之間變化，則您的效率評估可能不準確；另一方面，如果變異數很低，您可以對基準的相關性更有信心。因此，首先要檢查基準測試的可重複性。

---

[37] 來自完全不同的虛擬機器工作負載，影響工作負載的情況通常稱為嘈雜鄰居（noisy neighbor）（*https://oreil.ly/cLRrD*）。這是一個雲端供應商不斷與之抗爭的嚴重問題，其結果或好或壞取決於產品和供應商。

**不要過度使用統計資料**

接受高變異數並刪除極端結果（離群值），或取所有結果的均值（平均值）很吸引人，您可以應用非常複雜的統計資料來找到一些有一定機率的效率數字。增加基準測試執行還可以使您的平均數更穩定，從而讓您更有信心。

在實務上，有更好的方法可以先嘗試降低穩定性。在無法穩定測量或無法驗證所有樣本的情況下，統計資料非常有用，就好像不可能透過調查地球上所有人，只為了想了解多少具智慧型手機正在使用中。進行基準測試時，對穩定性的控制比一開始想像的要多。

可以遵循許多最佳實務，透過減少潛在的不確定性效能影響，來確保效率測量會更加可靠：

## 確保您進行基準測試的機器處於穩定狀態。

對於大多數依賴於比較的基準測試，進行基準測試的條件並不重要，只要它們是穩定的，也就是機器的狀態在基準測試期間不會改變。不幸的是，有 3 種機制通常會妨礙機器的穩定性：

### 背景執行緒

正如第 4 章所言，要隔離機器上的程序很難。即使是單一看似很小的程序，也會讓您的作業系統和硬體變得非常繁忙，從而改變效率衡量標準，例如，您可能會對一個瀏覽器選項卡或 Slack 應用程式使用多少記憶體和 CPU 時間感到驚訝。在公共雲上，它甚至更加隱蔽，因為可能會看出影響的程序來自我們並不擁有的不同虛擬作業系統。

### 熱縮放（*thermal scaling*）

高端 CPU 的溫度在負載下會顯著升高。CPU 可以承受相對較高的溫度，如 80–110°C，但也有限制。如果風扇無法讓硬體快速冷卻下來，作業系統或韌體會限制 CPU 週期以避免元件崩潰。特別是對於筆記型電腦或智慧型手機等遠端裝置，當環境溫度高、您的裝置在陽光下或有東西擋住冷卻風扇時，很容易觸發熱縮放。

### 能源管理

同樣的，裝置可以限制硬體速度來降低功耗，這通常出現在具有節電樣式的筆記型電腦和智慧型手機上。

## 對於大多數情況來說，保持簡單的穩定性最佳實務足夠了

為了減少機器的不穩定性，您可以用極端方式，購買一台只執行作業系統和基準測試的專用裸機伺服器。此外，也可以關閉所有軟體更新、所有進階散熱和電源管理元件，並用特別方式來讓伺服器保持冷卻。然而，對於實際的效率基準測試，遵循一些合理的做法通常就足以避免這些問題，同時仍然可以使用您的開發人員裝置來測試快速回饋迴圈。例如，在進行基準測試時：

- 盡量讓機器保持相對閒置，不要主動瀏覽網際網路，並避免同時執行多個基準測試[38]。關閉訊息應用程式，如 Slack、Discord 或任何其他可能在基準測試期間啟動的程式。不誇張的講，執行測試時於我的 IDE 編輯器中鍵入字元的話，通常會影響基準測試結果的 10%！

- 如果使用筆記型電腦來作為基準測試機器，請在基準測試期間把筆記型電腦連接上電源。

- 同樣的，在進行基準測試時，不要把筆記型電腦放在膝上或床上的枕頭上，這會阻止風扇排出熱空氣，從而引發熱縮放！

## 對共享基礎架構要格外警惕。

在穩定的雲端供應商上購買專用虛擬機器來進行基準測試是個不錯的主意。前面提到的嘈雜鄰居問題，如果處理得當，在基準測試期間，雲端有時會比執行各種互動式軟體的桌上型機器更耐用。

使用雲端資源時，請確保您和供應商所簽訂的合約包含盡可能最完善、嚴格的服務品質（Quality of Service, QoS）條款。例如，避免使用更便宜的可突發（burstable）或搶占式虛擬機器，它們的設計很容易導致基礎架構不穩定和嘈雜鄰居。

---

38 這也是為什麼您不會看到我去解釋像 RunParallel（*https://oreil.ly/S74VY*）這樣的微觀基準測試選項。通常，並行執行多個基準測試函數會扭曲結果，因此，我建議避免使用此選項。

避免使用持續整合（Continuous Integration, CI）生產線，尤其是來自 GitHub Action[39] 或其他供應商的免費層級生產線。雖然它們不愧為一種方便且便宜的選擇，但它們是為正確性測試而設計的，最終但不是盡可能快的完成，而且會根據使用者需求，來動態擴展以最小化成本。這不會提供基準測試所需的嚴格和穩定的資源配置。

### 注意基準測試機器限制。

請注意您的機器規格。例如，如果您的筆記型電腦只有 6 個 CPU 核心，12 個具有超執行緒的虛擬核心，請不要實作那些會要求 GOMAXPROCS 大於您可用於測試的 CPU 的基準測試案例。此外，對於一般型機器上的 6 個實體核心 CPU，只使用 4 個 CPU 來進行基準測試可能是有意義的，以確保為作業系統和背景程序留出空間。[40]

同樣的，請注意其他資源的限制，例如記憶體。例如，不要執行使用接近最大 RAM 容量的基準測試，因為記憶體壓力、更快的垃圾蒐集和記憶體回收，可能會減慢機器上的所有執行緒，包括作業系統！

### 執行實驗的時間更長。

減少基準執行之間差異的最簡單方法之一，是花更長時間執行基準測試。這能最大限度地減少在基準測試開始時，可能會看到的基準測試額外負擔，例如 CPU 快取預熱階段。在統計上也能讓人更有信心，平均延遲或資源消耗度量顯示了目前效率等級的真實樣式。這種方法需要時間並且依賴於不簡單的統計資料，也容易出現統計謬誤，因此請謹慎使用，最好先嘗試前面提到的那些建議。

---

### 避免比較效率與舊實驗結果！

請為所有基準測試結果設定到期日期。在測試一個版本的程式碼後儲存基準測試結果以備往後取用，聽起來是個不錯的主意，先轉換幾天的工作重心，也許去度個假，一段時間後又回到優化流程。但請不要透過使用優化，來對某一版本進行基準測試，並比較它和儲存在檔案系統某處的數天或數週前基準測試結果，以恢復基準測試流程。

---

39  *https://oreil.ly/RcKXR*
40  您還可以把 CPU 核心完全用在基準測試上，可以考慮 cpuset 工具（*https://oreil.ly/dCLzw*）。

---

因為有些可能事情已經改變了，例如，您的系統升級了，有不同程序正在機器上執行，或者您的叢集中有不同的負載。您還冒著其他人為錯誤的風險，因為很容易忘記您過去的所有細節和您遇到的環境條件。解決方案呢？隨選式的重複您過去的基準測試，或進行持續基準測試實務，它能幫您達到目標 [41]。

總而言之，請注意可能會導致混亂的潛在人為錯誤，也請注意您的實驗和您及開發團隊所擁有的生產最終目標相關性。最後，測量實驗的可重複性，以評估是否可以依賴這些結果。當然，基準測試的執行之間，或基準測試執行與生產設定之間總會存在一些差異，不過，根據這些建議，您應該能夠把它們降低到安全的 2-5% 變異數水平。

也許您希望在本章學到執行 Go 基準測試的方法，我也等不及想在下一章中逐步向您解釋執行這些操作的辦法！然而，Go 基準測試並不是我們評估軍火庫中的全部東西，因此，了解何時選擇 Go 基準測試，以及何時使用不同基準測試方法至關重要，我將在下一節中概述。

# 基準測試等級

第 6 章討論找出延遲和資源使用的度量，以進行可靠的測量。但在上一節的內容讓人了解這可能只成功了一半；根據定義，基準測試需要一個實驗階段來觸發應用程式的特定情況或狀態，這對衡量很有價值。

在開始實驗之前，有一些更簡單的事情值得一提，若以軟體新版本為例，評估其效率最天真且可能最簡單的解決方案，是把它提供給客戶並在「生產」使用期間蒐集度量。這個方法很讚，因為不需要模擬或重現任何東西，本質上，客戶是在軟體上幫忙「實驗」部分，我們只是衡量他們的體驗，這可以稱為在源頭「監控」或「生產監控」；但這之中存在一些挑戰：

---

41 我在寫第 10 章時就遇到這個問題。我在一個還算冷的日子裡一次性跑了一些基準測試，隔週，英國出現熱浪，在如此炎熱的天氣裡，我無法在重用過去基準測試結果的同時，繼續我的優化工作，因為我所有程式碼執行速度都慢了 10%！最後不得不重做所有實驗，以公平地比較實作。

- 電腦系統很複雜。正如第 250 頁「重現生產」所言，效率取決於許多環境因素。要真正評估新軟體版本的效率好壞，必須了解所有這些「測量」條件；然而，當它在客戶端機器上執行時所蒐集的這些資訊並不實惠[42]。沒有它，無法得出任何有意義的結論，最重要的是，許多使用者會選擇退出任何報告功能，而讓我們會更加不知道發生什事。

- 即使蒐集可觀察性資訊，也不能保證導致問題的情況會再次發生，無法保證客戶會執行所有步驟來重現舊問題。統計上來說，所有有意義的情況都會在某個時刻發生，但在實務上會花太多時間，例如，一個針對特定 /compute 路徑的 HTTP 請求導致效率問題，修復後並把它部署到生產環境中，如果在接下來的兩週內沒有人使用這條特定路徑怎麼辦？這裡的回饋迴圈可能會很長。

**回饋迴圈**

回饋迴圈是一個循環，從更改程式碼的那一刻開始，直到對這些更改的觀察結束。

迴圈越長，開發成本就越高，開發人員的挫敗感也常常被低估。在極端情況下，這將不可避免地導致開發人員選擇忽略重要的測試或基準測試實務，以走捷徑。

想克服這個問題，必須投資在最短時間內能夠提供盡可能最多可靠回饋的實務。

- 最後，如果依靠使用者對軟體進行「基準測試」，通常為時已晚。因為速度太慢的話，我們可能也失去他們的信任，雖然這可以透過金絲雀發布（canary rollout）和功能旗標（feature flag）來緩解[43]，但理想情況下，仍然會在將軟體發布到生產環境之前發現效率問題。

生產監控至關重要，尤其是當您的軟體每週 7 天、每天 24 小時執行時；更重要的是，手動監控對於效率評估的最後一步也很有用，例如在錯誤追蹤器中觀察效率趨勢和使用者回饋。有些東西確實會逃過我們在這裡討論的測試策略，因此把生產監控作為最後的驗證手段是有意義的，但作為獨立的效率評估，生產監控效果非常有限。

---

[42] 在某種程度上，這也是為什麼把您的產品作為 SaaS 銷售在軟體中如此吸引人的原因。您的「生產」會在您的場所進行，從而更容易控制使用者的體驗，並驗證一些效率優化。

[43] 功能旗標是配置選項，可以在不重新啟動服務的情況下動態更改，方法通常是透過 HTTP 呼叫。這允許更快地恢復新功能，有助於在生產中進行測試或基準測試。對於功能旗標，我依賴優秀的 go-flagz 程式庫（*https://oreil.ly/rfuh2*），並密切注意新的 CNCF 專案 OpenFeature（*https://oreil.ly/7Bsiw*），它旨在此領域提供更多標準介面。

幸運的是，有其他測試選項可以幫助驗證效率，事不宜遲，讓我們來看看不同等級的效率測試。如果把它們全部放在一個圖表上，根據實作和維護所需的工作量以及單一測試的有效性來互相比較，看起來可能就像圖 7-2。

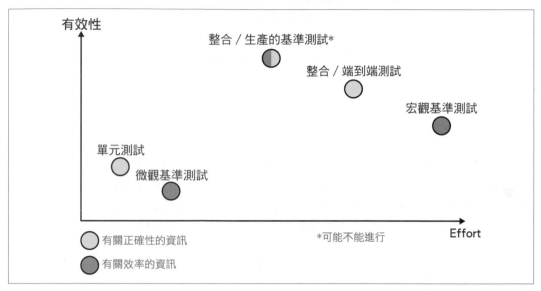

圖 7-2　效率和正確性測試方法的類型，相對於設定和維護它們的工作量（橫軸），對比給定類型的單一測試在實務上的有效性（縱軸）

一家成熟的軟體專案和公司會使用圖 7-2 中的哪些方法呢？答案是全部。讓我解釋一下。

## 生產中的基準測試

在生產實務上測試之後，可以使用即時生產系統來評估效率。這可能意味著僱用「試車手」，即測試版使用者，在他們的裝置上執行軟體，並建立實際使用和報告問題。當您的公司把您開發的軟體當作是 SaaS 來銷售時，生產中的基準測試也非常有用。這些情況就像建立自動化一樣簡單，例如批次處理作業或微服務，它會定期或在每次推出後，使用一組預定義的模擬真實使用者功能測試案例來對叢集進行基準測試，例如模擬使用者流量的 HTTP 請求。因為生產環境是由您控制，所以您可以減輕生產監控的缺點，可以了解環境條件、快速恢復、使用功能旗標、執行金絲雀部署等。

> **生產中的基準測試用途有限**
>
> 不幸的是，這種測試實務存在許多挑戰：
>
> - 當您把軟體作為 SaaS 執行時會較容易。否則，由於開發人員無法快速恢復或修復潛在影響，因此難度要大得多。
> - 您必須確保服務品質（QoS）。這意味著您不能使用極端酬載來進行基準測試，因為您需要確保沒有什麼可以影響到您的生產環境，例如導致阻斷服務（Denial of Service, DoS）
> - 對於這種模型中的開發人員來說，回饋迴圈相當長。例如，您需要完全發布您的軟體，以對其進行基準測試。

另一方面，如果您不介意這些限制，則如圖 7-2 所示，在生產環境中進行基準測試可能是最有效和可靠的測試策略，最終它會是可以獲得的最接近實際生產使用的結果，從而降低不準確結果的風險。假設已經有了生產監控，建立和維護此類測試的工作量相對較小，不需要模擬資料、環境、依賴關係等，可以重用現有的監控工具來保持叢集正常執行。

## 宏觀基準測試

生產中的測試或基準測試是可靠的，但在那個時候才發現問題是會付出很大代價，這就是產業為何會在開發早期階段引入測試的原因。好處是可以只用原型來評估效率，而原型可以更快地生產出來。這個等級的測試就稱為「宏觀基準測試」（macrobenchmark）。

和生產中的基準測試相比，宏觀基準測試在此類測試的良好可靠性，和更快回饋迴圈之間提供很好的平衡。實際上，這意味著建構您的 Go 程式，並在具有所有必需依賴項的模擬環境中對它進行基準測試，例如，對於客戶端應用程式而言，這可能意味著購買一些範例客戶端裝置，譬如說想建構行動應用程式時的智慧型手機。然後對於某些應用程式版本，在這些裝置上重新安裝您的 Go 程式，並徹底對其進行基準測試，最好使用一些自動化套件。

對於類似 SaaS 的案例，這可能意味著建立生產叢集的副本，通常稱為「測試」（testing）或「演出」（staging）環境。然後，為了評估效率，建構您的 Go 程式，部署您在生產中的方式並對它進行基準測試。還有更直接的方法，例如使用 e2e 框架，您可以在單一開發機器上執行，而無須像 Kubernetes 這樣的複雜編排系統。第 293 頁「宏觀基準測試」會簡要解釋這兩種方法。

宏觀基準測試有很多好處：

- 非常可靠和有效（但不如生產中的基準測試）。

- 可以把此類宏觀基準測試委託給獨立的 QA 工程師，因為您可以把您的 Go 程式視為一個「閉箱」（closed box），即過往所稱的「黑箱」（black box），而無須了解它如何實作。

- 您所做的任何事情都不會影響生產。

如圖 7-2 所示，這種方法的缺點是建構和維護此類基準套裝程式的工作量，通常，它意味著複雜的配置或程式碼來自動化所有這些。此外，在許多情況下，對 Go 程式的任何功能更改，都意味著必須重建一部分複雜的宏觀基準測試系統。因此，這樣的巨基準對於具有穩定 API 的更成熟專案來說是可行的，最重要的是，回饋迴圈仍然很長。還必須限制一次可以做多少基準測試。當然為了提高成本效率，一個團隊成員共享的測試叢集數量是有限的，這意味著必須協調這些基準。

## 微觀基準測試

幸運的是，有一種方法可以獲得更敏捷的基準測試！可以按照分而治之的樣式來優化，不是著眼於整個系統或 Go 程式的效率，而是以開箱（open box），即過往的「白箱」（white box）方式來對待程式，並把程式功能分成更小的部分，然後使用第 9 章將學習的效能分析，來識別對整個解決方案的效率貢獻最大的部分，例如，使用最多的 CPU 或記憶體資源或增加最多的延遲。之後再透過單獨為這個小部分編寫像微觀基準測試（microbenchmark）這樣的小單元測試，來評估程式最「昂貴」部分的效率。Go 語言提供了一個原生的基準測試框架：go test，您可以使用和單元測試相同的工具來執行它，第 261 頁「微觀基準測試」會討論這種做法。

微觀基準測試可能是編寫起來最有趣的，因為它們非常敏捷，並提供有關 Go 函數、演算法或結構效率的快速回饋。您可以在開發人員機器上快速執行這些基準測試，通常無須離開您最喜歡的 IDE，甚至小型機器也行；您也可以在 10 分鐘內實作這樣的基準測試，並在接下來的 20 分鐘內執行它，然後把它拆除或完全更改。它製造成本低、迭代成本低，就像單元測試一樣。您也可以編寫更複雜的微觀基準測試，來作為整個團隊可以使用的一小部分程式碼驗收基準測試，而把它當作一個可以繼續重用的開發工具。

不幸的是，敏捷性帶來了許多取捨，例如，您錯誤地識別程式的效率瓶頸，而慶幸程式某些部分的本地端微觀基準測試只需要 200 毫秒，然而，當您的程式得到部署時，它可能仍然會導致效率問題，還會違反 RAER；最重要的是，有些問題只有在您一起執行所

有程式碼元件時才能看到，類似於整合測試。測試資料的選擇也很重要，在許多情況下，不可能以一種對重現某些效率問題有意義的方式來模擬依賴關係，因此必須做出一些假設。

**進行微觀基準測試時，不要忘記全貌**

對瓶頸部分的程式碼執行簡單、有意的優化，並看到重大改進的情況並不少見。例如，在優化之後，微觀基準測試可能表明函數現在每個運算只會配置 2 MB，而不是 400 MB 記憶體。在考慮這部分程式碼之後，您可能會對那 2 MB 配置的優化有很多其他想法！所以可能會想學習和優化它。

這是一個風險。很容易把注意力集中在單一微觀基準測試的原始數字上，然後進入優化兔子洞，導入更多複雜度，並花費寶貴的工程時間。

這個案例中很可能會對 200 倍的巨大改進感到滿意，並盡一切努力部署它，如果想進一步提高正在查看的路徑的效能，正在測試的程式碼路徑瓶頸現在很可能已經轉移到其他地方了！

## 您應該使用什麼等級？

您可能已經注意到，沒有「最佳」基準測試類型。每個階段都有其目的並且是必須的，每個可靠的軟體專案最終都應該有一些微觀基準測試、一些宏觀基準測試，並可能對生產中的某些功能進行基準測試。這可以透過查看一些開源專案來確認，有例子很多，以下只挑兩個：

- Prometheus 專案有幾十個微觀基準測試和一個半自動化的專用宏觀基準測試套件，可在 Google Cloud 中部署 Prometheus 程式的實例並對其進行基準測試。許多 Prometheus 使用者還直接從生產叢集測試和蒐集效率資料。

- Vitess 專案也使用以 Go 編寫的微觀基準測試。最重要的是，Vitess 專案維護著宏觀基準測試，令人驚訝的是，它建構每晚會執行這兩種基準測試的自動化，並在專門網站上報告結果。這是一個特殊的最佳實務範例。

要把什麼基準測試添加到您所從事的軟體專案，以及添加時間，取決於需求和成熟度。務實地添加基準測試。在早期開發週期中，沒有軟體需要大量基準測試，當 API 不穩定且詳細需求發生變化時，基準測試也需要更改。事實上，如果我們花時間為尚未在功能上證明它的有用性專案來編寫（並隨後維護）基準測試的話，這可能會對專案造成傷害。

請改用以下這種智慧型的惰性法則：

1. 如果利益關係人對可見的效率問題不滿意，執行第 9 章關於生產的瓶頸分析，並把微觀基準測試（第 261 頁）添加到瓶頸部分。優化後，另一部分可能會變成瓶頸，因此必須添加新的測試。持續這樣做直到您對效率感到滿意為止，不然進一步優化程式會太困難或太昂貴，它會有機地生長。

2. 建立正式的 RAER 後，可能有助於確保您更加使用以端到端的方式來測試效率。您可能會比較常用手動作法，然後才是自動的宏觀基準測試（第 293 頁）。

3. 如果您真正關心準確和務實的測試，並且可以掌控「生產」環境（適用於 SaaS 軟體），請考慮在生產中進行基準測試。

 **不要擔心「基準測試」程式碼覆蓋率！**

對於功能測試，通常會透過確保測試程式碼覆蓋率夠高來衡量專案品質[44]。

永遠不要試圖衡量您的程式有多少部分有進行基準測試！理想情況下，您應該只為要優化的關鍵位置實作基準測試，因為資料表明它們是，或至少曾經是瓶頸。

有了這個理論，您應該知道您可以使用哪些基準測試等級，以及為什麼沒有靈丹妙藥。不過，基準測試存在於軟體效率故事的程式碼中，Go 語言在這裡也不例外，如果不進行實驗和測量就無法優化，但是，請注意在此階段花費的時間，編寫、維護和執行基準測試都需要時間，因此請遵循惰性法則，並僅在需要時，隨機在適當等級添加基準測試。

# 總結

這些測試的可靠性問題，可能是開發人員、產品經理和利益關係人等縮小效率工作範圍的最大原因之一。依您之見，我是去哪裡找到這一切細小最佳實務，來提高可靠性的呢？在我剛踏入工程生涯時，我花了很多時間和團隊進行仔細的負載測試與基準測試，結果發現這毫無意義，因為我們錯過環境的關鍵要素，例如，合成工作負載沒有提供真實的負載。

---

44 我個人不是這種方法的忠實擁護者。並不是程式碼的每一部分都對測試同樣重要，也不是所有東西都值得測試。最重要的是，工程師會傾向於透過編寫測試，來提高覆蓋率以遊戲化該系統（*https://oreil.ly/NnjCD*），而不是專注於以最快方式發現程式碼的潛在問題，以降低開發成本。

這種情況甚至會讓專業開發人員和產品經理望而卻步，不幸的是，這也是一般人通常更願意為浪費的計算支付更多費用，而不願投資於優化工作的原因。由此故，確保所做的實驗、負載測試和規模測試，盡可能可靠且更快達成效率目標至關重要！

在本章中，您透過這些所謂的基準測試實證實驗，了解可靠效率評估背後的基礎。

在討論有助於優化旅程的基本複雜度分析後，我提到基準測試和功能測試之間的區別，以及誤解基準測試總是在撒謊的原因，您了解了我在實驗週期中發現的真正重要常見可靠性問題，以及產業中常見的基準測試等級。

我們終於準備好學習如何在前文提到的所有等級實作這些基準測試，以下就直接開始吧！

# 第八章

# 基準測試

希望您的 Go IDE 已經熱身準備好投入這些動作了！是時候來強調 Go 程式碼，以找到它在第 7 章中提到的微觀和宏觀層面上的效率特性。

本章將從「微觀基準測試」開始，身處其中了解微觀基準測試的基礎知識，並介紹 Go 原生基準測試，接下來，我將解釋如何使用 benchstat 等工具來解釋輸出，然後介紹我學到的微觀基準測試層面和技巧，對於微觀基準測試的實際使用來說，它們非常有用。

本章後半部分將瀏覽第 293 頁的「宏觀基準測試」，由於其篇幅和複雜度，它很少出現在程式設計書籍的範圍內。在我看來，宏觀基準測試對於 Go 開發和微觀基準測試一樣重要，因此，每個關心效率的開發人員，都應該能夠使用該等級的測試。接下來，第 297 頁「Go e2e 框架」將透過使用容器，並全部使用 Go 來編寫巨測試完整範例，並討論過程中的結果和常見的可觀察性。

事不宜遲，先進入評估程式碼中較小部分效率的最敏捷方法，也就是微觀基準測試。

## 微觀基準測試

如果基準測試專注於在單一程序中執行的一小段程式碼上的單一隔離功能，則該基準測試可以稱為微觀基準測試（microbenchmark）。您可以把微觀基準測試視為一種工具，用於評估在程式碼或演算法等級上為單一元件所進行的優化效率（見第 95 頁「優化設計等級」）。任何更複雜的東西，都可能難以在微觀層面進行基準測試；所謂的更複雜，意思是例如下列要嘗試進行的基準測試：

- 多種功能同時出現。

- 長時間執行的功能（超過 5-10 秒）。

- 更大的多結構元件。

- 多程序功能。如果多 goroutine 功能在測試期間不會生出太多 goroutine，例如超過一百個的話，它們就是可以接受的。

- 需要比中等開發機器更多資源才能執行的功能，例如配置 40 GB 記憶體來計算答案，或準備測試資料集。

如果您的程式碼違反這些元素中的任何一個，您可能會考慮把它拆分成更小的微觀基準測試，或者考慮在具有不同框架的微觀基準測試上，使用宏觀基準測試（參見第293 頁）。

### 保持微觀基準測試微觀

在微觀層面上同時進行的基準測試越多，實作和執行此類基準測試所需的時間也就越多，這會導致級聯後果：我們試圖使基準測試更具可重用性，並花費更多時間在它們之上建構更多抽象化，最終目標是試圖讓它們穩定且更難更改。

這會造成問題，因為微觀基準測試是為敏捷性而設計的，我們會經常更改程式碼，因此希望基準測試能夠快速更新，而不是在那裡擋路；所以您要快速編寫它們、讓它們保持簡單，然後改變它們。

最重要的是，Go 基準測試沒有，也不應該有複雜的可觀察性，這是讓它們維持小型的另一個原因。

基準測試定義的意思是，微觀基準測試很少會驗證您的程式是否在某些功能上和高階使用者的 RAER 匹配，例如，「這個 API 的 p95 應該在 1 分鐘內。」換句話說，它通常不太適合回答需要絕對資料的問題。因此，編寫微觀基準測試時，應該聚焦於與特定基線或樣式相關的答案，例如：

### 了解執行時間複雜度

微觀基準測試是了解更多有關特定維度上的 Go 函數或方法效率行為的絕妙方法。例如，輸入和測試資料的不同分額和大小對延遲有何影響？記憶體配置是否隨著輸入大小而無限增長？您選擇的演算法常數因子和額外負擔是多少？

得益於快速回饋迴圈，可以輕鬆地手動使用測試輸入，並查看各種測試資料和案例的函數效率。

*A/B 測試*

A/B 測試的定義，是對程式版本 A 執行某種測試，然後再對版本 B 執行相同測試，理想情況下，這樣的版本 B 只會在一件事上不同，例如重複使用一個切片。這種測試可以看出變化的相對影響。

微觀基準測試是評估程式碼、配置或硬體的新更改，是否可能影響效率的好方法。例如，假設已知某些請求的絕對延遲是 2 分鐘，並且知道 60% 的延遲是由開發程式碼中的某個 Go 函數引起的。在這種情況下，可以嘗試優化此函數，並在之前和之後執行微觀基準測試。只要測試資料是可靠的，如果優化之後微觀基準測試顯示程式碼快 20%，那整個系統也會快 18%。

有時，對延遲進行的微觀基準測試後獲得的絕對數字可能無關緊要。例如，微觀基準測試在機器上顯示每個運算花了 900 毫秒，這其實沒有什麼多大意義，因為在不同筆記型電腦上，它可能會顯示 500 毫秒。重要的是，同一台機器上，在盡可能不更改環境並執行一個又一個基準測試之下，版本 A 和 B 之間的延遲時高時低，正如第 250 頁「重現生產」所言，這種關係很有可能會在您將對這些版本進行基準測試的任何其他環境中重現。

在 Go 中實作和執行微觀基準測試的最佳方式，是透過內建在 Go 測試工具中的原生基準測試框架。它經過實戰測試、整合到測試流程中，具有對效能分析的原生支援、並且可以在 Go 社群中看到許多基準測試範例。我已經在範例 6-3 中提到 Go 基準測試框架的基礎知識，範例 7-2 的輸出也看到一些預處理的結果，現在是深入細節的時候了！

# Go 的基準測試

要在 Go 中建立微觀基準測試，首先必須建立一個具有特定簽名的特定函數。這方面 Go 工具不算挑剔，一個函數必須滿足 3 個要素才能視為基準測試：

- 建立函數的檔案必須以 *_test.go* 字尾 [1] 結尾。

- 函數名稱必須以區分大小寫的 Benchmark 字首開頭，例如，BenchmarkSum。

- 該函數必須只有一個 *testing.B 型別的函數引數。

---

[1]　對於更大的專案，我建議添加 *_bench_test.go* 字尾，以便更輕鬆地發現基準測試。

第 232 頁「複雜度分析」討論範例 4-1 程式碼的空間複雜度。第 10 章將說明如何根據一些不同的需求，來優化此程式碼。如果沒有 Go 基準測試，我無法成功優化它們，也無法獲得配置數量和延遲的估計數字。基準測試的過程如下。

### Go 基準命名慣例

我嘗試遵循 Go 測試框架中所有類型的函數的 <NAME> 部分的一致命名樣式 [2]，如基準測試（Benchmark<NAME>）、測試（Test<NAME>）、模糊測試（Fuzz<NAME>）、和範例（Example<NAME>）。這個想法很簡單：

- 呼叫測試 BenchmarkSum 意味它測試了 Sum 函數的效率。BenchmarkSum_withDuplicates 意思相同，但字尾能讓人知道測試的特定條件，注意它以小寫字母開頭。

- BenchmarkCalculator_Sum 表示測試 Calculator 結構中的 Sum 方法。如上所述，如果用同一方法進行更多測試以區分案例的話，可以添加一個字尾，例如 BenchmarkCalculator_Sum_withDuplicates。

- 此外，您可以把輸入大小作為另一個字尾，例如 BenchmarkCalculator_Sum_10M。

鑑於範例 4-1 中的 Sum 是一個單一用途的短函數，一個好的微觀基準測試應該足以說明它的效率。所以我在 *sum_test.go* 檔案中建立了一個名為 BenchmarkSum 的新函數。但是，在我做任何其他事情之前，我添加了大多數基準測試所需的小樣板（boilerplate）原始模板，如範例 8-1 所示。

### 範例 8-1　核心的 Go 基準測試元素

```go
func BenchmarkSum(b *testing.B) {
    b.ReportAllocs() ❶

    // TODO(bwplotka): 添加任何必須的初始化。

    b.ResetTimer() ❷
    for i := 0; i < b.N; i++ { ❸
        // TODO(bwplotka): 添加已測試功能。
    }
}
```

---

2　在測試套件的 Example 說明文件（*https://oreil.ly/PRrlW*）有詳細解釋。

❶ 可選方法告訴 Go 基準測試要提供配置的數量和配置的記憶體總量，等同於在執行測試時設定 -benchmem 旗標。雖然在理論上，它可能會給測量的延遲增加微小的額外負擔，但這只會在非常快的函數中看的到，我在實務上很少需要刪除配置追蹤，所以我總是會開啟它。通常，即使您希望工作只對 CPU 敏感，查看多個配置也是有用的，正如第 146 頁「記憶體相關性」所提，一些配置可能會令人驚訝！

❷ 大多數情況下，不用對測試資料、結構或模擬依賴項進行初始化時所需的資源進行基準測試。要在延遲時鐘和配置追蹤的「外部」執行此運算，請在實際基準測試之前重置計時器。如果不進行任何初始化，可以刪除。

❸ 這個帶有 b.N 的 for 迴圈序列是任何 Go 基準測試的強制性元素，切勿更改或刪除它！同樣的，永遠不要在函數迴圈中使用 i，一開始可能會令人困惑，但要執行基準測試，go test 可能會多次執行 BenchmarkSum 以找到正確的 b.N，實際情況取決於執行方式，預設情況的 go test 目標是執行該基準測試至少 1 秒，這意味著它會在 b.N 等於 1 m 時執行一次基準測試，只是要評估單一迭代的持續時間。以此為基礎，它會嘗試找到最小的 b.N，來讓整個 BenchmarkSum 至少執行 1 秒[3]。

我想要進行基準測試的 Sum 函數接受一個引數，包含要求總和的那些整數的檔案名稱，正如第 232 頁「複雜度分析」所言，範例 4-1 中使用的演算法取決於檔案中整數的數量。在這種情況下，空間和時間複雜度為 O(N)，其中 N 是整數的數量。這意味著和具有數千個整數的 Sum 相比，具有單一整數的 Sum 會更快，並且配置更少的記憶體。因此，輸入的選擇會顯著改變效率的結果，但是要如何為基準測試找到正確的測試輸入呢？不幸的是，這並沒有單一的答案。

**基準測試資料和條件的選擇**

通常都會想要盡量小的資料集，因此使用起來最快和最便宜！而且這樣會對程式效率特性樣式有足夠的知識和信心。但另一方面，它也要夠大，才能觸發使用者可能遇到的潛在限制和瓶頸。正如第 250 頁「重現生產」所提，測試資料應盡可能模擬生產工作負載，目標是「典型性」。

但是，如果功能對於特定輸入出現很大問題，也應該把它包括在基準測試中！

---

3　如果要完全刪除 b.N，Go 基準測試會嘗試增加 N 的數字，直到整個 BenchmarkSum 至少需要 1 秒；如果沒有 b.N 迴圈，基準測試將永遠不會超過 1 秒，因為它不依賴於 b.N。這樣的基準測試將在 b.N 等於 10 億次迭代時停止，但因為只執行一次迭代，基準測試結果將會出現錯誤。

雪上加霜的是，還要受到微觀基準測試資料大小的限制。通常會希望能確保這些基準測試在幾分鐘內以最大速度執行，並在開發環境中執行，以獲得最佳敏捷性和最短的回饋迴圈。從好的方面來說，有一些方法可以找到程式的一些效率樣式、使用比潛在的生產資料集小幾倍的資料集來執行基準測試，以及推斷可能的結果。

例如，在我的機器上，範例 4-1 需要大約 78.4 毫秒才能對 200 萬個整數求總和。如果我用 100 萬個整數來進行基準測試，則需要 30.5 毫秒。鑑於這兩個數字，可以有把握地假設 [4] 演算法平均需要大約 29 奈秒來對一個整數求總和 [5]。如果 RAER 指明必須在 30 秒內對 20 億個整數求總和，可以假設這樣的實作速度太慢，因為 29 ns * 20 億大約是 58 秒。

出於這些原因，我決定在範例 4-1 的基準測試中堅持使用 200 萬個整數。這個數字夠大，可以顯示一些瓶頸和效率樣式；但也夠小，可以讓程式保持相對快速，如在我的機器上可以在 1 秒內執行大約 14 個運算 [6]。現在，我建立一個 *testdata* 目錄（排除在編譯之外），並手動建立一個名為 *test.2M.txt* 的檔案，其中包含 200 萬個整數。在測試資料以及範例 8-1 添加想要測試的功能，如範例 8-2 所示。

**範例 8-2  用於評估 *Sum* 函數效率的最簡單的 *Go* 基準測試**

```
func BenchmarkSum(b *testing.B) {
    for i := 0; i < b.N; i++ {
        _, _ = Sum("testdata/test.2M.txt")
    }
}
```

要執行此基準測試，可以使用 go test 命令，在機器上安裝 Go 時就可以使用。go test 允許執行所有指定的測試、模糊測試或基準測試，以基準測試為例，go test 有很多選項可以讓人控制它以執行基準測試，以及執行後產生的工件，如範例 8-3 的範例選項所示。

**範例 8-3  可用於執行範例 8-2 的範例命令**

```
$ go test -run '^$' -bench '^BenchmarkSum$' ❶
$ go test -run '^$' -bench '^BenchmarkSum$' -benchtime 10s ❷
$ go test -run '^$' -bench '^BenchmarkSum$' -benchtime 100x ❸
$ go test -run '^$' -bench '^BenchmarkSum$' -benchtime 1s -count 5 ❹
```

---

4  如前所述，微觀基準測試始終基於一定數量的假設；無法在如此小的測試中模擬所有內容。
5  請注意，對於具有單一整數的基準測試，絕對不會花費 29 奈秒。這個數字是對大量整數所看到的延遲。
6  請注意，在程式和基準測試的未來版本中，更改測試資料是可以接受的。通常，隨著時間的推移，優化會讓測試資料集「太小」，因此，如果需要進一步優化，可以隨著時間過去增加，以發現不同問題。

❶ 此命令執行具有外顯式名稱 BenchmarkSum 的單一基準測試函數，可以使用 RE2 正規表達法（regex）語言來過濾您想要執行的測試。請注意 -run 旗標，它嚴格匹配沒有功能測試，這是為了確保不會執行單元測試，而讓人專注於基準測試。空的 -run 旗標意味著會執行所有單元測試。

❷ 使用 -benchtime，可以控制基準測試應該執行時間長短，或次迭代次數（功能運算）。本範例選擇在 10 秒間隔內進行盡可能多的迭代[7]。

❸ 我們可以選擇把 -benchtime 設定為精確迭代次數，但這很少使用，因為作為微觀基準測試使用者，您希望專注於快速回饋迴圈。指定迭代次數的話，不知道測試什麼時候會結束，可能等待 10 秒，也可能長達 2 小時，這也是為什麼通常會偏好限制基準測試時間。如果發現迭代太少，請稍微增加 -benchtime 中的數字，或者更改基準測試實作或測試資料。

❹ 也可以使用 -count 旗標來重複基準測試週期，這樣極為有用，因為它允許計算執行之間的變異數（可見第 273 頁「了解結果」解釋的工具）。

完整的選項列表很長，您可以隨時使用 go help testflag[8] 來列出它們。

透過 *IDE* 執行 *Go* 基準測試

幾乎所有現代 IDE 都允許簡單地單擊 Go 基準測試函數，並從 IDE 中執行它，所以，請大膽操作。只需設定正確的選項，或者至少知道預設情況下有哪些選項！

我會使用 IDE 來觸發初始的、一秒鐘的基準測試執行，但碰到更複雜的情況時，我更喜歡舊的 CLI 命令，它們容易使用，並且很容易和他人共享測試執行的配置。總之，可自行選用您覺得好用的選擇！

對於 Sum 基準測試，我建立一個有用的單行程式碼，其中包含需要的所有選項，如範例 8-4 所示。

---

7 如前所述，請注意，完整的基準測試過程可能需要 10 秒以上的時間，因為 Go 框架會嘗試找到正確的迭代次數。測試結果的差異越大，測試持續的時間可能也就越長。

8 *https://oreil.ly/F2wTM*

範例 8-4　用於對範例 4-1 進行基準測試的單行 *shell* 命令

```
$ export ver=v1 && \  ❶
    go test -run '^$' -bench '^BenchmarkSum$' -benchtime 10s -count 5 \
        -cpu 4 \  ❷
        -benchmem \  ❸
        -memprofile=${ver}.mem.pprof -cpuprofile=${ver}.cpu.pprof \  ❹
    | tee ${ver}.txt  ❺
```

❶ 編寫複雜的腳本或框架來把結果儲存在正確的位置，以及建立比較結果以供使用等的自動化，都非常吸引人的；但在許多情況下，這是一個陷阱，因為 Go 基準測試通常短暫且容易執行。儘管如此，我還是決定添加少量 bash 腳本，以確保基準測試所產生的工件具有相同的名稱，以便稍後參照。當我用優化來對新程式碼版本進行基準測試時，可以手動調整，把 ver 變數設定為不同的值，如 v2、v3、或 v2-with-streaming 以供往後比較。

❷ 有時，如果目標是透過並行程式碼來優化延遲，如第 388 頁「使用並行來優化延遲」，則控制基準測試可以使用的 CPU 核心數量很重要，這可以透過 -cpu 旗標來達成，它有正確的 GOMAXPROCS 設定。正如第 252 頁「效能不確定性」中所提，確切值的選擇在很大程度上取決於生產環境的情況，以及您的開發機器有多少 CPU [9]。

❸ 如果優化配置大量記憶體，那優化延遲就沒有意義，正如第 146 頁「記憶體相關性」所言，這可能是頭號敵人。根據我的經驗，記憶體配置比 CPU 使用所引起的問題更多，所以我總是盡量注意配置 -benchmem。

❹ 如果執行微觀基準測試後沒有得到滿意的結果，第一個問題可能是找出導致速度變慢，或記憶體使用率過高的原因。這也是為什麼 Go 基準測試內建對效能分析的支援，第 9 章會再解釋。我很懶，所以通常會預設啟用這些選項，類似於 -benchtime，因此，我總是可以深入到效能分析器中，找到導致可疑資源使用的程式碼行。和 -benchtime 與 ReportAllocs 類似，它們在預設情況下處於關閉狀態，因為它們會為延遲測量增加輕微的額外負擔。但是，除非您測量超低延遲運算（數十奈秒），否則讓它們保持開啟狀態通常是安全的，特別是 -cpuprofile 選項會在背景添加一些配置和延遲。

❺ 預設情況下，go test 會把結果列印到標準輸出。然而，為了有效比較，並且不搞混結果與執行的配對，我建議把它們儲存在臨時檔案中，使用 tee 來寫入檔案和標準輸出，這樣您就可以追蹤基準測試的進度。

---

9　您也可以在逗號後提供多個數字。例如，-cpu=1,2,3 會設定 GOMAX PROCS 依序執行 1、2，和第三次的 3 個 CPU。

有了基準測試實作、輸入檔案和執行命令，就可以執行基準測試了。我在本機測試檔案目錄下執行範例 8-4，32 秒後執行完畢，建立 3 個檔案：*v1.cpu.pprof*、*v1.mem.pprof* 和 *v1.txt*。本章最讓人感興趣的是最後一個檔案，以讓您可以學習如何閱讀和理解 Go 基準測試輸出，這正是下一節的內容。

## 了解結果

每次執行後，`go test` 基準測試會用一致的格式列印結果 [10]。範例 8-5 顯示在範例 4-1 中的程式碼上執行範例 8-4 的輸出。

範例 8-5　範例 8-4 命令產生的 *v1.txt* 檔案的輸出

```
goos: linux ❶
goarch: amd64
pkg: github.com/efficientgo/examples/pkg/sum
cpu: Intel(R) Core(TM) i7-9850H CPU @ 2.60GHz
BenchmarkSum-4    67    79043706 ns/op    60807308 B/op    1600006 allocs/op ❷
BenchmarkSum-4    74    79312463 ns/op    60806508 B/op    1600006 allocs/op
BenchmarkSum-4    66    80477766 ns/op    60806472 B/op    1600006 allocs/op
BenchmarkSum-4    66    80010618 ns/op    60806224 B/op    1600006 allocs/op
BenchmarkSum-4    74    80793880 ns/op    60806445 B/op    1600006 allocs/op
PASS
ok      github.com/efficientgo/examples/pkg/sum      38.214s
```

❶ 每次基準測試執行都會抓取有關環境的一些基本資訊，例如架構、作業系統類型、執行基準測試的套件以及機器上的 CPU。不幸的是，正如第 247 頁「實驗的可靠性」中所討論的那樣，還有更多元素值得抓取 [11]，而它們也都會影響基準。

❷ 每一列代表一次執行，也就是說，如果使用 -count=1 來執行基準測試，您會只有一列。該列由三行或更多行組成，數量取決於基準測試配置，但順序一致，從左邊開始依次會有：

- 基準測試的名稱，理論上 [12] 字尾表示可用於該基準測試的 CPU 數量，顯示對並行實作該有的期望。

- 此基準測試執行中的迭代次數，這個數字很重要，如果它太低，其他行中的數字可能無法反映現實。

---

10　可以透過查看 BenchmarkResult 型別（*https://oreil.ly/90wO2*），來探索該格式的內部表達法。

11　諸如 Go 版本、Linux 核心版本、同時執行的其他程序及 CPU 樣式等，可惜難以獲得完整列表。

12　Go 測試框架不會檢查有多少 CPU 可用於此基準測試。正如第 4 章所言，CPU 會在其他程序之間公平共享，因此隨著系統中程序增加，在我的例子中，4 個 CPU 並沒有完全保留用於基準測試上。最重要的是，此處未反映對 runtime.GOMAXPROCS 的程式設計更改。

- 由 `-benchtime` 除以執行次數得出的每次運算奈秒數。

- 堆積上每個運算所配置的位元組數。正如第 5 章所言,請記住這並沒有說明在任何其他區段,例如手動映射、快取和堆疊中配置多少記憶體!此行只在設定了 `-benchmem` 旗標或 `ReportAllocs` 時存在。

- 堆積上每個運算的配置數,也只會出現在 `-benchmem` 旗標設定時。

- 或者,您可以使用 `b.ReportMetric` 方法來報告自己的每個運算度量,請參閱此範例:*https://oreil.ly/IuwYl*,這會顯示為更多的行,並且可以使用稍後解釋的工具,以類似方式聚合。

> 如果您執行範例 8-4 並且很長時間沒有看到輸出,這可能意味著您的微觀基準測試的第一次執行花費太多時間。如果您的 `-benchtime` 是以時間為計算依據的,`go test` 會快速檢查執行一次迭代需要多少時間,以找到估計的迭代次數。
>
> 除非想執行 30 分鐘以上的測試,否則可能需要優化基準測試設定、減少資料大小,或把微觀基準測試拆分為更小的功能,以減少時間;否則,您會無法完成數百或數十次所需的迭代。
>
> 如果您看到初始輸出,如 goos、goarch、pkg 和基準名稱,表示單次迭代執行已完成,並且啟動適當的基準測試。

範例 8-5 中的結果可以直接讀取,但存在一些挑戰。首先,數字是以基底單位表達,乍看之下,配置的是 600 MB、60 MB 還是 6 MB 並不那麼明顯,如果把延遲轉換為秒,情況也一樣;其次,這 5 種測量要選擇哪一種呢?最後,要如何比較優化程式碼所完成的第二個微觀基準測試結果?

幸運的是,Go 社群建立了另一個 CLI 工具 `benchstat` [13],它可以進一步的處理和統計分析一個或多個基準測試結果,以便於評估,因此,它已成為近年來呈現和解釋 Go 微觀基準測試結果最流行的解決方案。

您可以使用標準的 `go install` 工具來安裝 `benchstat`,例如,`go install golang.org/x/perf/cmd/benchstat@latest`。完成後,它會出現在您的 `$GOBIN` 或 *$GOPATH/bin* 目錄中,接著就可以用它來展示範例 8-5 得到的結果;請參見範例 8-6 的用法。

---

[13]  *https://oreil.ly/PWSN4*

範例 8-6　對範例 8-5 中顯示的結果執行 benchstat

```
$ benchstat v1.txt ❶
name    time/op
Sum-4   79.9ms ± 1% ❷

name    alloc/op
Sum-4   60.8MB ± 0%

name    allocs/op
Sum-4    1.60M ± 0%
```

❶ 可以使用包含範例 8-5 的 *v1.txt* 來執行 benchstat。benchstat 可以剖析 go test 格式，這些格式來自於對同一程式碼版本所執行一或多次的一或多個基準測試。

❷ 對於每個基準測試，benchstat 計算所有執行的均值，也就是平均值和執行之間的變異數，如本例中的 1%。這也是必須多次執行 go test 基準測試的原因（例如使用 -count 旗標），因為只執行一次的話，變異數會指出具誤導性的 0%。執行更多測試才能評估結果的可重複性，正如第 252 頁「效能不確定性」中的討論。執行 benchstat -help 以查看更多選項。

一旦對測試執行有信心，就可以把它稱為基線結果，一般會希望比較程式碼和基線，以評估新優化程式碼的效率，例如第 10 章的優化 Sum，其中一個優化版本的速度會提高一倍。我是透過把範例 4-1 中的 Sum 函數更改為 ConcurrentSum3 而發現這一點（範例 10-12 提供程式碼）。然後，我使用和範例 8-4 中完全相同的命令，來執行範例 8-2 中實作的基準測試，只有把 ver=v1 更改為 ver=v2 以產生 *v2.txt*、*v2.cpu.pprof* 和 *v2.mem.pprof*。

benchstat 能幫助我們計算變異數，並提供人類可讀的單位。但還有另一個有用的功能：比較不同基準測試執行的結果。例如，範例 8-7 顯示我如何檢查原始和改進的並行實作之間的區別。

範例 8-7　執行 *benchstat* 來比較 *v1.txt* 和 *v2.txt* 的結果

```
$ benchstat v1.txt v2.txt ❶
name    old time/op     new time/op     delta
Sum-4     79.9ms ± 1%     39.5ms ± 2%   -50.52%  (p=0.008 n=5+5) ❷

name    old alloc/op    new alloc/op    delta
Sum-4     60.8MB ± 0%     60.8MB ± 0%      ~       (p=0.151 n=5+5)

name    old allocs/op   new allocs/op   delta
Sum-4     1.60M ± 0%      1.60M ± 0%    +0.00%   (p=0.008 n=5+5)
```

❶ 使用兩個檔案來執行 benchstat 會啟用比較模式。

❷ 在比較模式下，benchstat 提供一個增量（delta）行，以百分比的形式來顯示兩個平均值之間的增量，如果顯著性測試失敗則顯示「~」。顯著性檢驗預設為 Mann-Whitney U 檢驗[14]，可以使用 -delta-test=none 來禁用。顯著性檢驗是一種額外的統計分析，用於計算 p 值[15]，預設情況下應小於 0.05（可使用 -alpha 來配置）。如果可以安全地比較結果，它能提供有關變異數（± 之後）的額外資訊。n=5+5 代表兩個結果中的樣本大小（兩個基準執行都是在 -count=5 的情況下完成的）。

多虧了 benchstat 和 Go 基準測試，可以自信地說並行實作速度提高大約 50%，並且不影響配置。

細心的讀者可能會注意到配置大小並未通過 benchstat 的顯著性檢驗（p 高於 0.05），我可以透過執行具有更高計數（例如 8 或 10）的基準測試來改進它。

我故意讓這個顯著性檢驗失敗，是為了向您展示在某些情況下您可以應用泛型推理。兩個結果都表明 60.8 MB 的大配置具有最小的差異，由此清楚表明，這兩種實作使用的記憶體量相似。是否需要關心一個實作使用多少 KB？可能不用，所以可以跳過 benchstat 顯著性檢驗來驗證是否可以信任增量，而無須在這裡花費比其他多餘時間！

分析微觀基準測試一開始可能會讓人感到困惑，但希望所呈現的使用 benchstat 的流程可以教會您如何評估不同實作的效率，而不需要獲得資料科學學位！通常，在使用 benchstat 時，請記住：

- 執行一次以上的（-count）的測試，以便發現雜訊。

- 檢查 ± 之後的變異數數字是否不高於 3–5%。要特別警惕變異數較小的數字。

- 要依賴具有較高變異數結果的準確增量，請檢查顯著性檢驗（p 值）。

考慮以上要點，可以看看一些常見的進階技巧，您會發現它們在使用 Go 基準測試的日常工作中非常有用！

---

14  *https://oreil.ly/ESCAz*
15  *https://oreil.ly/6K0zl*

# 微觀基準測試的提示和技巧

微觀基準測試的最佳實務通常是從您自己的錯誤中學習而來，而非他人分享，但這裡提及一些值得聚焦於的 Go 微觀基準測試常見層面，有望打破這點。

## 變異數過高

正如第 252 頁「效能不確定性」所言，了解測試的變異數至關重要。如果微觀基準測試之間的差異超過 5%，則表明存在潛在雜訊，可能無法完全依賴這些結果。

我在準備第 388 頁「使用並行來優化延遲」時遇到過這種情況，在進行基準測試時，我的結果和 benchstat 所建議的結果差異太大，該執行結果如範例 8-8 所示。

範例 8-8　benchstat 指出延遲結果存在很大變異數

```
name    time/op
Sum-4   45.7ms ±19%  ❶

name    alloc/op
Sum-4   60.8MB ± 0%

name    allocs/op
Sum-4    1.60M ± 0%
```

❶ 19% 的變異數相當可怕，在做出任何結論之前都應該忽略這些結果，並讓基準測試穩定下來。

在這種情況下能做什麼？第 252 頁「效能不確定性」也提過類似事情，應該考慮讓基準測試執行更長時間、重新設計基準測試，或者在不同環境條件下執行。在我的例子中，我不得不關閉瀏覽器，並把 -benchtime 從 5 秒增加到 15 秒，以達成範例 8-7 中執行得到的 2% 變異數。

## 找到您的工作流程

在第 267 頁「Go 的基準測試」中，您在微觀層面上跟隨我完成我的效率評估週期。當然可能會有所不同，但通常基於 git 分支，並且可以總結如下：

1. 檢查是否有任何現有的微觀基準測試實作可用於我要測試的內容，如果不存在，就建立一個。

2. 在我的終端機中，執行類似於範例 8-4 的命令來多次執行基準測試，可能 5-10 次，把結果儲存到類似 *v1.txt* 的檔案中、儲存效能分析器、並把它假設為我的基線。

3. 評估 *v1.txt* 結果，以檢查資源消耗是否大致符合實作和輸入大小的理解期望。為了確認或拒絕它，我執行第 9 章會解釋的瓶頸分析，在此階段，我可能會針對不同的輸入，來執行更多基準測試，以了解更多資訊。這粗略地告訴我是否還有一些簡單優化的空間，我應該繼續更具風險或有更多考量點的優化，還是應該轉向不同等級的優化。

4. 假設有一些優化空間，建立一個新的 git 分支 [16] 並實作它。

5. 按照 TFBO 流程，首先測試我的實作。

6. 提交更改、使用相同命令來執行基準測試功能、並把它儲存到例如 *v2.txt* 中。

7. 把結果和 benchstat 進行比較，並調整基準或優化，以達到最佳結果。

8. 如果想嘗試不同的優化，可建立另一個 git 分支，或在同一分支上建構新的提交，並重複該過程，例如，產生 *v3.txt*、*v4.txt* 等。如果新的嘗試結果不盡理想，這讓我可以回到之前的優化。

9. 在我的筆記、提交訊息或儲存庫更改集（change set）中記下我的發現，例如拉取請求，並丟棄我的 *.txt* 結果（過期日期！）

這個流程對我有用，但您可能想嘗試不同流程！只要它不會讓您感到困惑、且是可靠並遵循第 100 頁「效率感知開發流程」討論的 TFBO 樣式，就可以使用。還有許多其他選項，例如：

- 可以使用終端機歷史紀錄來追蹤基準測試結果。

- 可以為相同功能的不同優化建立不同函數，如果不想在這裡使用 git，可以交換您在基準函數中使用的函數。

- 使用 git stash 而不是提交。

- 最後，您可以按照 Dave Cheney 流程 [17]，使用 go test -c 命令，把測試框架和程式碼建構到單獨的二進位檔中，然後儲存此二進位檔，並執行基準測試，而無須重建原始碼或儲存您的測試結果 [18]。

我會建議嘗試不同流程，並學習對您來說最有幫助的方法！

---

16 *https://oreil.ly/AcM1D*
17 *https://oreil.ly/1MJNT*
18 確保嚴格控制用於建構這些二進位檔的 Go 版本。對使用不同 Go 版本所建構的二進位檔進行測試可能會產生誤導性結果，例如，您可以建構一個二進位檔，並把原始碼版本的 git 雜湊加在其名稱之後作為字尾。

我建議避免為我們的本地端微觀基準測試工作流程編寫過於複雜的自動化（例如，複雜的 bash 腳本來自動化某些步驟）。微觀基準測試旨在更具互動性，您可以在其中手動挖掘您關心的資訊。編寫複雜的自動化程式可能意味著會產生比需要更多的額外負擔和更長的回饋迴圈。不過，如果這對您有用，那就去做吧！

## 測試您的基準測試正確性！

基準測試時最常犯的錯誤之一是評估未提供正確結果的函數的效率。由於蓄意優化的性質，很容易導入破壞程式碼功能的錯誤。有時，優化失敗的執行很重要 [19]，但它應該是一個明確的決定。

在第 100 頁「效率感知開發流程」中解釋 TFBO 中的「測試」部分不是沒有道理的。首要任務應該是為即將進行基準測試的相同功能編寫單元測試。Sum 函數的範例單元測試類似於範例 8-9。

範例 8-9　用於評估 Sum 函數正確性的範例單元測試

```
// import "github.com/efficientgo/core/testutil"

func TestSum(t *testing.T) {
    ret, err := Sum("testdata/input.txt")
    testutil.Ok(t, err)
    testutil.Equals(t, 3110800, ret)
}
```

進行單元測試可確保具有配置正確的 CI，向主儲存庫提出更改時（可能透過拉取請求 [PR]），會注意到程式碼是否正確。所以這已經提高優化工作的可靠性。

但是，還是可以做一些事情來改進這個過程。如果您只是在開發的最後一步測試，表示您可能完成基準測試和優化的所有工作，而沒有意識到程式碼是錯誤的。這可以透過在每次基準測試執行（例如範例 8-2 的程式碼）之前，手動地執行範例 8-10 中的單元測試來緩解。儘管有所幫助，但仍然存在一些小問題：

---

19　這對於經常處理錯誤的分散式系統和使用者導向的應用程式尤其重要，它是正常程式生命週期的一部分。例如，我經常使用可快速寫入資料庫的程式碼，但在執行失敗時會配置大量記憶體，從而導致級聯式故障。

- 更改之後再執行另一件事是乏味的。因此，跳過更改後執行功能測試的手動過程，來節省時間並達成更快的回饋迴圈，相對之下比較吸引人。

- 函數可能在單元測試中得到很好的測試，但在單元測試和基準測試中呼叫函數的方式存在著差異。

- 此外，正如您第 243 頁「和功能測試的比較」所言，基準測試需要不同輸入。而每件新事物都有可能犯錯！例如，當在範例 8-2 中為本書準備基準測試時，我不小心在檔案名稱中輸入錯誤的 *testdata/test2M.txt*，而非 *testdata/test.2M.txt*。當我執行基準測試時，它以非常低的延遲結果通過。事實證明，除了因檔案不存在錯誤而失敗外，Sum 並沒有發揮作用。因為在範例 8-2 中，為了簡單起見，我忽略所有錯誤所以錯過這些資訊。只有直覺告訴我，我的基準測試執行得太快了，所以才仔細檢查 Sum 實際傳回的內容。

- 在更高負載的基準測試期間，可能會出現新的錯誤。例如，由於機器上檔案描述符的限制，可能無法打開另一個檔案，或者程式碼沒有清理磁碟上的檔案，因此由於磁碟空間不足，無法把更改寫入檔案。

幸運的是，該問題的一個簡單解決方案，是在基準測試迭代中添加快速錯誤檢查，如以下的範例 8-10。

*範例 8-10　用於評估帶錯誤檢查的 Sum 函數效率的 Go 基準測試*

```
func BenchmarkSum(b *testing.B) {
    for i := 0; i < b.N; i++ {
        _, err := Sum("testdata/test.2M.txt")
        testutil.Ok(b, err) ❶
    }
}
```

❶ 斷言 Sum 不會在每個迭代迴圈中傳回錯誤。

重要的是要注意，基準測試後獲得的效率度量會包括 `testutil.Ok(b, err)` 呼叫所造成的延遲 [20]，即使沒有錯誤也一樣。這是因為 b.N 迴圈中呼叫了這個函數，所以它多少增加了額外負擔。

---

20　在我的基準測試中，我的機器僅此指令就需要 244 奈秒並配置零位元組的記憶體。

要接受這個額外負擔嗎？這和關於包括 -benchmem 以及用於測試的效能分析器產生問題相同，也可能添加小雜訊。如果嘗試對非常快的運算進行基準測試（假設快到毫秒以下），則這種額外負擔是不可接受的。然而，對於大多數基準測試，這樣的斷言不會改變您的基準測試結果。有人甚至會爭辯說這種錯誤斷言會存在於生產中，因此它應該包含在效率評估中 [21]。和 -benchmem 以及效能分析器類似，我把這種斷言添加到我所使用的幾乎所有微觀基準測試中。

某些方面仍然容易犯錯。也許在輸入較大的情況下，Sum 函數無法在不傳回錯誤的情況下提供正確答案。和所有測試一樣，永遠沒辦法阻止所有錯誤，必須在編寫、執行和維護額外測試的努力與信心之間取得平衡；由您來決定對您的工作流程信任程度。

如果想選擇之前的案例來獲得更多信心，可以添加一個檢查，以比較傳回的總和與預期結果。在我們的例子中，添加 testutil.Equals(t, <expected number>, ret) 不會有很大的額外負擔，但通常它會更昂貴，因此不適合為微觀基準測試添加。出於這些目的，我建立了一個小的 testutil.TB 物件 [22]，它允許您執行微觀基準測試的單次迭代以進行單元測試。這使得它在正確性方面始終保持最新，這在更大的共享程式碼儲存庫中尤其具有挑戰性。例如，對 Sum 基準測試的持續測試可能類似於範例 8-11[23]。

*範例 8-11　用於評估 Sum 函數效率的可測試 Go 基準測試*

```
func TestBenchSum(t *testing.T) {
    benchmarkSum(testutil.NewTB(t))
}

func BenchmarkSum(b *testing.B) {
    benchmarkSum(testutil.NewTB(b))
}

func benchmarkSum(tb testutil.TB) { ❶
    for i := 0; i < tb.N(); i++ { ❷
        ret, err := Sum("testdata/test.2M.txt")
        testutil.Ok(tb, err)
        if !tb.IsBenchmark() {
            // 更昂貴的結果檢查可見此。
            testutil.Equals(tb, int64(6221600000), ret) ❸
        }
    }
}
```

---

21　效能分析（見第 317 頁）還可以幫助確定您的基準測試對這些額外負擔影響有多大。

22　*https://oreil.ly/wMX6O*

23　請注意，TB 是我自己發明的，在 Go 社群中並不常見或不推薦，因此請謹慎使用！

❶ testutil.TB 是一個介面，允許執行一個函數作為基準測試和單元測試。此外，它允許我們設計程式碼，以便其他函數，例如具有額外的效能分析的函數，執行相同的基準測試，如範例 10-2 所示。

❷ tb.N() 方法為基準測試傳回 b.N，以允許正常的微觀基準測試執行。它傳回 1 以執行一次單元測試的測試執行。

❸ 多虧了 tb.IsBenchmark() 方法，可以把可能更昂貴的額外程式碼，例如更複雜的測試斷言，放在基準測試無法到達的空間中。

綜合以上所述，請測試您的微觀基準測試程式碼。從長遠來看，這會為您和您的團隊節省時間。最重要的是，它可以針對不需要的編譯器優化提供自然的對策，可見第 288 頁「編譯器優化與基準測試」的解釋。

## 和團隊及未來的自己分享基準測試

一旦完成 TFBO 週期並對下一次優化迭代感到滿意之後，就可以提交新程式碼了。和您的團隊分享這項發現或成就，而不只是您的小型單人專案。當有人提出優化更改時，常常會在生產程式碼中看到優化，並只有一個簡短的描述：「我對它進行基準測試，速度提高 30%。」由於多種原因，這樣的作法並不理想：

- 如果沒有看到您使用的實際微觀基準測試程式碼，審查者很難驗證基準測試。並不是說審查者不應該相信您說的話，而是這樣很容易犯錯、忘記副作用，或者錯誤地進行基準測試 [24]。例如，輸入必須達到一定的大小才能觸發問題，或者輸入沒有反映預期的使用案例，這只能由查看您基準測試程式碼的其他人驗證。與團隊遠端合作以及在開放原始碼專案中時，這一點尤為重要，因為在這些情況下，強有力的溝通至關重要。

- 一旦合併後，觸及此程式碼的任何其他更改，都可能意外地導入效率迴歸。

- 如果您或任何其他人想要嘗試改善程式碼的相同部分，他們別無選擇，只能重新建立基準測試，並進行和您在拉取請求中所做的相同工作，因為之前的基準測試實作已經消失，或儲存在您的機器上。

這裡的解決方案是盡量提供更多關於您的實驗細節、輸入，和基準測試實作的上下文，當然可以用某種形式的說明文件提供這一點，例如在拉取報告的描述中；但是沒有什麼比在您的生產程式碼旁邊提交實際的微觀基準測試更好！然而，在實務上，事情並非如此簡單，在和其他人共享微觀基準測試之前，還需要添加一些額外部分。

---

24 事實上，我們甚至不應該相信自己！有第二個細心的審查者永遠是一個好主意。

我優化了 Sum 函數並解釋基準測試過程。但是,您不用寫一整章文字,來解釋您對團隊以及未來的自己所做的優化!相反的,一段程式碼就可以提供您所需的內容,如範例 8-12 所示。

*範例 8-12 有據可查、可重用的 Go 基準測試,用於評估 Sum 函數的並行實作*

```
// BenchmarkSum 評估 `Sum` 函數。❶
// 注意 (bwplotka):最多使用 4 個 CPU 核心對其測試
// 假設生產容器中沒有配置更多。
//
// 推薦的執行選項:
/*
export ver=v1 && go test \
    -run '^$' -bench '^BenchmarkSum$' \
    -benchtime 10s -count 5 -cpu 4 -benchmem \
    -memprofile=${ver}.mem.pprof -cpuprofile=${ver}.cpu.pprof \
  | tee ${ver}.txt ❷
*/
func BenchmarkSum(b *testing.B) {
    // 建立具有 2 百萬行的 7.55 MB 檔案。
    fn := filepath.Join(b.TempDir(), "/test.2M.txt")
    testutil.Ok(b, createTestInput(fn, 2e6)) ❸

    b.ResetTimer()
    for i := 0; i < b.N; i++ {
        _, err := Sum(fn)
        testutil.Ok(b, err) ❹
    }
}
```

❶ 對於一個簡單的基準測試來說可能感覺有些過分,但是好的說明文件可以顯著提高您和團隊基準測試的可靠性。可在註解中提及有關該基準測試、資料集選擇、條件或先決條件等任何令人驚訝的事實。

❷ 我建議使用建議的呼叫方式對基準測試進行註解。這不是要強迫任何事情,而是描述您設想執行此基準測試的方法,例如執行多長時間等。之後的您或團隊成員會因此感謝您的!

❸ 提供打算用來執行基準測試的確切輸入,可以為單元測試建立一個靜態檔案,並把它提交到您的儲存庫。不幸的是,基準測試輸入通常太大而無法提交給您的原始碼,例如 git。為此,我建立一個小的 createTestInput 函數,它可以產生動態數量的行。請注意 b.TempDir()[25] 的使用,它會建立一個臨時目錄,並在之後手動清理它[26]。

---

25 *https://oreil.ly/elBJa*
26 請注意,每次呼叫 t.TempDir 和 b.TempDir 方法時,都會建立一個新的唯一目錄!

❹ 因為您想在未來重用這個基準測試，而且其他團隊成員也會使用，所以確保其他人
不會測量錯誤的東西十分重要，因此即使在基準測試中，也能測試基本錯誤模式。

多虧了 b.ResetTimer()，即使輸入檔案建立速度相對較慢，基準測試結果中也不會顯示
延遲和資源使用情況，但是，重複執行該基準測試可能不是一件讓人多愉快的事；更重
要的是，您會不只一次地體驗到那種緩慢。正如第 267 頁「Go 的基準測試」所言，Go
可以多次執行基準測試來找到正確的 N 值。如果初始化花費太多時間並影響您的回饋迴
圈，您可以添加程式碼來快取測試檔案系統上的輸入。請參見範例 8-13，了解如何添加
一個簡單的 os.Stat 以達成這點。

範例 8-13　輸入建立只會執行一次，並快取在磁碟上的基準測試範例

```
func lazyCreateTestInput(tb testing.TB, numLines int) string {
    tb.Helper() ❶

    fn := fmt.Sprintf("testdata/test.%v.txt", numLines)
    if _, err := os.Stat(fn); errors.Is(err, os.ErrNotExist) { ❷
        testutil.Ok(tb, createTestInput(fn, numLines))
    } else {
        testutil.Ok(tb, err)
    }
    return fn
}

func BenchmarkSum(b *testing.B) {
    // 如果不存在時，建立具有 2 百萬行的 7.55 MB 檔案。
    fn := lazyCreateTestInput(tb, 2e6)

    b.ResetTimer()
    for i := 0; i < b.N; i++ {
        _, err := Sum(fn)
        testutil.Ok(b, err)
    }
}
```

❶ t.Helper 告訴測試框架發生潛在錯誤時，要指出呼叫 lazyCreateTestInput 的那行。

❷ 如果檔案存在，os.Stat 會停止執行 createTestInput。更改輸入檔案的特性或大小時
要小心，如果您不更改檔案名稱，風險是執行這些測試的人會得到一個輸入的快取
舊版本。但是，如果輸入的建立速度大不了只花個幾秒，那冒這個小風險是值得的。

這樣的基準測試提供了關於基準測試實作、目的、輸入、執行命令和先決條件等簡潔明
瞭的資訊，此外，它允許您和您的團隊毫不費力地複製或重用相同的基準測試。

# 為不同輸入執行基準測試

了解實作效率會如何隨著不同大小和類型的輸入而變化，通常是一件很有幫助的事。有時手動更改程式碼中的輸入並重新執行基準測試會很好，但若是希望針對不同輸入為原始碼中的同一段程式碼編寫基準測試，例如，供團隊稍後使用，表測試就非常適合此類使用案例。功能測試通常可以看到這種樣式，但也可以在微觀基準測試中使用它，如範例 8-14 所示。

*範例 8-14　使用帶有 b.Run 的常用樣式表基準測試*

```go
func BenchmarkSum(b *testing.B) {
    for _, tcase := range []struct {    ❶
        numLines int
    }{
        {numLines: 0},
        {numLines: 1e2},
        {numLines: 1e4},
        {numLines: 1e6},
        {numLines: 2e6},
    } {
        b.Run(fmt.Sprintf("lines-%d", tcase.numLines), func(b *testing.B) {    ❷
            b.ReportAllocs()    ❸

            fn := lazyCreateTestInput(tb, tcase.numLines)

            b.ResetTimer()
            for i := 0; i < b.N; i++ {    ❹
                _, err := Sum(fn)
                testutil.Ok(b, err)
            }
        })
    }
}
```

❶ 匿名結構的內聯切片在這裡運作良好，因為您不需要在任何地方參照這個型別，隨意在此處添加任何欄位以根據需要來映射測試案例。

❷ 測試案例迴圈可以執行會告訴 go test 有關子基準測試的 b.Run 。如果您把 "" 空字串作為名稱，go test 會使用數字作為您的測試案例身分標識。我決定用幾行來作為每個測試案例的獨特描述，測試案例身分標識會添加為字尾，所以是 BenchmarkSum/<test-case> 。

❸ 對於這些測試，go test 會忽略 b.Run 之外的任何 b.ReportAllocs 和其他基準測試方法，因此請務必在此處重複它們。

❹ 這裡一個常見的陷阱，是不小心使用來自主函數的 b，而不是來自於為內部函數所建立的閉包（closure）中。如果您嘗試避免隱藏 b 變數，並為內部 *testing.B 變數使用不同變數名，例如 b.Run("", func(b2 *testing.B) 時會很常見。這些問題很難除錯，所以我建議從頭到尾都使用相同的名稱，例如 b。

令人驚奇的是，可以使用範例 8-4 中所推薦的相同執行命令來進行非表測試，benchstat 的範例執行輸出過程會類似於範例 8-15。

範例 8-15　範例 8-14 測試結果的 *benchstat* 輸出

```
name                   time/op
Sum/lines-0-4          2.79µs ± 1%
Sum/lines-100-4        8.10µs ± 5%
Sum/lines-10000-4       407µs ± 6%
Sum/lines-1000000-4    40.5ms ± 1%
Sum/lines-2000000-4    78.4ms ± 3%

name                   alloc/op
Sum/lines-0-4            872B ± 0%
Sum/lines-100-4        3.82kB ± 0%
Sum/lines-10000-4       315kB ± 0%
Sum/lines-1000000-4    30.4MB ± 0%
Sum/lines-2000000-4    60.8MB ± 0%

name                   allocs/op
Sum/lines-0-4           6.00 ± 0%
Sum/lines-100-4         86.0 ± 0%
Sum/lines-10000-4       8.01k ± 0%
Sum/lines-1000000-4      800k ± 0%
Sum/lines-2000000-4    1.60M ± 0%
```

我發現表測試非常適合用來快速了解應用程式的估計複雜度（見第 232 頁「複雜度分析」）。然後，在了解更多之後，可以把案例數量減少到真正能夠觸發過去所看到的瓶頸案例數量。此外，把這樣的基準測試提交給團隊的原始碼，會增加其他團隊成員（和您自己！）重用它，並用對專案重要的所有案例來執行微觀基準測試的機會。

## 微觀基準測試與記憶體管理

微觀基準測試的簡單性有很多好處，但也有缺點。最令人驚訝的問題之一是 go test 基準測試中報告的記憶體統計資訊的說明有限。不幸的是，考慮到記憶體管理是如何在 Go 中實作的（第 166 頁「Go 的記憶體管理」），無法使用微觀基準測試重現 Go 程式記憶體效率的所有層面。

正如範例 8-6 所示，範例 4-1 中 Sum 的簡單實作在堆積上配置了大約 60 MB 的記憶體，和 160 萬個物件來計算 200 萬個整數的總和，從這可知，記憶體效率資訊比想像中還要少，它只說明 3 件事：

- 微觀基準測試結果中遇到的一些延遲，無可避免地來自於進行如此多配置的這項唯一事實，可以透過效能分析器來確認它的重要性。

- 可以比較配置數量和大小與其他實作。

- 可以比較配置的數量和大小，與預期的空間複雜度（第 232 頁「複雜度分析」）。

不幸的是，基於這些數字的任何其他結論都落在估計的領域內，只有執行第 260 頁「宏觀基準測試」，或第 259 頁「生產中的基準測試」時才能驗證。原因很簡單：沒有用於基準測試的特別 GC 排程，因為希望能夠確保盡可能接近生產模擬。它們像在生產程式碼中一樣按正常排程執行，這意味著在基準測試的 100 次迭代中，GC 可能會執行 1,000 次、10 次；或者對於快速基準測試來說，它可能根本不執行！因此，任何手動觸發 runtime.GC() 的嘗試都是糟糕的選擇，因為它不是在生產中執行的方式，並且可能與正常的 GC 排程發生衝突。

因此，微觀基準測試給出來的不會是清晰思路，和以下記憶體效率問題：

### GC 延遲

正如第 166 頁「Go 的記憶體管理」所言，更大的堆積，也就是堆積中有更多物件將意味著 GC 需要更多工作，這總是會轉化為增加 CPU 使用率，或者更常見的，增加 GC 週期，即使在採用 25 % CPU 使用率機制之下。由於不確定的 GC 和快速基準測試運算，很可能不會看到 GC 對微基準等級的影響 [27]。

### 最大記憶體使用量

如果單一運算配置 60 MB，是否意味著在系統中執行一個這樣的運算程式，會剛剛好需要 ~60 MB 的記憶體？不幸的是，出於前面提到的相同原因，這無法透過微觀基準測試來判斷。

可能單一運算在整個持續時間內不需要所有物件，可能意味著記憶體的最大使用量會只有 10 MB，儘管配置數量為 60 MB，因為 GC 在實務上可以多次執行清理。

---

[27] 對於較長的微觀基準測試，您可能會看到 GC 延遲。一些教程還建議在沒有 GC 的情況下執行微觀基準測試（*https://oreil.ly/7v3oE*）（使用 GOGC=off），但我發現這在實務上沒有用；理想情況下是轉到宏觀層面以了解全部影響。

甚至可能有相反的情況！特別是對於範例 4-1 來說，大部分記憶體在整個運算期間都保留至檔案緩衝區中，可以從效能分析中看出這一點，第 317 頁「在 Go 中進行效能分析」也有所解釋。最重要的是，GC 清理記憶體的時間可能不夠快，導致下一個運算在原來的 60 MB 之上又配置 60 MB，總共需要作業系統提供 120 MB。如果對運算進行更大的並行，這種情況可能會更糟。

前述這項問題不幸的經常出現在 Go 程式碼中。如果可以在微觀基準測試上驗證這些問題，就可以更容易地判斷是否可以更好地重用記憶體，例如，透過第 434 頁「記憶體重用和池化」；或者是否應該直接減少配置，又要減少到什麼等級。而為了確定，需要翻至第 293 頁「宏觀基準測試」。

儘管如此，如果更多配置通常假設性會導致更多問題，則微觀基準測試配置資訊仍然非常有用，這也是為什麼微優化週期中簡單地聚焦於減少配置或配置空間的數量仍然非常有效。然而，不得不承認的是，只有來自微觀基準測試的這些數字可能無法讓人完全相信最終 GC 額外負擔，或最大記憶體使用量是否可以接受與存在著問題。儘管可以對此嘗試估計，但在進入宏觀層面進行評估之前無法確定。

## 編譯器優化與基準測試

在微觀基準測試和編譯器優化之間有一個非常有趣的「元」動態，這有時富有爭議，但有必要了解此問題、潛在後果以及減輕這些後果的方法。

微觀基準測試的目標是以盡可能高的信賴度來評估一小部分的生產程式碼效率，如給定可用時間和問題限制。出於這個原因，Go 編譯器把第 267 頁「Go 的基準測試」中的基準測試函數，視為任何其他生產程式碼。第 116 頁「理解 Go 編譯器」中討論的相同 AST 轉換、型別安全、記憶體安全、死程式碼消除和優化規則，會由編譯器對程式碼的所有部分執行，就連基準測試也不例外。因此，以下將重現所有生產條件，包括編譯階段。

這個前提很重要，但是阻礙這種準則的是有點特殊的微觀基準測試。從執行時期程序的角度來看，這段程式碼在生產環境中的執行方式，和想要了解生產環境程式碼的效率之間，存在 3 個主要差異：

- 同一程序中沒有其他使用者程式碼同時在執行 [28]。
- 在迴圈中呼叫相同的程式碼。

---

28　除非您使用平行選項來執行，否則如第 252 頁「效能不確定性」所言，我並不鼓勵。

- 通常不使用輸出或傳回引數。

這 3 件事看起來可能沒有多少區別，但正如第 123 頁「CPU 和記憶體牆問題」所言，現代 CPU 在這些情況下已經可以用不同方式來執行，例如不同的分支預測和 L 快取位置。最重要的是，一個足夠聰明的編譯器，也會根據這些情況而以不同方式來調整機器碼，完全不難想像！

這個問題在用 Java 程式設計時尤為明顯，因為一些編譯階段是在執行時期完成的，這要歸功於成熟的即時（just-in-time, JIT）編譯器。因此，Java 工程師在進行基準測試 [29] 時必須非常小心，並使用 Java 的特殊框架 [30]，來確保會模擬具有熱身階段和其他技巧的生產條件，以提高基準測試的可靠性。

在 Go 中，事情更簡單，編譯器不如 Java 成熟，並且不存在 JIT 編譯。雖然甚至沒有規劃 JIT，但正在考慮為 Go 使用某種形式的執行時期效能分析器引導的編譯器優化（profile-guided compiler optimization, PGO）[31]，這可能會讓微觀基準測試在未來會更加複雜。時間會證明一切。

然而，即使專注於目前的編譯器，它有時也會對基準測試程式碼執行不需要的優化。其中一個已知問題稱為死程式碼消除（dead code elimination）[32]，以下考量的是一個表達 population count 指令的低階函數 [33]，和範例 8-16 中的簡單微觀基準測試 [34]。

範例 8-16　popcnt 函數和受編譯器優化影響的微觀基準測試簡單實作

```
const m1  = 0x5555555555555555
const m2  = 0x3333333333333333
const m4  = 0x0f0f0f0f0f0f0f0f
const h01 = 0x0101010101010101

func popcnt(x uint64) uint64 {
    x -= (x >> 1) & m1
    x = (x & m2) + ((x >> 2) & m2)
    x = (x + (x >> 4)) & m4
    return (x * h01) >> 56
}
```

29　*https://oreil.ly/OJKNS*
30　*https://oreil.ly/Cil2Z*
31　*https://oreil.ly/yFYut*
32　*https://oreil.ly/OG1y1*
33　*https://oreil.ly/lnuMl*
34　這個函數背後的想法來自令人驚嘆的 Dave 教程（*https://oreil.ly/BKZfr*），和議題 14813（*https://oreil.ly/m3Yiy*），並做了一些修改。

```
func BenchmarkPopcnt(b *testing.B) {
    for i := 0; i < b.N; i++ {
        popcnt(math.MaxUint64)  ❶
    }
}
```

❶ 在原始議題 #14813 中，函數的輸入取自 uint64(i)，這是一個巨大的反樣式，永遠不應該使用 b.N 迴圈中的 i'！在這個例子中，我想聚焦於令人驚訝的編譯器優化風險，所以先假設想要評估 popcnt 在可能最大無正負號整數上的工作效率，使用 math.MaxInt64 以獲得。這也會讓展示在下面提到的意外行為中。

執行這個基準測試 1 秒鐘，會得到一些令人關切的輸出，如範例 8-17 所示。

範例 8-17　範例 8-16 中 BenchmarkPopcnt 基準測試的輸出

```
goos: linux
goarch: amd64
pkg: github.com/efficientgo/examples/pkg/comp-opt-away
cpu: Intel(R) Core(TM) i7-9850H CPU @ 2.60GHz
BenchmarkPopcnt
BenchmarkPopcnt-12      1000000000              0.2344 ns/op  ❶
PASS
```

❶ 只要看到基準測試進行 10 億次迭代（go test 可以進行的最大迭代次數），就可以知道這個基準測試是錯誤的，這意味著我們會看到迴圈額外負擔，而不是正在測量的延遲。這可能是由於編譯器優化您的程式碼，或因為速度太快而無法使用 Go 基準測試來測量例如單一指令所引起的。

發生什麼事？第一個問題是 Go 編譯器內聯了 popcnt 程式碼，而進一步的優化階段偵測到，沒有其他程式碼正在使用這個內聯計算的結果。編譯器偵測到如果刪除此程式碼，可觀察到的行為不會發生任何變化，因此它會刪除該內聯程式碼部分。如果在 go build 或 go test 中使用 -gcflags=-S 來列出組合語言程式碼，您會注意到沒有程式碼在負責執行 popcnt 後面的敘述，也就是這裡執行的是一個空迴圈！這也可以透過執行 GOSSAFUNC=BenchmarkPopcnt go build 並在瀏覽器中打開 ssa.html 來確認，它還會以互動方式列出產生的組合語言，可以透過使用 -gcflags=-N 來執行測試以驗證這個問題，這樣會關閉所有編譯器優化。執行或查看組合語言會向您展示巨大的差異。

第二個問題是基準測試的所有迭代，都使用相同的常數來執行 popcnt，也就是最大的無正負號整數。即使沒有發生程式碼消除，透過內聯，Go 編譯器也聰明到可以預先計算一些邏輯，有時稱為 intrinsic [35]。popcnt(math.MaxUint64) 的結果始終是 64，無論執行多少次以及在哪裡執行；因此，機器碼會簡單地使用 64，而不是在每次迭代中計算 popcnt。

通常，針對基準測試中的編譯器優化存在 3 種實用的對策：

**轉到宏觀等級。**

> 在宏觀等級上，在同一個二進位檔中沒有特殊程式碼，因此可以對基準測試和生產程式碼使用相同的機器碼。

**對更複雜的功能進行宏觀基準測試。**

> 如果編譯器優化會產生影響，您可能在太低的等級上對 Go 進行優化。

> 我個人並沒有受到編譯器優化的影響，因為我傾向於對更高階的功能進行微觀基準測試。如果您對像範例 8-16 這樣非常小的函數進行基準測試（通常是內聯的並且速度快幾奈秒），請預期 CPU 和編譯器的效應會對您產生更大的影響。對於更複雜的程式碼，編譯器通常不會聰明地內聯或調整機器碼來進行基準測試。在更大的宏觀基準測試中，指令和資料的數量也更有可能破壞 CPU 分支預測器和快取局部性，就像在生產中一樣 [36]。

**在微觀基準測試中瞞過編譯器。**

> 如果您想對像範例 8-16 這樣的小函數進行微觀基準測試，沒有其他方法可以混淆編譯器的程式碼分析，通常有效方法就是使用匯出的全域變數。鑑於目前每個套件的 Go 編譯邏輯 [37]，或使用一種告訴編譯器「此變數已使用」的新方法：runtime.KeepAlive，（告訴 GC 在堆積中保持此變數的副作用），它們很難預測。阻止編譯器內聯函數的 //go:noinline 指令也可能有效，但不建議在生產中使用，您的程式碼可能會內聯和優化，我們也想對其進行基準測試。

> 如果想改進範例 8-16 中所示的 Go 基準測試，可以為輸入添加 Sink 樣式 [38] 和全域變數，如範例 8-18 所示。這在帶有 gc 編譯器的 Go 1.18 中有效，但它在未來的 Go 編譯器中不太容易得到改進。

---

35  *https://oreil.ly/NEOyQ*
36  我並不反對超低階函數的微觀基準測試。值仍然可以比較事物，但請注意，生產的數學可能會讓人大吃一驚。
37  這並不意味著未來的 Go 編譯器就無法更具智慧性，並考慮使用全域變數來優化。
38  由於同樣的原因，sink 樣式在 C++ 中也很流行（*https://oreil.ly/UpGFo*）。

範例 8-18　*Sink* 樣式和變數輸入對策在微觀基準測試上不需要的編譯器優化

```
var Input uint64 = math.MaxUint64 ❶
var Sink uint64 ❷

func BenchmarkPopcnt(b *testing.B) {
    var s uint64

    b.ResetTimer()
    for i := 0; i < b.N; i++ {
        s = popcnt(Input) ❸
    }
    Sink = s
}
```

❶ 全域輸入變數掩蓋了 `math.MaxUint64` 是常數的事實，迫使編譯器不得偷懶，並在基準測試迭代中完成工作。這是可行的，因為編譯器無法判斷是否有其他人會在實驗之前，或實驗期間在執行時期更改此變數。

❷ `Sink` 是一個類似於 `Input` 的全域變數，但它向編譯器隱藏函數的值從未使用過的事實，因此編譯器不會假定它是死程式碼。

❸ 請注意，這裡沒有直接為全域變數賦值，因為它更昂貴，因而可能會帶給基準測試更多額外負擔。

多虧了範例 8-18 中介紹的技術，我可以估計在我的機器上執行這樣的運算大約需要 1.6 奈秒。不幸的是，雖然我得到了一個人人都希望的真實且穩定結果，但評估這種低階程式碼的效率脆弱且複雜。瞞過編譯器或禁用優化是頗具爭議的技術，它們違背基準測試程式碼應盡可能接近生產程式碼的理念。

**不要到處放 *Sink*！**

這部分可能會讓人感到害怕和複雜。當我一開始了解到這些複雜的編譯影響時，我正在處理所有微觀基準測試或斷言錯誤，以避免潛在的遺漏問題。

但這是不必要的。如第 248 頁「人為錯誤」所述，要務實、警惕您無法解釋的基準測試結果、並添加那些特殊的對策。

就個人而言，除非需要 sink，否則我不想看到它們隨處可見，許多時候它們不會如此，而且沒有它們程式碼會更清晰。我的建議是等到基準測試明確優化後，再把它們放進去。sink 的細節可以取決於上下文，例如，如果您有一個傳回 int 的函數，則可以把它們相加，然後把結果賦值給全域變數。

—Russ Cox（rsc），「Benchmarks vs Dead Code Elimination」，電子郵件討論串。

總之，請注意編譯器會如何影響您的微觀基準測試。它不會一再發生，特別是如果您在合理的等級上進行基準測試，但當它發生時，您現在應該知道如何緩解這些問題。我的建議是避免依賴如此低階的微觀基準測試；相反的，除非您是一位經驗豐富的工程師，而且對特定使用案例的 Go 程式碼超高效能感興趣，否則請藉由測試更複雜的功能來提高等級。幸運的是，您將要使用的大部分程式碼都可能因為太複雜，而無法觸發和 Go 編譯器的「戰鬥」。

# 宏觀基準測試

涵蓋效能和優化主題的程式設計書籍，通常不會在比微觀更大的層次上描述基準測試；因為，在宏觀層次上測試對於開發人員來說是一個灰色地帶，這通常是專門的測試人員團隊或 QA 工程師的責任。然而，對於後端應用程式和服務來說，此類宏觀基準測試涉及經驗、技能和工具，以能和許多依賴項、編排系統及普遍來說更宏大的基礎架構一起工作，因此，此類活動過去多是營運團隊、系統管理員以及 DevOps 工程師的領域。

但是，情況漸漸有所變化，尤其是相較於基礎架構軟體，而這是我的專業領域。雲端原生生態系統透過 Kubernetes[39]、容器等標準和技術，以及網站可靠性工程（SRE）[40] 等範例，讓開發人員更容易使用基礎架構工具。最重要的是，流行的微服務架構允許把功能塊分解為具有清晰 API 的較小程式，這讓開發人員在他們的專業領域承擔更多責任。因此，在過去的幾十年裡，出現開發人員更容易在所有等級上測試與執行軟體的趨勢。

**參與影響您軟體的宏觀基準測試！**

作為一名開發人員，參與測試您的軟體是非常有見地的，即使是在宏觀層面上也是如此。查看軟體的臭蟲和速度變慢原因，可以更明確了解優先等級；此外，如果在控制或熟悉的設定上發現這些問題，也會更容易除錯問題或找到瓶頸，確保快速修復或優化。

---

39 *https://kubernetes.io*
40 *https://sre.google*

我想打破上述慣例，向您介紹有效的宏觀基準測試所需的一些基本概念。特別是對於後端應用程式，如今，當涉及到更進階的準確效率評估和瓶頸分析時，開發人員會有更多的發言權。以下就利用這個事實討論一些基本原則，並提供一個透過 go test 來執行宏觀基準測試的實際例子。

## 基礎知識

正如第 257 頁「基準測試等級」所言，宏觀基準測試專注於在產品等級，也就是應用程式、服務或系統等測試您的程式碼，以接近您的功能和效率需求（第 82 頁「效率需求應該正式化」）。因此，可以相互比較宏觀基準測試，和整合或端到端（end-to-end, e2e）的功能測試。

本節主要聚焦於伺服器端、多元件 Go 後端應用程式的基準測試，原因有以下 3 個：

- 這是我的專長。
- 它是用 Go 語言編寫的典型應用程式目標環境。
- 此應用程式通常涉及使用重要的基礎架構，和許多複雜依賴項。

尤其是最後兩項讓我能夠專注於後端應用程式，因為其他類型的程式，如 CLI、前端、行動等，可能需要不那麼複雜的架構。儘管如此，所有類型都會重用本節中的一些樣式和知識。

例如，第 261 頁「微觀基準測試」評估了 Go 程式碼中 Sum 函數（範例 4-1）的效率，但該函數可能是更大產品或服務的瓶頸。想像一下，團隊任務是開發和維護一個更大的微服務，稱為 labeler，而它會使用 Sum。

labeler 在容器中執行，並連接到包含各種檔案的物件儲存區（object storage）[41]。每個檔案的每一行都可能有數百萬個整數，和 Sum 問題中的輸入相同。labeler 的工作是傳回一個標籤，也就是當使用者呼叫 HTTP GET 方法 /label_object 時，指定物件的元資料和一些統計資訊。傳回的標籤包含物件名稱、物件大小、校驗和（checksum）等屬性，關鍵的標籤欄位之一是物件中所有數字的總和 [42]。

會先學到的是如何在微觀層面評估較小的 Sum 函數的效率，因為它比較簡單；產品層面的情況要複雜許多。這也是為什麼要在宏觀層面上執行可靠的基準測試或瓶頸分析，以下是一些需要注意的差異以及額外元件，讓我們逐一分析，如圖 8-1 所示。

---

41 物件儲存區是廉價的雲端儲存區，具有用於上傳物件和讀取物件或其位元組範圍的簡單 API。它以具有特定 ID 的物件形式來處理所有資料，該 ID 通常看起來類似於檔案路徑。

42 您可以在 labeler 套件（*https://oreil.ly/myFWw*）中找到簡化的微服務程式碼。

---

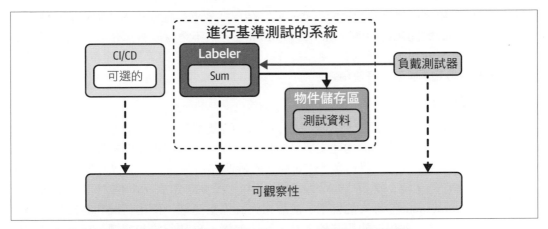

圖 8-1 宏觀基準測試所需的一般元素，例如，對 labeler 服務進行基準測試

和 Sum 微觀基準測試的具體差異可以概述如下：

### Go 程式是一個單獨的程序

感謝第 267 頁「Go 的基準測試」，讓人了解 Sum 函數的效率，並可以對其優化。但是，如果程式碼的另一部分成為流程中現在更大的瓶頸怎麼辦？這也是為什麼一般會希望在宏觀層面上用完整的使用者流程，來對 Go 程式進行基準測試，意味著以和生產中類似的方式和配置來執行該程序；但不幸的是，這也意味著不能再執行 go test 基準測試框架，因為是在程序等級進行基準測試。

### 依賴項，例如物件儲存區

宏觀基準測試的關鍵要素之一是通常希望分析整個系統的效率，包括所有關鍵依賴項，當程式碼可能依賴於依賴項的某些效率特性時，這一點尤其重要。labeler 範例中使用了物件儲存區，這通常意味著透過網路來傳輸位元組，如果物件儲存區的通訊是延遲或資源消耗的主要瓶頸，優化 Sum 可能就沒有什麼意義。在宏觀層面上通常有 3 種處理依賴項的方式：

- 可以嘗試使用真實的依賴項，例如，在我們的範例中，就是會被用在生產上的確切物件儲存區的提供者，並使用相似的資料集大小。想測試整個系統的端到端效率，這通常是最好的辦法。

- 可以嘗試實作或使用偽造的依賴項或適配器（adapter）來模擬生產問題。然而，這通常會花費過多努力，而且很難模擬慢速 TCP 連接或伺服器的確切行為。

- 可以為依賴項實作最簡單的偽造，並評估程式效率。在範例中，這可能意味著執行本地端的開源物件儲存區，例如 Minio [43]。它不會反映生產依賴性方面可能遇到的所有問題，但能估計一些關於程式問題和額外負擔。為了簡單起見，第 297 頁「Go e2e 框架」將使用它。

### 可觀察性

不能在宏觀層面上使用第 267 頁「Go 的基準測試」，因此沒有對延遲、配置和客製化度量的內建支援，所以必須提供可觀察性和監控解決方案。幸運的是，第 6 章已經討論過 Go 程式的檢測和可觀察性，可以在宏觀層面上使用它們。第 297 頁「Go e2e 框架」中，我會向您展示一個內建的支援開源 Prometheus [44] 專案的框架，該專案允許蒐集延遲、使用情況和客製化基準測試度量。您可以使用其他工具，諸如追蹤、日誌記錄和連續分析等來豐富此設定，以便輕鬆地除錯功能和效率問題。

### 負載測試器

脫離 Go 基準框架的另一個後果是缺少觸發實驗案例的邏輯。Go 基準測試使用所需的引數來執行程式碼所需的次數，在宏觀層面上可能希望使用此服務，因為使用者會把 HTTP REST API 用於 labeler 等 Web 服務。這也是為什麼需要一些負載測試器程式碼來理解 API，並會以所需的次數和參數來呼叫它們。

您可以自己實作來模擬使用者流量，不幸的是，這很容易出錯 [45]。有一些方法可以使用更進階的解決方案（如 Kafka）來把生產流量「分叉」或重放到測試產品。也許最簡單的解決方案是選擇一個現成的框架，例如開源 k6 *https://k6.io)* 專案，它是為負載測試目的而設計和經過實戰測試的。我將在「Go e2e 框架」中展示一個使用 k6 的例子。

### 持續整合（CI）和持續部署（CD）

最後，本地端開發機器上很少為更複雜的系統執行宏觀基準測試，這代表可能希望投資自動化以安排負載測試，並部署具有所需版本的所需元件。

---

43  *https://min.io*
44  *https://prometheus.io*
45  一個常見的陷阱是實作低效率的負載測試程式碼，因為您的應用程式並不允許您想要的處理量風險，而這只是因為客戶端發送流量的速度不夠快！

有了這樣的架構，就可以進行宏觀層面的效率分析，目標類似於第 261 頁「微觀基準測試」，只是用在更複雜的系統上，例如 A/B 測試，以及了解系統功能的空間和執行時間複雜度。然而，鑑於更接近於使用者在使用系統時的方法，也可以把它視為驗收測試，以驗證 RAER 效率。

理論很重要，但在實務上它看起來如何？不幸的是，使用 Go 來執行宏觀基準測試並沒有一致的方法，因為它在很大程度上取決於您的使用案例、環境和目標。但是，我想提供一個實用且快速的 labeler 宏觀基準測試範例，可以使用 Go 程式碼在本地端開發機器上執行該基準測試！請見下一節。

## Go e2e 框架

後端宏觀基準測試並不一定總代表和生產中使用的相同部署機制，例如 Kubernetes。然而，為了減少回饋迴圈，可以嘗試在開發機器或小型虛擬機器（VM）上使用所有必需的依賴項、專用負載測試器和可觀察性，來進行宏觀基準測試。在許多情況下，它可能會在宏觀層面上為您提供足夠可靠的結果。

對於實驗，您可以在電腦上手動部署第 294 頁「基礎知識」中提到的所有元素，例如編寫 bash 腳本或 Ansible[46] 執行手冊（runbook）。然而，既然我們是希望提高程式碼效率的 Go 開發人員，那要不要在 Go 程式碼中實作這樣的基準測試，並把它儲存在您的基準程式碼旁邊呢？

為此，我想向您介紹 e2e[47] Go 框架，它允許使用 Go 程式碼和 Docker 容器，在單一機器上執行互動式或自動化實驗。容器（container）[48] 是一個概念，它允許在一個隔離且安全的沙盒環境中執行程序，同時重用主機的核心。在這個概念中，我們在預定義的容器映像（image）中執行軟體。這意味著必須預先建構或下載要執行的軟體所需映像；或者，可以建構容器映像並添加所需的軟體，例如 Go 程式的預建構二進位檔 labeler。

容器在任何作業系統上都不是頭等公民。相反的，它可以使用現有的 Linux 機制來建構，例如 cgroup、namespaces 和 Linux 安全模組（Linux Security Module, LSM[49]）。Docker 提供容器引擎的一種實作[50]，藉由像 Kubernetes 這樣的編排系統，容器也大量應用於大型雲端原生基礎架構。

---

46 *https://oreil.ly/x9LTf*
47 *https://oreil.ly/f0IJo*
48 *https://oreil.ly/aMXuu*
49 *https://oreil.ly/C4h3z*
50 這個空間隨著兩個獨立的規格：CRI 和 OCI，以及容器生態系統各個部分的各種實作而迅速擴展，閱讀此處可得知更多相關資訊：*https://oreil.ly/yKSL8*。

## 在容器中進行基準測試的好處

在宏觀層面上，我有更多喜歡使用容器的原因，即使對於單節點本地端測試也是如此：

- 允許隔離流程，實現更可靠的可觀察性和限制設施，這能夠限制某些資源來模擬不同的生產層面，並考慮給定程序的資源使用情況，例如網路使用情況或 CPU 使用情況。

- 如果在生產環境中使用容器，也可以在宏觀基準測試中使用相同的容器映像。這確保更高的可靠性，建構、封裝或安裝階段都不會引入未知數。

- 同樣的，為了分析基準測試情況，可以使用和生產相同的檢測與可觀察性[51]。

- 和必須完全虛擬化記憶體及 CPU 等硬體資源的虛擬機器（VM）[52] 等較重的虛擬化相比，容器的隔離幾乎沒有額外負擔。

- 更容易安裝和使用依賴項（可移植性！）

 要利用容器的所有優勢，讓每個容器只執行一個程序！把更多程序，例如本地端資料庫放入一個容器中很吸引人，但這違背觀察和隔離容器的目的。Kubernetes 或 Docker 等工具專為每個容器的單一程序而設計，因此請把輔助程序放在邊車容器中。

以下是完整的宏觀基準測試實作，分為範例 8-19 和 8-20 兩部分，評估第 294 頁「基礎知識」中介紹的 labeler 服務延遲和記憶體使用情況。為方便起見，實作可以編寫成腳本，並作為由 t.Skip 或建構標籤（build tag）[53] 保護的普通 go test，來以手動或以與功能測試不同的節奏執行[54]。

---

51 這常常受到低估。建立可重複使用的儀表板、了解您的檢測以及度量的含義，需要大量工作。如果本地端測試和生產環境共享相同度量和其他信號，能節省下大量時間並增加高級的可觀察性品質機會。

52 *https://oreil.ly/HEtBk*

53 *https://oreil.ly/tyue6*

54 您可以自己執行此程式碼或探索 e2e 框架以查看它如何在此處配置所有元件（*https://oreil.ly/ftAY1*）。

範例 8-19　在互動模式下執行 Go 宏觀基準測試（第 1 部分）

```
import (
    "testing"

    "github.com/efficientgo/e2e"
    e2edb "github.com/efficientgo/e2e/db"
    e2einteractive "github.com/efficientgo/e2e/interactive"
    e2emonitoring "github.com/efficientgo/e2e/monitoring"
    "github.com/efficientgo/core/testutil"
    "github.com/thanos-io/objstore/providers/s3"
)

func TestLabeler_LabelObject(t *testing.T) {
    e, err := e2e.NewDockerEnvironment("labeler") ❶
    testutil.Ok(t, err)
    t.Cleanup(e.Close)

    mon, err := e2emonitoring.Start(e) ❷
    testutil.Ok(t, err)
    testutil.Ok(t, mon.OpenUserInterfaceInBrowser()) ❸

    minio := e2edb.NewMinio(e, "object-storage", "test") ❹
    testutil.Ok(t, e2e.StartAndWaitReady(minio))

    labeler := e2e.NewInstrumentedRunnable(e, "labeler"). ❺
        WithPorts(map[string]int{"http": 8080}, "http").
        Init(e2e.StartOptions{
            Image: "labeler:test", ❻
            LimitCPUs: 4.0,
            Command: e2e.NewCommand(
                "/labeler",
                "-listen-address=:8080",
                "-objstore.config="+marshal(t, client.BucketConfig{
                    Type: client.S3,
                    Config: s3.Config{
                        Bucket:    "test",
                        AccessKey: e2edb.MinioAccessKey,
                        SecretKey: e2edb.MinioSecretKey,
                        Endpoint:  minio.InternalEndpoint(e2edb.AccessPortName),
                        Insecure:  true,
                    },
                }),
            ),
        })
    testutil.Ok(t, e2e.StartAndWaitReady(labeler))
```

❶ e2e 專案是一個允許建立端到端測試環境的 Go 模組，它目前支援在 Docker 容器中以任何語言執行的元件，可以對檔案系統、網路和可觀察性乾淨隔離。容器可以相互通訊，但不能和主機連接；相反的，主機可以透過在容器啟動時所列印的映射到的 localhost 連接埠，來連接到容器。

❷ e2emonitoring.Start 方法會啟動 Prometheus 和 cadvisor [55]，後者把和容器相關的 cgroups 轉換為 Prometheus 度量格式，以便於蒐集。Prometheus 還會自動從使用 e2e.NewInstrumentedRunnable 啟動的所有容器中蒐集度量。

❸ 對於資源使用情況和應用程式度量的互動式探索，可以呼叫 mon. OpenUserInterfaceInBrowser()，它會在瀏覽器中打開 Prometheus UI（如果在桌面上執行時）。

❹ Labeler 會使用物件來儲存依賴項。正如第 294 頁「基礎知識」所言，我透過聚焦於 labeler Go 程式效率而簡化了該基準測試，而不受遠端物件儲存區的影響。為此，本地端 Minio 容器是合適的。

❺ 最後，是時候在容器中啟動 labeler Go 程式了。值得注意的是，我把容器的 CPU 限制設定為 4（由 Linux cgroups 強制執行），以確保本地端基準測試不會讓我機器上的所有 CPU 飽和。最後，注入物件儲存區配置，以連接本地端 minio 實例。

❻ 我使用本地端建構的 labeler:test 映像。我經常在 Makefile 檔案中添加一個腳本來產生這樣的映像，例如 make docker。您可能會忘記要使用進行基準測試的那個 Go 程式版本來建構映像，因此請注意您正在測試的內容！

範例 8-20　在互動模式下執行 Go 宏觀基準測試（第 2 部分）

```
testutil.Ok(t, uploadTestInput(minio, "object1.txt", 2e6)) ❶

k6 := e.Runnable("k6").Init(e2e.StartOptions{
    Command: e2e.NewCommandRunUntilStop(),
    Image: "grafana/k6:0.39.0",
})
testutil.Ok(t, e2e.StartAndWaitReady(k6))

url := fmt.Sprintf(
    "http://%s/label_object?object_id=object1.txt",
    labeler.InternalEndpoint("http"),
)
testutil.Ok(t, k6.Exec(e2e.NewCommand(
    "/bin/sh", "-c", `cat << EOF | k6 run -u 1 -d 5m - ❷
```

---

55　*https://oreil.ly/v9gEL*

```
import http from 'k6/http'; ❸
import { check, sleep } from 'k6';

export default function () {
    const res = http.get('`+url`');
    check(res, { ❹
        'is status 200': (r) => r.status === 200,
        'response': (r) =>
            r.body.includes(
    '{"object_id":"object1.txt","sum":6221600000,"checksum":"SUUr'
            ),
    });
    sleep(0.5)
}
EOF`)))

    testutil.Ok(t, `e2einteractive.RunUntilEndpointHit()`)
}
```

❶ 必須上傳一些測試資料。在簡單測試中，上傳一個包含 200 萬行的單一檔案，使用的樣式和第 267 頁「Go 的基準測試」中所使用的樣式類似。

❷ 我選擇 k6 作為負載測試器。k6 為批次處理工作，因此我首先必須建立一個長時間執行的空容器，讓我可以在 k6 環境中執行新程序，以把所需的負載放在我的 labeler 服務上。作為殼層命令，我把負載測試腳本當作輸入傳遞給 k6 CLI，並指定想要的虛擬使用者數（-u 或 --vus）。VUS 代表執行腳本中所指定的負載測試函數的工作者（worker）或執行緒，為了讓測試和結果保持簡單，這裡暫時只使用一個使用者，以避免同時進行 HTTP 呼叫。-d（--duration 的簡寫）類似於第 267 頁「Go 的基準測試」中的 -benchtime 旗標，請在此處查看有關使用 k6 的更多提示 [56]。

❸ k6 接受用簡單的 JavaScript 程式碼所編寫的負載測試邏輯。我的負載測試很簡單。對我要進行基準測試的 labeler 路徑進行 HTTP GET 呼叫。我選擇在每次 HTTP 呼叫後休眠 500 毫秒，讓 labeler 伺服器有時間在每次呼叫後清理資源。

❹ 類似於第 279 頁「測試您的基準測試正確性！」必須測試輸出。如果在 labeler 程式碼或宏觀基準測試實作中觸發錯誤，可能會測量錯誤的東西！使用 check JavaScript 函數允許斷言預期的 HTTP 程式碼和輸出。

---

56 *https://oreil.ly/AbLOD*

❺ 這裡可能希望添加當延遲或記憶體使用量在特定閾值內時會通過這些測試的自動斷言規則。然而，正如第 243 頁「和功能測試的比較」中所了解到的那樣，很難找到可靠的效率斷言。相反的，我建議以更具互動性的方式來了解 labeler 的效率。e2einteractive.RunUntilEndpointHit() 會停止 go test 基準測試，直到您點擊印出的 HTTP URL。它允許探索所有輸出和可觀察性訊號，例如，關於 labeler 的已蒐集度量和 Prometheus 的測試。

這段程式碼片段可能很長，但和它編排的內容相比，它相對較小且可讀性強。另一方面，它必須描述一個相當複雜的宏觀基準測試，以在一個可靠的基準測試中配置和排程五個程序，並具有豐富的容器檢測和內部 Go 度量。

**保持容器映像版本化！**

確保會針對確定性版本的依賴項進行基準測試很重要。這也是為什麼您應該避免使用 :latest 標籤，因為常常在更新它們之後，卻不會明顯地注意到這點。此外，在第二個基準測試之後，發現無法把它與第一個基準測試的結果比較非常令人沮喪，因為依賴項版本發生變化，這可能會也可能不會潛在地影響結果。

您可以透過 IDE 或簡單的 go test . -v -run TestLabeler_LabelObject 來啟動範例 8-19 中的基準測試。一旦 e2e 框架建立了一個新的 Docker 網路，啟動 Prometheus、cadvisor、labeler 和 k6 容器，並將它們的輸出串流式傳輸到您的終端機，最後會執行 k6 負載測試。在指定的 5 分鐘後，應該會有印出的結果，其中包含有關測試功能的正確性和延遲的匯總統計資訊，點擊印出 URL 時測試會停止，這樣做的話，測試會刪除所有容器和 Docker 網路。

**宏觀基準測試的持續時間**

在第 267 頁「Go 的基準測試」中，通常執行基準測試 5 至 15 秒就足夠了。為什麼我在這裡選擇執行 5 分鐘的宏觀負載測試？有兩個主要原因：

- 通常，進行基準測試的功能越複雜，想要重複的時間和迭代就越多，以穩定化所有系統元件。例如，正如第 286 頁「微觀基準測試與記憶體管理」所言，微觀基準測試並不會顯示 GC 可能會對程式碼所產生的確切影響。使用宏觀基準測試可以執行一個完整的 labeler 程序，所以想知道 Go GC 會如何處理 labeler 工作。但是，要查看頻率、GC 的影響和最大記憶體使用量，就需要在壓力之下花更多時間執行程式。

- 為了在生產中達到可持續且成本較低的可觀察性和監控，要避免過於頻繁地測量應用程式的狀態。這就是為何我推薦的 Prometheus 蒐集（抓取）間隔會是大約 15 到 30 秒。因此，希望透過幾個蒐集週期來執行測試以獲得準確的測量結果，同時還能和生產共享相同的可觀察性。

在下一節中，我將介紹這個實驗提供的輸出以及可以進行的潛在觀察。

## 了解結果和觀察

正如第 273 頁「了解結果」所言，實驗只是成功的一半，下半場是正確地解讀結果。在執行範例 8-19 大約 7 分鐘後，應該可以看到 k6 輸出[57] 類似於範例 8-21 的結果。

*範例 8-21 使用 k6 對一個虛擬使用者（VUS）進行 7 分鐘測試的宏觀基準測試輸出的最後 24 行*

```
running (5m00.0s), 1/1 VUs, 476 complete and 0 interrupted iterations
default   [ 100% ] 1 VUs  5m00.0s/5m0s
running (5m00.4s), 0/1 VUs, 477 complete and 0 interrupted iterations
default ✓ [ 100% ] 1 VUs  5m0s
✓ is status 200
✓ response

checks...................: 100.00% ✓ 954     ✗ 0  ❶
data_received............: 108 kB  359 B/s
data_sent................: 57 kB   191 B/s
http_req_blocked.........: avg=9.05µs  min=2.40µs  med=0.5µs    max=333.13µs
```

---

57 還有一種方法可以把這些結果直接推送到 Prometheus（*https://oreil.ly/1UdNR*）。

```
                p(90)=11.69µs  p(95)=14.68µs
     http_req_connecting.......: avg=393ns    min=0s      med=0s       max=187.71µs
     http_req_duration.........: avg=128.9ms min=92.53ms med=126.05ms max=229.35ms ❷
         p(90)=160.43ms p(95)=186.77ms ❷
     { expected_response:true }: avg=128.9ms min=92.53ms med=126.05ms max=229.35ms
         p(90)=160.43ms p(95)=186.77ms
     http_req_failed...........: 0.00%   ✓ 0        ✗ 477
     http_req_receiving........: avg=60.17µs min=30.98µs med=46.48µs  max=348.96µs
         p(90)=95.05µs  p(95)=124.73µs
     http_req_sending..........: avg=35.12µs min=11.34µs med=36.72µs  max=139.1µs
         p(90)=59.99µs  p(95)=67.34µs
     http_req_waiting..........: avg=128.81ms min=92.45ms med=125.97ms max=229.22ms
         p(90)=160.24ms p(95)=186.7ms
     http_reqs.................: 477     1.587802/s ❸
     iteration_duration........: avg=629.75ms min=593.8ms med=626.51ms max=730.08ms
         p(90)=661.23ms p(95)=687.81ms
     iterations................: 477     1.587802/s ❸
     vus.......................: 1       min=1       max=1
     vus_max...................: 1       min=1       max=1
```

❶ 檢查此行以確保您衡量成功的呼叫！

❷ 如果想要追蹤總 HTTP 請求延遲的延遲，http_req_duration 是最重要的度量。

❸ 同樣重要的是要注意進行的呼叫總數（進行的迭代次數越多，它就越可靠）。

從客戶端的角度來看，k6 的結果可以顯示很多有關不同 HTTP 階段達成的處理量和延遲的資訊。似乎只有一個「工作者」呼叫方法並等待 500 毫秒，讓我們達到大約每秒 1.6 次呼叫（http_reqs），和平均客戶端延遲 128.9 毫秒（http_req_duration）。正如第 213 頁「延遲」所言，尾部延遲可能和延遲測量更為相關，為此，k6 還計算了百分位數，這表明 90% 的請求（p90）都快於 160 毫秒。第 267 頁「Go 的基準測試」可以了解該程序中所涉及的 Sum 函數平均耗時為 79 毫秒，意味著它占平均延遲甚至總 p90 延遲的大部分。如果關心的是在這種情況下優化延遲，應該嘗試優化 Sum，第 9 章將學習使用效能分析等工具，來驗證該百分比並識別其他瓶頸的方法。

應該檢查的另一個重要結果是執行的變異數。我希望 k6 提供開箱即用的變異數計算，因為如果沒有它，很難說出迭代的可重複性，例如，看到最快的請求耗時 92 毫秒，而最慢的請求耗時 229 毫秒。這看起來令人擔憂，但第一次請求需要較多時間是正常的。為了確定，需要執行兩次相同的測試並測量平均值和百分位值變異數。例如，在我的機器上，下一次執行相同的 5 分鐘測試給我的平均時間為 129 毫秒、p90 為 163 毫秒，這指出變異數很小。儘管如此，最好還是把這些數字蒐集在一些電子試算表中，並且計算標準差，以找到變異數百分比。可能會有使用像是 benchstat 這樣的快速 CLI 工具空間，它可以提供類似的分析。這很重要，因為第 247 頁「實驗可靠性」方面同樣適用於宏觀基準測試。如果結果不可重複，可能希望改進測試環境、減少未知數、或測試更長時間。

k6 輸出並不是所擁有的一切！像 Prometheus 這樣具有良好使用監控和可觀察性的宏觀基準測試美妙之處在於，可以評估和除錯許多效率問題和疑問。在範例 8-19 的設定中，多虧了 cadvisor、來自 labeler Go 執行時期的內建程序和堆積度量、以及我在其中手動檢測的應用程式等級 HTTP 度量，有工具提供關於容器和程序的 cgroup 度量的檢測。因此，可以根據目標和 RAER（第 100 頁「效率感知開發流程」），來檢查讓人在意的使用度量，例如第 213 頁「效率度量語意」中所討論的度量和其他更多。

以下就來看看執行後可以在 Prometheus 中看到的一些度量視覺化。

## 伺服器端延遲

在本地端測試中因為使用本地端網路，因此伺服器和客戶端延遲之間應該幾乎沒有差異（第 213 頁「延遲」討論過這種差異）。然而，更複雜的宏觀測試可能會從位於另一個地理位置的不同伺服器或遠端裝置，載入測試系統，這不一定能導入令人想要在結果中考慮的網路額外負擔。如果不想要，可以向 Prometheus 查詢伺服器為 /label_object 路徑處理的平均請求持續時間，如圖 8-2 所示。

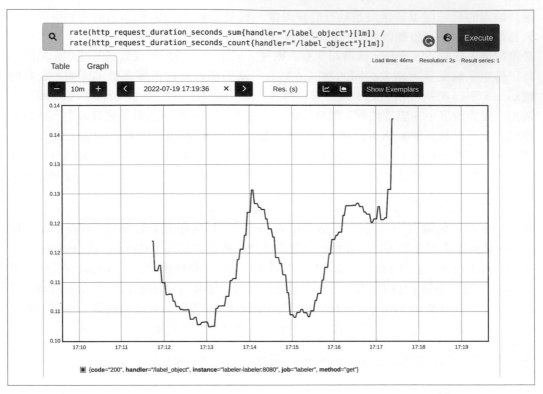

圖 8-2　把 `http_request_duration_seconds` 直方圖總和除以計數率，以得到伺服器端延遲

結果證實範例 8-21 中看到的內容。觀察到的平均延遲約為 0.12 至 0.15 秒，具體取決於時刻。該度量來自我在 Go 中使用 `prometheus/client_golang` 程式庫 [58] 所添加的手動建立的 HTTP 中介軟體 [59]。

### *Prometheus* 速率持續時間

請注意，我在查詢此宏觀基準測試時為 Prometheus 計數器使用了 `[1m]` 範圍向量，這是因為只執行 5 分鐘的測試。對於 15 秒的抓取，1 分鐘應該有足夠樣使得 `rate` 有意義，而且我還可以使用一次性分鐘窗口粒度，在我的度量值中看到更多詳細資訊。

---

58　*https://oreil.ly/j1k4E*
59　請參閱 labeler 使用的範例程式碼：*https://oreil.ly/22YQp*。

談到伺服器端百分位數時，往往依賴於分桶直方圖（bucketed histogram），這意味著結果的準確性取決於最靠近的桶。在範例 8-21 中，結果是 92 毫秒到 229 毫秒，其中 p90 等於 136 毫秒。在基準測試的時候，桶在 `labeler` 中定義如下：0.001，0.01，0.1，0.3，0.6，1，3，6，9，20，30，60，90，120，240，360，720。結果只能看出 90% 的請求都快於 300 毫秒，如圖 8-3 所示。

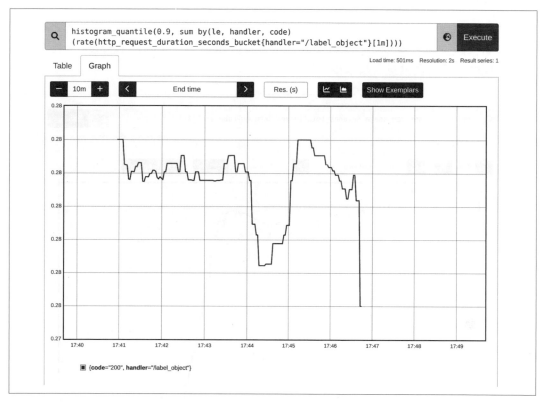

圖 8-3　使用 `http_request_duration_seconds` 直方圖計算 `/label_object` 請求的 p90 分位數

想找到更準確的結果，可能需要手動調整桶，或在即將推出的 Prometheus 2.40 版本中使用新的稀疏直方圖功能。如果不關心請求是在 100 毫秒還是 300 毫秒內處理，但會關心它是否會突然變成長達 1 秒時，表示預設桶其實已經運作良好了。

## CPU 時間

延遲是一回事，但 CPU 時間可以告訴 CPU 需要多少時間來完成它的工作、有多少並行可以提供幫助以及程序是否受 CPU 或 I/O 羈絆，還可以判斷是否為目前程序負載提供足夠的 CPU。正如第 4 章中所學，迭代的更高延遲可能是由於 CPU 飽和的結果，程式使用所有（或接近極限）可用的 CPU 核心，實際上減慢所有 goroutine 的執行。

在基準測試中，可以使用 Go 執行時期 `process_cpu_seconds_total` 計數器或 cadvisor `container_cpu_usage_seconds_total` 計數器來查找該數字。這是因為 `labeler` 是其容器中的唯一程序。這兩個度量看起來很相似，後者如圖 8-4 所示。

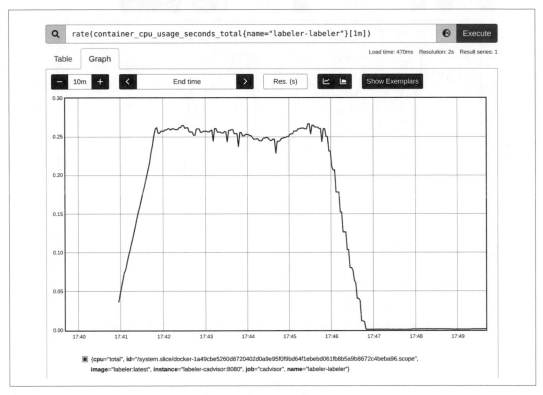

圖 8-4　使用 `container_cpu_usage_seconds_total` 計數器評估 `labeler` CPU 使用率

該值在 0.25 至 0.27 CPU 秒之間波動，這代表 labeler 為此負載所需的 CPU 時間量。我把 labeler 限制為 4 個 CPU 核心，但它最多使用單一 CPU 的 27%。這意味著 CPU 很可能沒有飽和；除非同時有很多嘈雜鄰居在執行，延遲數字中可看到這一點。考慮到請求平均需要 128.9 毫秒，然後 k6 會等待 500 毫秒，每秒 270 毫秒的 CPU 時間似乎是一個合理的數值，提供了 20%[60] 的負載測試時間，所以 k6 實際上要求 labeler 做一些工作，這些工作可能不會全部用在 CPU 上，也會用在 I/O 時間上。目前版本中的 labeler / label_object 執行是循序的，但是會有一些背景任務，比如監聽訊號、度量蒐集、GC 和 HTTP 背景 goroutine。同樣，請參閱第 317 頁「在 Go 中進行效能分析」，這是準確判斷占用 CPU 內容的最佳方式。

## 記憶體

第 261 頁「微觀基準測試」中了解 Sum 配置的記憶體數量，但 Sum 並不是 labeler 必須執行的唯一邏輯。因此，如果想要評估 labeler 的記憶體效率，需要查看在基準測試期間蒐集的程序或容器等級的記憶體度量。最重要的是，如第 286 貞「微觀基準測試與記憶體管理」中所提，只有在宏觀層面上，才有機會了解更多有關 GC 的影響，和 labeler 程序的最大記憶體使用情況。

查看圖 8-5 中顯示的堆積度量，可以觀察到單一 /label_object 正在使用大量記憶體。在看到範例 8-7 中的 Sum 函數的微觀基準測試結果，顯示出每次迭代會使用 60.8 MB 後，這並不令人意外。

此一觀察展示 GC 導致問題的可能性。給定 k6 中的單一「工作者」（VUS），如果 Sum 是主要瓶頸，則 labeler 永遠不需要超過 ~61 MB 的即時記憶體；然而，可以看出，對於 2 次刮取（30 秒）和之後的 1 次刮取的持續時間，記憶體會增加到 118 MB。最有可能的是，在第二次呼叫開始之前，GC 還沒有從之前的 HTTP /label_object 呼叫中釋放記憶體。如果把峰值考慮在內，整體最大堆積大小會穩定在 120 MB 左右，這應該可以說明沒有即時記憶體洩漏的情形[61]。

---

60　128.9 毫秒除以 128.9+500 毫秒，以告知哪一部分的時間，負載測試器會主動進行負載測試。

61　查看 go_goroutine 也有幫助。如果看到明顯的趨勢，可能是忘記關閉一些資源。

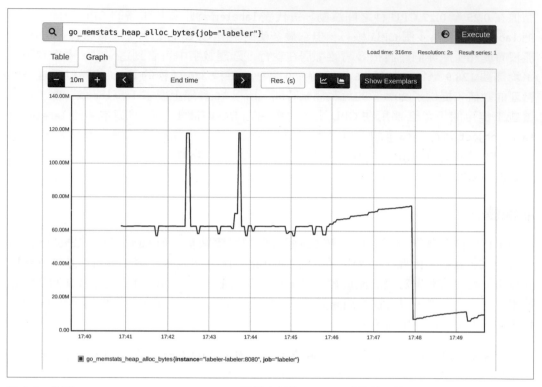

圖 8-5　使用 `go_memstats_heap_alloc_bytes` 量規來評估 `labeler` 堆積使用情況

---

### go_memstats_heap_alloc_bytes 量規和臨時更改

小心任何會監測比刮取間隔更頻繁發生的變化的 Prometheus 量規。例如，Go 程式可能有像圖 8-5 中看到的那兩個尖峰一樣的更多尖峰，但它們太短了，Prometheus 無法在 `go_memstats_heap_alloc_bytes` 度量中觀察到 [62]。

在長時間，如十幾小時或幾天內查詢量規度量時，可能會發生類似的情況。UI 解析度，即所謂的 `step` 會為更多時間調整，並且可能會隱藏有趣的時刻。確保較低的解析度或使用 `max_over_time` 來確定觀察到的最大值，或用 `min_over_time` 來得到最小值。

---

62 解決方案是使用計數器。對於記憶體，這意味著使用現有的 `rate(go_memstats_alloc_bytes_total[1m])`，並把它除以 GC 釋放的位元組速率。不幸的是，Prometheus Go 蒐集器不會公開此類度量。Go 允許獲取此資訊（*https://oreil.ly/Noqnp*），因此有可能會在未來添加。

> 這很少是記憶體方面的問題，因為 GC 和作業系統對惰性記憶體釋放機制的反應非常緩慢，可見第 152 頁「作業系統記憶體管理」的解釋。

不幸的是，正如第 152 頁「作業系統記憶體管理」，和第 225 頁「記憶體使用情況」所言，堆積使用的記憶體只是 Go 程式使用的 RAM 空間一部分。為 goroutine 堆疊、手動建立的記憶體映射和核心快取（例如，用於檔案存取）配置的空間，需要作業系統在實體記憶體上保留更多分頁。查看圖 8-6 中顯示的容器級 RSS 度量時可以看到這一點。

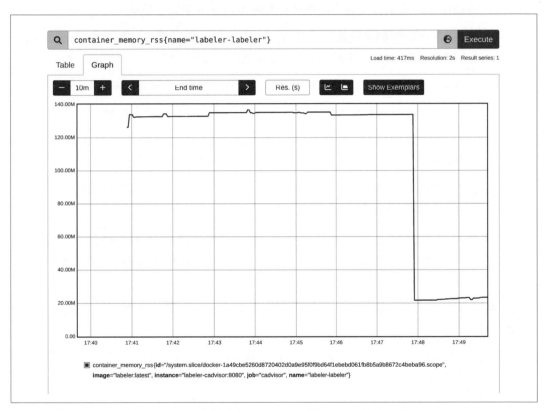

圖 8-6　使用 `container_memory_rss` 量規來評估 `labeler` 實體 RAM 使用情況

幸運的是，RSS 端也沒有出現意外。活動記憶體分頁或多或少就是堆積的大小，並在測試完成後立即恢復到較小的等級，因此，可以評估該 `labeler` 為此負載需要大約 130 MB 的記憶體。

綜合以上所述，在宏觀層面評估延遲和資源如 CPU 和記憶體的效率後，實際上可以更進一步評估，這取決於效率目標，如磁碟、網路、I/O 裝置、資料庫使用等。k6 配置在測試中很簡單，只有單一工作者和帶有暫停的循序呼叫。下一節將探討其他變化和可能性。

# 一般宏觀基準測試工作流程

第 297 頁「Go e2e 框架」中的範例測試，應該能讓您了解如何配置範例負載測試工具、掛鉤依賴項，以及設定和使用實用的可觀察性來分析效率。最重要的是，您可以根據效率目標，向您和您的專案需要的方向擴展此類本地端 e2e 測試。例如：

- 使用多個工作者對您的系統進行負載測試，以評估維持給定的每秒請求（request per second, RPS）速率，又同時維持所需的 p90 延遲需要資源[63]。

- 執行 k6 或其他負載測試工具，來模擬不同位置的真實客戶端流量。

- 在遠端伺服器上部署宏觀基準測試，或許使用和您的產品相同的硬體。

- 在遠端位置部署依賴項，例如在 labeler 範例中，使用 AWS S3 服務[64] 而不是本地端物件儲存區實例。

- 把您的宏觀測試和服務擴展到多個副本，以檢查流量是否可以適當地進行負載平衡，從而使系統的效率保持可預測。

類似於第 277 頁「找到您的工作流程」所述，您應該找到最適合自己執行此類實驗和分析的工作流程。例如，對於我本人與合作團隊來說，設計和使用第 297 頁「Go e2e 框架」中的宏觀基準測試過程可能如下所示：

1. 以團隊身分，規劃宏觀基準測試元素、依賴項、要基準測試的層面以及要對其施加的負載。

2. 我會確保 labeler 和宏觀基準測試程式碼的狀態乾淨。我提交所有更改，以了解我正在進行的測試內容，以及所使用的基準測試。可以說最終完成第 297 頁「Go e2e 框架」中的基準測試。

---

63 對於更大的測試，請考慮確保您的負載測試器有足夠的資源，請參閱 k6 的這個指南：*https://oreil.ly/v4DGs*。

64 *https://oreil.ly/pzeua*

---

3. 在開始基準測試之前，我建立一個共享的 Google 文件 [65]，並記錄所有實驗細節，例如環境條件和軟體版本。

4. 我執行基準測試以評估給定程式版本的效率：

   - 執行宏觀基準測試，例如，透過在 Goland IDE 中使用 Go e2e 框架（請參閱第 297 頁「Go e2e 框架」），啟動 go test 並等待負載測試完成。

   - 確認不存在任何功能錯誤。

   - 把 k6 結果儲存到 Google 文件。

   - 蒐集想要聚焦的資源有趣觀察結果，例如，堆積和 RSS，以評估記憶體效率，截取螢幕截圖並把它們貼到 Google 文件中 [66]，最後，記下得出的所有結論。

   - 在有所取捨下，為第 317 頁流程的「在 Go 中進行效能分析」蒐集效能分析器。

5. 如果所得到的發現讓我在我的程式碼中找到優化，我會實作並把儲存為新的 git 提交，然後再次進行基準測試（參見第 5 步），並把新結果儲存到不同版本下的同一個 Google 文件中，這樣就可以在稍後比較我的 A/B 測試。

前面的工作流程讓我們能夠分析結果，並根據我建立的文件所制定的假設，來得出效率評估的結論。連結到精確的基準測試，並且最好是提交給原始碼，可以允許其他人重現相同的測試，來驗證結果或執行進一步的基準測試和測試。同樣的，只要您有注意第 247 頁「實驗的可靠性」中提到的元素，就可以隨意使用需要的任何實務。宏觀基準測試沒有單一一致的過程和框架，這在很大程度上取決於您想要確保產品效率時所投資的軟體類型、生產條件和價格。

值得一提的是，宏觀基準測試和第 259 頁「生產中的基準測試」相差無幾。您可以在生產基準測試中重用宏觀基準測試的許多元素，如負載測試器和可觀察性工具；反之亦然。這種可交互運作性（interoperability）能夠節省建構和學習新工具的時間，在生產環境中執行基準測試的主要區別，在於透過確保新軟體版本在不同測試和基準測試等級的基本品質，或者透過利用 beta 測試器、金絲雀部署等，確保生產使用者的品質。

---

65 任何其他媒體，如 Jira 票券（ticket）評論，或 GitHub 議題（issue）也適用。只需確保您可以輕鬆貼上螢幕截圖，這樣就不會大驚小怪，也不會因為螢幕截圖和實驗而犯錯！

66 不要一次貼上所有螢幕截圖，之後還想要添加描述。嘗試對 Google 文件中的每個觀察迭代，因為稍後很容易忘記您正在捕獲的情況。此外，我還見識過很多時候認為螢幕截圖已儲存在筆記型電腦的本地端目錄中，結果卻丟失所有基準測試結果的事件。

# 總結

恭喜！透過本章，您現在應該了解如何實際執行微觀和宏觀基準測試，這也是了解是否必須進一步優化軟體，如果有必要時要優化什麼、以及優化多少的核心方法。此外，微觀和宏觀基準測試在與效率相關的軟體開發其他層面，如容量規劃和可擴展性，也都具有無可估量的價值[67]。

在從事軟體開發的日常職業生涯中，我非常依賴微觀和宏觀基準測試。多虧了微觀層面的快速回饋迴圈，我經常在關鍵路徑中的較小功能施作，以決定應該如何實作，它們易於編寫且易於刪除。

宏觀基準測試需要更多投資，所以我特別推薦建立和實施以下基準測試：

- 在更大的功能或發布之後，作為對整個系統的 RAER 評估驗收測試。
- 在除錯和優化引發效率問題的迴歸或事件時。

微觀和宏觀基準測試中涉及的實驗對於效率評估和第 104 頁「6. 找到主要瓶頸」很有用，但是，在該基準測試期間，還可以對 Go 程式進行效能分析以推斷出主要的效率瓶頸。下一章將介紹實際操作的方法！

---

67 Martin Kleppmann 的著作：*Designing Data-Intensive Applications: The Big Ideas Behind Reliable, Scalable, and Maintainable Systems*（*https://oreil.ly/M9RYQ*，O'Reilly）中有詳細解釋。

# 第九章

# 資料驅動的瓶頸分析

眾所周知，程式設計師通常不善於猜測程式碼的哪些部分是資源主要耗用者。
對於程式設計師來說，這樣的情況很常見：修改一段程式碼並期望省下大量時
間，但卻發現因為程式碼很少執行，所以根本沒有任何差別。

— Jon Louis Bentley，*Writing Efficient Programs*

提高 Go 程式效率的關鍵步驟之一，是了解您想要改進的延遲或資源使用的主要來源在
哪裡。因此，應該有意識地先將重點放在貢獻最大的程式碼部分，如瓶頸或熱點，以獲
得最大的優化價值。

使用在軟體開發方面的經驗，來估計程式碼的哪一部分最為昂貴或計算速度過慢，是很
直覺的想法，過去肯定發生過類似導致效率問題的的程式碼片段，例如，「哦，我在 Go
中使用鏈結串列，它太慢了，所以一定是它！」或者「這裡建立很多新切片，我認為
這就是瓶頸，讓我們重用一些吧。」這些隨之而來的痛苦或壓力讓人記憶深刻，但不幸
的是，這種出自感覺的結論往往是錯誤的，每個程式、使用案例和環境都不盡相同，該
軟體可能會在其他地方遇到困難。必須快速可靠地發現該部分，才能知道應該針對哪裡
優化。

幸運的是這不需要猜測，蒐集適當資料即可！Go 提供並整合非常豐富的工具，可以用
來進行瓶頸分析，將從第 316 頁「根本原因分析，要不是為了效率」開始這段旅程，之
中介紹其中一些原因。然後，我將向您介紹第 317 頁「在 Go 中進行效能分析」，讓您了
解 pprof 生態系統，這個效能分析基礎很流行，但如果您不了解基本知識，就不容易理
解它的結果，這裡的工具、報告和視覺化說明文件很少，因此我會用幾個小節來描述原
則和常見表達法。第 341 頁「抓取效能分析訊號」中，您將學習檢測和蒐集效能分析器
的方法。第 346 頁「通用效能分析器檢測」，會解釋一些現在可以在 Go 中使用的重要現

有效能分析器。最後，第 358 頁將介紹「提示和技巧」，包括最近流行，有「持續效能分析」之稱的技術！

這是我在研究和準備相關內容時，從中學到豐富內容的章節之一，也因此，我興奮不已的想與您分享這些知識！就從根本原因分析，以及它和瓶頸分析的聯繫開始吧！

# 根本原因分析，要不是為了效率

瓶頸分析（bottleneck analysis）過程，和工程師在系統事件或測試失敗後執行的因果分析（causal analysis）[1]，與根本原因分析（root cause analysis）[2]，實際上沒有什麼不同。事實上，效率問題會導致許多此類事件，例如，HTTP 請求在 CPU 飽和時會超時。因此，最好在系統或程式的瓶頸分析過程中，為自己配備類似的思維方式和工具。

對於具有多個程序的更複雜系統，調查可能涉及許多症狀[3]、轉移注意力（red herring）[4]、甚至多個瓶頸。

第 6 章中的工具對於瓶頸分析向來非常寶貴。透過有關資源使用的度量，可以縮小尋找範圍，以找出何時和哪個程序配置，或使用最多記憶體或 CPU 時間等資源。透過詳細的日誌記錄，可以為每個階段提供額外的延遲測量。經由追蹤，可以分析請求路徑，並找出哪個程序對整個運算的延遲貢獻最大，有時是程式函數[5]。

另一種天真的方法是嘗試錯誤（trial-and-error）流程，透過一個一個地禁用某些程式碼部分以手動方式實驗，檢查出是否可以重現該效率錯誤。然而，對大型系統來說，這在實務上很可能是不可行的，可能有更好的方法來確定會導致大量資源使用或高延遲的主要因素，例如在幾秒鐘內看出負責它確切程式碼行的東西。

這種方便的訊號稱為效能分析（*profiling*），一般視為可觀察性的第四大支柱，下一節將詳細探討分析。

---

1　*https://oreil.ly/3MhUA*

2　*https://oreil.ly/KNqVV*

3　症狀（symptom）是由某些潛在情況引起的影響，例如，OOM 是 Go 程式要求比允許更多記憶體的症狀。症狀的問題在於它們通常看起來會像是根本原因，但可能會存在導致它們的潛在瓶頸。例如，導致 OOM 的程序高記憶體使用率可能看起來像是根本原因，但如果它是因為請求處理不夠快的依賴項所引起的，那它也可能只是其他問題的症狀。

4　轉移注意力（*https://oreil.ly/5AKbS*）是一種意想不到的行為，事實證明這對調查的一般主題來說不是問題。例如，在調查請求的延遲為何較高時，可能會關心應用程式中看到除錯日誌中出現「開始處理請求」，而在數小時內沒有看到「完成的請求」。結果往往是可能期望出現的「完成」日誌訊息並沒有實作，或者只是在日誌系統中把它丟棄了。事情常常會引人誤會；這也是為什麼需要快速找到問題時，應該在不會誤導的可觀察性和程式流程情況下保持清晰和明確。

5　通常，追蹤不會提供完整的堆疊追蹤，只會提供最重要功能，以限制額外負擔和追蹤成本。

---

# 在 Go 中進行效能分析

效能分析是動態程式碼分析的一種形式。您在應用程式執行時抓取其特性，然後使用此資訊來確保應用程式更快、更有效率。

—「Profiling Concepts」，Google Cloud Documentation

效能分析是一個完美的概念，用於表達由程式中的特定程式碼行所引起的某些事物確切使用情況，例如，經過的時間、CPU 時間、記憶體、goroutine 或資料庫中的列。根據尋找內容，可以比較來自不同程式碼行，或按函數[6]或檔案分組內容的貢獻。

根據我的經驗，效能分析是 Go 社群中最成熟的除錯方法之一。它豐富、有效率，並且每個人都可以存取，Go 標準程式庫提供 6 個開箱即用、由社群建立以及易於客製化的效能分析器（profile）實作。令人驚奇的是，所有這些效能分析器可能都具有不同涵義，並且和不同資源相關，但它們的表達法遵循相同的慣例和格式。這意味著無論您想探索堆積（第 346 頁）、goroutine（第 350 頁）還是 CPU（第 352 頁），您都可以使用相同的視覺化以及分析工具和樣式。

毫無疑問的，非常感謝 pprof 專案[7]（「pprof」是 performance profile：效能分析器）。那裡有很多效能分析器（profiler），有適用於 Linux 的 `perf_events`（perf 工具）[8]、適用於 FreeBSD 的 `hwpmc`[9]、DTrace[10] 等其他。pprof 的特別之處在於它建立一個通用的表達法、檔案格式和視覺化工具來分析資料，這意味著您可以使用上述任何工具，或者從頭開始在 Go 中實作效能分析器，並使用相同工具和語意，來分析這些效能分析器。

> **效能分析器**
>
> 效能分析器是一種軟體，可以蒐集特定資源或時間的堆疊追蹤和使用情況，然後儲存到效能分析器中。已配置、安裝或檢測的效能分析器，可以稱為效能分析檢測。

下一節將深入研究 pprof。

---

6 　或方法（method），但在 Go 中會用相同方式處理。特別是在本章中，我將經常使用**函數**（*function*）這個術語，而我同時指的是 Go 函數和方法。

7 　*https://oreil.ly/jDj10*

8 　*https://oreil.ly/MO8S8*

9 　*https://oreil.ly/JJ8Gp*

10 　*https://oreil.ly/hUm9r*

# pprof 格式

最初的 pprof 工具是 Google 內部開發的 Perl 腳本，根據版權標頭，它的開發可能要追溯到 1998 年，2005 年，它以 gperftools 的一部分首次發布，並於 2010 年添加到 Go 專案中。2014 年，Go 專案用由 Raul Silvera 實作的 Go 版本，替換基於 Perl 的 pprof 工具版本，而且此時已在 Google 內部使用。該實作於 2016 年以獨立專案重新發布，從那時起，Go 專案一直在供應上游專案的副本，並定期更新。

—Felix Geisendörfer，「Go's pprof Tool and Format」

Go 和 C++ 等許多程式語言，以及 Linux perf [11] 等工具都可以利用 pprof 格式，因此值得進一步了解。為了真正理解效能分析，先快速建立客製化效能分析，以追蹤 Go 程式中目前打開的檔案。程式可以同時儲存的檔案描述符數量有其限制，如果程式遇到這樣的問題，檔案描述符效能分析可能有助於找到程式負責打開最大數量描述符的部分。[12]

這樣的基本效能分析，不需要實作任何 pprof 編碼或追蹤程式碼；相反的，可以使用標準程式庫實作的簡單 runtime/pprof.Profile 結構 [13]，它允許建立用來記錄想要類型物件目前的計數和來源的效能分析器。pprof.Profile 非常簡單並且有點受限 [14]，但它也極為適合開始這趟效能分析之旅。

範例 9-1 有基本效能分析器範例。

*範例 9-1　使用 pprof.Profile 功能實作檔案描述符效能分析*

```
package fd

import (
    "os"
    "runtime/pprof"
)

var fdProfile = pprof.NewProfile(«fd.inuse») ❶
```

---

11　*https://oreil.ly/PTJFN*

12　Go 社群中已經提議將這樣的效能分析器包含在標準程式庫中。但是，至少在目前為止，Go 團隊拒絕這個想法（*https://oreil.ly/YZoiR*），因為理論上您可以追蹤打開的檔案，這要歸功專注於 os.Open 配置的記憶體效能分析器。

13　*https://oreil.ly/f2OkA*

14　使用 pprof.Profile 只能追蹤物件，無法進一步分析，比如過去的物件建立、I/O 使用等；也無法客製化產生的 pprof 檔案內容，比如額外標籤、客製化採樣、其他的值別等。此類客製化效能析需要更多程式碼，但由於像 github.com/google/pprof/profile（*https://oreil.ly/DgeqN*）這樣的 Go 套件，它仍然相對容易實作。

---

```go
// File 是 os.File 的封裝，它會追蹤檔案描述符的一生。
type File struct {
    *os.File
}

// Open 會開啟一個檔案並在 fdProfile 中追蹤它。
func Open(name string) (*File, error) {
    f, err := os.Open(name)
    if err != nil {
        return nil, err
    }
    fdProfile.Add(f, 2) ❷
    return &File{File: f}, nil
}

// Close 會關閉檔案並更新效能分析器。
func (f *File) Close() error {
    defer fdProfile.Remove(f.File) ❸
    return f.File.Close()
}

// Write 會把目前開啟的檔案描述符儲存到 pprof 格式的效能分析器中。
func Write(profileOutPath string) error {
    out, err := os.Create(profileOutPath)
    if err != nil {
        return err
    }
    if err := fdProfile.WriteTo(out, 0); err != nil { ❹
        _ = out.Close()
        return err
    }
    return out.Close()
}
```

❶ pprof.NewProfile 旨在用作全域變數，它使用提供的名稱來註冊效能分析器，而該名稱必須獨一無二。在此範例中，我使用 fd.inuse 名稱來指出效能分析器追蹤正在使用的檔案描述符。

不幸的是，這個全域註冊慣例有一些缺點。如果您匯入兩個建立了您不想使用的效能分析器套件，或者它們使用通用名稱來註冊效能分析器，程式將會崩潰。另一方面，全域樣式允許使用 pprof.Lookup("fd.inuse")，以從不同套件中獲取建立的效能分析器，它還會自動和 net/http/pprof 處理程式一起工作，我會在第 341 頁「抓取效能分析訊號」中解釋。它在範例的工作正常，但我通常不建議對任何嚴肅的客製化效能分析器使用全域慣例。

❷ 為了記錄活動的檔案描述符，提供一個模仿 os.Open 函數的 Open 函數。它會打開一個檔案並記錄。它還包裝 os.File，所以關閉時我們會知道。Add 方法會記錄物件。第二個引數說明在堆疊追蹤中要跳過多少次呼叫。堆疊追蹤用來以進一步的 pprof 格式記錄效能分析器位置。

我決定使用 Open 函數作為範例建立的參照，因此必須跳過兩個堆疊頁框。

❸ 可以在檔案關閉時刪除該物件。注意，我使用的是同樣的內部 *os.File，所以 pprof 套件可以追蹤找到我開啟的物件。

❹ 標準 Go 效能分析器提供 WriteTo 方法，把完整的 pprof 檔案位元組寫入所提供的寫入器。但是，一般會希望把它儲存到檔案中，因此我添加了 Write 方法。

許多標準效能分析器，如稍後第 346 頁「通用效能分析器檢測」的內容，都以透明化方式檢測，例如，不必以不同方式配置記憶體，就可以在堆積效能分析器中看到它（參見第 346 頁「堆積」）。對於類似的客製化效能分析器，必須在程式中手動檢測效能分析器，例如我建立的 TestApp，模擬一個剛好打開 112 個檔案的應用程式，這個使用範例 9-1 的程式碼如範例 9-2 所示。

範例 9-2　使用 *fd.inuse* 效能分析來檢測的 *TestApp* 程式碼，會在結尾把效能分析器儲存到 *fd.pprof* 檔案

```go
package main

// import "github.com/efficientgo/examples/pkg/profile/fd"

type TestApp struct {
    files []io.ReadCloser
}

func (a *TestApp) Close() {
    for _, cl := range a.files {
        _ = cl.Close() // 待辦事項：檢查錯誤。❷
    }
    a.files = a.files[:0]
}

func (a *TestApp) open(name string) {
    f, _ := fd.Open(name) // 待辦事項：檢查錯誤。❶
    a.files = append(a.files, f)
}
```

```go
func (a *TestApp) OpenSingleFile(name string) {
    a.open(name)
}

func (a *TestApp) OpenTenFiles(name string) {
    for i := 0; i < 10; i++ {
        a.open(name)
    }
}

func (a *TestApp) Open100FilesConcurrently(name string) {
    wg := sync.WaitGroup{}
    wg.Add(10)
    for i := 0; i < 10; i++ {
        go func() {
            a.OpenTenFiles(name)
            wg.Done()
        }()
    }
    wg.Wait()
}

func main() {
    a := &TestApp{}
    defer a.Close()

    // 不論在過去開啟多少檔案 ...
    for i := 0; i < 10; i++ {
        a.OpenTenFiles("/dev/null") ❸
        a.Close()
    }

    // ... 在最後的 Close 之後，只有以下的檔案會用在效能分析器中。
    f, _ := fd.Open("/dev/null") // 待辦事項：檢查錯誤。
    a.files = append(a.files, f)

    a.OpenSingleFile("/dev/null")
    a.OpenTenFiles("/dev/null")
    a.Open100FilesConcurrently("/dev/null")

    if err := fd.Write("fd.pprof"); err != nil { ❹
        log.Fatal(err)
    }
}
```

❶ 使用 `fd.Open` 函數開啟檔案，作為開啟檔案的副作用，此函數會開始把它記錄在效能分析器中。

❷ 要一直確保檔案在不需要時會關閉，這能節省資源（如檔案描述符），更重要的是，刷新所有緩衝寫入，並記錄不再使用的檔案。

❸ 為了示範效能分析工作，首先開啟 10 個檔案再關閉它們，這樣重複進行 10 次，使用 */dev/null* 作為用於測試目的的虛擬檔案。

❹ 最後，使用以某種方式鏈結的技術來建立 110 個檔案，然後以 `fd.inuse` 效能分析器的形式拍攝這種情況快照。我為該檔案使用 *.pprof* 副檔名（Go 說明文件使用 *.prof*），但從技術上來說，它是一個使用 `gzip` 程式壓縮的 protobuf 檔案，因此經常使用 *.pb.gz* 檔案擴展名。也可使用任何您認為更具可讀性的用法。

範例 9-2 中的程式碼事件看起來很簡單。然而實務上，Go 程式的複雜度可能會讓人想知道是什麼程式碼建立這麼多未關閉的檔案，建立的 *fd.pprof* 儲存資料，應該可以給出這個問題的答案。Go 社群中的 `pprof` 格式可稱為簡單的 gzip 壓縮 protobuf[15]（二進位格式）檔案，該格式使用 `.proto` 語言中定義的綱要來設定型別，並在 *google/pprof* 專案的 *proto* 檔案[16] 中正式定義。

要快速了解 `pprof` 樣式及其基元（primitive），可見範例 9-2 產生的 *fd.pprof* 檔案儲存內容，開啟（使用中）和全體檔案描述符圖表的進階表達法如圖 9-1 所示。

圖 9-1 顯示以 `pprof` 格式儲存的物件，以及這些物件包含的幾個核心欄位，甚至更多。您可能會注意到，這種格式是為提高效率而設計的，具有許多間接性，即透過整數 ID 來參照其他事物。為簡單起見，我在圖表上跳過該細節，但所有字串也參照為整數，並具有用於駐留（interning）的字串表[17]。

---

15  *https://oreil.ly/2Lgbl*
16  *https://oreil.ly/CiEKb*
17  *https://oreil.ly/KT4UY*

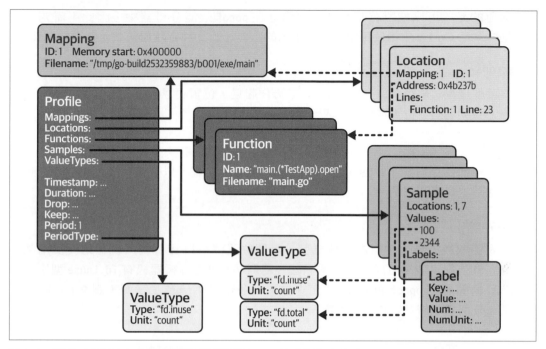

圖 9-1　開啟（使用中）和全體檔案描述符的 pprof 格式進階表達法

pprof 格式以名為 Profile 的單一根物件開始，它包含以下子物件：

Mappings

並非每個程式的二進位檔中都有除錯符號。例如，第 116 頁「理解 Go 編譯器」曾提到 Go 會預設使用它們來提供人類可讀的參照了原始碼的堆疊追蹤。然而，編譯二進位檔的人可能會刪除此資訊，讓二進位檔更為縮小，如果沒有符號，pprof 檔案可以和堆疊頁框（位置）的位址一起使用。然後，透過有符號化（symbolization）[18] 之稱的過程，進一步使用工具，這些位址會動態地轉換為確切的原始碼行，可以指定把位址映射到二進位檔的方法，如果它由後面步驟動態提供的話。

不幸的是，如果您需要二進位檔，則必須從蒐集效能分析器的相同原始碼版本和架構中建構，這通常非常棘手，例如，從遠端服務獲取效能分析器時，很可能不會在分析效能分析器的機器上擁有相同的二進位檔，更多資訊請參見第 341 頁「抓取效能分析器訊號」。

---

18　*https://oreil.ly/zcZKa*

幸運的是，可以把所有必須元資料儲存在 pprof 效能分析器中，因此不需要符號化。這是 Go 1.9 中用於標準效能分析器的內容，因此我會跳過符號化技術的解釋。

### Locations

位置就是程式碼行（或其位址）。為了方便起見，位置可以指向定義它的函數以及原始碼檔案名稱，位置本質上代表一個堆疊頁框。

### Functions

函數結構儲存有關函數的元資料，在其中定義了位置，只有在二進位檔中存在除錯符號時才會填充它們。

### ValueTypes

這表明效能分析器中有多少個維度。每個位置都可以負責使用或有助於使用某些值，值型別定義單位以及該值的涵義。範例 9-1 效能分析器只有 `fd.inuse` 型別，因為目前簡單的 `pprof.Profile` 不允許放置更多維度；但為了示範，圖 9-1 有兩種型別，分別表示總計數和目前計數。

**貢獻**

pprof 格式效能分析器不限制效能分析器值的涵義，而是由實作來定義測量到的值的語意。例如範例 9-1，我把它定義為在效能分析器快照時所存在的開啟檔案數。第 346 頁「通用效能分析器檢測」中，該值表達其他的涵義：CPU 花費的時間、配置的位元組數、或在特定位置執行的 goroutine 數。別忘了一定要釐清您的效能分析器值的涵義！

通常，大多數效能分析器值會告知程式碼的每個部分使用多少資源或時間，這也是為什麼我在解釋樣本的效能分析器值時，堅持使用 `contribution` 的動詞。

Samples

某個給定堆疊追蹤的測量結果或測量的貢獻,此堆疊追蹤來自於某個給定值型別的某個值。為了表達堆疊追蹤(呼叫序列),範例列出從堆疊追蹤頂部開始的所有位置ID,重要的細節是樣本必須具有和定義的值型別數量與順序相等數量的值,也可以在樣本上貼上標籤。例如,可以附加在該堆疊追蹤中開啟的範例檔案名,第 346 頁「堆積」即使用它來顯示平均配置大小。

## 更多元資料

抓取效能分析器的時間、資料追蹤持續時間(如果適用),和一些過濾資訊等,也可以放在效能分析器物件中。period 欄位是最重要的欄位之一,它顯示效能分析器是否得到採樣,範例 9-2 中追蹤所有經過檢測的 Open 呼叫,因此 period 等於 1。

有了所有這些元件,pprof 資料模型設計良好,其中包含描述軟體任何層面的效能分析資料,它還可以有效地和統計性效能分析器一起使用,從發生的所有事情中的一小部分來抓取資料。

在範例 9-2 中,追蹤開啟的檔案不會替應用程式帶來太多額外負擔。也許在極端的生產情況下呼叫 Add 和 Remove、以及在每個開啟和關閉的檔案上映射物件,可能會減慢一些關鍵路徑。然而,對於複雜的效能分析器來說,如第 352 頁「CPU」、第 346 頁「堆積」,情況要糟糕許多。對於描述程式使用 CPU 的 CPU 效能分析器,追蹤指令在每個週期中的確切執行內容既不切實際也不可能。這是因為對於每個週期來說,都需要抓取堆疊追蹤並把它記錄在記憶體中,正如第 4 章所言,這可能需要數百個 CPU 週期。

這就是必須對 CPU 效能分析器採樣的原因,這點類似於其他效能分析器,如記憶體。正如您將在第 346 頁「堆積」中了解到的那樣,對其進行採樣是因為追蹤所有單獨配置,會增加大量額外負擔,並減慢程式中的所有配置。

幸運的是,即使使用高度採樣的效能分析器,效能分析也非常有用。按照設計,效能分析主要用於瓶頸分析,而根據定義,瓶頸是使用大部分資源或時間的東西。這意味著無論抓取使用 100%、10% 甚至 1% CPU 時間的事件,從統計上講,使用最多 CPU 的程式碼,仍應具有最大使用量數字而名列前茅。這也是為什麼總是會以某種方式,對更昂貴的效能分析器採樣的原因,這讓 Go 開發人員可以在幾乎所有程式中安全地預啟用效能分析器,它還支援第 359 頁「持續效能分析」將討論的持續效能分析實務。

**統計資料並非 100% 準確**

在抽樣的效能分析器中,您可能會遺漏部分貢獻。

像 Go 這樣的效能分析器有一個複雜的縮放機制,試圖找到丟失配置的機率,並針對它調整,這通常就足夠精確。

然而,這些只是近似值,有時會錯過效能分析器中配置較小的一些程式碼位置,有時實際配置比估計的要大或小一點。

確保檢查 pprof 效能分析器中的 period 資訊(可見「go tool pprof 報告」的解釋),並注意效能分析器中的採樣以得出正確結論。不要驚訝和擔心您的基準測試配置數字和效能分析器中的數字不完全匹配,只有當獲得周期等於 1(100% 樣本)的效能分析器時,才能完全確定絕對數字。

解釋 pprof 標準的基礎知識後,現在來看看可以用這樣的 *.pprof* 檔案做些什麼事?幸運的是,有很多工具可以理解這種格式,並幫忙分析效能分析資料。

## go tool pprof 報告

您可以使用許多工具和網站(!)來剖析與分析 pprof 效能分析器,且得益於清晰的綱要(schema),您還可以輕鬆編寫自己的工具。然而,最流行的是 google/pprof 專案,它為此目的實作 pprof CLI 工具 [19];Go 專案也提供相同工具,可以透過 Go CLI 使用,例如,可以使用 `go tool pprof -raw fd.pprof` 命令,以半人類可讀格式來報告所有 pprof 相關欄位,如範例 9-3 所示。

*範例 9-3　使用 Go CLI 的 .pprof 檔案原始除錯輸出*

```
go tool pprof -raw fd.pprof
PeriodType: fd.inuse count
Period: 1 ❶
Time: 2022-07-29 15:18:58.76536008 +0200 CEST
Samples:
fd.inuse/count
      100: 1 2
       10: 1 3 4
        1: 5 4
        1: 6 4

Locations
1: 0x4b237b M=1 main.(*TestApp).open example/main.go:23 s=0
   main.(*TestApp).OpenTenFiles example/main.go:33 s=0
```

---

[19] *https://oreil.ly/lGZJG*

---

```
2: 0x4b25cd M=1 main.(*TestApp).Open100FilesConcurrently.func1 (...)
3: 0x4b283a M=1 main.main example/main.go:64 s=0
4: 0x435b51 M=1 runtime.main /go1.18.3/src/runtime/proc.go:250 s=0
5: 0x4b26f2 M=1 main.main example/main.go:60 s=0
6: 0x4b2799 M=1 main.(*TestApp).open example/main.go:23 s=0
    main.(*TestApp).OpenSingleFile example/main.go:28 s=0
    main.main example/main.go:63 s=0
Mappings
1: 0x400000/0x4b3000/0x0 /tmp/go-build3464577057/b001/exe/main  [FN]
```

❶ -raw 輸出是目前發現抓取效能分析器時,所使用的採樣(period)最佳方式,把它和 head 工具程式一起使用,可以看到包含該資訊的前幾行,這對於大型效能分析器很有用,例如,`go tool pprof -raw fd.pprof | head`。

原始輸出可以揭示有關效能分析器所含資料的一些基本資訊,它有助於建立圖 9-1 中的圖表。然而,有其他更好方法來分析更大的效能分析器,例如,如果執行 `go tool pprof fd.pprof`,會進入交談模式,讓您檢查不同的位置並產生各種報告。本書不會介紹這種模式,因為現在有一種更好的方法,可以完成幾乎所有交談模式,那就是網路查看器(web viewer)!

執行網路查看器的最常見方法是透過 Go CLI,在您的電腦上執行本地端伺服器。使用 -http 旗標來指定位址和要偵聽的連接埠,例如,執行 `go tool pprof -http :8080 fd.pprof`[20] 命令會在瀏覽器中開啟網路查看器網站[21],顯示在範例 9-2 中獲得的效能分析器。您會看到的第一頁,是根據給定的 *fd.pprof* 效能分析器呈現的有向圖(請參閱第 333 頁「Graph」);但在到達那裡之前,先來熟悉 Web 介面中可用的頂部導航功能表[22],如圖 9-2 所示。

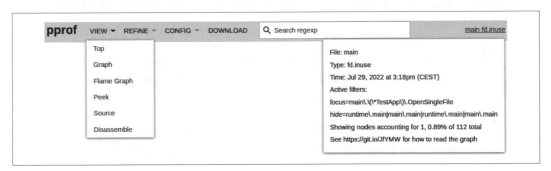

圖 9-2　pprof 網頁介面的頂部導航

---

20　:8080 是 0.0.0.0:8080 的簡寫,所以會偵聽您機器的所有網路介面。

21　要執行此命令或產生圖形,需要在電腦上安裝 graphviz 工具(*http://www.graphviz.org*)。

22　本指南適用於 Go 1.19 的 Web 介面,沒有任何跡象表明它會有所改變,但 pprof 工具可能會在 Go 的後續版本中增強或更新。

從左側開始，頂部的灰色覆蓋功能表具有以下按鈕和輸入 [23]：

*VIEW*

允許您選擇相同效能分析資料的不同視圖（報告），下面的小節會介紹共 6 種的視圖型別，它們都從略微不同的角度來顯示效能分析器，並且各有其目的，您可能會有自己的偏好。它們從位置階層（堆疊追蹤）中產生的，可以從圖 9-1 中的範例中重建。

*SAMPLE*

圖 9-2 中沒有此功能表選項，因為只有一種樣本值型別，具有 count 單位的 `fd.inuse` 型別。但對於具有更多型別的效能分析器，SAMPLE 功能表允許選擇要使用的樣本型別，一次可以使用一個。這通常出現在堆積效能分析器中。

*REFINE*

此功能表只適用於 Graph 和 Top 視圖（請參閱第 333 頁和第 331 頁）。它允許把 Graph 或 Top 視圖過濾到某些感興趣的位置：圖形中的節點和頂部表格中的列。它對於具有數百個或更多位置的異常複雜效能分析器特別有用，使用時，請單擊一個或多個 Graph 節點，或 Top 表中的列以選擇位置，然後單擊 REFINE，並選擇是否要聚焦（focus）、忽略（ignore）、隱藏（hide）或顯示（show）它們。

Focus 和 Ignore 控制通過所選定的節點或列的樣本的可見性，讓您可以聚焦或忽略完整的堆疊追蹤，Hide 和 Show 只控制節點或列的可見性，而不影響樣本。

可以在 `go tool pprof` CLI [24] 中使用 `-focus` 和其他旗標來應用相同的過濾。此外，REFINE > Reset 選項會回到非過濾視圖，如果您更改為不支援提煉選項的視圖，它只會保留 Focus 值。

當您想找到特定程式碼路徑的確切貢獻時，Focus 和 Ignore 非常有用。另一方面，當您想要向某人展示圖表，或把它當作是某張更清晰圖片的說明文件時，您可以使用 Hide 和 Show。

如果您有意願私自將您的程式碼和效能分析器產生關聯，請不要使用這些選項，因為這會很容易混淆，尤其是在效能分析器旅程才剛開始時。

---

23　您也可以把滑鼠懸停在每個功能表項目上，3 秒鐘後會出現一個簡短的協助彈出視窗。
24　*https://oreil.ly/OVQLC*

## CONFIG

您在 REFINE 選項中使用的提煉設定會儲存在 URL 中，但是，您可以把這些設定儲存到特殊的命名配置中，還有 Graph 視圖的縮放（zoom）選項。單擊 CONFIG > Save As ⋯⋯，然後選擇您要使用的配置，Default 配置的工作方式類似於 REFINE > Reset，配置儲存在 *<os.UserConfigDir>/pprof/settings.json* [25] 下。在我的 Linux 機器上，它位於 *~/.config/pprof/settings.json* 中，此選項也只適用於 Top 和 Graph 視圖；而且，如果更改為任何其他視圖，則會自動正為 Default。

## DOWNLOAD

此選項會下載您在 `go tool pprof` 中使用的相同效能分析器，如果有人在遠端伺服器上公開網路查看器，而且您想要儲存遠端效能分析器時，這就很有用了。

## Search regexp

可以使用 RE2 正規表達式 [26] 語法，按位置的函數名稱、檔案名稱或物件名稱，來搜尋感興趣的樣本，這會在 REFINE 功能表中設定 Focus 選項。在某些視圖中，例如 Top、Graph 和 os.ReadFile，介面還會在您編寫表達式時突出顯示匹配的樣本。

## 二進位名稱和樣本型別

右上角是帶有所選二進位名稱和範例值型別的連結，您可以單擊此功能表項目以開啟一個小彈出視窗，其中包含正在執行的效能分析器、視圖和選項的快速統計資訊，例如，圖 9-2 顯示當您單擊帶有某些 REFINE 選項的連結時所見內容。

在深入研究 `pprof` 工具中可用的不同視圖之前，必須了解特定位置粒度的 Flat 和 Cumulative（簡稱 Cum）值的重要概念。

每個 pprof 視圖會顯示一個或多個位置的 Flat 和 Cumulative 值：

- Flat 代表某個節點對資源或時間使用的直接責任。
- Cumulative 是在間接貢獻中的直接貢獻的總和。間接意味著位置沒有直接建立任何資源，或沒有在任何時候使用，但可能呼叫一個或多個函數執行。

---

25  *https://oreil.ly/nWfnq*
26  *https://oreil.ly/c0vAq*

最好使用程式碼範例來詳細解釋這些定義，以下為範例 9-2 中的一部分 main() 函數，並顯示在範例 9-4 中。

*範例 9-4　以範例 9-2 的一部分內容解釋 Flat 和 Cumulative 值*

```
func main() { ❶
    // ...

    f, _ := fd.Open("/dev/null") // 待辦事項：檢查錯誤。❷
    a.files = append(a.files, f) ❸

    a.OpenSingleFile("/dev/null")
    a.OpenTenFiles(«/dev/null») ❹

    // ...
}
```

❶ 效能分析會和代表導致特定樣本呼叫序列的堆疊追蹤緊密結合，以此例說明，這種特定樣本就是開啟檔案；但是可以聚合所有通過 main() 函數的樣本，以了解更多資訊。在本範例中，main() 函數開啟檔案的 Flat 數為 1，Cum 為 12。這是因為在 main 函數中，只透過 fd.Open 直接開啟一個檔案 [27]；其餘的都是透過鍊鎖（chained）（後代）函數開啟。

❷ 從 fd.pprof 效能分析器中，可以發現該程式碼行的 Flat 值為 1，Cum 為 1，它直接開啟一個檔案，而並不會間接影響更多檔案描述符的使用。

❸ append 對任何樣本都沒有貢獻，因此，任何樣本都不應包含此程式碼行。

❹ 呼 叫 a.OpenSingleFile 方 法 程 式 碼 行 的 Flat 值 為 0，Cum 為 1；相 同 的，a.OpenTenFiles 方法 Flat 值為 0，Cum 為 10。兩者都直接在 CPU 接觸此程式行的那一刻（還）不要建立任何檔案。

Flat 和 Cum 的名字容易讓人混淆，所以我會在後面的內容中使用直接（direct）和累積（cumulative）這兩個術語。這兩個數字都有助於比較程式碼對資源或時間使用有貢獻的部分，累積數字幫助了解更昂貴的流量，而直接值顯示潛在瓶頸的來源。

瀏覽一下不同的視圖，看看如何使用它們來分析範例 9-2 中獲取的 fd.pprof 檔案。

---

27　從效能分析的角度來看，直接（Flat）貢獻由檢測實作來決定。範例 9-1 中的客製化程式碼把 fd.Open 函數視為開啟檔案描述符的時刻，而不同效能分析實作可能會以不同方式來定義「使用」時刻，如配置時刻、CPU 時間使用或等待鎖開啟等。

## Top

在 VIEW 列表中列於第一個，Top 報告會顯示按功能分組的每個位置統計表，*fd.pprof* 檔案視圖如圖 9-3 所示。

圖 9-3　按直接值排序的 Top 視圖

每一列代表開啟的檔案對單一函數的直接和累積貢獻，正如從範例 9-4 中了解到的那樣，它聚合該函數中的一行或多行使用，這稱為函數粒度，可以透過 URL 或 CLI 旗標配置。

### 選擇您的粒度

某些視圖如 Top、Graph 和 Flame Graph，允許依檔案、函數，來對位置分組，或根本不分組而是按行或位址分組。這意味著一個條目，可能是行或圖形節點，會對單一函數或檔案中所有行的貢獻分組。

您可以透過在 `go tool pprof` 命令中使用以下旗標之一來選擇粒度：預設選項 `-functions`、`-files`、`-lines` 或 `-address`；同樣的，您也可以使用 URL 參數 `?g=<granularity>` 來設定。

通常，函數粒度會夠低，特別是在低採樣率的情況下。例如 CPU 效能分析器中。然而，切換到行粒度可以有效得知究竟哪行程式碼對分析資源有貢獻，以及在哪裡可以找到它。如果函數的直接貢獻值非零，您可能需要檢查函數的哪個確切部分是瓶頸！

定義 Flat 和 Cum 欄所代表的值之後，該視圖中的其他欄是：

*Flat%*

該列的直接貢獻占程式總貢獻的百分比，上述例子中，99.11% 的開啟檔案描述符是由 open 方法直接建立，112 個中有 111 個。

*Sum%*

第三欄是從最上面到目前流量所有直接值占總貢獻的百分比，例如，最上面的 2 列直接負責所有 112 個檔案描述符，該統計資料能夠縮小到可能對瓶頸分析來說最重要的函數。

*Cum%*

列的累積貢獻占總貢獻的百分比。

**涉及 *Goroutine* 時要小心**

在 goroutine 的某些情況下，累積值可能會產生誤導。例如，圖 9-3 指出 run time.main 累計開啟 12 個檔案。但是，從範例 9-2 可以發現，它還執行了 Open100FilesConcurrently 方法，該方法隨後把匿名函數 Open100FilesConcurrently.func1 視為新的 goroutine 來執行。我希望 Graph 中有一個從 runtime.main 到 Open100FilesConcurrently.func1 的連結，並且 runtime.main 的累積值為 112。

問題是 Go 中每個 goroutine 的堆疊追蹤時常分開，因此，goroutine 彼此之間的建立順序並不相關，查看第 350 頁的 goroutine 效能分析器時就會清楚了，分析程式瓶頸時必須牢記這一點。

*Name* 和 *Inlined*

該位置的函數名稱以及它是否在編譯期間內聯。在範例 9-2 中，`open` 和 `OpenSingleFile` 都非常簡單，編譯器可以把它們內聯到父函數中。您可以透過把 `-noinlines` 旗標添加到 `pprof` 命令，或透過添加 `?noinlines=t` URL 參數來表達二進位檔，也就是內聯之後的情況。還是建議先看看內聯前的情況，這樣更容易映射到原始碼發生的事情。

Top 表中，列以直接貢獻為排序，但可以使用 `-cum` 旗標更改為按累積值排序，也可以點擊表格中的每個表頭來審閱此視圖中的不同排序。

關於您正在分析的資源或時間所直接與累積負責的函數，或檔案、行，這可取決於所選粒度，要尋找它最簡單和最快的方式，就是 Top 視圖。缺點是它沒有顯示這些列之間的確切連結，而這能看出哪個程式碼流（完整堆疊追蹤）可能觸發使用。對於這種情況，就要使用下一節中介紹的 Graph 視圖。

## Graph

Graph 視圖是開啟 `pprof` 工具 Web 介面時看到的第一個事物。這並非空穴來風，事物直接採視覺化呈現，會比強迫自己的大腦剖析和視覺化文本報告的所有內容來得有用。這也是我最喜歡的視圖，尤其是對於那些從不太熟悉的程式碼庫中獲得的效能分析器。

為了呈現 Graph 視圖，`pprof` 工具從提供的 DOT [28] 格式效能分析器，來產生圖形化有向非循環圖（directed acyclic graph, DAG）[29]，可以在 `go tool pprof` 中使用 `-dot` 旗標，並以其他渲染工具，或 `-svg`、`-png`、`-jpg`、`-gif` 及 `-pdf`，以渲染器渲染成想要格式。另一方面，也可以使用 `-http` 選項，它會使用 `.svg` 格式產生臨時圖形，並從中啟動 Web 瀏覽器。在瀏覽器中，可以在 Graph 視圖中看到 `.svg` 的視覺化效果，並使用之前解釋的交談式 REFINE 選項：放大、縮小，在圖表中四處移動。*fd.pprof* 格式的 Graph 視圖範例如圖 9-4 所示。

---

28  *https://oreil.ly/HiRV9*
29  *https://oreil.ly/hzglQ*

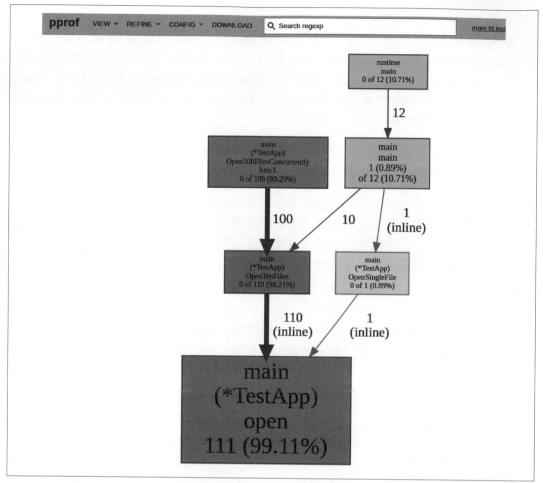

圖 9-4　具有函數粒度的範例 9-2 Graph 視圖

我喜歡這個視圖的原因在於,它清楚表達資源或時間使用上,程式的不同執行部分關係,即階層架構。雖然這個功能可能很吸引人,但可惜您無法移動節點,只能使用 REFINE 選項來隱藏或顯示它們。將游標懸停在節點上,還會顯示完整的套件名稱或程式碼行。

最重要的是,該圖的每個層面都有其涵義,這有助於找到其中成本最昂貴的部分。以下為圖形屬性:

節點（*node*）

每個節點代表一個函數對目前開啟的檔案貢獻，這就是節點文本第一部分會顯示 Go 套件和函數或方法的原因，如果選擇不同粒度，就會看到程式碼行或檔案。節點的第二部分顯示直接值和累積值，如果其中任何值不為 0，就會看到該值占總貢獻的百分比，例如圖 9-4，看到 main.main() 節點（右側），證實在範例 9-4 中所找到的數字。使用 pprof 在該函數記錄 1 個直接貢獻和 12 個累積貢獻，顏色和大小也各有其意義：

- 節點的大小代表直接貢獻。節點越大，直接使用的資源或時間就越多。

- 邊框和填充顏色代表累積值。正常顏色是金色，大的正累積數值會讓節點變紅，接近於 0 的累積值會導致節點變為灰色。

邊（*edge*）

每條邊代表函數（檔案或行）之間的呼叫路徑。呼叫不需要是直接的，例如，如果您使用 REFINE 選項，可以隱藏在兩個節點之間呼叫的多個節點，導致邊顯示了間接連結。邊上的值代表該程式碼路徑的累積貢獻，數字旁邊的 inline 單字顯示邊所指向的呼叫會內聯到呼叫者中。其他特徵也很重要：

- 邊的權重代表路徑的累積貢獻，邊越厚，使用的資源越多。

- 顏色顯示和之前相同。邊通常為金色，較大的正值會把邊著色為紅色，接近 0 則是灰色。

- 虛線表示某些連接位置已遭刪除，可能是節點限制的原因 [30]。

 一些節點可能隱藏起來了！

如果沒有在 Graph 視圖中看到效能分析資源的所有貢獻，也不用太過於驚訝。正如之前所提，大多數效能分析器都經過採樣，這表示以統計來說，產生的效能分析器可能會遺漏貢獻很小的位置。

第二個原因是 pprof 查看器中的節點限制。為了便於閱讀的預設情況下，它不會顯示 80 個以上的節點，這可以使用 -nodecount 旗標更改此限制。

最後，-edgefraction 和 -nodefraction 設定會隱藏直接貢獻對總貢獻的比例低於指定值的邊和節點，預設情況下，節點的比例為 0.005（0.5%），邊的比例為 0.001（0.1%）。

---

30　REFINE 的隱藏選項會讓線條保持實心。

撤開理論不談，可以從 pprof Graph 視圖中學到什麼呢？這個視圖非常適合了解效率瓶頸，以及找到它們根源的方法。從圖 9-4 中可以立即看出最大累積貢獻者是 Open100FilesConcurrently，這似乎是一個新的 goroutine，因為沒有連接到 runtime/main 函數，一開始優化該路徑可能會是個好主意。開啟次數最多的檔案來自 OpenTenFiles 以及 open，由此可知，這是提高此資源效率的關鍵路徑。如果某些新功能需要在每次 open 呼叫時建立一個額外的檔案，就可看到 Go 程式開啟的檔案描述符數量顯著增加。

Graph 視圖是了解應用程式不同功能如何影響程式資源使用的絕佳方法，對於您的團隊尚未建立的那些具有大量依賴項的更複雜程式尤其重要，事實證明，您所依賴的程式庫正確使用方法很容易遭到誤解。不幸的是，這也意味著會有很多您不認識或不理解的函數名稱或程式碼行，可見圖 9-5，取自第 388 頁「使用並行來優化延遲」中的優化 Sum。

這個結果也證明在不同粒度之間切換技巧的重要性。它就像把 ?g=lines 添加到 URL，以切換到行粒度一樣簡單，比使用 -lines 旗標來重新開啟 go tool pprof 更有效。

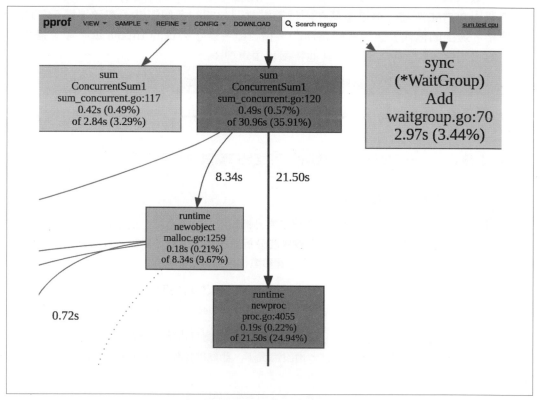

圖 9-5　範例 10-10 中 CPU 效能分析器的 Graph 視圖片段，具有行粒度

在 Graph 視圖之後，`pprof` 工具有最新成員：Flame Graph 視圖，Go 社群的許多成員都喜歡它。因此，以下就來深入研究。

## Flame Graph

`pprof` 中的 Flame Graph 視圖有時也稱為 Icicle Graph，靈感來自 Brendan Gregg 的作品 [33]，最初專注於 CPU 效能分析。

> 火焰圖會視覺化堆疊追蹤（也稱為呼叫堆疊）的集合，顯示為具有倒冰柱布局的鄰接圖。火焰圖通常用於視覺化 CPU 效能分析器的輸出，其中使用採樣來蒐集堆疊追蹤。
>
> —Brendan Gregg，「The Flame Graphs」

從 *fd.pprof* 呈現的 Flame Graph 報告如圖 9-6 所示。

---

31  *https://oreil.ly/3tgSz*
32  *https://oreil.ly/YlASl*
33  *https://oreil.ly/sKFbH*

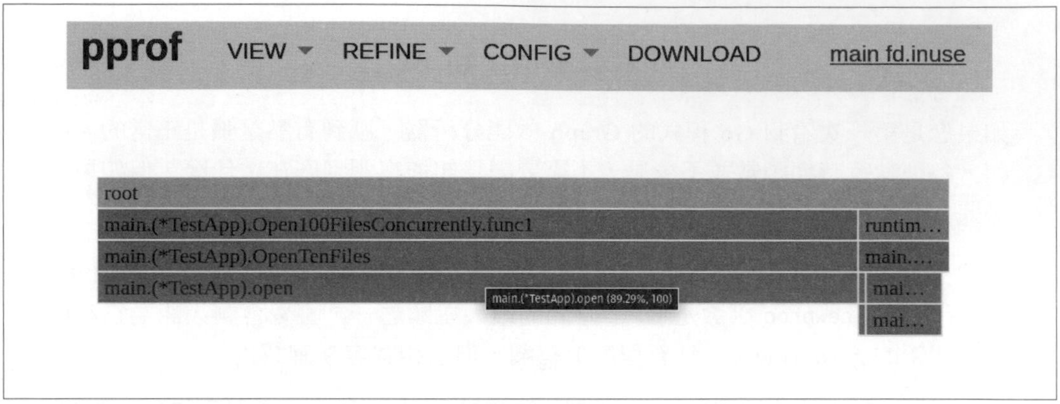

图 9-6 具有函數粒度的範例 9-2 的 Flame Graph 視圖

> **區段的顏色和順序通常無關緊要**
>
> 這取決於渲染 Flame Graph 的工具，但對於 pprof 工具來說，顏色和順序
> 在這裡沒有任何意義。這些區段通常會按位置名稱或標籤值排序。

pprof 是原始 Flame Graph 的倒置版本，其中每個重要的程式碼流都會形成一個單獨的
冰柱。此處重要的主要屬性是矩形區段的寬度，它代表 Graph 視圖中的節點，這裡的例
子中是函數，區塊越寬，它負責的累積貢獻越大。您可以把游標懸停在各個個別的區段
上，以查看其絕對值和百分比累計值，也可以單擊每個區塊，把視圖集中在給定的程式
碼路徑上。

可以透過查看目前區段上方而非邊的內容，來追蹤呼叫階層結構。不要過分聚焦於冰柱
的高度，它只會顯示呼叫堆疊的複雜程度，即深度；這裡重要的是寬度。

在某種程度上，Flame Graph 通常受到更進階工程師的青睞，因為它更緊湊，允許務實
地洞察系統的最大瓶頸，會立即顯示每個程式碼路徑所貢獻的所有資源百分比。乍看之
下，圖 9-6 可以在沒有任何互動的情況下快速判斷 Open100FilesConcurrently.func1 是已
開啟檔案的主要瓶頸，使用大約 90% 的資源。Flame Graph 也非常適合顯示是否存在任
何主要瓶頸，在某些情況下，很多的小貢獻者可能會一起產生大量使用，Flame Graph
會立即顯示這種情況。請注意，和圖 9-4 視圖類似，它可以從視圖中刪除許多節點，如
果單擊右上角的二進位檔名稱，則會顯示丟棄的節點數。

這裡討論的 3 個視圖 Top、Graph 或 Flame Graph，之中任何一個應該都是找到程式效率中最大瓶頸的第一個興趣點；請記住採樣、交換粒度以了解更多資訊，並先把時間集中在最大的瓶頸上。然而，還有 3 個視圖值得簡單提一下：Peek、Source 和 Disassemble，下一節會介紹它們。

## Peek、Source 和 Disassemble

Peek、Source 和 Disassemble 這 3 個視圖不受粒度選項的影響，它們都會顯示原始行或位址等級的位置，如果您想傳回原始碼，以專注於您最喜歡的 IDE 中的程式碼優化，這會特別有用。

Peek 視圖提供類似於 Top 視圖的表格。唯一不同的是，每一行程式碼都顯示所有直接呼叫者，以及 Call 和 Calls% 欄中的使用分布。在有許多呼叫者的情況下，而您希望縮小貢獻最大的程式碼路徑時，它會有所幫助。

Source 視圖則是我最喜歡的工具之一，它顯示程式原始碼上下文中的確切程式碼行，而且也會顯示前後幾行。不幸的是，輸出並不會排序，因此您必須使用舊有視圖來了解想要聚焦的函數或程式碼行，並使用搜尋功能以聚焦在想要的內容上。例如，可以看到 Open100FilesConcurrently 的直接和累積貢獻直接映射到程式碼中的程式碼行，如圖 9-7 所示。

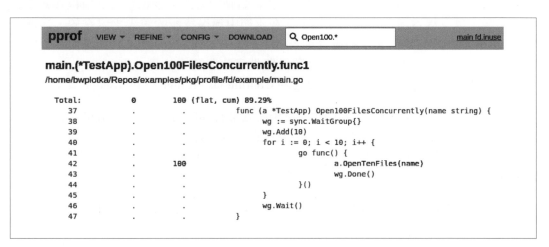

圖 9-7　範例 9-2 聚焦於 Open100FilesConcurrently 搜尋的 Source 視圖

對我來說，Source 視圖中有一些特別之處。看到開啟的檔案描述符、配置點、CPU 時間等直接映射到原始碼中的程式碼敘述，會比把程式碼行看成是圖 9-4 中的一堆箱子，更能提供較佳的理解和意識。對於標準程式庫程式碼，或者當您提供二進位檔時（如 Disassemble 視圖中所述），您還可以單擊一個函數來顯示它的組合語言程式碼！

在嘗試以第 232 頁「複雜度分析」來估計想要進行效能分析的程式碼時，Source 視圖非常有用。如果您無法完全理解哪些程式碼部分使用資源以及其原因的話，我建議使用 Source 視圖。

最後，Disassemble 視圖對於進階效能分析很有用。它提供 Source 視圖，但在組合語言等級（第 113 頁），允許檢查出問題的程式碼的編譯細節。此視圖需要提供一個二進位檔，而此二進位檔是從您用來獲取效能分析器的那個相同程式原始碼所建構。例如，對於我的 *fd.inuse* 檔案，必須透過使用 `go tool pprof -http :8080 pkg/profile/fd/example/main fd.pprof` [34] 所得到的路徑，來提供靜態建構的二進位檔。

 目前，沒有任何機制會檢查您正在分析的效能分析器，是否使用正確的程式二進位檔，因此，可能巧合的出現正確結果，也可能完全錯誤。錯誤情況下的結果無法確定，因此，請確保提供正確的二進位檔！

pprof 工具是一種令人驚嘆的方法，它會以資料驅動的方式，確認您對應用程式效率的初步猜測，以及導致潛在問題的原因。您在本節中獲得技能的驚人之處在於，這裡提到的 pprof 效能分析器的文本和視覺化表達，不僅由本機的 pprof 工具使用，類似的視圖和技術也在許多其他效能分析工具和付費供應商服務中使用，例如 Polar Signals、Grafana Phlare、Google Profiler、Datadog 的 Continuous Profiler 和 Pyroscope 專案等等！

您的 Go IDE [35] 也很可能支援開箱即用的渲染和蒐集 pprof 效能分析器。IDE 非常好用，因為它可以直接整合到您的原始碼中，並支援在各個位置之間進行順暢的導航。但是，我更喜歡 `go tool pprof` 和基於 pprof 工具的雲端專案，例如 Parca 專案，因為經常有在宏觀基準測試等級上分析的需求（請參閱第 293 頁「宏觀基準測試」）。

完成格式和視覺化描述後，可深入了解如何從您的 Go 程式中獲取效能分析器。

---

34 請注意，目前 pprof 中的此視圖存在一些錯誤。當您缺少二進位檔時，UI 會顯示 `no matches found for regexp:`。搜尋也無法發揮作用，但您可以使用內建的瀏覽器搜尋，來查找想要的內容（例如，使用 Ctrl+F）。

35 例如 VSCode（*https://oreil.ly/eaooe*）或 GoLand（*https://oreil.ly/YT9cs*）中的外掛程式。

---

# 抓取效能分析訊號

最近，開始有人將效能分析視為第四個可觀察性訊號。這是因為效能分析在許多方面和前面第 6 章中所討論的訊號非常相似，例如度量、日誌記錄和追蹤；而且和其他訊號類似的是，需要檢測和可靠的實驗來獲得有意義的資料。

第 318 頁曾討論以「pprof 格式」來編寫客製化檢測的方法，介紹 Go 執行時期中可用的常見現有效能分析器。然而，僅僅獲取有關程式中各種資源使用情況的效能分析器是不夠的，還需要知道如何觸發可以提供關於想要的效率瓶頸資訊情況。

幸運的是，第 247 頁「實驗可靠性」和第 257 頁「基準測試等級」已經解釋過何謂可靠的實驗。效能分析實務旨在自然地與基準測試過程相結合，以達成實用的優化工作流程，非常適合 TFBO 迴圈（第 100 頁「效率感知開發流程」）：

1. 在所需等級上執行基準測試，不論是微觀、宏觀或生產，以確保程式效率。

2. 如果對結果不滿意，可以重新執行相同的基準測試，同時在實驗期間或結束時抓取效能分析器，以找到效率瓶頸。

**永遠上線的效能分析**

您可以把您的工作流程設計為不需要重新執行用於效能分析抓取的基準測試。第 261 頁「微觀基準測試」中，我始終建議在大多數的 Go 基準測試中抓取效能分析器；第 359 頁「持續效能分析」中，您將學習如何在宏觀或生產等級持續進行基準測試！

擁有檢測和正確的實驗（重用基準測試）是件好事。儘管如此，還需要學習如何觸發，以及把來自您所選擇的檢測效能分析器，傳輸到使用第 326 頁「go tool pprof 報告」中的工具分析。

有必要知道用於該目的效能分析器的 API，正如第 6 章中所言，和其他訊號類似的是這通常有兩種主要檢測類型：自動和手動。對於前一種模式，有很多種方法可以獲取 Go 程式的效能分析器，而無須添加一行程式碼！藉助像 eBPF[36] 這樣的技術，幾乎可以為 Go 程式的任何資源使用來提供工具。許多開源專案、新創企業或老牌供應商的使命，都是讓這個空間更容易存取和使用。

---

36　*https://oreil.ly/8mqs6*

然而，一切都是取捨。eBPF 仍然是只能在 Linux 上執行的早期技術，它在 Linux 核心版本和不平凡的可維護性成本之間存在一些可攜性挑戰。它通常也是一種通用解決方案，永遠不會像現在所使用的手動、程序內的效能分析器那樣，具有提供語意、應用程式等級效能分析器的可靠性和能力。最後，這是一本 Go 程式語言書籍，因此我很樂意分享如何建立、抓取和使用原生程序內分析器。

用來使用檢測的 API 取決於實作。例如，您可以編寫一個效能分析器，每分鐘或每次發生某些事件時都把效能分析器儲存在磁碟上，例如抓取某個 Linux 訊號時。然而，Go 社群通常可以總結 3 種主要的觸發和儲存效能分析器的樣式：

## 以程式設計方式觸發

您在 Go 中看到和使用的大多數效能分析器，都可以手動插入到您的程式碼中，以便在需要時儲存效能分析器。這就是範例 9-2 中用來抓取第 326 頁「go tool pprof 報告」中所分析的 *fd.pprof* 檔案方法。典型的介面具有類似於 WriteTo(w io.Writer) error 的簽名（使用於範例 9-1），用來抓取從程式執行開始時記錄的樣本，然後把 pprof 格式的效能分析器寫入您所選擇的寫入器（通常是檔案）。

當效能分析器開始記錄樣本時，一些效能分析器會設定一個明確的起點。例如，對於具有 StartCPUProfile(w io.Writer) error 之類簽名的 CPU 效能分析器來啟動循環，請參閱第 352 頁「CPU」；然後用 StopCPUProfile() 來結束效能分析循環。

這種使用效能分析器的樣式，非常適合在開發環境中或在微觀基準測試程式碼中使用時快速測試，請參閱第 261 頁「微觀基準測試」。但是，開發人員通常不會直接使用它；相反的，他們經常把它用作其他兩種樣式的積木：Go 基準測試整合和 HTTP 處理程式：

## *Go* 基準測試整合

如範例 8-4 中我通常用於 Go 基準測試的範例命令所示，您可以透過在 go test 工具中指定旗標，從微觀基準測試中獲取所有標準效能分析器。幾乎所有在第 346 頁「通用效能分析器檢測」中解釋的效能分析器，都可以使用 -memprofile、-cpuprofile、-blockprofile、和 -mutexprofile 旗標來啟用。除非您想在特定時刻觸發效能分析器，否則無須將客製化程式碼放入基準測試中。目前不支援客製化效能分析器。

### HTTP 處理程式

最後，HTTP 伺服器是在宏觀和生產等級抓取程式效能分析器的最常用方法。這種樣式對於後端 Go 應用程式特別有用，這些應用程式在正常使用時會預設接受 HTTP 連接。然後很容易為效能分析和其他監控功能添加特殊的 HTTP 處理程式，例如 Prometheus 的 /metrics 端點。接下來就來探討一下這種樣式。

標準 Go 程式庫為所有使用 pprof.Profile 結構的效能分析器，提供 HTTP 伺服器處理程式，例如，範例 9-1 中的效能分析器，或第 346 頁「通用效能分析器檢測」中解釋的任何標準效能分析器。您可以在 Go 程式中用幾行程式碼，把這些處理程式添加到您的 http.Server 中，如範例 9-5 所示。

範例 9-5　為客製化和標準效能分析器建立帶有除錯處理程式的 *HTTP* 伺服器

```
import (
    "net/http"
    "net/http/pprof"

    "github.com/felixge/fgprof"
)

// ...

m := http.NewServeMux() ❶
m.HandleFunc("/debug/pprof/", pprof.Index) ❷
m.HandleFunc("/debug/pprof/profile", pprof.Profile) ❸
m.HandleFunc("/debug/fgprof/profile", fgprof.Handler().ServeHTTP) ❹

srv := http.Server{Handler: m}

// 啟動伺服器 ...
```

❶ Mux 結構允許在特定的 HTTP 路徑上註冊 HTTP 伺服器處理程式。預設情況下，匯入 "net/http/pprof" 會在預設全域 mux [37] 中註冊標準效能分析器。但是，我向來建議建立一個新的空 Mux，而不是使用全域 Mux，以明確說明您要註冊的路徑。這就是我在範例中手動註冊它們的原因。

---

37　*http.DefaultServeMux*

❷ pprof.Index 處理程式揭露了一個根 HTML 索引頁面,該頁面列出快速統計資訊,和指向那些使用 pprof.NewProfile 來註冊的效能分析器連結,圖 9-8 中顯示一個範例視圖。此外,此處理程式轉發給每個依名稱參照的效能分析器,例如,/debug/pprof/heap 會轉發到堆積效能分析器(參見第 346 頁「堆積」)。最後,此處理程式會添加到 cmdline 和 trace 處理程式的連結,以提供進一步除錯功能,並添加到下面的 profile 註冊行。

❸ 標準 Go CPU 不使用 pprof.Profile,因此必須外顯式註冊該 HTTP 路徑。

❹ 相同的效能分析器抓取方法可用於第三方分析器,例如,用於第 355 頁「Off-CPU 時間」稱為 fgprof 的分析器。

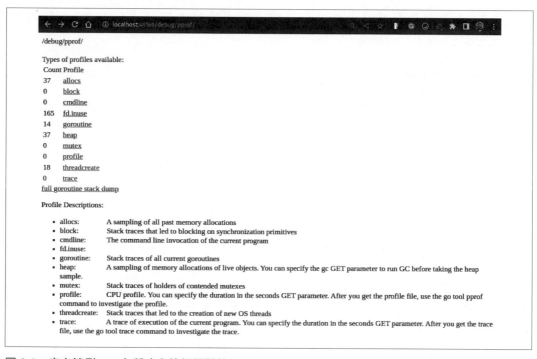

圖 9-8　來自範例 9-5 中所建立的伺服器的 *debug/pprof/* 路徑的 HTML 頁面

如果忘記效分析器使用的名稱，或者 Go 程式中有哪些可用的效能分析器，就會需要索引頁。請注意，客製化範例 9-1 效能分析器也在該列表中（fd.inuse 有 165 個檔案 [38]），因為它是使用 pprof.NewProfile 建立的。對於不匯入具有範例 9-1 中所示程式碼的 fd 套件程式，此索引頁會缺少 fd.inuse 行。

一個好的除錯頁面不是 HTTP 處理程式的主要目的。它們的基本好處是，人工操作者或自動化可以從外部動態地抓取效能分析器，並在宏觀測試、事件或正常生產執行的最相關時刻觸發它們。根據我的經驗，有 4 種透過 HTTP 協定使用效能分析器的方法：

- 您可以在圖 9-8 中所見的 HTML 頁面單擊所需效能分析器的連結，例如，heap，這會開啟 http://<address>/debug/pprof/heap?debug=1 URL，它會列印目前時刻每個堆疊追蹤的樣本計數，即文本格式的簡化記憶體效能分析器。

- 移除 debug 參數將以 pprof 格式下載所需的效能分析器；例如，瀏覽器中的 http://<address>/debug/pprof/heap URL，會把第 346 頁「堆積」中解釋的記憶體效能分析器下載到本地端檔案，然後，您可以使用 go tool pprof 開啟這個檔案，正如我在第 326 頁「go tool pprof 報告」的解釋。

- 您可以把 pprof 工具直接指向效能分析器的 URL，以避免手動下載檔案的過程。例如，在終端機中執行 go tool pprof -http :8080 http://<address>/debug/pprof/heap，可以開啟一個記憶體效能分析器的 web 效能分析器查看器。

- 最後，可以使用另一台伺服器，定期把這些效能分析器蒐集到專用資料庫中，例如，使用第 359 頁「持續效能分析」中說明的 Phlare 或 Parca 專案。

總而言之，使用您認為會讓正在分析的程式更顯方便的任何東西。效能分析非常適合理解微服務架構中複雜的生產應用程式的效率，因此我通常使用 HTTP API 樣式來抓取效能分析器。Go 基準測試效能分析可能對微觀層面最有用，之前提到的存取樣式在 Go 社群中很常用，但這並不意味著您不能創新和編寫更適合您的工作流程抓取流程。

為了解釋第 326 頁「go tool pprof 報告」中的視圖類型、pprof 格式和客製化效能分析器，我建立最簡單的檔案描述符效能分析檢測（範例 9-1），幸運的是，不需要編寫檢測，來對常見的機器資源進行強固分析。Go 附帶了一些標準的效能分析器，受到良好維護，並流通於全球社群和使用者，另外，有另一個來自開源社群的好用額外分析器，下一節會介紹。

---

38 有趣的是，165 這個數字太大了。製作此螢幕截圖讓我了解 labeler 程式碼中存在錯誤，我沒有關閉臨時檔案。

# 通用效能分析器檢測

第 4 章和第 5 章曾解釋必須優化的兩個主要資源：CPU 時間和記憶體，還討論它們如何影響延遲。考慮到第 247 頁「實驗的可靠性」中給出的複雜度和關切點，整個內容可能在一開始讓人害怕，這也是為什麼了解 Go 有哪些常見的效能分析實作，以及如何使用它們至關重要，以下就從堆積效能分析開始。

## 堆積

heap 效能分析器，有時也稱為 alloc 效能分析器，提供了一種可靠的方法來查找堆積上配置的記憶體主要貢獻者（可見第 166 頁「Go 的記憶體管理」解釋）。但是，類似於第 225 頁「記憶體使用情況」中提到的 go_memstats_heap 度量，它只會顯示在堆積上配置的記憶體區塊，而不顯示在堆疊上或客製化 mmap 呼叫所配置的記憶體。不過，Go 程式記憶體的堆積部分通常是最大的問題；因此，根據我的經驗，堆積效能分析器往往非常有用。

您 可 以 使 用 pprof.Lookup ("heap").WriteTo(w, 0) [39]、 在 Go 基 準 測 試 中 使用 -memprofile，或者透過呼叫帶有處理程式的 /debug/pprof/heap URL，如範例 9-5 [40] 所示，把堆積效能分析器重新導向到 io.Writer。

記憶體效能分析器必須有效率，實際應用中才會可行。這也是為什麼 heap 效能分析器會得到採樣，並與 Go 執行時期配置器流程 [41] 深度整合的原因，後者負責配置值、指標、和記憶體區塊（參見第 171 頁）。採樣可由 runtime.MemProfileRate 變數 [42] 或 GODEBUG=memprofilerate=X 環境變數控制，並定義為記錄效能分析器樣本時必須配置的平均位元組數。預設情況下，Go 在堆積上會配置 512 KB 記憶體來記錄一個樣本。

**應該選擇怎樣的記憶體效能分析器比率？**

我建議不要更改 512 KB 的預設值。它對於大多數 Go 程式的實際瓶頸分析來說夠低，而且夠便宜，所以可以一直使用。

如需更詳細的效能分析值，或者要優化關鍵路徑上較小的配置大小，請考慮把它更改為一個位元組以記錄程式中的所有配置。但是，這會影響應用程式的延遲和 CPU 時間（將在 CPU 效能分析器中顯示）。不過，它可能適合您以記憶體為中心的基準測試。

---

39  *https://oreil.ly/kMjqJ*

40  同樣的效能分析器也可以透過 /debug/pprof/alloc 獲得，唯一的區別是 alloc 效能分析器是以 alloc_space 作為預設值型別。

41  *https://oreil.ly/NF1ni*

42  *https://oreil.ly/iJaAU*

如果您在單一函數中有多個配置，以 `lines` 粒度來分析堆積效能分析器通常很有用（在 Web 查看器中添加 `&g=lines` URL 參數）。圖 9-9 顯示 e2e 框架（請參閱第 297 頁）中 `labeler` 的範例堆積效能分析器。

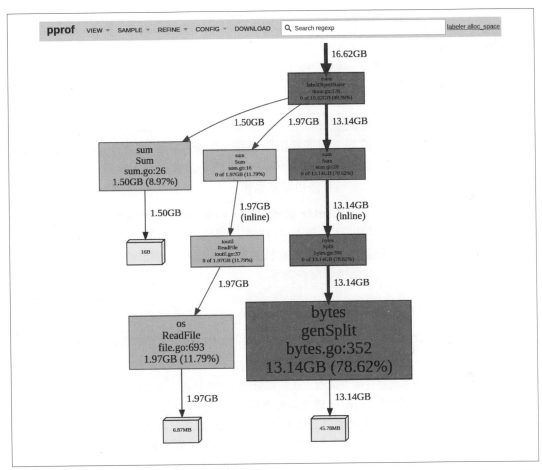

圖 9-9　來自範例 4-1，使用 `alloc_space` 維度和 `lines` 粒度的 labeler Sum 程式碼的 heap 效能分析器放大 Graph 視圖

`heap` 效能分析器的獨特之處在於它有 4 種值（範例）型別，您可以在新的 SAMPLE 功能表項目中選擇。目前選擇的值型別顯示在右上角。每種型別都有不同的用途：

**alloc_space**

在這種模式下，樣本值代表自程式啟動以來堆積上按位置配置的位元組總數，這意味著會看到過去配置的所有記憶體，但很可能垃圾回收已經釋放了。

在這裡看到巨大的值請不要感到驚訝！如果程式執行時間較長，並且一個函數每分鐘配置 100 KB，則意味著 30 天後大約會是 411 GB。這看起來很可怕，但其實同一個應用程式在這 30 天內最多可能只會使用 10 MB 的實體記憶體。

在程式碼中所看到的總歷史配置很大，那是過去所配置最大數量的位元組總數，這可能會導致該程式使用的最大記憶體出現問題。即使當某些位置所進行的配置很小但卻非常頻繁時，可能是垃圾蒐集的影響所造成的（請參閱第 179 頁）。alloc_space 對於找出過去配置過大空間的事件也非常有用。

例如，在圖 9-9 中可見 bytes.Split 函數使用 78.6% 的累積記憶體。這些知識在第 380 頁「優化記憶體使用」中的範例中非常有價值，正如第 267 頁「Go 的基準測試」中看到的那樣，配置的數量遠遠大於資料集的大小，因此必須想辦法找出可以把字串拆分成行的低成本記憶體解決方案。

### 重設累積配置

不能用程式設計方式來重設堆積效能分析器，例如要從某個時刻開始記錄配置。

但是，正如您將在第 364 頁「比較和聚合效能分析器」中了解到的那樣，可以執行像是減去 pprof 值之類的運算，例如，可以在時刻 A 抓取堆積效能分析器，然後 30 秒後在時刻 B 再抓取堆積效能分析器，並建立一個「增量」堆積效能分析器，以顯示在這 30 秒內發生的配置情況。

Go pprof HTTP 處理程式還有一個隱藏功能。抓取堆積效能分析器時，您可以添加一個 seconds 參數！例如在範例 9-5 中，您可以呼叫 http://<address>/debug/pprof/heap?seconds=30s，從遠端抓取增量堆積效能分析器！

alloc_objects

和 alloc_space 類似，該值會顯示已配置的記憶體區塊數，而不是實際空間。這主要用於查找由頻繁配置所引起的延遲瓶頸。

inuse_space

此樣式會顯示目前在堆積上配置的位元組數，即已配置的記憶體減去每個位置所釋放的記憶體，想要在程式的特定時刻找到記憶體瓶頸時，這種值型別非常有用 [43]。

最後，這個模式非常適合查找記憶體洩漏。一直配置且從未釋放的記憶體，將在效能分析器中突顯出來。

尋找記憶體洩漏的根源

heap 效能分析器會顯示用來配置記憶體區塊的程式碼，而不是目前參照這些記憶體區塊的程式碼，例如變數。要發現後者，可以使用用來分析目前形成堆積的 viewcode 工具程式 [44]。然而，這並非如此簡單。

相反的，請先嘗試以靜態方式分析程式碼路徑，來找到所建立的結構可能會參照的位置。但即使在那之前，先檢查下一節中的 goroutine 效能分析器。第 412 頁「別洩漏資源」會討論這個問題。

inuse_objects

此值顯示目前堆積上所配置的記憶體區塊（物件）的數量，這對於揭示堆積上活動中的物件數量很有用，它很能代表垃圾蒐集的工作量（參見第 179 頁）。大部分 CPU 密集的垃圾蒐集工作都在標記階段，必須遍歷堆積中的物件，所以擁有越多，具有負面影響的配置就可能越大。

了解如何使用 heap 效能分析器是每個對程式效率感興趣的 Go 開發人員必備技能。聚焦於對配置的空間貢獻最大的程式碼，不要擔心那些可能和您在其他可觀察性工具中使用的記憶體無關的絕對數字，請參閱第 225 頁「記憶體使用情況」，當記憶體效能分析器速率更高時，您只會看到一部分在靜態時的重要配置。

---

43  不幸的是，即使我在負載測試完成時拍攝快照，目前程式碼貢獻給堆積的空間量仍是最小的，且無法代表過去所發生的任何有趣事件。第 359 頁「持續效能分析」中會說明這種值型別更有用之處。

44  *https://oreil.ly/c4rGl*

# Goroutine

goroutine 效能分析器可以展示正在執行的 goroutine 數量,以及它們正在執行的程式碼,其中包括所有正在等待 I/O、鎖、頻道等事物的 goroutine。此效能分析器沒有採樣,它會抓取除了系統 goroutine[45] 之外的所有 goroutine[46]。

和 heap 效能分析器類似,可以使用 pprof.Lookup("goroutine").WriteTo(w, 0)、在 Go 基準測試中使用 -goroutineprofile,或透過呼叫 /debug/pprof/goroutine URL 處理程式,把這個效能分析器重新導向到 io.Writer,如範例 9-5 所示。對於具有大量 goroutine 的 Go 程式,或者當您關心以 10 微秒為單位的程式延遲時,抓取 goroutine 效能分析器的額外負擔可能會很大。

goroutine 效能分析器的關鍵價值是讓您了解大多數程式碼的 goroutine,在某些情況下,需要這麼多個 goroutine 才能滿足程式某些的功能總讓人訝異,看到大量而且可能正在持續增加的 goroutine 在做同樣事情,可能表示存在記憶體洩漏的問題。

如圖 9-3 中所述,請記住對於 Go 開發人員來說,新的 goroutine 和建立它的 goroutine 之間在設計上並沒有連結;[47] 因此,效能分析器中看到的根位置,始終是第一個呼叫此 goroutine 的敘述或函數。

labeler 程式的範例 Graph 視圖如圖 9-10 所示,可以看到 labeler 並沒有做很多事情,縮小視圖中只有 13 個 goroutine,而且沒有一個位置符合應用程式邏輯,只有效能分析器 goroutine、訊號 goroutine 和一些輪詢連接資料的 HTTP 伺服器。這指出伺服器可能正在等待傳入請求的 TCP 連接。

儘管如此,圖 9-10 還是讓您了解一些通常可以在 goroutine 視圖中找到的常用函數:

runtime.gopark

> gopark[48] 是一個內部函數,它讓 goroutine 維持等待狀態,直到外部回呼(callback)讓它恢復工作。本質上,這是執行時期排程器在 goroutine 等待時間稍長時用來暫停(停放)goroutine 的一種方式,例如,頻道通訊、網路 I/O,或者有時是互斥鎖。

---

45 *https://oreil.ly/bg2fB*

46 請參閱出色的 goroutine 效能分析器概述:*https://oreil.ly/U8tCN*。

47 從技術上講,Go 排程器會記錄該資訊(*https://oreil.ly/g3tl2*)。當使用 GODEBUG=tracebackancestors=X 來檢索堆疊時,它會有所顯示。

48 *https://oreil.ly/Zqf2K*

---

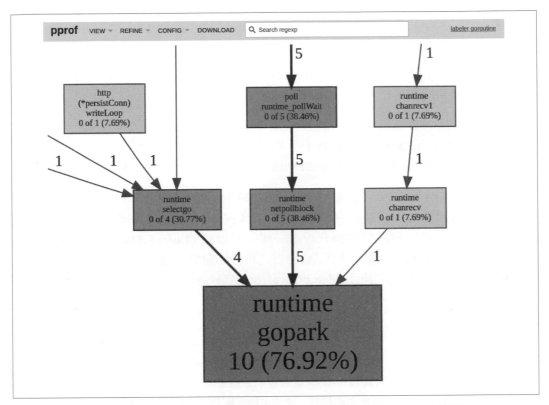

圖 9-10　來自範例 4-1 的 `labeler` Sum 程式碼的 goroutine 效能分析器放大 Graph 視圖

`runtime.chanrecv` 和 `runtime.chansend`

　　顧名思義，chanrecv 函數中的 goroutine 正在接收訊息，或等待頻道中發送的內容；同理，如果是發送訊息或者等待頻道有緩衝區空間，就是在 chansend 中。

`runtime.selectgo`

　　如果 goroutine 正在等待或檢查 select 敘述中的情況，您會看到它。

`runtime.netpollblock`

　　netpoll 函數 [49] 把 goroutine 設定為等待，直到從網路連接接收到 I/O 資料。

如您所見，要追蹤函數的涵義相當容易，即使您是第一次在效能分析器中看到它們也一樣。

---

49　*https://oreil.ly/5Iw71*

# CPU

對 CPU 進行效能分析的目的是在找到使用 CPU 時間最多的程式碼區域，降低 CPU 時間就能夠降低執行程式成本，並讓系統可擴展性更容易。對於 CPU 密集型程式來說，削減一些 CPU 使用率也意味著減少延遲。

事實證明，分析 CPU 使用情況非常困難。這樣做的第一個原因是 CPU 會在一瞬間內做很多事情，它的時脈每秒可以執行數十億次運算。如果不明顯降低速度的話，很難了解程式碼中所有周期的完整分布；而多 CPU 核心程式讓這個問題更加困難。

本書撰寫時，Go 1.19 提供一個整合到 Go 執行時期中的 CPU 效能分析器，任何 CPU 效能分析器都會增加一些額外負擔，所以不能只在背景執行，必須在整個程序中明確地啟動和停止它。與其他效能分析器一樣，可以透過 pprof.StartCPUProfile(w) 和 pprof.StopCPUProfile() 函數，以程式設計方式執行此運算；也可以在 Go 基準測試中使用 -cpuprofile 旗標，或者使用 /debug/pprof/profile?seconds=<integer> URL，和在範例 9-5 中的處理程式。

 *CPU 效能分析器有其開始和結束*

如果 profile HTTP 處理程式沒有像其他效能分析器一樣立即傳回回應，請不要感到驚訝！HTTP 處理程式會啟動 CPU 效能分析器，執行在 seconds 參數中所提供的秒數，如果未指定則為 30 秒；然後才傳回 HTTP 請求。

目前實作是大量採樣，當效能分析器啟動時，它會安排作業系統專用的計時器，以指定速率中斷程式執行。在 Linux 上，這意味著使用 settimer [50] 或 timer_create [51] 來為每個作業系統執行緒設定計時器，並在 Go 執行時中監聽 SIGPROF [52] 訊號。該訊號會中斷 Go 執行時期，然後獲得正在作業系統執行緒執行的 goroutine 目前堆疊追蹤，再把樣本排入預先配置的環形緩衝區中，每 100 毫秒由 pprof 寫入器抓取一次 [53]。

---

50  *https://oreil.ly/tQNJK*
51  *https://oreil.ly/WdjVW*
52  *https://oreil.ly/dcQTf*
53  有關詳細說明，請參閱潛在的 CPU 效能分析器下一次迭代提案：*https://oreil.ly/8vy83*。

CPU 效能分析速率目前硬編碼 [54] 為 100 Hz，因此理論上會以每 10 毫秒的 CPU 時間，非即時的記錄每個作業系統執行緒的一個樣本，並排定好計畫要讓這個值在未來是可配置的。

儘管 CPU 效能分析器是最流行的效率工作流程之一，但它也是一個需要解決的複雜問題。對於典型案例它會運作良好，但並不完美，在些作業系統如 BSD [55] 上存在著已知問題，並且在某些特定情況下存在各種不準確性。在可見的未來這個領域會有所改進，目前已有正在考慮使用基於硬體的效能監控單元（performance monitor unit, PMU）[56] 新提案。

圖 9-11 是 CPU 效能分析器範例，顯示 labeler 的每個函數占用的 CPU 時間分布。鑑於較低採樣率的不準確性，函數粒度視圖可能會得出更好的結論。

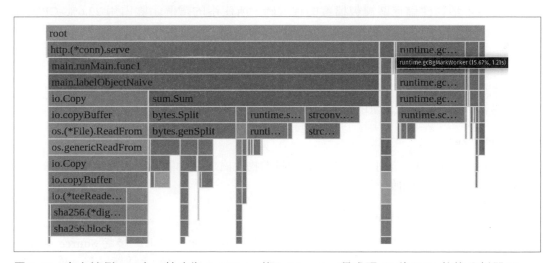

圖 9-11　來自範例 4-1 中，粒度為 functions 的 labeler Sum 程式碼 30 秒 CPU 效能分析器 Flame Graph 視圖

---

54 技術上，有一種非常老套的方法可以設定不同效能分析 CPU 速率，在 pprof.StartCPUProfile(w) 之前，以想要的速率呼叫 runtime.SetCPUProfileRate()（*https://oreil.ly/M8HwB*）。pprof. StartCPUProfile(w) 會嘗試覆寫該速率，但會由於錯誤而失敗（*https://oreil.ly/0JDxX*），嘗試很快再更改速率，100 Hz 通常是一個很好的預設值，且大多數作業系統計時器都不支援高於 250–500 Hz 的值。

55 請參閱此議題：*https://oreil.ly/E0W5v*，來了解目前已知存在某些問題的作業系統列表。

56 *https://oreil.ly/75AHf*

CPU 效能分析器帶有兩種值型別：

## 樣本（*sample*）

用來指出在該位置上所觀察到的樣本數。

## *CPU*

每個樣本值代表了 CPU 時間。

從圖 9-11 中，可以看出如果想要優化 CPU 時間，或由 labeler Go 程式工作量所引起的延遲時，必須聚焦的部分，Flame Graph 視圖可以概括出 5 個主要部分：

## io.Copy

負責從本地物件儲存區複製檔案的程式碼，所使用的這個函數占用 22.6% CPU 時間，也許可以利用本地端快取來節省 CPU 時間。

## bytes.Split

這會拆分在範例 4-1 中的行，並占用 19.69% 的 CPU 時間，因此如果有任何方法可以把它拆分為較少工作量的行，可能會檢查此函數。

## gcBgMarkWorker

此函數占用 15.6%，這指出堆積上有大量的物件處於活動狀態。目前，GC 會占用一部分 CPU 時間來回收垃圾。

## runtime.slicebytetostring

它指出有大量 CPU 時間，約 13.4% 用在把位元組轉換為字串。多虧 Source 視圖，可以追蹤到 num, err := strconv.ParseInt(string(line), 10, 64) 這一行，展示一個直接的優化，試圖採用一個直接從位元組切片中剖析整數的函數。

## strconv.ParseInt

此函數使用 12.4% 的 CPU。可據此檢查是否有任何不必要的工作，或檢查是否可以透過自己編寫的剖析函數來刪除它（劇透：的確有）。

事實證明，這樣的 CPU 效能分析器很有價值，即使它並不完全準確，可嘗試第 369 頁的「優化延遲」中所提到的優化。

# Off-CPU 時間

這件事很容易忽略,但典型的 goroutine 大多是在等待工作而不是在 CPU 上執行,這也是為什麼在尋求優化程式中的功能延遲時,不能只看 CPU 時間。[57] 對於所有程式,尤其是 I/O 密集型程式來說,您的程序可能會花費大量時間在休眠或等待上。具體而言,整個程式的執行過程可以定義成 4 個類別的組成,如圖 9-12 所示。

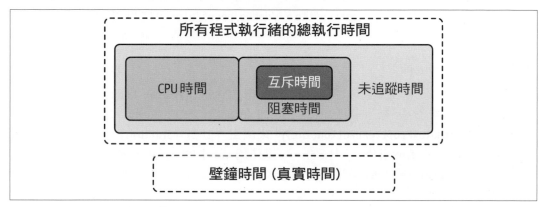

圖 9-12　程序執行時間組成 [58]

第一個觀察是總執行時間比壁鐘時間長,所以執行這個程式時實際時間已經逝去了。這不是因為電腦可以用某種方式減慢時間,而是因為所有 Go 程式都是多執行緒(甚至是 Go 中的多共常式),所以總測量執行時間總是比實際時間長。執行時間可以概述為下列 4 類:

*CPU 時間*(*CPU time*)

我程式主動花在使用 CPU 的時間,如第 352 頁「CPU」所言。

---

57　事實上,甚至 CPU 時間也包括等待記憶體獲取,如第 123 頁「CPU 和記憶體牆問題」所言。然而,這包含在 CPU 效能分析器中。

58　此視圖深受 Felix 的偉大指南:*https://oreil.ly/nwVwF* 所啟發。

### 阻塞時間（*block time*）

互斥時間，加上程序等待 Go 頻道通訊所花費的時間，例如 `<-ctx.Done()`，如第 135 頁「Go 執行時期排程器」中所言；還有所有同步原語。可以使用 block 效能分析器來對那個時間進行效能分析。預設情況下不會啟用它，因此需要透過使用 `runtime.SetBlockProfileRate(int)` [59]，設定一個非零的阻塞效能分析速率以開啟。這會指定一個阻塞事件樣本遭阻塞的奈秒數，然後可以在 Go 中使用 `pprof.Lookup`，在 Go 基準測試中使用 `-blockprofile`、 `/debug/pprof/block` HTTP 處理程式，以抓取 contention 和 delay 值型別。

### 互斥時間（*mutex time*）

花在鎖的爭用上的時間，例如，花在 `sync.RWMutex.Lock` [60] 上的時間。與阻塞效能分析器一樣，它在預設情況下處於禁用狀態，可以使用 `runtime.SetMutexProfileFraction(int)` [61] 來啟用。分數（fraction）指明應該要追蹤 `1/<fraction>` 的鎖的爭用；同樣的，可以使用 Go 中的 `pprof.Lookup`，Go 基準測試中的 `-mutexprofile`、`/debug/pprof/mutex` HTTP 處理程式，以抓取 mutex 和 delay 值型別。

### 未追蹤的 *off-CPU* 時間

任何標準效能分析工具沒有追蹤的那些正在休眠、等待 CPU 時間、I/O（例如來自磁碟、網路或外部裝置）、系統呼叫等的 goroutine，要發現這種延遲的影響需要使用不同工具，如下所述。

**是否必須測量或查找 *off-CPU* 時間的瓶頸？**

程式執行緒在 off-CPU 上花費大量時間，這可能是您的程式執行緩慢的主要原因，而非它的 CPU 時間；例如，您的程式執行 20 秒，但等待了 19 秒才得到資料庫的反應。在這種情況下，應該要先查看資料庫中的瓶頸，或減輕程式碼中的資料庫緩慢，而不是優化 CPU 時間。

---

59  *https://oreil.ly/GwjwY*
60  *https://oreil.ly/chnpS*
61  *https://oreil.ly/oIg45*

通常會建議使用追蹤來查找功能壁鐘時間（延遲）中的瓶頸，尤其分散式追蹤能夠把優化聚焦到功能流的請求中花費最多時間的地方。Go 有內建的追蹤檢測 [62]，但它只檢測 Go 執行時期，而不是應用程式的程式碼。但是，我們討論過和 OpenTelemetry [63] 等雲端原生標準相容的基本追蹤工具，以達成應用程式等級的追蹤。

還有一個很棒的效能分析器，稱為 Full Go Profiler（fgprof）[64]，可專注於追蹤 CPU 和 off-CPU 時間，雖然它還沒有正式得到推薦，並且有已知局限性，但我發現它非常有用，而這取決於我分析的 Go 程式類型別。可以使用範例 9-5 中提到的 HTTP 處理程式來揭露 fgprof 效能分析器，labeler 服務的 fgprof 效能分析器範例視圖如圖 9-13 所示。

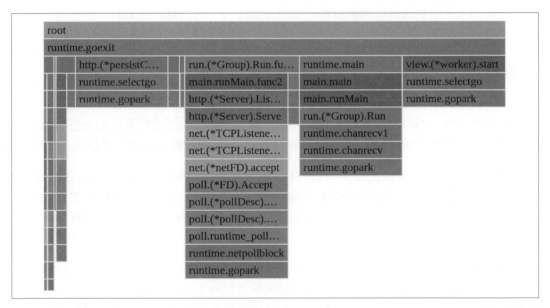

圖 9-13　來自範例 4-1，具有 functions 粒度的 labeler Sum 程式碼的 30 秒 fgprof 效能分析器火焰圖視圖

從效能分析器中可以很快看出，大部分時間的 labeler 服務只是在等待訊號中斷或 HTTP 請求！如果有興趣提高 labeler 可以服務的傳入請求最大速率，就能很快發現 labeler 並不是問題所在，而是正在測試的客戶端所發送的請求速度不夠快 [65]。

---

62　https://oreil.ly/pKeU

63　https://oreil.ly/sPiw9

64　https://oreil.ly/4WWHN

65　這可以在範例 8-19 程式碼中得到證實，其中 k6s 腳本只有一個在 HTTP 呼叫之間等待 500 毫秒的使用者。

總而言之，本節介紹 Go 社群中使用[66]的最常見效能分析器實作。還有很多封閉式監控效能分析器，例如 Linux 基於 `perf` 和 `eBPF` 的效能分析器，但它們不在本書討論範圍之內。我傾向使用我推薦的這些工具，因為它們免費（開源！）明確，且相對之下較易於使用和理解。

現在來看一些鮮為人知的工具和實務，它們在分析 Go 程式時也很有用。

# 提示和技巧

我希望您知道 3 個更進階但非常有用的效能分析技巧，它們幫助我更有效地分析軟體瓶頸，因此，不能不介紹！

## 分享效能分析器

一般不會以個人方式單獨進行軟體專案，而是屬於一個團隊，這個團隊會分擔責任並審查彼此的程式碼，以分享方式表達關心，就像第 282 頁「和團隊及未來的自己分享基準測試」一樣，應該專注於和團隊成員或其他相關方所呈現的瓶頸結果和發現。

典型的工作流程會下載或檢查多個 pprof 效能分析器，理論上，可以對它們取各種描述性命名以避免混淆，並使用任何如 Google Drive 或 Slack 的檔案共享解決方案彼此發送。然而這件事往往很麻煩，因為接收者必須下載 pprof 檔案，並在本地端執行 `go tool pprof` 以分析。

另一種選擇是分享效能分析器的螢幕截圖，但必須選擇一些局部視圖，這對其他人來說可能很難理解。也許其他人想使用不同的視圖或值型別來分析效能分析器，也許他們想找到採樣率，或把效能分析器縮小到某個程式碼路徑。只透過螢幕截圖，會錯過所有這類互動功能。

幸運的是，一些網站允許為其他人或未來的自己儲存 pprof 檔案，並在不下載該效能分析器的情況下分析它們。例如，Polar Signals[67] 公司擁有一個允許這樣做的完全免費 *pprof.me*[68] 網站，可以上傳您的效能分析器並和團隊成員分享連結，他們可以使用常用的 `go tools pprof` 回報視圖（請參閱第 326 頁「go tool pprof 報告」）來對其分析。我一直和我的團隊一起使用它，但請注意，它會公開分享！

---

66 我跳過了 Go pprof 套件中的 `threadcreate` 效能分析器，因為它自 2013 年以來就已損壞（*https://oreil.ly/b8MpS*），而且修復它不太可能是未來的優先事項。

67 *https://oreil.ly/HowVb*

68 *https://pprof.me*

# 持續效能分析

在開源生態系統中，持續效能分析（continuous profiling）可能是 2022 年最熱門的話題之一。這意味著在每個配置的時間間隔時，自動地從 Go 程式中蒐集有用的效能分析器，而不是手動蒐集。

在許多情況下，效率問題發生在位於遠端環境中程式正在其中執行的某個地方，也或許是過去的事，以反應現在難以重現的某些事件。持續效能分析工具讓我們能夠「始終上線」地進行效能分析，並回顧過去的效能分析器。

> 假設您看到資源使用率比如 CPU 使用率增加，因此進行一次性的效能分析，以找出是哪裡在使用這麼多的資源；基本上，持續效能分析就是一直在做這樣的事。（……）隨著時間過去而您擁有這些資料後，就可以比較程序的某個版本整個生命週期和新推出的版本，或者比較兩個不同的時間點。假設出現一個 CPU 或記憶體峰值，實際上可以了解程序中固有不同之處，細至行號。它非常強大，而且也會擴展那些有用的可觀察性工具，但它對正在執行的程式仍能散發出不同光芒。
>
> —Frederic Branczyk，「Grafana's Big Tent: Continuous Profiling with Frederic Branczyk」

以第四個可觀察性訊號身分出現在雲端原生開源社群中的持續效能分析，並不是多新鮮的概念，2010 年，Gang Ren 等人的「Google-Wide Profiling: A Continuous Profiling Infrastructure For Data Centers」研究論文就首次介紹，證明效能分析可以持續用於生產工作負載，而不會產生重大額外負擔，並有助於 Google 的效率優化。

近來，開源專案也讓這項技術更容易獲得。我個人在幾年來一直使用持續效能分析工具來分析 Go 服務，真的很好用！

您可以使用開源的 Parca 專案 [69] 來快速設定持續效能分析，在很多方面，它類似於 Prometheus 專案 [70]。Parca 是一個單一的二進位 Go 程式，它使用第 341 頁「抓取效能分析訊號」中討論的 HTTP 處理程式來定期抓取效能分析器，並把它們儲存在本地端資料庫中。然後就可以搜尋效能分析器、下載、甚至可以像查看器一樣，使用嵌入的 tool pprof 來分析它們。

---

69 *https://oreil.ly/X8003*
70 *https://oreil.ly/2Sa3P*

您可以在任何地方使用它：生產環境、遠端環境，或雲端或筆記型電腦上執行的宏觀基準測試環境，也可能設定持續效能分析。但它在微觀基準測試等級上可能沒有意義，因為要在盡可能小的作用域內執行測試，而此作用域可以在基準測試的整個持續時間內對其進行分析（請參閱第 261 頁「微觀基準測試」）。

要使用 Parca 把持續效能分析添加到範例 8-19 中的 `labeler` 宏觀基準測試中，只需要幾行程式碼和一個簡單的 YAML 配置，如範例 9-6 所示。

*範例 9-6　在範例 8-19 的 labeler 建立和 k6 腳本執行之間，啟動持續效能分析容器*

```
labeler := ...

parca := e2e.NewInstrumentedRunnable(e, "parca").
    WithPorts(map[string]int{"http": 7070}, "http").
    Init(e2e.StartOptions{
        Image: «ghcr.io/parca-dev/parca:main-4e20a666», ❶
        Command: e2e.NewCommand("/bin/sh", "-c",
          `cat << EOF > /shared/data/config.yml && \
    /parca --config-path=/shared/data/config.yml
object_storage: ❷
  bucket:
    type: "FILESYSTEM"
    config:
      directory: "./data"
scrape_configs: ❸
- job_name: "%s"
  scrape_interval: "15s"
  static_configs:
    - targets: [ '`+labeler.InternalEndpoint("http")+`' ]
  profiling_config:
    pprof_config: ❹
      fgprof:
        enabled: true
        path: /debug/fgprof/profile
        delta: true
EOF
`),
        User:      strconv.Itoa(os.Getuid()),
        Readiness: e2e.NewTCPReadinessProbe("http"),
    })
testutil.Ok(t, e2e.StartAndWaitReady(parca))
testutil.Ok(t, e2einteractive.OpenInBrowser(«http://»+parca.Endpoint(«http»))) ❺

k6 := ...
```

❶ e2e 框架在容器中會執行所有工作負載，因此在 Parca 伺服器上我們也是如此進行，使用來自專案官網 [71] 的容器映像建構。

❷ Parca 伺服器的基本配置有兩部分。第一個是物件儲存區配置：也就是要儲存 Parca 資料庫內部資料檔案的地方。Parca 使用 FrostDB 行式（columnar）儲存區 [72] 來儲存除錯資訊和效能分析器。為了簡單起見，也可以使用本地端檔案系統作為最基本的物件儲存區。

❸ 第二個重要配置是抓取（scrape），它可以把某些端點作為目標以效能分析器抓取。在此例中，我只把 labeler HTTP 端點放在本地端網路上，並指定每 15 秒獲取一次效能分析器。對於永遠上線的生產用途來說，我會推薦使用更大的間隔，例如 1 分鐘。

❹ 預設情況下會啟用常用效能分析器，例如堆積、CPU、goroutine 區塊和互斥鎖 [73]。但是也必須手動啟用其他效能分析器，例如第 355 頁「Off-CPU 時間」中討論的 fgprof 效能分析器。

❺ 一旦 Parca 啟動之後，可以使用 e2einteractive 套件來開啟 Parca UI，以在 k6 腳本完成期間或之後，探索效能分析器的類似查看器結果呈現。

由於持續效能分析，不需要等到基準測試（使用 k6 負載測試器）完成，就可以直接跳轉到 UI，每 15 秒查看一次效能分析器，而且是即時的！持續效能分析的另一個好處是，可以從每個隨著時間過去而得到的效能分析器已獲取所有樣本值總和，淬取出度量。例如，Parca 可以提供 labeler 容器的堆積記憶體隨時間變化的使用情況圖，取自周期性的 heap inuse_alloc 效能分析器（見圖 9-9）。結果將如圖 9-14 所示，其值應該非常接近第 225 頁「記憶體使用情況」中所提到的 go_memstats_heap_total 度量。

您現在可以單擊圖中的樣本，代表拍攝效能分析器快照的時刻。多虧了持續形式，您可以選擇最感興趣的時間，也許就是記憶體使用率最高的時刻！單擊後，會顯示該特定效能分析器的 Flame Graph，如圖 9-15 所示。

---

71  *https://oreil.ly/ETsNV*
72  *https://oreil.ly/A9y23*
73  *https://oreil.ly/pcZmg*

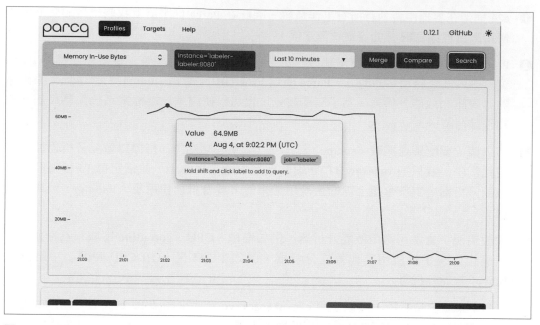

圖 9-14　顯示 labeler 的圖 9-9 inuse_alloc 隨著時間推移的效能分析器 Parca UI 結果截圖

圖 9-15　點擊圖 9-4 中的特定效能分析器時 Parca UI 的 Flame Graph 截圖，在 Parca 中稱為 Icicle Graph

Parca 維護人員決定為 Flame Graph 使用不同於第 337 頁「Flame Graph」中的 `go tool pprof` 工具視覺樣式。但是，和效能分析空間中的許多其他工具一樣，它使用相同語意。這意味著可以使用來自 `go tool pprof` 特定版本的分析技能和不同 UI，比如 Parca。

在效能分析器視圖中，可以下載選擇的 pprof 檔案，按照第 358 頁「分享效能分析器」中的討論來分享效能分析器、過濾視圖，或選擇不同的視圖。也可見一個 Flame Graph，代表函數在選定時間內對堆積中活動物件的貢獻，但無法輕鬆地手動抓取它。在圖 8-5 中，我在有趣的事件發生後抓取效能分析器，因此不得不使用 `alloc_space` 來顯示程式啟動時的總配置量。對於長期存在的程序，此視圖可能非常雜亂並顯示我不感興趣的情況；更糟糕的是，程序可能在某些事件如恐慌或 OOM 後重新啟動，重新啟動後執行這樣的堆積效能分析器不會提供任何資訊。類似的問題出現在所有其他只顯示目前或特定時刻的效能分析器中，例如 goroutine、CPU，或客製化檔案描述符效能分析器。

這就是持續效能分析之所以非常有用之處。它允許我們在有趣的事件發生時抓取效能分析器，因此可以快速跳轉到 UI 並分析效率瓶頸。例如在圖 9-15 中，可以看到 `bytes.Split` 是目前使用堆積記憶體最多的函數。

**持續效能分析的額外負擔**

抓取隨選效能分析器會對正在執行的 Go 程式產生一些額外負擔。但是，定期抓取多個效能分析器，會使這種額外負擔在整個應用程式執行期間持續存在，因此，請確保您的效能分析器不會導致效率低於預期水準。

嘗試了解程式中效能分析的額外負擔。標準的 Go 預設效能分析器的目標是不要為單一程序增加超過 5% 的 CPU 額外負擔。您可以透過改變持續的效能分析間隔或效能分析器的採樣來控制它，在大型部署[74]中只分析許多相同副本中的其中一個副本以分攤集合成本也很有用。

在 Red Hat 的基礎架構中，一直保持以 1 分鐘的間隔來執行持續效能分析，並且只會保留幾天的效能分析器。

---

74  *https://oreil.ly/yAACa*

總而言之，我建議對您肯定將來可能會需要持續提高效率的即時 Go 程式進行持續效能分析。Parca 是一個開源範例，但還有其他專案或供應商 [75] 允許執行相同的操作；不過要小心，因為效能分析可能會讓人上癮！

## 比較和聚合效能分析器

pprof 格式還有一個有趣的特性。透過設計，它允許對多個效能分析器進行某些聚合或比較：

減去效能分析器

> 您可以從一個效能分析器中減去另一個效能分析器。這有助於減少雜訊並縮小您關心的事件或元件的範圍。例如，當您同時對某個 A 和 B 事件進行負載測試時，您可以從一次的 Go 程式執行中獲得堆積效能分析器。然後，您可以從只使用 B 事件進行負載測試的同一個 Go 程式中減去您擁有的第二個堆積效能分析器，以檢查純粹來自 A 事件的影響。go tool pprof 允許您使用 -base 旗標，從另一個效能分析器中減去一個效能分析器，例如，go tool pprof heap-AB.pprof -base heap-B.pprof。

比較效能分析器

> 比較 [76] 類似於減法；它不是刪除匹配的樣本值，而是在效能分析器之間提供負數或正數增量，這對於衡量特定函數在優化前後的貢獻變化很有用。您還可以在使用 go tool pprof 時，使用 -diff_base 來比較您的效能分析器。

合併效能分析器

> 這在社群中鮮為人知，但您可以把多個效能分析器合併為一個！合併功能允許我們組合代表目前情況的效能分析器，例如，可以把數十個較短的 CPU 效能分析器合併為一個涵蓋在較長持續時間內的所有 CPU 工作單一效能分析器；或者可以把多個堆積效能分析器，合併到包含來自多個時間點的所有堆積物件聚合效能分析器中。
>
> go tool pprof 不支援這個功能。但是，您可以編寫自己的 Go 程式來使用 google/pprof/profile.Merge 函數 [77] 執行此運算。

---

75　例如 Phlare（*https://oreil.ly/Ru0Hu*）、Pyroscope（*https://oreil.ly/eKyK7*）、Google Cloud Profiler（*https://oreil.ly/OGoVR*）、AWS CodeGuru Profiler（*https:// oreil.ly/urVE0*）或 Datadog 持續效能分析器（*https://oreil.ly/El7zq*）。

76　*https://oreil.ly/NHfZP*

77　*https://oreil.ly/bvoSL*

我沒有常常使用這些機制，因為在使用 go tool pprof 工具時，我很容易會和多個本地端 pprof 檔案混淆。當我開始使用更進階的效能分析工具如 Parca 時，這種情況有了變化，正如您在圖 9-14 中看到的，有一個 Compare 按鈕可以比較兩個特定的效能分析器，還有一個 Merge 按鈕可以把聚焦的時間範圍內的所有效能分析器合併到一個效能分析器中。使用 UI，可以更輕鬆地選擇要比較或聚合的效能分析器以及其方式！

## 總結

Go 的效能分析空間可能有細微差別，但一旦您了解了基礎知識，使用它並不難。本章介紹所有效能分析的層面，從一般效能分析器、再到抓取樣式和 pprof 格式再到標準視覺化技術，最後談到進階技術，例如持續效能分析，我建議您嘗試一下。

### 先進行效能分析，再問問題

我建議使用適合您日常優化工作流程的任何形式效能分析。只有在您已經從程式中抓取效能分析器之後，才能提出問題，例如，導致程式碼速度變慢或資源使用率過高的原因為何？

我相信這不是這個領域裡創新的終點。多虧了 pprof 等常見的有效率效能分析格式，可以跨不同工具和效能分析器交互運作，我們將會看到更多工具、UI、有用的視覺化，甚至是和第 6 章中提到的不同可觀察性訊號相關性。

此外，開源生態系統中出現更多的 eBPF 效能分析器，使得跨程式語言的效能分析變得更便宜、也更統一。因此，請保持開放心態，嘗試不同技術和工具，找出最適合您、您的團隊或組織的方法。

# 第十章

# 優化範例

終於到了蒐集您從前幾章所掌握到的工具、技能和知識,並開始實際優化的時候了!本章將嘗試透過一些範例來加強實用優化流程。

我們將嘗試優化範例 4-1 中 Sum 的原始實作,我將向您展示 TFBO(第 100 頁「效率感知開發流程」)應用於 3 個不同效率需求集合的方式。

> 優化 / 悲觀化(pessimization)不能很好地泛化。這一切都取決於程式碼,所以每次都要衡量,不要做出過於武斷的判斷。
>
> —Bartosz Adamczewski,Tweet(2022)

這裡使用的優化故事將是下一章總結的一些優化樣式基礎。了解過去發生的數千個優化案例意義不大,因為每個案例都有其特殊性,編譯器和語言會發生變化,因此使用任何「暴力」來逐一嘗試數千種優化不切實際[1];相反的,我將專心為您提供知識、工具和實務,讓您能夠為您的問題找到更有效率的解決方案!

 請不要聚焦於特定的優化,例如我應用的特定演算法或程式碼更改。相反的,請嘗試了解我提出這些更改、找到要首先優化程式碼區段,以及評估這些更改的方法。

---

1　例如,我已經知道 Go 1.20 中的 strconv.ParseInt 優化(*https://oreil.ly/IZxm7*),會在沒有進行任何優化的情況下改變原始範例 4-1 的記憶體效率。

「Sum 範例」會先介紹 3 個問題，然後我們將對 Sum 執行第 369 頁「優化延遲」、第 380 頁「優化記憶體使用」，和第 388 頁「使用並行來優化延遲」中的優化。最後，還會提到一些可以解決在第 398 頁「獎勵：跳出框架思考」中提到目標的其他方法。現在就開始吧！

# Sum 範例

在第 4 章中，範例 4-1 曾介紹一個簡單的 Sum 實作，它對檔案中所提供的大量整數求和 [2]。現在就利用您已獲得的所有知識來優化範例 4-1，正如第 85 頁「資源感知效率需求」所言，不能「只是」優化，必須在腦海中有一些目標。本節，效率優化流程將重複三次，每次都有不同需求：

- 延遲更低，最多使用一個 CPU

- 最少的記憶體

- 4 個 CPU 核心可用於工作負載，延遲更低

更低或最少這兩個詞不是很專業，理想情況下會有一些更具體的目標數字，並以 RAER 這樣的書面形式呈現。快速的 Big O 分析可以說明 Sum 執行時間複雜度至少為 $O(N)$，也就是必須至少重新存取所有行一次，才能計算總和。因此，絕對延遲目標，如「Sum 必須快於 100 毫秒」將沒有任何作用，因為它的問題空間取決於輸入。總能找到會違反任何延遲目標的夠大輸入。

解決這個問題的一種方法，是透過一些假設和延遲目標來指明最大可能的輸入；第二種，是把所需的執行時間複雜度定義為會依賴於輸入（即處理量）的函數。讓我們進行第二種方法，並指定 Sum 的分攤延遲函數，可以對記憶體做同樣的事情，所以更具體一點，想像一下，對於我的硬體，系統設計的利益關係人，為範例 4-1 Sum 提出以下需求目標：

- 每行的最大延遲為 10 奈秒（$10 * N$ 奈秒），並且最多使用一個 CPU

- 如上所述的延遲，以及在堆積上，為任何輸入配置最多 10 KB 的記憶體

- 每行的最大延遲為 2.5 奈秒（$2.5 * N$ 奈秒），並且最多使用 4 個 CPU

---

[2] 如果您對我使用的輸入檔案感興趣，請參閱我用於產生輸入的程式碼：*https://oreil.ly/0SMxA*。

**如果達不到這個目標怎麼辦？**

由於低估問題、新需求或新知識，最初設定的目標可能會難以達成。這沒問題。在許多情況下，可以嘗試重新協商目標。正如第 95 頁「優化設計等級」中所剖析的那樣，超過某個點之後的每項優化都會花費越來越多時間、精力、風險和可讀性，因此添加更多機器、CPU 或 RAM 可能會讓問題更便宜。關鍵是粗略地估計這些成本，並幫助利益關係人決定對他們最有利之處。

按照 TFBO 流程，優化之前必須先進行基準測試。幸運的是，第 267 頁「Go 的基準測試」中已經討論過 Sum 程式碼的基準測試設計，因此可以繼續使用範例 8-13 作為基準測試。我使用範例 10-1 中提供的命令，來執行 5 個 10 秒的基準測試、使用了 200 萬個整數的輸入檔案，並限制只使用 1 個 CPU。

*範例 10-1　呼叫基準測試的命令*

```
export ver=v1 && go test -run '^$' -bench '^BenchmarkSum$' \
    -benchtime 10s -count 5 -cpu 1 -benchmem \
    -cpuprofile=${ver}.cpu.pprof -memprofile=${ver}.mem.pprof | tee ${ver}.txt
```

對於範例 4-1，前面的基準測試產生以下結果：101 毫秒、配置 60.8 MB 空間、每個運算進行 160 萬次配置，因此將以此為基線。

# 優化延遲

這裡的需求很明確，要讓範例 4-1 中的 Sum 函數更快，以達成至少 $10 * N$ 奈秒的處理量。基線結果給出 $50 * N$ 奈秒，是時候看看是否有任何快速優化！

第 232 頁「複雜度分析」中，我分享 Sum 函數的詳細複雜度，清楚地概述問題和瓶頸，但是，我使用本節的資訊來定義它。現在，忘記我們討論過那種複雜度，並嘗試從頭開始查找所有資訊。

最好的方法是使用第 9 章中解釋的效能分析器來執行瓶頸分析。我使用範例 8-4，在每個基準測試中抓取 CPU 效能分析器，因此可以快速得出 CPU 時間的 Flame Graph，如圖 10-1 所示。

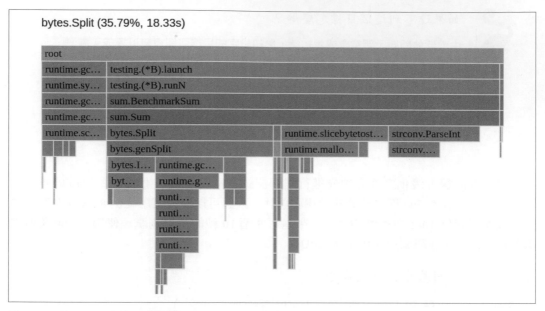

**圖 10-1　範例 4-1 中具有函數粒度的 CPU 時間 Flame Graph 視圖**

效能分析能讓我們掌握情況，可看出 CPU 時間的使用具有 4 個明顯的主要貢獻者：

- `bytes.Split`

- `strconv.ParseInt`

- 執行時期函數 `runtime.slicebytetostr...`，它以 `runtime.malloc` 結尾，意味著花費大量 CPU 時間來配置記憶體

- 執行時期函數 `runtime.gcBgMarkWorker`，指出 GC 的執行

CPU 效能分析器提供一個函數列表，可以經歷這些函數並可能減少一些 CPU 使用率。但是，正如第 355 頁「Off-CPU 時間」所言，CPU 時間在這裡可能不是瓶頸。因此，首先要確認這裡的函數是 CPU 密集型、I/O 密集型還是混合型。

有一種方法是手動地閱讀原始碼，我們可以看到範例 4-1 中使用的唯一外部媒體是一個檔案，用它來讀取位元組。其餘程式碼應該只會使用記憶體和 CPU 來執行計算。

這使得這段程式碼成為一個混合型的工作，但是如何混合呢？應該從檔案讀取還是 CPU 時間的優化開始？

找出這一點的最好方法是使用資料驅動作法。由於第 355 頁「Off-CPU 時間」討論完整的 goroutine 效能分析器（fgprof），而檢查 CPU 和 off-CPU 延遲。為了在 Go 基準測試中蒐集它們，我快速包裝範例 8-13 中的基準測試，並使用範例 10-2 中的 fgprof 效能分析器。

範例 10-2　使用 fgprof 效能分析進行基準測試

```
// BenchmarkSum_fgprof 推薦的執行選項：
// $ export ver=v1fg && go test -run '^$' -bench '^BenchmarkSum_fgprof' \
//    -benchtime 60s  -cpu 1 | tee ${ver}.txt ❶
func BenchmarkSum_fgprof(b *testing.B) {
    f, err := os.Create("fgprof.pprof")
    testutil.Ok(b, err)

    defer func() { testutil.Ok(b, f.Close()) }()

    closeFn := fgprof.Start(f, fgprof.FormatPprof)
    BenchmarkSum(b) ❷
    testutil.Ok(b, closeFn())
}
```

❶ 為了獲得更可靠的結果，必須測量超過 5 秒，這裡測量 60 秒以確定結果。

❷ 為了重用程式碼並獲得更佳可靠性，可以執行和範例 8-13 相同的基準測試，只是用 fgprof 效能分析器來包裝。

60 秒後產生的 fgprof.pprof 效能分析器如圖 10-2 所示。

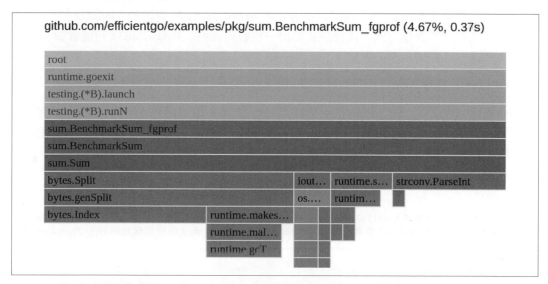

圖 10-2　具有函數粒度的範例 4-1 CPU 和 off-CPU 時間的 Flame Graph 視圖

完整的 goroutine 效能分析器確認工作負載是 I/O（5%[3]）和 CPU 時間（大部分）的混合品；因此，雖然有時不得不擔心檔案 I/O 所帶入的延遲，但還是可以先優化 CPU 時間，先繼續下去並先聚焦於最大的瓶頸：幾乎占用 36% Sum CPU 時間的 bytes.Split 函數，如圖 10-1 所示。

**一次優化一件事**

感謝圖 10-1 發現 4 個主要瓶頸。但是，在範例 10-3 中的第一個優化中，我選擇聚焦於最大的優化。

一次進行一個優化很重要，這感覺上比一次就嘗試優化目前所知道的一切還要慢，但在實務上它更有效；因為每個優化都可能互相影響，並帶入更多未知數。這樣才能得出更可靠的結論，例如比較效能分析器之間的貢獻百分比。此外，如果第一個優化就可以滿足所有需求，為什麼還要消除全部這 4 個瓶頸？

## 優化 bytes.Split

要弄清楚在 bytes.Split 中 CPU 時間花在哪些地方，必須嘗試理解這個函數的作用和作法。根據定義，它會根據可能出現的多字元（multicharacter）分隔符 sep ，把大位元組切片拆分為更小的切片。快速查看圖 10-1 的效能分析器，並使用 Refine 選項來聚焦於該函數，會顯示 bytes.Index[4]，再使用 makeslice 和 runtime.gcWriteBarrierDX 等函數來影響配置和垃圾蒐集。此外，也可以快速查看 bytes.Split 所使用的 genSplit[5] 的 Go 原始碼，以檢查它的實作方式，這應該會給出一些警告訊號。bytes.Split 可能會做一些對於案例來說不是那麼必要的事情：

- genSplit 首先會遍歷切片，以計算期望的切片值。

- genSplit 會配置一個二維位元組切片來存放結果。這很可怕，因為對於一個有 200 萬行的 7.2 MB 大位元組切片來說，它會配置一個有 200 萬個元素的切片。記憶體效能分析器確認此行配置大量記憶體[6]。

---

3　圖 10-2 中有一小段顯示 ioutil.ReadFile 的延遲占所有樣本 0.38%。展開 ReadFile 時，syscall.Read 占用 0.25%，可以假設它是 I/O 延遲，因為 sum.BenchmarkSum_fgprof 貢獻總壁鐘時間的 4.67%，其餘時間由基準測試和 CPU 效能分析占用，(0.25 * 100%)/4.67 = 5.4%。

4　*https://oreil.ly/DQrCS*

5　*https://oreil.ly/pCMH1*

6　可以使用 346 頁效能分析器上的「堆積」來進一步檢查，在我的測試中，這會展示每次運算所配置總共 60.8 MB 中的 78.6%，是由 bytes.Split 所占用的！

---

- 接著它會使用效能分析器中看到的 bytes.Index [7] 函數進行 200 萬次迭代，那是直到碰見下一個分隔符之前進行位元組蒐集時間的 200 萬倍。

- bytes.Split 中的分隔符是一個多字元，需要更複雜的演算法。可是，這裡需要的是簡單的單行換行分隔符。

不幸的是，對很多 Go 初學者開發人員來說，要對成熟的標準程式庫函數進行這種分析可能會很困難。哪些部分的 CPU 時間或記憶體使用是過多的，哪些又不是？

總是能夠幫助我回答這個問題的，是回到演算法設計階段，並嘗試設計我自己最簡單、為 Sum 問題量身訂作的行分割演算法。當了解一個簡單、有效率的演算法該有的樣子，並且對此感到滿意時，就可以開始挑戰現有實作。事實證明，有一個非常簡單的流程可能適用於範例 4-1，可見於以下範例 10-3。

*範例 10-3　Sum2 是具有優化後的 bytes.Split CPU 瓶頸的範例 4-1*

```
func Sum2(fileName string) (ret int64, _ error) {
    b, err := os.ReadFile(fileName)
    if err != nil {
        return 0, err
    }

    var last int ❶
    for i := 0; i < len(b); i++ {
        if b[i] != '\n' { ❷
            continue
        }
        num, err := strconv.ParseInt(string(b[last:i]), 10, 64)
        if err != nil {
            return 0, err
        }

        ret += num
        last = i + 1
    }
    return ret, nil
}
```

❶ 記錄最後看到的換行符索引，再加 1，以說明下一行從哪裡開始。

❷ 和 bytes.Split 相比，可以硬編碼一個新行作為分隔符。在一次迴圈迭代中，在重用 b 位元組切片的同時，可以找到完整的行、剖析整數、並執行求和。此演算法通常也稱為「就地」（in place）。

---

7　*https://oreil.ly/8diMw*

在得出任何結論之前，必須先檢查新演算法是否能正常運作。在使用單元測試成功驗證後，我使用 Sum2 函數而不是 Sum 來執行範例 8-13 以評估其效率，結果是樂觀的，具有 50 毫秒和 12.8 MB 的配置；和 bytes.Split 相比，可以減少 50% 的工作，同時少使用 78% 的記憶體。在 bytes.Split 負責約 36% CPU 時間和 78.6% 記憶體配置的情況下，這樣的改進告訴證實已完全從程式碼中消除這個瓶頸！

**標準函數可能並不適合所有情況**

前面的工作優化範例詢問了為什麼 bytes.Split 函數不是最佳化的。難道 Go 社群不能優化它嗎？

答案是，bytes.Split 以及您可能從網際網路上匯入的其他標準或客製化函數，不一定比那些根據您的需求而定製的演算法更有效率。對於許多您可能沒有的邊緣情況，例如多字元分隔符來說，要成為流行的功能，首先必須是可靠的，它們通常是針對可能比我們自己的情況更糾纏、更複雜的案例進行優化。

這並不意味著現在必須重寫所有匯入的函數。不用，應該只要能夠意識到透過為關鍵路徑提供量身訂作的實作以輕鬆提高效率的可能性。儘管如此，還是應該使用已知和經過實戰測試的程式碼，比如標準程式庫，在大多數情況下，這樣就夠了！

範例 10-3 的優化會是最後一個嗎？不完全是，雖然提高處理量，但仍然位於 25 * N 奈秒標記之處，這離目標還很遠。

## 優化 runtime.slicebytetostring

範例 10-3 基準測試中的 CPU 效能分析器應該能夠提供關於下一個瓶頸的線索，如圖 10-3 所示。

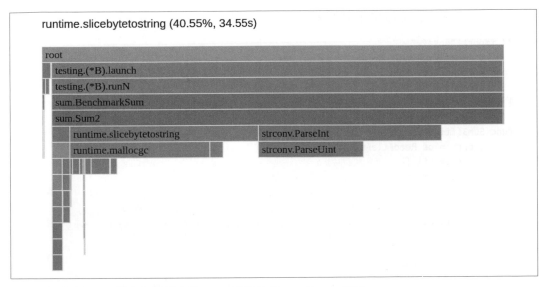

圖 10-3　範例 10-3 具有函數粒度的 CPU 時間的 Flame Graph 視圖

作為下一個瓶頸，先來看看這個奇怪的 runtime.slicebytetostring 函數，它把大部分 CPU 時間花費在配置記憶體之上。如果在 Source 或 Peek 視圖中查找它，它會把我們指向範例 10-3 中的 num, err := strconv.ParseInt(string(b[last:i]), 10, 64) 行。由於此 CPU 時間貢獻並未考慮到 strconv.ParseInt 一個單獨的區段，它表示必須在呼叫 strconv ParseInt 之前執行，但還是在同一程式碼行中。唯一動態執行的事情是 b 位元組切片的子切片（subslicing），以及轉換到字串。透過進一步檢查，可以看出這裡的字串轉換額外負擔很大 [8]。

有趣的是，string [9] 本質上是一個特殊的 byte 切片，沒有 Cap 欄位，string 的容量總是等於長度。因此，Go 編譯器在這上面所花費的大量時間和記憶體，剛開始可能會讓人感到驚訝，原因是 string(<byte slice>) 等同於建立一個具有相同數量元素的新位元組切片、把所有位元組複製到一個新位元組、然後從中傳回字串。複製的主要原因是，根據設計，string 型別是不可變的，因此每個函數都可以使用它而不必擔心潛在的競爭。但是，有一種相對安全的方法可以把 []byte 轉換為 string。請見以下範例 10-4。

---

8　可以從效能分析器中的 runtime.slicebytetostring 函數名稱推斷出這一點，也可以把這一行拆分成 3 行，一行字串轉換，第二行子切片，第三行呼叫剖析函數；並再次進行效能分析以確定。

9　*https://oreil.ly/7dv5w*

範例 10-4　*Sum3 是優化字串轉換的 CPU 瓶頸範例 10-3*

```go
// import "unsafe"

func zeroCopyToString(b []byte) string {
    return *((*string)(unsafe.Pointer(&b))) ❶
}

func Sum3(fileName string) (ret int64, _ error) {
    b, err := os.ReadFile(fileName)
    if err != nil {
        return 0, err
    }

    var last int
    for i := 0; i < len(b); i++ {
        if b[i] != '\n' {
            continue
        }
        num, err := strconv.ParseInt(zeroCopyToString(b[last:i]), 10, 64)
        if err != nil {
            return 0, err
        }

        ret += num
        last = i + 1
    }
    return ret, nil
}
```

❶ 可以使用 unsafe 套件，把 b 中的型別資訊去掉，形成一個 unsafe.Pointer，然後動態地把它轉換為不同型別，例如 string。這並不安全，因為如果結構不共享相同布局，可能會遇到記憶體安全問題或不確定的值。然而 []byte 和 string 之間會共享布局，所以它相較之下是安全的，它在許多專案中用於生產，包括 Prometheus，稱為 yoloString[10]。

zeroCopyToString 允許把檔案位元組轉換為 ParseInt 所需的字串，而且幾乎沒有額外負擔。在功能測試之後，可以再次使用和 Sum3 函數相同的基準測試來確認這一點。好處很明顯，Sum3 需要 25.5 毫秒來處理 200 萬個整數和 7.2 MB 的配置空間。這意味著就 CPU 時間而言，它比範例 10-3 快 49.2%。記憶體使用也更好，該程式幾乎精確地配置了輸入檔案的大小，不多也不少。

---

10　*https://oreil.ly/QmqCn*

**蓄意的取捨**

透過不安全的、無複製的位元組到字串轉換，進入一個蓄意的優化區域，帶入潛在的不安全程式碼，並為程式碼增加更多重要的複雜度。雖然清楚地把函數命名為 zeroCopyToString，但必須只在必要時正當化和使用這種優化。在案例中，它幫助我們達成效率目標，因此可以接受這些缺點。

這樣夠快嗎？還沒有，雖然幾乎達到 12.7 * N 奈秒的處理量，但來看看是否可以優化更多東西。

# 優化 strconv.Parse

同樣的，看看範例 10-4 基準測試中的最新 CPU 效能分析器，來看看可以嘗試檢查的最新瓶頸，如圖 10-4 所示。

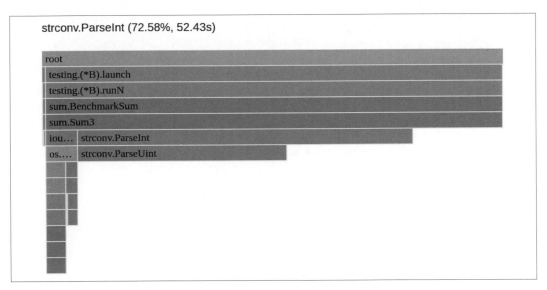

圖 10-4　範例 10-4 中具有函數粒度的 CPU 時間 Flame Graph 視圖

strconv.Parse 使用 72.6%，如果可以改善它的 CPU 時間，就可以獲得更多。和 bytes.Split 類似，應該檢查它的效能分析器和實作。按照這兩條可能的作法，可以立即勾勒出幾個感覺像是過勞的元素：

- 在 ParseInt 和 ParseUint 中檢查空字串兩次。在效能分析器中,可以看到兩者都使用不可忽略的 CPU 時間。

- ParseInt 允許剖析為具有不同基數和位元大小的整數。不需要這種泛型功能或額外輸入來檢查 Sum3 程式碼,關心以 10 為底的 64 位元整數即可。

這裡的解決方案和 bytes.Split 類似:查找或實作聚焦於效率的 ParseInt 函數,針對所需而來,如此而已。標準程式庫提供 strconv.Atoi 函數,看起來很不錯,但是,它仍然需要字串作為輸入,而不得不使用不安全的套件程式碼;與其這樣,不如試著想出自己的快速實作,在對新 ParseInt 函數進行幾次迭代測試和微觀基準測試之後,[11] 可以得出求和功能的第四代,如範例 10-5 所示。

### 範例 10-5 　 Sum4 是優化字串轉換的 CPU 瓶頸範例 10-4

```go
func ParseInt(input []byte) (n int64, _ error) {
    factor := int64(1)
    k := 0

    if input[0] == '-' {
        factor *= -1
        k++
    }

    for i := len(input) - 1; i >= k; i-- {
        if input[i] < '0' || input[i] > '9' {
            return 0, errors.Newf("not a valid integer: %v", input)
        }

        n += factor * int64(input[i]-'0')
        factor *= 10
    }
    return n, nil
}

func Sum4(fileName string) (ret int64, err error) {
    b, err := os.ReadFile(fileName)
    if err != nil {
        return 0, err
    }

    var last int
    for i := 0; i < len(b); i++ {
```

---

11 　在基準測試中,我還發現就 Sum 測試資料而言,我的 ParseInt 也比 strconv.Atoi 快 10%。

```
        if b[i] != '\n' {
            continue
        }
        num, err := ParseInt(b[last:i])
        if err != nil {
            return 0, err
        }

        ret += num
        last = i + 1
    }
    return ret, nil
}
```

整數剖析優化的副作用是可以把 ParseInt 定製成剖析位元組切片，而不是字串。因此，可以簡化程式碼，並避免不安全的 zeroCopyToString 轉換。經過測試和基準測試後，看到 Sum4 達到 13.6 毫秒，比範例 10-4 少 46.66%，而記憶體配置是相同的。

範例 10-6 使用我們鍾愛的 benchstat 工具，完整比較求和函數。

*範例 10-6　使用 200 萬行檔案來對所有四代結果執行 benchstat*

```
$ benchstat v1.txt v2.txt v3.txt v4.txt
name \ (time/op)  v1.txt      v2.txt       v3.txt       v4.txt
Sum               101ms ± 0%   50ms ± 2%    25ms ± 0%    14ms ± 0% ❶

name \ (alloc/op) v1.txt      v2.txt       v3.txt       v4.txt
Sum               60.8MB ± 0%  12.8MB ± 0%  7.2MB ± 0%   7.2MB ± 0%

name \ (allocs/op) v1.txt     v2.txt       v3.txt       v4.txt
Sum               1.60M ± 0%   1.60M ± 0%   0.00M ± 0%   0.00M ± 0%
```

❶ 請注意，benchstat 可以四捨五入一些數字，以便與 *v1.txt* 中的大數字比較。*v4.txt* 的結果是 13.6 毫秒，而不是 14 毫秒，這會影響到處理量的計算。

看來努力終有回報。根據目前結果，得到 6.9 * N 奈秒的處理量，這足以達成第一個目標。然而，這裡只檢查 200 萬個整數，確定可以使用更大或更小的輸入大小來維持相同的處理量嗎？ Big O 執行時複雜度 O(*N*) 的確這樣顯示，但為了以防萬一，我用 1000 萬個整數執行相同基準測試，67.8 毫秒的結果給出 6.78 * N 奈秒的處理量，這或多或少證實處理量數字是合理的。

範例 10-5 中的程式碼並不是速度最快或記憶體效率最高的解決方案,可能可以對演算法或程式碼進行更多優化以改進,例如,對範例 10-5 進行效能分析,就會看到一個相對較新的區段,指出它使用總 CPU 時間的 14%。那就是 os.ReadFile 程式碼,它因為其他瓶頸和優化沒有觸及的事物,而在過去的效能分析器中並不那麼明顯,第 446 頁「可以的話就預配置」中會提到它的潛在優化。也可以嘗試並行,這將在第 388 頁「使用並行來優化延遲」中進行。但是,對於一個 CPU,無法指望在這裡獲得多少獲益。

重要的是,由於達成目標,因此在此迭代中無須改進任何其他內容,可以停止工作並宣布成功了!幸運的是,不需要在優化流程中添加魔法或危險的不可攜技巧,只需要可讀且更容易的蓄意優化就好。

# 優化記憶體使用

在第二種情境下,目標是聚焦於記憶體消耗,同時又保持相同的處理量。想像一下,軟體有一個新的商業客戶,具有 Sum 功能,且需要在 IoT 裝置上執行,而該程式可用的 RAM 卻很少。因此,需求是有一個串流演算法(streaming algorithm):無論輸入大小,它在某一個時刻只能使用 10 KB 的堆積記憶體。

有鑑於範例 4-1 中的原始程式碼具有相當大的空間複雜度,這樣的需求乍看之下可能看起來很極端。對於範例 4-1 來說,如果有一個 1000 萬行、36 MB 的檔案需要 304 MB 的堆積記憶體,如何確保相同(或更大!)的檔案最多只占用 10 KB 記憶體?開始擔心之前,先來分析一下這個主題上可以做的事。

幸運的是,已經做一些改進記憶體配置的優化工作。由於延遲目標仍然要適用,就從範例 10-5 中的 Sum4 開始,因為它達成這個目標。Sum4 的空間複雜度似乎在 $O(N)$ 左右。它仍然取決於輸入大小,這離 10 KB 的目標還很遠。

# 轉向串流演算法

以下從圖 10-5 中的 Sum4 基準測試中淬取堆積效能分析器,以找出可以改進的地方。

記憶體效能分析器非常無聊。在範例 10-5 中,第一行配置 99.6% 的記憶體,實際上是把整個檔案讀入記憶體,因此可以遍歷記憶體中的位元組。即使在其他地方浪費一些配置也看不到它,因為 os.ReadFile 配置太多記憶體。這裡有什麼能做的嗎?

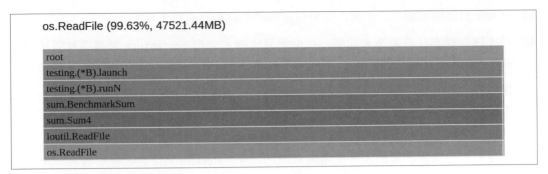

圖 10-5　範例 10-5 具有函數粒度（alloc_space）的堆積配置 Flame Graph 視圖

在演算法中，必須遍歷檔案中的所有位元組；因此，最終必須讀取所有位元組，但是，不需要把它們同時全部讀入記憶體。技術上，只需要一個足夠大的位元組切片，來容納要剖析的整數的所有數字，這意味著可以嘗試設計外部記憶體（external memory）演算法，以塊的形式傳輸位元組。可以嘗試一下使用標準程式庫中現有的位元組掃描器：bufio.Scanner [12]。例如，範例 10-7 實作中的 Sum5，使用它來掃描足夠的記憶體以讀取和剖析一行。

範例 *10-7　Sum5 是帶有 bufio.Scanner 的範例 10-5*

```
func Sum5(fileName string) (ret int64, err error) {
    f, err := os.Open(fileName) ❶
    if err != nil {
        return 0, err
    }
    defer errcapture.Do(&err, f.Close, "close file") ❷

    scanner := bufio.NewScanner(f)
    for scanner.Scan() { ❸
        num, err := ParseInt(scanner.Bytes())
        if err != nil {
            return 0, err
        }

        ret += num
    }
    return ret, scanner.Err() ❹
}
```

---

12　*https://oreil.ly/CqiG7*

❶ 沒有把整個檔案讀入記憶體，而是在這裡開啟檔案描述符。

❷ 必須確保檔案在計算後會關閉，以免洩漏資源，使用 errcapture 來獲得有關延遲的檔案 Close 潛在錯誤通知。

❸ 掃描器 .Scan() 方法顯示是否已經到達檔案結尾，如果仍然有位元組來導致拆分，它會傳回 true。拆分是基於 .Split 方法中所提供的函數，預設情況下，ScanLines [13] 就是我們想要的結果。

❹ 不要忘記檢查掃描器錯誤！使用這樣的迭代子（iterator）介面，會很容易忘記檢查它的錯誤。

為了評估效率，且現在更聚焦於記憶體時，可以使用和 Sum5 相同的範例 8-13。然而，考慮到過去的優化，此時已經相當危險地接近我們的工具，對百萬行數量級的輸入檔案進行具合理準確性和額外負擔測量時可以得到的值。如果進入微秒級的延遲，考慮到檢測的準確度和基準測試工具的額外負擔限制，測量可能會出現偏差。因此，這裡把檔案增加到 1000 萬行。範例 10-5 中針對該輸入的 Sum4 基準測試後結果，是每個運算 67.8 毫秒和配置 36 MB 記憶體。帶有掃描器的 Sum5 輸出每次運算 157.1 毫秒和 4.33 KB。

就記憶體使用而言，這樣很不錯。如果查看實作，掃描器會配置一個初始的 4 KB，並用於讀取該行。如果行較長，它會根據需要來增加此值，但檔案並沒有超過 10 位數字的數字，因此它維持在 4 KB。不幸的是，掃描器的速度不足以滿足延遲需求，Sum4 減速了 131%，而達到 $15.6 * N$ 奈秒的延遲，這樣太慢了，必須再次優化延遲，因為仍然有大約 6 KB 的記憶體，可以配置以維持在 10 KB 記憶體目標之內。

## 優化 bufio.Scanner

能做些什麼來改進？像往常一樣，該檢查圖 10-6 中範例 10-7 的原始碼和效能分析器了。

---

13 *https://oreil.ly/YUpLU*

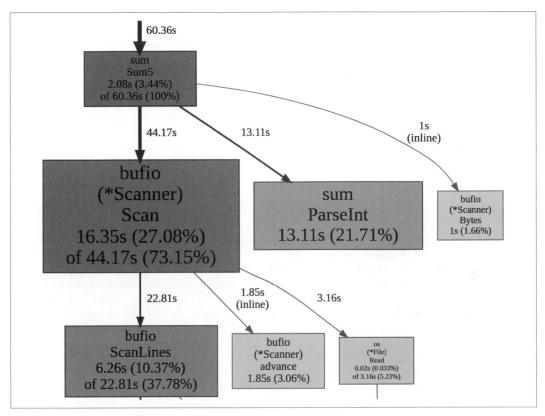

圖 10-6 範例 10-7 具有函數粒度的 CPU 時間 Graph 視圖

標準程式庫中對 Scanner 結構的註解給出一個提示，告訴我們「Scanner 是用於安全、簡單的工作」。ScanLines 是這裡的主要瓶頸，可以用更有效率的實作來換掉它。例如，原始函數會刪除回車（carriage return, CR）控制字元 [14]，而這會浪費周期，因為輸入中並沒有它們。我設法提供優化的 ScanLines，把延遲提高 20.5% 到 125 毫秒，不過這仍然太慢了。

和之前的優化類似，可能值得編寫客製化串流化掃描實作，而不是使用 bufio.Scanner。範例 10-8 中的 Sum6 提供一個潛在的解決方案。

---

14  *https://oreil.ly/wwUbC*

範例 10-8 Sum6 是帶有緩衝讀取的範例 10-5

```go
func Sum6(fileName string) (ret int64, err error) {
    f, err := os.Open(fileName)
    if err != nil {
        return 0, err
    }
    defer errcapture.Do(&err, f.Close, "close file")

    buf := make([]byte, 8*1024) ❶
    return Sum6Reader(f, buf)
}

func Sum6Reader(r io.Reader, buf []byte) (ret int64, err error) { ❷
    var offset, n int
    for err != io.EOF {
        n, err = r.Read(buf[offset:]) ❸
        if err != nil && err != io.EOF { ❹
            return 0, err
        }
        n += offset ❺

        var last int
        for i := range buf[:n] { ❻
            if buf[i] != '\n' {
                continue
            }
            num, err := ParseInt(buf[last:i])
            if err != nil {
                return 0, err
            }

            ret += num
            last = i + 1
        }

        offset = n - last

        if offset > 0 {
            _ = copy(buf, buf[last:n]) ❼
        }
    }
    return ret, nil
}
```

❶ 建立一個 8 KB 的位元組緩衝區用以讀取。我選擇 8 KB 而非 10 KB，以便在 10 KB 限制內留出一些空間。考慮到 OS 分頁為 4 KB，8 KB 感覺也是一個很理想的數字，因為它只需要 2 個分頁。

此緩衝區假定沒有大於 ~8,000 位數的整數，可以把它變得更小，甚至減少到 10，因為已知輸入檔案沒有超過 9 位數的數字（加上換行符）。但是，由於後續步驟中所解釋的某些浪費，這會讓演算法變慢。此外，即使沒有讀取的浪費，由於額外負擔的緣故，一次讀 8 KB 也會比讀取 1,024 次的 8 位元組還快。

❷ 現在，分離方便的 io.Reader 介面背後功能，這樣能夠在未來重用 Sum6Reader [15]。

❸ 在每次迭代中，從檔案中讀取下一個 8 KB，再減去 offset 位元組數。開始在 offset 位元組之後讀取更多檔案位元組，以便為尚未剖析的數字預留潛在空間。這種情況發生在如果想要讀取會把一些數字分成幾部分的位元組時，例如在兩個不同的塊中讀取 ...\n12 和 34/n... 。

❹ 在錯誤處理中，排除 io.EOF 哨符（sentinel）錯誤，它會指出已到達檔案結尾，但這並不是錯誤，因為我們仍然想處理剩餘的位元組。

❺ 必須從緩衝區中處理的位元組數恰好會是 n + offset，其中 n 是從檔案中讀取的位元組數。檔案結尾的 n 可以小於要求的數量（buf 長度）。

❻ 遍歷 buf 緩衝區中的 n 個位元組 [16]。請注意，這裡沒有遍歷整個切片，因為在 err == io.EOF 的情況下，可能讀取不到 10 KB 的位元組，因此只需要處理它們中的 n 個。每次迴圈迭代，都會處理在 10 KB 緩衝區中找到的所有行。

❼ 計算 offset，如果需要一個，會把剩餘的位元組移到前面。這在 CPU 上造成一點浪費，但沒有配置任何額外的東西。基準測試會顯示這是否合適。

Sum6 程式碼變得更大更複雜，所以希望它能提供良好的效率結果來合理化複雜度。事實上，在基準測試之後，它顯示需要 69 毫秒和 8.34 KB，為了以防萬一，可以計算一個更大檔案（1 億行）的方式，來額外測試範例 10-8。使用更大的輸入之後，Sum6 產生 693 毫秒和大約 8 KB，這給了 6.9 * $N$ 奈秒的延遲（執行時間複雜度），和大約 8 KB 的空間（堆積）複雜度，滿足所需目標。

---

15　有趣的是，在我的機器上，僅僅添加一個新的函數呼叫和介面，就會使程式每次運算的速度降低 7%，這證明已經達到非常高的效率水平。然而，考慮到可重用性，也許可以承受這種效慢速度。

16　有一件事很有趣，如果用技術上更簡單的迴圈來替換這一行，例如 for i := 0; i < n; i++ {，程式碼會慢 5%！不要把這當作通則，該衡量還是要衡量，因為它可能取決於您的工作量，但有趣的是，看到 range 迴圈（沒有第二個引數）在這裡會更有效率。

細心的讀者可能還在想我是不是漏掉了什麼。為什麼空間複雜度是 8 KB，而不是 8 + $x$ KB？為 1000 萬行檔案配置一些額外位元組，所以為更大檔案配置更多位元組，要怎麼知道對於大 100 倍的檔案，在某個時候記憶體配置不會超過 10 KB？

如果對 10 KB 的配置目標非常嚴格，可以嘗試弄清楚會發生什麼事，最重要的是，驗證沒有任何東西會隨著檔案大小增加而增加配置空間。這次記憶體效能分析器也是無價的，但為了充分理解事情，可透過在 BenchmarkSum 基準測試中添加 `runtime.MemProfileRate = 1`，以確保記錄下所有配置。產生的效能分析器如圖 10-7 所示。

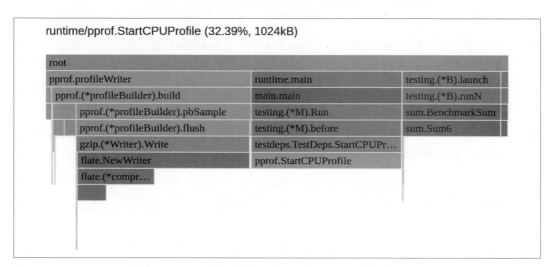

圖 10-7　範例 10-8 的記憶體 Flame Graph 視圖，具有函數粒度和效能分析器速率 1

從 pprof 套件中可以看到比函數更多的配置。這指出效能分析本身配置的額外負擔相對較大！儘管如此，它並不能證明 Sum 除了 8 KB 緩衝區之外，沒有在堆積上配置任何其他東西。Source 視圖很有用，如圖 10-8 所示。

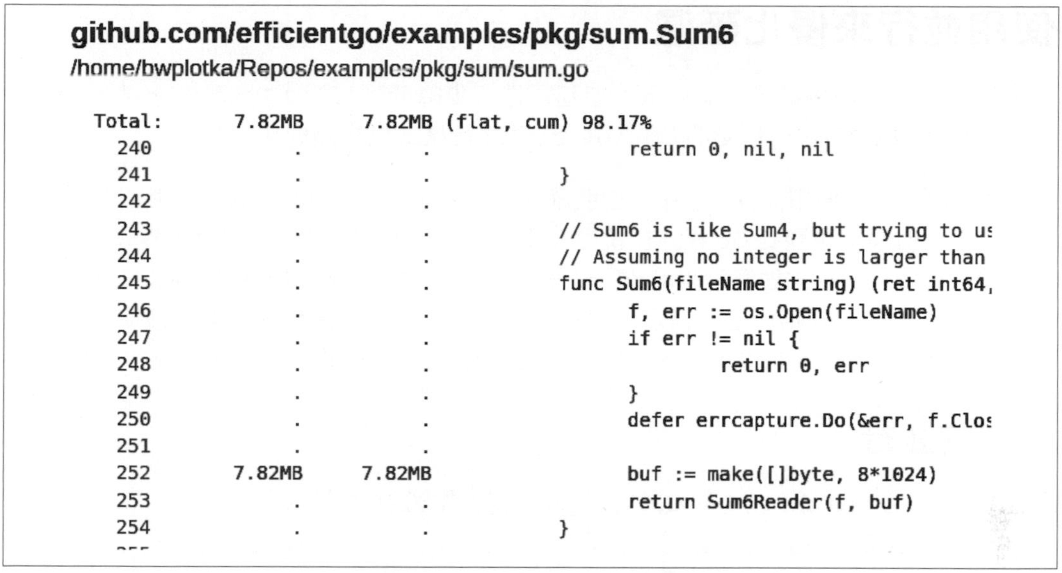

```
github.com/efficientgo/examples/pkg/sum.Sum6
/home/bwplotka/Repos/examples/pkg/sum/sum.go

    Total:        7.82MB       7.82MB (flat, cum) 98.17%
    240            .            .                    return 0, nil, nil
    241            .            .                }
    242            .            .
    243            .            .                // Sum6 is like Sum4, but trying to us
    244            .            .                // Assuming no integer is larger than
    245            .            .                func Sum6(fileName string) (ret int64,
    246            .            .                    f, err := os.Open(fileName)
    247            .            .                    if err != nil {
    248            .            .                        return 0, err
    249            .            .                    }
    250            .            .                    defer errcapture.Do(&err, f.Clos
    251            .            .
    252         7.82MB       7.82MB                    buf := make([]byte, 8*1024)
    253            .            .                    return Sum6Reader(f, buf)
    254            .            .                }
```

圖 10-8 在具有 1,000 次迭代和 10 MB 輸入檔案的基準測試之後，效能分析器速率為 1 的範例 10-8 記憶體 Source 視圖

它呈現 Sum6 只有一個堆積配置點，並且可以在沒有 CPU 效能分析的情況下進行基準測試，現在可以為任何輸入大小提供穩定的 8,328 堆積配置位元組了。

成功！目標已經達成，可以繼續執行最後一個任務。範例 10-9 顯示每次迭代所取得的結果概覽。

範例 10-9　使用 1000 萬行檔案對所有 3 次迭代的結果執行 benchstat

```
$ benchstat v1.txt v2.txt v3.txt v4.txt
name \ (time/op)    v4-10M.txt    v5-10M.txt    v6-10M.txt
Sum                 67.8ms ± 3%   157.1ms ± 2%  69.4ms ± 1%


name \ (alloc/op)   v4-10M.txt    v5-10M.txt    v6-10M.txt
Sum                 36.0MB ± 0%   0.0MB ± 3%    0.0MB ± 0%


name \ (allocs/op)  v4-10M.txt    v5-10M.txt    v6-10M.txt
Sum                 5.00 ± 0%     4.00 ± 0%     4.00 ± 0%
```

# 使用並行來優化延遲

希望您已準備好迎接最後一個挑戰：把延遲進一步降低到每行 2.5 奈秒的水準。這次有 4 個可用的 CPU 核心，所以可以嘗試引入一些並行樣式以求達成。

在第 142 頁「何時使用並行？」中，曾明確提到需要並行，以在程式碼中使用非同步程式設計或事件處理，也談到 Go 程式在執行大量 I/O 運算之處所得到的相對容易收益。但是在本節中，我很樂意向您展示使用並行以提高範例 4-1 程式碼中 Sum 速度的方式，但有兩個典型陷阱。由於嚴格的延遲需求，可採用已經優化過的 Sum 版本。鑑於沒有任何記憶體需求，而且範例 10-5 中的 Sum4 只比 Sum6 慢一點，但行數較少，就先以此作為開始。

## 單純的並行

像往常一樣，淬取範例 10-5 的 CPU 效能分析器，如圖 10-9 所示。

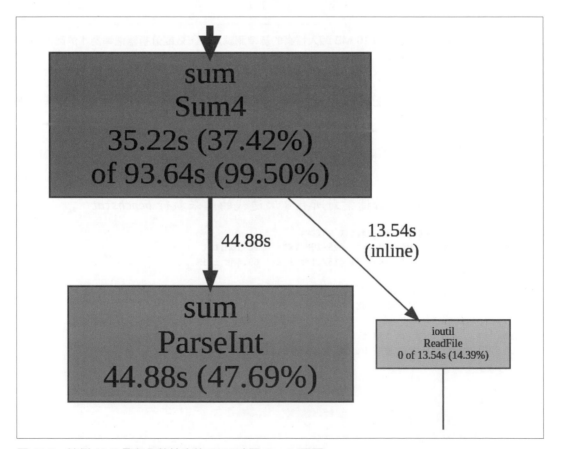

圖 10-9　範例 10-5 具有函數粒度的 CPU 時間 Graph 視圖

您可能已經注意到，範例 10-5 的許多 CPU 時間來自 ParseInt，占 47.7%。由於會在程式開頭讀取整個檔案，因此程式其餘部分是完全 CPU 密集的，如果只有一個 CPU，不能期望並行會帶來更好的延遲。然而，在這個任務中，有 4 個可用的 CPU 核心，現在任務就是找到一種方法，來平均配置剖析檔案內容的工作，並儘可能減少 goroutine 之間的協調 [17]。可嘗試以下 3 種使用並行來優化範例 10-5 的方法。

第一件事，是找到可以同時獨立進行且互不影響的計算。因為總和是交換性的（commutative），所以數字相加的順序並不重要，簡單的並行實作可以剖析字串中的整數，並把結果逐一添加到共享變數中，範例 10-10 將探索這個相當簡單的解決方案。

*範例 10-10　範例 10-5 的單純並行優化，為每一行建立一個新的 goroutine 以計算*

```go
func ConcurrentSum1(fileName string) (ret int64, _ error) {
    b, err := os.ReadFile(fileName)
    if err != nil {
        return 0, err
    }

    var wg sync.WaitGroup
    var last int
    for i := 0; i < len(b); i++ {
        if b[i] != '\n' {
            continue
        }

        wg.Add(1)
        go func(line []byte) {
            defer wg.Done()
            num, err := ParseInt(line)
            if err != nil {
                // TODO(bwplotka): Return err using other channel.
                return
            }
            atomic.AddInt64(&ret, num)
        }(b[last:i])
        last = i + 1
    }
    wg.Wait()
    return ret, nil
```

---

17　第 135 頁「Go 執行時期排程器」也討論同步原語。

功能測試成功後，就該進行基準測試了。和前面步驟類似，可以透過簡單地把 Sum 替換為 ConcurrentSum1，以重用相同的範例 8-13。我還把 -cpu 旗標更改為 4，以解鎖 4 個 CPU 核心。不幸的是，結果並不樂觀，對於 200 萬行輸入，每個運算大約需要 540 毫秒和 151 MB 的配置空間，比更簡單、非並行的範例 10-5 多了將近 40 倍的時間。

## 配置的工作者方法

可檢查圖 10-10 中的 CPU 效能分析器以了解原因。

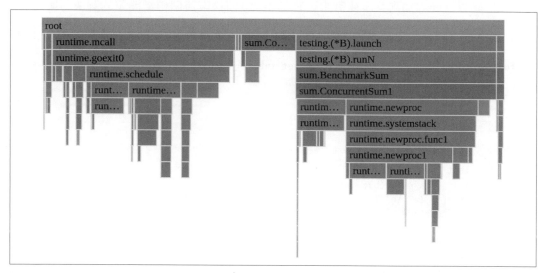

圖 10-10　範例 10-10 具有函數粒度的 CPU 時間 Flame Graph 視圖

Flame Graph 清楚顯示由稱為 runtime.schedule 和 runtime.newproc 的區塊所指示的 goroutine 建立和排程額外負擔，但範例 10-10 過於單純，出於以下 3 個原因，並不推薦用於此案例：

- 並行工作（剖析和加法）速度太快，無法證明 goroutine 額外負擔，即記憶體和 CPU 使用率。

- 對於更大的資料集，可能會建立數百萬個 goroutine。雖然 goroutine 相對便宜而且可以有數百個，但總是有一個限制，因為只有 4 個 CPU 核心可以執行。所以您可以想像排程器試圖在 4 個 CPU 核心上公平地排程數百萬個 goroutine 所產生的延遲。

- 程式將具有不確定的效能，具體取決於檔案中的行數。可能會遇到無限並行的問題，因為會向外部檔案中的行發送盡可能多的 goroutine（這是超越程式控制之外的東西）。

這還不是我們想要的，所以接下來就來改進並行實作。從這裡開始有很多方法，但先專注於解決之前注意到的那 3 個問題，透過為每個 goroutine 配置更多工作就可以解決第一個問題，因為加法也具有結合（associative）和累積（cumulative）的特性，基本上可以把工作分成由多行所構成的群組，在每個 goroutine 中剖析和相加數字，並把部分結果加到總和中，而且這樣做也能自動解決第二個問題。把工作分組意味著要安排更少 goroutine，問題是，一組中的最佳行數是多少？2 行？4 行？100 行？

答案很可能取決於程序中需要的 goroutine 數量，和可用的 CPU 數量；還有第三個問題：無限並行。這裡典型的解決方案是使用工作者樣式，有時也會稱為 goroutine 池化（pooling）。在此樣式下，會預先對 goroutine 的數量達成一致意見，然後再一次排程所有 goroutine，之後建立另一個 goroutine 來平均分配工作。範例 10-11 能查看該演算法的範例實作。您能預測這個實作是否會更快嗎？

範例 10-11　範例 10-5 的並行優化，其中維護會計算資料行集合的有限 *goroutine* 集合，資料行使用另一個 *goroutine* 以分配。

```go
func ConcurrentSum2(fileName string, workers int) (ret int64, _ error) {
    b, err := os.ReadFile(fileName)
    if err != nil {
        return 0, err
    }

    var (
        wg     = sync.WaitGroup{}
        workCh = make(chan []byte, 10)
    )

    wg.Add(workers + 1)
    go func() {
        var last int
        for i := 0; i < len(b); i++ {
            if b[i] != '\n' {
                continue
            }
            workCh <- b[last:i]
            last = i + 1
        }
        close(workCh) ❶
        wg.Done()
    }()

    for i := 0; i < workers; i++ {
        go func() {
            var sum int64
```

```
        for line := range workCh { ❷
            num, err := ParseInt(line)
            if err != nil {
                // TODO(bwplotka): Return err using other channel.
                continue
            }
            sum += num
        }
        atomic.AddInt64(&ret, sum)
        wg.Done()
    }()
}
wg.Wait()
return ret, nil
}
```

❶ 請記住，發送方通常負責關閉頻道。即使流量不依賴於它，在使用後始終關閉頻道
也是一個好習慣。

❷ 謹防常見錯誤。`for _, line := range <-workCh` 有時也會被編譯，它看起來合乎邏
輯，但這是錯誤的。它會等待來自 workCh 頻道的第一則訊息，並迭代所接收到的位
元組切片的每一位元組；但我們想要的只是迭代訊息。

測試通過，可以開始基準測試。不幸的是，這個具有 4 個 goroutine 的實作平均需要 207 毫
秒才能完成單一運算，會使用 7 MB 空間。還有，這比更簡單的循序範例 10-5 慢 15 倍。

## 沒有協調的工作者方法（分片）

這次又怎麼了？先研究一下圖 10-11 中顯示的 CPU 效能分析器。

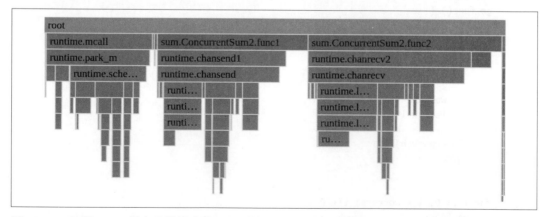

圖 10-11　範例 10-11 具有函數粒度的 CPU 時間 Flame Graph 視圖

如果您看到這樣的效能分析器，它應該會立即告訴您並行的額外負擔又太大了。我們還是看不到真正的工作，例如剖析整數，因為這項工作在數量上超過額外負擔，這次的額外負擔是由 3 個因素造成的：

runtime.schedule

負責排程 goroutine 的執行時期程式碼。

runtime.chansend

在此例中，等待鎖發送到單一頻道。

runtime.chanrecv

和 chansend 相同，但等待從接收頻道來讀取。

結果，剖析和相加比通訊的額外負擔更快；本質上，工作的協調和配置，比工作本身占用掉更多 CPU 資源。

這裡有多種改進選項，以此例而言，可以嘗試消除分配工作的努力，透過一種無協調（coordination-free）演算法來達成這一點，該演算法將在所有 goroutine 之間平均分片／拆分（shard）工作負載。它是無協調的，因為對於工作的哪一部分要分配給哪個 goroutine 這件事上，不用溝通就能達成一致。這一點可以做到，因為檔案大小已預先知道，所以可以使用某種啟發式方法，把每個檔案包含多行的部分，一一指派給 goroutine 工作者。範例 10-12 是實作方法。

範例 10-12　範例 10-5 的並行優化，其中維護了一組有限的 goroutine 來計算資料行群組。資料行在沒有協調的情況下被分片。

```go
func ConcurrentSum3(fileName string, workers int) (ret int64, _ error) {
    b, err := os.ReadFile(fileName)
    if err != nil {
        return 0, err
    }

    var (
        bytesPerWorker = len(b) / workers
        resultCh       = make(chan int64)
    )

    for i := 0; i < workers; i++ {
        go func(i int) {
            // Coordination-free algorithm, which shards
            // buffered file deterministically.
```

```
            begin, end := shardedRange(i, bytesPerWorker, b) ❶

            var sum int64

            for last := begin; begin < end; begin++ {
                if b[begin] != '\n' {
                    continue
                }
                num, err := ParseInt(b[last:begin])
                if err != nil {
                    // TODO(bwplotka): Return err using other channel.
                    continue
                }
                sum += num
                last = begin + 1
            }
            resultCh <- sum
        }(i)
    }

    for i := 0; i < workers; i++ {
        ret += <-resultCh
    }
    close(resultCh)
    return ret, nil
}
```

❶ 為清楚起見，未提供 shardedRange。此函數會接受輸入檔案的大小，並把它拆分為 bytesPerWorker 分片，如此案例的 4 個；然後為每個工作者第 *i* 個分片。您可以在此處查看完整程式碼：*https://oreil.ly/By9wO*。

測試也通過了，因此能夠確認範例 10-12 在功能上是正確的。但它有更快嗎？是的！基準測試顯示每個運算 7 毫秒和 7 MB，這幾乎是循序範例 10-5 的兩倍。不幸的是，這讓處理量達到 3.4 * *N* 奈秒，這並沒有達到 2.5 * *N* 的目標。

# 一種串流式、分片的工作者方法

再對圖 10-12 進行一次效能分析，看看是否可以輕鬆改進任何東西。

CPU 效能分析器顯示 goroutine 所完成的工作占用最多 CPU 時間；然而，大約 10% 的 CPU 時間是花在讀取所有位元組上，而我們也可以嘗試並行執行這個動作。乍看之下，這項努力看起來並不樂觀。然而，即使移除所有 10% 的 CPU 時間，提高 10% 的處理量也只會帶來 3.1 * *N* 奈秒數，所以還不夠。

---

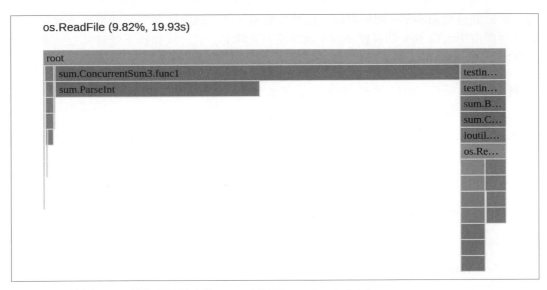

圖 10-12　範例 10-12 具有函數粒度的 CPU 時間 Flame Graph 視圖

不過，這是必須保持警惕的地方。正如您可以想像的，讀取檔案並不是 CPU 密集型工作，因此或許實際花費在 CPU 時間的 10%，會讓 os.ReadFile 成為更大瓶頸，從而成為優化的更好選擇。和第 369 頁「優化延遲」一樣，先執行一個包含 fgprof 效能分析器的基準測試！所產生的完整 goroutine 效能分析器如圖 10-13 所示。

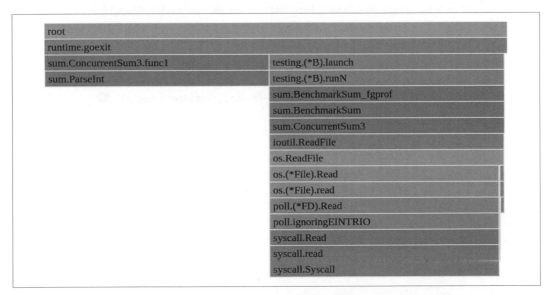

圖 10-13　範例 10-12 具有函數粒度的完整 goroutine 效能分析器 Flame Graph 視圖

fgprof 效能分析器顯示，如果嘗試並行讀取檔案，則可以在延遲方面獲得很多收益，因為它目前占用大約 50% 的真實時間！這是更有希望的方式，所以以下就嘗試把檔案的讀取移動到工作者 goroutine，實作如範例 10-13 所示。

範例 10-13　範例 10-12 的並行優化，它也使用分別的緩衝區並行地從檔案中讀取

```go
func ConcurrentSum4(fileName string, workers int) (ret int64, _ error) {
    f, err := os.Open(fileName)
    if err != nil {
        return 0, err
    }
    defer errcapture.Do(&err, f.Close, "close file")

    s, err := f.Stat()
    if err != nil {
        return 0, err
    }

    var (
        size          = int(s.Size())
        bytesPerWorker = size / workers
        resultCh       = make(chan int64)
    )

    if bytesPerWorker < 10 {
        return 0, errors.New("can't have less bytes per goroutine than 10")
    }

    for i := 0; i < workers; i++ {
        go func(i int) {
            begin, end := shardedRangeFromReaderAt(i, bytesPerWorker, size, f)
            r := io.NewSectionReader(f, int64(begin), int64(end-begin)) ❶

            b := make([]byte, 8*1024)
            sum, err := Sum6Reader(r, b) ❷
            if err != nil {
                // TODO(bwplotka): Return err using other channel.
            }
            resultCh <- sum
        }(i)
    }

    for i := 0; i < workers; i++ {
        ret += <-resultCh
    }
```

```
        close(resultCh)
        return ret, nil
    }
```

❶ 不是從在記憶體中的輸入檔案來拆分位元組，而是告訴每個 goroutine，它可以從檔案中讀取哪些位元組。可以做到這一點多虧了 SectionReader [18]，它會傳回一個只允許閱讀特定區段的閱讀器。shardedRangeFrom ReaderAt [19] 中包含一個小小複雜之處，來確保讀取所有行（不知道檔案中的換行符在哪裡），但它可以用此處介紹的演算法，以相對容易的方式完成。

❷ 可以為這個工作重用範例 10-8，因為它知道如何使用任何 io.Reader 實作，所以在範例中，就是 *os.File 和 *io.SectionReader。

評估此程式碼的效率可知，最後的結果是，在所有這些工作之後，範例 10-13 對 200 萬行資料產生驚人的每次運算花費 4.5 毫秒，對 1000 萬行資料則是 23 毫秒，這把我們帶到 ~2.3 * N 奈秒的處理量，滿足了目標！範例 10-14 給出成功迭代的延遲和記憶體配置完整比較。

*範例 10-14　使用 200 萬行檔案對這 4 次迭代的結果執行 benchstat*

```
name \ (time/op)    v4-4core.txt  vc3.txt      vc4.txt
Sum-4               13.3ms ± 1%   6.9ms ± 6%   4.5ms ± 3%

name \ (alloc/op)   v4-4core.txt  vc3.txt      vc4.txt
Sum-4               7.20MB ± 0%   7.20MB ± 0%  0.03MB ± 0%
```

總而言之，我們完成 3 個練習，展示針對不同目標的優化流程；我還有一些可能的並行樣式，可以利用多核心機器。總體而言，我希望您看見基準測試和效能分析在整個過程中的重要性！有時結果可能會讓您大吃一驚，因此，別忘了反覆確認您的想法。

然而，還有另一種創新方式可以解開這些練習，這可能適用於某些使用案例，有時它可以避免過去的 3 個部分中所做的巨大優化努力。現在就來看看吧！

---

18 *https://oreil.ly/j4cQd*
19 *https://oreil.ly/PwNty*

# 獎勵：跳出框架思考

考慮到本章中所設定的那些具有挑戰性的目標，我花了很多時間來優化和解釋範例 4-1 中的單純 Sum 實作的優化，這向您展示了一些優化想法、實務、以及我在優化工作中使用的一般思維。但艱苦的優化工作並不總能解決問題，其實還有很多方法可以達成目標。

例如，如果我告訴您有一種方法可以把執行時期複雜度化簡為幾奈秒和零配置，而且只增加另外 4 行程式碼，結果會怎樣？請見以下範例 10-15。

範例 10-15　在範例 4-1 中添加最簡單的快取

```
var sumByFile = map[string]int64{} ❶

func Sum7(fileName string) (int64, error) {
    if s, ok := sumByFile[fileName]; ok {
        return s, nil
    }

    ret, err := Sum(fileName)
    if err != nil {
        return 0, err
    }

    sumByFile[fileName] = ret
    return ret, nil
}
```

❶ sumByFile 代表最簡單的快取儲存區，您還可以考慮大量更多的生產級快取讀取實作。我們可以編寫自己對 goroutine 安全的實作，如果需要更多參與的驅逐政策，我會推薦 HashiCorp 的 golang-lru 和 Dgraph 更為優化的 ristretto；對於分散式系統，您應該使用 Memcached、Redis 等分散式快取服務，或像 groupcache 這樣的同儕（peer-to-peer）解決方案。

功能測試通過，基準測試顯示驚人的結果，對於 1 億行的檔案，可見 228 ns 和配置 0 位元組！當然，這是一個非常簡單的例子，優化之旅不太可能總是那麼簡單。簡單快取極為有限，如果檔案輸入會不斷變化則不能使用。但如果可以呢？

用聰明方式思考，而不是費盡腦汁，可能不需要優化範例 4-1，因為它一直使用相同的輸入檔案。為每個檔案快取一個總和值很便宜，即使有 100 萬個這樣的檔案，也可以使用幾百萬位元組來快取所有檔案。如果情況不是這樣，或許檔案內容會經常重複，但檔名卻是唯一的，在這種情況下，可以根據它來計算檔案和快取的校驗和（checksum），這會比把所有行剖析為整數要快。

聚焦目標，要聰明且創新。如果有一些聰明的解決方案可以避免這種工作，則艱苦的、長達一週的深度優化工作可能就不值得了！

## 總結

成功了！我們使用第 100 頁「效率感知開發流程」中的 TFBO 流程，優化範例 4-1 的初始簡單實作；在需求的指導下，設法且明顯地改進 Sum 程式碼：

- 把執行時間複雜度從大約 50.5 * N 奈秒提高到 2.25 * N；其中，N 是行數，這意味著延遲快了大約 22 倍，即使原始演算法和最優化的演算法都是線性的（優化了 O(N) 常數）。

- 把空間複雜度從大約 30.4 * N 位元組提高到 8 KB，這意味著程式碼具有 O(N) 漸近複雜度，但現在具有常數的空間複雜度。這意味著新的 Sum 程式碼對使用者來說更容易預測，對垃圾蒐集器也更友善。

總而言之，有時效率問題需要漫長且仔細的優化過程，就像我們對 Sum 所做的那樣；另一方面，有時您可以找到快速實用的優化想法，來迅速達成目標。儘管如此，任誰都能從本章練習中學到了很多東西，包括我！

終於要進入本書最後一章，以下將總結在本章練習中所看到的一些知識和樣式，以及我在社群中看到的經驗。

第十一章

# 優化樣式

過去 10 章已學到各種知識，是時候回顧一下我在用 Go 開發有效率程式碼時發現的各種樣式和常見陷阱了。正如我在第 10 章中提到的，優化建議並不能有效泛化。然而，鑑於此時您應該已經知道如何有效地評估程式碼的更改，陳述一些在某些情況下可以提高效率的常見樣式，並沒有什麼壞處。

### 做一個用心的 Go 開發者

請記住，您將在此處看到的大多數優化想法都是經過深思熟慮的，這意味著必須有一個很好的理由來添加它們，因為它們需要開發人員的時間來糾正和維護。即使您了解一些常見的優化，也要確保它真的可以提高您的特定工作負載的效率。

不要把本章當作嚴格的手冊，而是當作是您沒有考慮到的潛在選項列表。儘管如此，請始終堅持前幾章中學習的可觀察性、基準測試和效能分析工具，以確保您所做的優化是實用且遵循 YAGNI[1]、並且是必需的。

從第 402 頁「常見樣式」開始，我將描述一些可以在第 10 章看到的優化範例中的進階優化樣式，然後，我會向您介紹第 407 頁「3 個 R 優化方法」，這是一個來自 Go（和 Prometheus）社群的優秀記憶體優化框架。

最後，在第 412 頁「別洩漏資源」、第 426 頁「可以的話就預配置」、第 431 頁「陣列過度使用記憶體」和第 434 頁「記憶體重用和池化」中，將透過一組特定的優化、技巧和陷阱，是我誠摯希望當我開始讓 Go 程式碼更有效率的旅程時就已經知道的事，這些都是經過挑選，最值得注意且最常見的作法！

---

1    *https://oreil.ly/G9OLQ*

就從常見的優化樣式開始。其中一些我在前面的章節中已使用過。

# 常見樣式

您如何找到可優化之處？在對程式碼進行基準測試、效益分析和研究之後，這個過程要求找出一個更好的演算法、資料結構或更有效率的程式碼。當然，說比做容易。

實務和經驗會有所幫助，但可以概述一些在優化過程中會重複出現的樣式。現在就來看看在程式設計社群和文獻中所看到的 4 種泛型樣式：做更少工作、用功能換取效率、用空間換取時間，以及用時間換取空間。

# 做更少工作

應該聚焦的第一件事是避免不必要的工作，特別是在第 369 頁「優化延遲」中，透過刪除大量不必要的程式碼，多次改進 CPU 時間；這感覺似乎很簡單，但它是經常遭人遺忘的強大樣式。如果程式碼的某些部分是關鍵且需要優化，可以透過瓶頸，例如在 Source 視圖中看到的具有大量貢獻的程式碼行，正如第 326 頁「go tool pprof 報告」中討論的那樣，並檢查是否可以：

### 跳過不必要的邏輯

可以刪除這行嗎？例如，在第 369 頁「優化延遲」中，strconv.ParseInt 有很多在實作中不需要的檢查，可以使用有利的假設和需求，並削減那些非必要功能。這還包括可以及早清理的潛在資源，或任何資源洩漏，請參閱第 412 頁「別洩漏資源」。

 泛型實作

使用泛型解決方案來解決程式設計問題非常吸引人。我們受過訓練以可以看到樣式，程式語言提供許多抽象化和物件導向的範例，來重用更多的程式碼。

正如第 369 頁「優化延遲」所言，雖然 bytes.Split 和 strconv.ParseInt 函數設計良好、使用安全且功能更豐富，但它們可能並不總是適合關鍵路徑。「泛型」有很多缺點，效率通常是第一個受害者。

## 事情只做一次

已經完成了嗎？也許已經在其他地方遍歷同一個陣列，所以可以像範例 10-3 中那樣「就地」完成更多事情。

可能存在需要驗證某些不變量（invariant）的情況，即使它之前已經驗證過。或者「以防萬一」再次排序，但是仔細檢查程式碼時，卻發現它已經排序了。例如，在 Thanos 專案中，可以進行 k 向合併[2]，而不是在合併不同的度量串流時，再次進行簡單的合併和排序，因為每個串流給度量的不變量是依字典順序所排列。

另一個常見的例子是重用記憶體。例如，可以像範例 10-8 那樣建立一個小緩衝區一次並重用它，而不是每次需要時都建立一個新緩衝區。還可以使用快取或第 434 頁「記憶體重用和池化」。

## 利用數學做更少的事情

善用數學，是減少必要性工作的神奇方法。例如，為了計算透過 Prometheus API 來檢索的樣本數量，不解碼資料塊並迭代所有樣本以對它們進行計數；相反的，透過把塊的大小除以平均樣本大小來估計樣本數量。

## 使用知識或預先計算的資訊

許多 API 和功能設計為絕頂聰明，並且會自動化某些工作，即使這意味著做更多的工作。一個例子是預配置的可能性，這在第 426 頁「可以的話就預配置」會進行討論。

在另一個更複雜的範例中，objstore[3] 中使用的 `minio-go`[4] 物件儲存區客戶端可以上傳任意 `io.Reader` 實作，但是，實作需要在上傳前計算校驗和。因此，如果不給出讀取器中可用位元組的總預期大小，`minio-go` 會使用額外的 CPU 週期和記憶體，來緩衝整個可能為百萬位元組的大物件，所有這些只是為了計算有時必須預先發送的校驗和。另一方面，如果注意到這一點，並且手頭有總共的大小，透過 API 來提供此資訊，可以顯著提高上傳效率。

這些元素似乎專注於 CPU 時間和延遲，但也可以對記憶體或任何其他資源使用使用相同的元素。例如，請考慮範例 11-1 中的一個小範例，它顯示了專注於降低記憶體使用量的「更少工作」意義。

---

2  *https://oreil.ly/LxjZq*
3  *https://oreil.ly/l8xHu*
4  *https://oreil.ly/YqDZ6*

範例 *11-1* 　用來查找切片是否具有使用空結構來優化的重複元素函數，使用
　　　　　 第 *63* 頁「泛型」。

```
func HasDuplicates[T comparable](slice ...T) bool {
    dup := make(map[T]any, len(slice))
    for _, s := range slice {
        if _, ok := dup[s]; ok {
            return true
        }
        dup[s] = "whatever, I don't use this value"
    }
    return false
}

func HasDuplicates2[T comparable](slice ...T) bool {
    dup := make(map[T]struct{}, len(slice))
    for _, s := range slice {
        if _, ok := dup[s]; ok {
            return true
        }
        dup[s] = struct{}{} ❶
    }
    return false
}
```

❶ 由於不使用 map 值，所以可以使用 struct{} 敘述，它並不使用記憶體。多虧這一點，
我機器上的 HasDuplicates2 速度提高 22%；而且為具有 100 萬個元素的 float64 切
片所配置的記憶體減少 5 倍。同樣的樣式可以用在不關心值的地方，例如，對於用
來同步 goroutine 的頻道，可以使用 make(chan struct{})，以避免不需要的不必要
空間。

通常，程式中總是有減少一些工作量的空間，可以利用效能分析來檢查所有昂貴的部
分，以及它們和我們問題的相關性。通常可以把它們移除或轉換成更便宜的形式，從而
提高效率。

 要有策略！

有時候，減少現在的工作量，只代表著以後要做更多事，或使用更多資
源。我們可以對此保有策略性，並確保本地端基準測試不會錯過在其他地
方的重要取捨。這個問題會在第 434 頁「記憶體重用和池化」中突顯，
其中宏觀基準測試結果給出和微觀基準測試相反的結論。

## 用功能換取效率

在某些情況下，必須協商或刪除一些功能以提高效率。第 369 頁「優化延遲」中，可以透過刪除檔案中對負整數的支援來縮短 CPU 時間。如果沒有這個需求，也可以在範例 10-5 的 `ParseInt` 函數中刪除負號檢查！或許這個特性沒有好好利用，可以用它來換取更便宜的執行！

這也是為什麼接受專案中所有可能的特性通常不是很永續的原因，在許多情況下，額外的 API、額外的參數或功能可能會替關鍵路徑帶來顯著效率損失，如果把功能限制在最低限度，就可以避免這種情況 [5]。

## 用空間換取時間

除了透過減少不必要的邏輯、功能和洩漏，把程式工作量限制在最低限度以外，還能做什麼？通常，可以轉向使用更少的時間，但在儲存方面如記憶體、磁碟等花費更多的系統、演算法或程式碼。以下是一些可能的變化 [6]：

預先計算結果

> 可以嘗試預先計算昂貴函數，並將結果儲存在一些查找表或變數中，而不是重複計算相同的昂貴函數。
>
> 如今，編譯器進行類似優化很常見。編譯器會用編譯器延遲和程式程式碼空間，來換取更快的執行速度。例如，像 `10*1024*1024` 或 `20 * time.Seconds` 這樣的敘述可以由編譯器預先計算，這樣就不必在執行時計算。
>
> 但可能存在編譯器無法為預先計算的更複雜函數敘述的情況。例如，可以在某些情況下使用 `regexp.MustCompile("… ").MatchString(`，而它位於關鍵路徑上。建立一個變數 `pattern := regexp.Must Compile("…")`，並在大量使用的程式碼中進行 `pattern.MatchString(` 可能會更有效率。最重要的是，一些密碼學上的加密提供可加快執行速度的預先計算方法。

---

5　我曾在 GitHub 全球維護者高峰會上談過這個問題：*https://oreil.ly/z6YHe*。
6　此列表的靈感來自 Jon Louis Bentley 所著的 *Writing Efficient Programs* 第 4 章。

## 快取

當計算結果嚴重依賴於輸入時，預先計算一個只是不時會用到的輸入不會帶來多大幫助；事實上，可以像範例 4-1 中那樣引入快取。編寫快取解決方案這項工作很重要，應該小心進行[7]，有許多快取策略，根據我的經驗，最流行的是「最近最少使用」（Least Recently Used, LRU）。第 398 頁「獎勵：跳出框架思考」中，我提到了一些可以使用的開源現成解決方案。

## 擴增資料結構

通常可以更改資料結構，以便更輕鬆地存取某些資訊，或者向結構中添加更多資訊。例如，可以把大小和檔案描述符一起儲存，以了解檔案大小，而不是每次都詢問它。

此外，可以在結構中已有的切片旁邊維護一個元素映射，這樣就能更輕鬆地刪除重複資料或查找元素；類似於我在範例 11-1 中所做的重複資料刪除映射。

## 解壓縮

壓縮演算法非常適合節省磁碟或記憶體空間。然而，任何壓縮，不論是字串駐留（string interning）、gzip 或 zstd 等，都有一些 CPU（也就是時間）的額外負擔，所以當時間就是金錢時，就可能想要擺脫壓縮。但是要小心，因為啟用壓縮可以改善程式延遲，例如，當用於跨慢速網路的訊息時。因此，花費更多的 CPU 時間來減小訊息大小，以便我們可以用更少的網路封包來發送更多的訊息可能會更快。

理想情況下，這是故意的決定。例如，也許基於 RAE，程式仍然可以使用更多記憶體，但不會達到延遲目標，在這種情況下，可以檢查是否有任何可以添加、快取或儲存的東西，好讓使用者在程式中不用花費過多時間。

# 用時間換取空間

如果有一些延遲或額外的 CPU 時間可花，但在執行中記憶體不足的話，可以嘗試和前者相反的規則：用空間換取時間。這些方法通常和第 406 頁「以空間換取時間」中的方法完全相反：更多的壓縮和編碼、從結構中刪除額外的欄位、重新計算結果及刪除快取等。

---

[7]　有些人將快取稱為「您還不知道的記憶體洩漏」，而這其來有自：*https://oreil.ly/KNQP3*。

用空間換時間，或用時間換空間優化並不總是直觀的

有時為了節省記憶體資源的使用，必須事先配置更多！

例如，在第 431 頁「陣列過度使用記憶體」和第 434 頁「記憶體重用
和池化」中，我會提到配置更多記憶體，或外顯式複製記憶體會較好的
情況，儘管看起來需要更多工作。但從長遠來看，這樣可以節省記憶體
空間。

總而言之，把這 4 個通用規則視為可能的優化更高階樣式。現在讓我向您介紹「3 個
R」，這對我在效率開發任務中指引一些優化大有幫助。

# 3 個 R 優化方法

3 個 R 技術是減少浪費的極佳方法。一般而言，它適用於所有電腦資源，但通常用於
生態目的，以減少字面意義上的浪費。感謝以下這 3 個成分：減量（reduce）、重用
（reuse）和回收（recycle），才可以減少對地球環境的影響「並確保永續生活。

在 FOSDEM 2018 上，我聆聽 Bryan Boreham 的精彩演講，他在演講中描述以這種方法
來緩解記憶體問題。3 個 R 對記憶體配置特別有效，它是記憶體效率和 GC 額外負擔問
題的最常見來源，因此，就來探索每個「R」元件，以及它們可以提供的幫助。

## 減少配置

試圖以 GOGC 或 GOMEMLIMIT 來直接影響 [ 垃圾 ] 蒐集的速度，與對蒐集器的同情
無關，真的就只是想在每次蒐集之間或蒐集時完成更多工作。您可以透過為任
何添加到堆積記憶體的工作降低配置數量或數字，來影響這件事。

—William Kennedy，「Garbage Collection in Go: Part I—Semantics」

幾乎總是有減少配置的空間——找出浪費！減少程式碼放在堆積上物件數量的一些作法
顯而易見，合理優化，比如範例 1-4 中看到的切片預配置。

然而，其他優化需要某些取捨，通常是更多 CPU 時間或更少的可讀程式碼，例如：

- 字串駐留[8]，透過提供一個字典並使用更小的、無指標的整數字典，來表達字串的
ID，從而避免對 string 型別進行運算。

---

8 *https://oreil.ly/qJu7u*

- 在不複製記憶體的情況下，從 []byte 到 string 的不安全轉換，反之亦然；這可能會節省配置，但如果運算不當，可能會在堆積中保留更多記憶體（可見範例 11-15）。

- 確保變數不會逸出到堆積中，也可以視為減少配置的努力。

可以透過無數種不同的方式來減少配置，之前已經提到一些。例如，當工作量減少時，通常可以配置更少的記憶體！另一個技巧是尋求會減少所有優化設計等級的配置（第 95頁「優化設計等級」），而不僅僅是程式碼。在大多數情況下，必須先更改演算法，這樣才能在進入程式碼等級之前，大幅改進空間複雜度。

# 重用記憶體

重用也是一種有效的技術。正如第 179 頁「垃圾蒐集」所言，Go 執行時期已經以某種方式重用記憶體。儘管如此，還是有一些方法可以外顯式地重用變數、切片或映射等物件，來進行重複運算，而不是在每個迴圈中重新建立它們。第 434 頁「記憶體重用和池化」將會討論一些技術。

同樣的，善用所有優化設計等級（請參閱第 95 頁）。可以選擇會重用記憶體的系統或演算法設計，例如，參見第 380 頁「轉向串流演算法」。系統級的「重用」優化另一個範例是 TCP 協定，它提供讓連接保持活動以供重用的功能，這也有助於減少建立新連接時所需的網路延遲。

重用時要小心

從字面上看，這個技巧很吸引人，許多人都會想重用每一個小東西，包括變數。正如在第 171 頁「值、指標和記憶體區塊」中所了解到的那樣，變數是需要一些記憶體的盒子，但通常它位於堆疊上，所以如果需要的話，不應該害怕建立更多的變數。相反，隱藏變數時，過度使用變數會導致難以發現的錯誤。

重用複雜結構也可能非常危險，原因有二 [9]：

- 在第二次使用複雜結構之前重設它的狀態通常並不容易（而不是配置一個新結構，這會建立一個確定性的空結構）。

- 不能同時使用這些結構，這會限制進一步的優化，或讓人感到驚訝並導致資料競爭。

---

9　請在此處查看有關這些內容的精彩部落格文章：*https://oreil.ly/KrVnG*。

# 回收

使用任何記憶體，回收是程式中必須具備的最低限度優化。幸運的是，Go 程式碼不需要任何額外的東西，因為內建的 GC 會負責把未使用的記憶體回收給作業系統，除非使用進階工具程式，例如第 157 頁「mmap 系統呼叫」或其他堆積外記憶體技術。

然而，如果不能「減量」或「重用」更多的記憶體，有時可以優化程式碼或 GC 配置，這樣的回收對於垃圾蒐集來說更有效率，以下是一些可以改善回收的方法：

## 優化配置物件的結構

如果不能減少配置數量，也許可以減少物件中的指標數量！然而，不太可能一直避開指標，因為像 time、string 或切片等常用的結構，其中都包含指標。尤其 string，雖然看起來不太像，但它只是一個特殊的 []byte，也就是說它有一個指向位元組陣列的指標。極端案例的某些情況下，可能值得把 []string 更改為 offsets []int 和 bytes []byte，來讓它成為無指標結構！

另一個很容易獲得具有豐富指標結構的常見範例，是在實作應該編組（marshal）和解組（demarshal）為不同位元組格式，如 JSON、YAML 或 protobuf[10] 的資料結構時。很容易對巢套結構使用指標，以允許欄位的可選性，也就是區分欄位是否已設定的能力。一些程式碼產生引擎，例如 Go protobuf generator[11]，將所有欄位預設為指標。這對於較小的 Go 程式來說是可行的，但是如果使用大量物件，可能需要考慮嘗試從這些資料結構中刪除指標，許多產生器和編組器也會提供這個選項；而這很常見，尤其是將之用於網路訊息時。

 減少結構中的指標數量對 GC 來說更好，並且可以讓資料結構對 L-cache 更友善，降低程序延遲。它還能增加編譯器把資料結構放在堆疊而不是堆積上的機會！

然而，主要的缺點是當您按值傳遞該結構時，會產生更多額外負擔，可見第 171 頁「值、指標和記憶體區塊」中提到的複製額外負擔。

---

10  *https://oreil.ly/yZVuB*
11  *https://oreil.ly/SeNub*

## GC 調整

我在第 179 頁「垃圾蒐集」中提到 Go GC 的兩個調整選項：GOGC 和 GOMEMLIMIT。

調整 GOGC 選項預設的 100% 值，有時可能會對您的程式效率產生積極影響。依需求而把下一次的 GC 蒐集移動到較早或較晚發生可能有益，但不幸的是，它需要大量基準測試才能找到正確的數字，也不保證此調整適用於應用程式的所有可能狀態。最重要的是，如果您大量更改程式碼中的關鍵路徑，則該技術的永續性很差，每次更改都需要另一個調整通訊期（session）。這也是為什麼像 Google 和 Uber 這樣的大公司，會投資執行時能自動調整 GOGC 的自動化工具！

GOMEMLIMIT 是您可以在 GOGC 之上調整的另一個選項。當堆積接近或超過所需的軟性記憶體限制時，GC 會更頻繁地執行，這個選項也相對較新。

---

### 使用 Kubernetes？
### 共同使用 GOMEMLIMIT 與 Pod 記憶體限制

Kubernetes 等一些編排系統允許對工作負載設定硬性資源限制。對於像記憶體這樣的不可壓縮資源，當工作負載需要更高的記憶體限制時，系統通常會讓程序 OOM。

如果 GC 記憶體額外負擔導致這些 OOM（GC 對記憶體峰值做出反應），GOMEMLIMIT 選項旨在提供幫助。官方指南 [12] 建議應該要額外留出 5-10% 的空間，來考慮 Go 執行時期不會知道的記憶體來源。把 GOMEMLIMIT 選項設定為工作負載記憶體限制的 90–95% 可能會有效改善。

如果不想在機器上過度使用記憶體，也可以設定 GOGC=off，只在接近記憶體限制時觸發 GC，這樣可以節省一些 CPU 時間。

---

請參閱更詳細且具有互動式視覺化的 GC 調整指南：*https://oreil.ly/3nGzV*。

---

[12] *https://oreil.ly/zq6bb*

### 手動觸發 GC 和釋放 OS 記憶體

極端情況下，可能會想嘗試使用 `runtime.GC()` 來手動觸發 GC 蒐集，例如，可能希望在配置大量記憶體，且不再參照它的運算之後手動觸發 GC。請注意，手動 GC 觸發器通常是一種強烈的反樣式，尤其是在程式庫中，因為它具有全域性的影響 [13]。

### 在堆積外配置物件

之前有提過，要先嘗試在堆疊而不是堆積上配置物件，但是堆疊和堆積並不是唯一選擇。有一些方法可以在堆積外配置記憶體，因此它不在 Go 執行時期的管理責任範圍內。

可以透過外顯式 `mmap` 系統呼叫來達到這一點，第 157 頁「mmap 系統呼叫」有相關教學；有些人甚至會嘗試透過 CGO 來呼叫 C 函數，如 jemalloc。

雖然可能，但也不得不承認，這樣做可以和從頭開始重新實作 Go Allocator 的某些部分相比，更不用說處理手動配置和缺乏記憶體安全了。這可能是對終極高效能 Go 實作最不想嘗試的事情！

從好的方面來看，這個空間正在不斷改善。本書撰寫時，Go 團隊批准並實作一項激動人心的提案 [14]，而該提案支援 `GOEXPERIMENT=arena` 環境變數。它允許從 GC 管理的堆積區域之外的連續記憶體區域（arena）配置一組物件。這樣需要時就可以明確地隔離、追蹤和快速釋放記憶體，而無須等待或花費垃圾蒐集週期，例如處理 HTTP 請求時。`arenas` 的特別之處在於，當您不小心使用未使用的記憶體時，它會在確保一定程度的記憶體安全之前讓您的程式恐慌（panic）。我迫不及待地想在它發布後開始使用它，因為為這可能意味著安全且更易於使用的堆積外優化。

在嘗試對生產程式碼進行任何回收改進之前，不能不先進行基準測試，和衡量這些優化的所有影響。如果在沒有進行廣泛測試的情況下使用，其中一些可能會認定為難以維護且不安全。

總而言之，牢記 3 個 R 方法，理想情況下有相同順序：減量、重用和回收。現在就深入探討我在經驗中看到的一些常見 Go 優化，其中一些可能會讓您大吃一驚！

---

13　例如，在 Prometheus 專案中刪除了（*https://oreil.ly/WFbrk*）當程式碼條件稍有變化時手動觸發 GC，這是基於第 7 章討論的微觀和宏觀基準測試決定。

14　*https://oreil.ly/jXgHY*

# 別洩露資源

資源洩漏是降低 Go 程式效率的常見問題，常發生在建立一些資源或背景 goroutine 時，並且在使用它之後，希望釋放或停止，但卻不小心留下來了，這在較小的範圍內可能不會引起注意，但遲早會成為一個龐大且難以除錯的問題。我建議永遠清除您建立的東西，即使您期望在下一個週期就要退出程式[15]！

「這個程式有記憶體洩漏！」

並不是每一個較高的記憶體使用行為都可以認定為是一種洩漏。例如，通常可以為某些運算「浪費」更多記憶體，導致堆積使用量激增，但它會在某個時候清除。

技術上，只有當程式負載相同，例如長期服務的 HTTP 流量相同時，才會使用無限量資源，例如磁碟空間、記憶體和資料庫列等，最終它會耗盡。

在洩漏和浪費的邊緣存在著意外的非確定性記憶體使用情況，有時會稱為偽（pseudo）記憶體洩漏，第 431 頁「陣列過度使用記憶體」會討論一些。

記憶有時會視為這條規則的例外。堆疊記憶體會自動移除，Go 中的垃圾回收會動態移除堆積上配置的記憶體[16]。除了停止參照記憶體區塊並等待或觸發完整的 GC 迴圈外，沒有其他方法可以觸發記憶體區塊的清理。但是，不要被騙了，在很多情況下，Go 開發人員編寫的程式碼會洩漏記憶體，儘管最終會進行垃圾回收！

程式洩漏記憶體有以下幾個原因：

* 程式不斷建立客製化 mmap 系統呼叫，而且從不關閉它們，或是說，關閉它們的速度比建立慢。這通常會以程序或機器 OOM 結束。

* 程式呼叫太多巢套函數，通常是無限或大型遞歸，之後，程序會退出並出現堆疊溢出（stack overflow）錯誤。

* 正在參照一個長度很小的切片，但忘記它的容量非常大，如第 431 頁「陣列過度使用記憶體」中所述。

* 程式不斷地在堆積上建立記憶體區塊，執行範圍內的一些變數會一直參照這些記憶體區塊。這通常意味著已經洩漏 goroutine，或無限增長的切片與映射。

---

15 原因是我們可能會在更長壽的情境下重用相同程式碼，在這種情況下，洩漏可能會產生更嚴重後果。
16 除非使用 GOGC=off 環境變數來禁用它。

當知道它們在哪裡時，修復記憶體洩漏很容易，但發現本身並不容易。當應用程式已經崩潰時，經常要在事後才知道出現洩漏，如果沒有像第 359 頁「持續效能分析」中的那些進階工具，就只能希望透過本地端測試來重現問題，但這並不總是可能的。

即使使用過去的堆積效能分析器，洩漏期間也只能在配置記憶體區塊的程式碼中看到記憶體，而不是目前參照它的程式碼 [17]。有一些記憶體洩漏，特別是那些由洩漏的 goroutine 所引起的，可以藉由 goroutine 來縮小範圍，但並非總是如此。

幸運的是，一些最佳實務可以主動防止洩漏任何不可壓縮的資源，例如磁碟空間、記憶體等，並避免痛苦的洩漏分析。請將本節中的建議視為我們一直關切的內容，並用做合理優化。

## 控制 goroutine 的生命週期

> 每次在程式中使用 go 關鍵字來啟動 goroutine 時，您都必須知道 goroutine 退出的方法或時機；如果您不知道，就是潛在的記憶體洩漏。
>
> —Dave Cheney，「Never Start a goroutine Without Knowing How It Will Stop」

goroutine 是一個優雅而乾淨的並行程式設計框架，但也有一些缺點。一是每個 goroutine 都和其他 goroutine 完全隔離，除非使用外顯式同步範式。Go 執行時期中沒有可以呼叫的中央分派（central dispatch），例如，要求關閉由目前 goroutine 所建立的 goroutine，甚至要檢查它建立的是哪個 goroutine 也不行。這並不是框架不夠成熟，而是一種讓 goroutine 非常有效率的設計選擇。作為取捨，必須實作在工作完成時會停止它們的潛在程式碼；或者，具體來說，goroutine 內部用來停止自己的程式碼，這是唯一的方法！

解決方案是永遠不要在沒有嚴格控制的情況下，建立一個 goroutine 並讓它自行其是，即使計算速度看似很快。相反的，在排程 goroutine 時，請考慮兩個層面：

如何阻止？

應該經常自問 goroutine 什麼時候會結束？它會自行完成，還是我必須使用上下文、頻道等觸發完成（如以下範例所示）？如果請求遭取消，我是否可以中止 goroutine 的長時間執行？

---

17 為此，可以使用分析記憶體傾印（dumped core）工具：*https://oreil.ly/iTXhz*，但目前該工具不好獲得，所以我並不推薦。

我的函數應該等待 *goroutine* 完成嗎？

我是否希望程式碼繼續執行而不等待 goroutine 完成？通常，答案是否定的，您應該等待 goroutine 停止，例如，使用頻道 sync.WaitGroup [18]（如範例 10-10）、errgroup [19] 或出色的 run.Group [20] 抽象化。

在很多情況下，讓 goroutine「最終」會停止感覺很安全，但在實務上，不等待它們會帶來危險的後果。例如，考慮範例 11-2 中非同步計算某個數字的 HTTP 伺服器處理程式。

*範例 11-2　並行函數中常見洩漏的示範*

```
func ComplexComputation() int { ❶
    // 一些計算 ...

    // 一些清理 ...
    return 4
}

func Handle_VeryWrong(w http.ResponseWriter, r *http.Request) {
    respCh := make(chan int)

    go func() { ❷
        defer close(respCh) ❸
        respCh <- ComplexComputation()
    }()

    select { ❹
    case <-r.Context().Done():
        return ❺
    case resp := <-respCh:
        _, _ = w.Write([]byte(strconv.Itoa(resp)))
        return
    }
}
```

❶ 模擬較長計算的小函數。想像一下，完成所有運算大約需要 2 秒鐘。

❷ 想像一個排程非同步計算的處理程式。

❸ 程式碼並不依賴於某人來關閉頻道，好的做法是讓發送者關閉它。

18 *https://oreil.ly/PQHom*
19 *https://oreil.ly/G1Aqx*
20 *https://oreil.ly/B1ABL*

❹ 如果發生取消，會立即返回，否則就會等待結果。乍看之下，上面的程式碼看起來還不錯。感覺就像控制已排程的 goroutine 生命週期。

❺ 不幸的是，細節隱藏在更多資訊中，只在好的情況下也就是沒有發生取消時控制生命週期。如果程式碼碰到這一行，一定是因為哪裡出錯了，例如返回時沒有關注 goroutine 的生命週期，或是沒有停止、或者沒有等待。更糟糕的是，這是一個永久性洩漏，也就是具有 ComplexCalculation 的 goroutine 會被餓死，因為沒有人從 respCh 頻道讀取資料。

雖然 goroutine 看起來有受到控制，但並非在所有情況下都是如此。這種洩漏程式碼在 Go 程式碼庫中很常見，因為它需要大量的詳細焦點，才不會忘記每一個細小邊緣情況。由於這些錯誤，一般傾向於延後在 Go 中使用 goroutine，因為很容易造成類似洩漏。

洩漏最糟糕的部分是，Go 程式可能會在有人注意到此類洩漏的不利影響之前，就已經存活很久了。例如，執行 Handle_VeryWrong 並定期取消它最終會 OOM 這個 Go 程式，但是如果只是不時取消並定期重啟應用程式，在沒有良好的可觀察性的情況下，可能永遠不會注意到它！

幸運的是，一個了不起的工具能夠在單元測試等級發現這些洩漏。因此，我建議在每個使用並行程式碼的單元或測試檔案中，使用洩漏測試。其中之一是 Uber 的 goleak[21]，基本用法如範例 11-3 所示。

### 範例 11-3　測試範例 11-2 程式碼中的洩漏

```go
func TestHandleCancel(t *testing.T) { ❶
    defer goleak.VerifyNone(t) ❷

    w := httptest.NewRecorder()
    r := httptest.NewRequest("", "https://efficientgo.com", nil)

    wg := sync.WaitGroup{}
    wg.Add(1)

    ctx, cancel := context.WithCancel(context.Background())
    go func() {
        Handle_VeryWrong(w, r.WithContext(ctx))
        wg.Done()
    }()
    cancel()

    wg.Wait()
}
```

---

21　*https://oreil.ly/4N4bb*

❶ 建立用來驗證取消行為的測試。這就是會讓人懷疑觸發洩漏的地方。

❷ 要驗證 goroutine 洩漏，只需在測試頂部延後 goleak.VerifyNone [22]。它會在測試結束時執行，如果任何非預期的 goroutine 仍在執行，它就會失敗；也可以使用 goloak.VerifyTestMain 方法 [23] 來驗證整個套件測試。

執行這樣的測試會導致測試失敗，輸出如範例 11-4 所示。

範例 *11-4* 範例 *11-3* 的兩次失敗執行輸出

```
=== RUN   TestHandleCancel
    leaks.go:78: found unexpected goroutines:
        [Goroutine 8 in state sleep, with time.Sleep on top of the stack:
        goroutine 8 [sleep]: ❶
        time.Sleep(0x3b9aca00)
            /go1.18.3/src/runtime/time.go:194 +0x12e
        github.com/efficientgo/examples/pkg/leak.ComplexComputation()
            /examples/pkg/leak/leak_test.go:107 +0x1e
        github.com/efficientgo/examples/pkg/leak.Handle_VeryWrong.func1()
            /examples/pkg/leak/leak_test.go:117 +0x5d
        created by github.com/efficientgo/examples/pkg/leak.Handle_VeryWrong
            /examples/pkg/leak/leak_test.go:115 +0x7d
        ]
--- FAIL: TestHandleCancel (0.44s)
=== RUN   TestHandleCancel
    leaks.go:78: found unexpected goroutines:
        [Goroutine 21 in state chan send, with Handle_VeryWrong.func1 (...):
        goroutine 21 [chan send]: ❷
        github.com/efficientgo/examples/pkg/leak.Handle_VeryWrong.func1()
            /examples/pkg/leak/leak_test.go:117 +0x71
        created by github.com/efficientgo/examples/pkg/leak.Handle_VeryWrong
            /examples/pkg/leak/leak_test.go:115 +0x7d
        ]
--- FAIL: TestHandleCancel (3.44s)
```

❶ 可看到 goroutine 在測試結束時仍在執行，以及正在執行的內容。

❷ 如果取消後等待幾秒鐘，可以看到 goroutine 仍在執行。然而，這次它正在等待從 respCh 讀取資料，而這永遠不會發生。

這種邊緣案例洩漏的解決方案，是修復範例 11-2 程式碼。範例 11-5 中，有兩種可能的解決方案，它們似乎可以解決問題，但仍然會以某種方式洩漏！

---

22  *https://oreil.ly/bgcwF*
23  *https://oreil.ly/zyPjr*

範例 11-5　（還是會）洩漏的處理程式。這次，留下的 *goroutine* 終於停止了。

```go
func Handle_Wrong(w http.ResponseWriter, r *http.Request) {
    respCh := make(chan int, 1) ❶

    go func() {
        defer close(respCh)
        respCh <- ComplexComputation()
    }()

    select {
    case <-r.Context().Done():
        return
    case resp := <-respCh:
        _, _ = w.Write([]byte(strconv.Itoa(resp)))
        return
    }
}

func Handle_AlsoWrong(w http.ResponseWriter, r *http.Request) {
    respCh := make(chan int, 1)

    go func() {
        defer close(respCh)
        respCh <- ComplexComputationWithCtx(r.Context()) ❷
    }()

    select {
    case <-r.Context().Done():
        return
    case resp := <-respCh:
        _, _ = w.Write([]byte(strconv.Itoa(resp)))
        return
    }
}

func ComplexComputationWithCtx(ctx context.Context) (ret int) {
    var done bool
    for !done && ctx.Err == nil {
        // 一些部分計算 ...
    }

    // 一些清理 ... ❸
    return ret
}
```

❶ 此程式碼和範例 11-2 HandleVeryWrong 的唯一區別是，為一則訊息建立一個帶有緩衝區的頻道。這允許計算的 goroutine 把一則訊息推送到此頻道，而無須等待有人閱讀它。如果取消並等待一段時間，「遺留的」goroutine 最終會完成。

❷ 為了讓事情更有效率，甚至可以實作一個接受上下文的 ComplexComputationWithCtx，它取消計算，而且不再需要它。

❸ 許多依上下文取消的函數，在上下文被取消時不會立即完成。也許會定期檢查上下文，或者可能需要進行一些清理，以恢復已取消的更改。在本案例中，可用睡眠來模擬清理的等待時間。

範例 11-5 中的範例有了一些進步，但不幸的是，它們在技術上還是存有漏洞。在某些方面，洩漏只是暫時的，但由於以下原因，它仍然會導致問題：

未核算的資源使用情況。

如果對請求 A 使用 Handle_AlsoWrong 函數，則會取消 A。因此，ComplexComputation 會在 Handle_AlsoWrong 完成後意外地配置大量記憶體，這會造成混淆情況。此外，所有可觀察性工具都會指出在請求 A 完成後發生了記憶體峰值，因此認為請求 A 和記憶體問題無關是錯誤的看法。

資源核算問題會對程式未來的可擴展性產生重大影響。例如，假設取消的請求通常需要 200 毫秒才能完成。但這不是真的，如果考量到所有計算結果，會看到這 200 毫秒會有例如用於 ComplexComputation 清理的 1 秒延遲。在給定特定機器資源的情況下，預測特定流量的資源使用情況時，這樣的計算非常重要。

會更快地耗盡資源。

這種「遺留」的 goroutine 仍然會導致 OOM，因為它的使用是不確定的。持續的執行和取消仍然會給人一種印象，也就是伺服器已經準備好安排另一個請求，並且不斷地添加洩漏的非同步作業，而這最終會使程式餓死。這種情況符合洩漏定義。

確定它們完成了嗎？

此外，留下 goroutine 讓人無法了解它們執行多長時間，以及是否在所有邊緣情況下都完成了。也許有一個錯誤讓它們在某個時候陷入困境。

因此，我強烈建議永遠不要在程式碼中留下 goroutine。幸運的是，範例 11-3 一如預期的把這 3 個函數：Handle_VeryWrong、Handle_Wrong 和 Handle_AlsoWrong 標記為洩漏。為了完全修復洩漏，在此案例中，可以始終等待結果頻道，如範例 11-6 所示。

範例 *11-6* 範例 *11-2* 的未洩漏版本

```go
func Handle_Better(w http.ResponseWriter, r *http.Request) {
    respCh := make(chan int)

    go func() {
        defer close(respCh)
        respCh <- ComplexComputationWithCtx(r.Context())
    }()

    resp := <-respCh ❶
    if r.Context().Err() != nil {
        return
    }

    _, _ = w.Write([]byte(strconv.Itoa(resp)))
}
```

❶ 永遠從頻道讀取能讓人等待 goroutine 停止。由於把適當的上下文傳播到 ComplexComputationWithCtx，也可以盡快地對取消做出回應。

最後的重點在於，對並行程式碼進行基準測試時要小心，一定要在每次 **b.N** 迭代中等待您想要定義為「運算」的內容。範例 11-7 中介紹基準測試程式碼中的一個常見漏洞，以及解決方案。

範例 *11-7* 展示並行程式碼基準測試中的常見洩漏

```go
func BenchmarkComplexComputation_Wrong(b *testing.B) { ❶
    for i := 0; i < b.N; i++ {
        go func() { ComplexComputation() }()
        go func() { ComplexComputation() }()
    }
}

func BenchmarkComplexComputation_Better(b *testing.B) { ❷
    defer goleak.VerifyNone(
        b,
        goleak.IgnoreTopFunction("testing.(*B).run1"),
        goleak.IgnoreTopFunction("testing.(*B).doBench"),
    ) ❸

    for i := 0; i < b.N; i++ {
        wg := sync.WaitGroup{}
        wg.Add(2)

        go func() {
```

```
        defer wg.Done()
        ComplexComputation()
    }()
    go func() {
        defer wg.Done()
        ComplexComputation()
    }()
    wg.Wait()
}
}
```

❶ 假設要對並行的 `ComplexComputation` 進行基準測試，如果在這些函數之間共享任何資源，則排程兩個 goroutine 可能會出現一些有趣的減速。然而，這些基準測試結果完全錯誤，我的機器顯示了 `1860 ns/op`，但只要仔細看，就會發現並沒有等待任何這些 goroutine 的完成。因此，只測量每個運算排程兩個 goroutine 時所需的延遲。

❷ 要測量兩個並行計算的延遲，必須等待它們完成，或許可以使用 `sync.WaitGroup`，該基準測試顯示更加真實的 `2000339135 ns/op`（每次運算兩秒）結果。

❸ 還可以在基準測試中使用 goleak 來驗證洩漏！但是，因為這個問題 [24]，所以需要一個特定於基準測試的過濾器。

總而言之，控制您的 goroutine 生命週期以獲得現在和將來的可靠效率！確保 goroutine 生命週期以作為一個合理的優化。

# 可靠地關閉事物

這應該顯而易見，如果建立了一些應該在使用後關閉的物件，就要確保不會忘記或忽略這一點。如果建立某個 `struct` 的實例或使用函數，必須格外小心，並且會看到某種「關閉器」，例如：

* 它傳回 `cancel` 或 `close` 閉包（closure），例如 `context.WithTimeout` 或 `context.WithCancel` [25]。

* 傳回的物件具有和關閉、取消或停止語意類似的方法，例如 `io.ReaderCloser.Close()`、`time.Timer.Stop()` 或 TearDown。

* 有些函數沒有關閉器方法，但有專門的關閉或刪除套件級函數，例如 `os.Create` 或 `os.Mkdir` 對應的「釋放」函數是 `os.Remove`。

---

24 *https://oreil.ly/VTE9t*
25 是的！如果不呼叫傳回的 `context.CancelContext` 函數，它會讓 goroutine 一直執行（當使用 `WithContext` 時），或直到超時（`WithTimeout`）。

---

遇到這種事，請假設最壞的情況：如果在該物件使用結束時不呼叫該函數，就會發生不好的事情。一些 goroutine 無法完成、一些記憶體將參照、或者更糟的，資料沒有儲存下來，例如在 os.File.Close() 的情況下。別忘了隨時保持警惕，使用一個新的抽象化時，應該檢查它是否有任何關閉器；不幸的是，如果忘記呼叫它們，就沒有 linter 會指出這件事 [26]。

更不幸的是，這還不是全部，無法光延遲對 Close 的呼叫。通常，它也會傳回錯誤，這可能意味著關閉無法發生，而且必須處理這種情況。例如，os.Remove 因權限問題而失敗而未刪除檔案。如果無法退出應用程式、重試或處理錯誤，至少應該意識到這種潛在的洩漏。

這是否意味著 defer 敘述用處不大，必須為所有關閉器使用 if err != nil 樣板？並不完全是。這就是我建議使用 errcapture 和 logerrcapture 套件的時候。請參見範例 11-8。

範例 11-8　使用 *defer* 來關閉檔案的範例

```
// import "github.com/efficientgo/core/logerrcapture"
// import "github.com/efficientgo/core/errcapture"

func doWithFile_Wrong(fileName string) error {
    f, err := os.Open(fileName)
    if err != nil {
        return err
    }
    defer f.Close() // 錯! ❶

    // 使用檔案 ...

    return nil
}

func doWithFile_CaptureCloseErr(fileName string) (err error) { ❷
    f, err := os.Open(fileName)
    if err != nil {
        return err
    }
    defer errcapture.Do(&err, f.Close, "close file") ❷

    // 使用檔案 ...
```

---

26  linter 只會檢查一些基本的東西，比如程式碼是否關閉請求本體（*https://oreil.ly/DpSLY*）、或者 sql 敘述（*https://oreil.ly/EVB8M*）。總有空間可以貢獻更多類似東西，例如，出現在 semgrep-go 專案（*https://oreil.ly/WfmyC*）中的那些。

```
        return nil
    }

    func doWithFile_LogCloseErr(logger log.Logger, fileName string) {
        f, err := os.Open(fileName)
        if err != nil {
            level.Error(logger).Log("err", err)
            return
        }
        defer logerrcapture.Do(logger, f.Close, "close file") ❸

        // 使用檔案 ...
    }
```

❶ 永遠不要忽略錯誤。特別是在檔案關閉時,它通常只在 Close 時把一些寫入刷新到磁碟去,我們會因為錯誤而丟失資料。

❷ 幸運的是,我們不需要放棄神奇的 Go defer 邏輯。使用 errcapture,只要 f.Close 傳回錯誤,就可以傳回錯誤。如果 doWithFile_CaptureCloseErr 傳回錯誤,而且執行了 Close,則潛在的關閉錯誤會附加到傳回的錯誤。多虧此函數的傳回引數( err error ),這是可能的。沒有它,這種樣式將無法工作!

❸ 如果無法處理,也可以記錄關閉錯誤。

看看我所參與的任何專案,及對這種樣式衝擊造成的影響,我會在所有傳回錯誤的函數中使用 errcapture,並且可以延遲它們,這是一種用來避免洩漏的乾淨可靠方式。

忘記關閉事物的另一個常見範例是錯誤案例。假設必須開啟一組檔案供日後使用,要確保已經關閉它們並不總是不費吹灰之力的事,如範例 11-9 所示。

範例 11-9　在錯誤案例下關閉檔案

```
    // import "github.com/efficientgo/core/merrors"

    func openMultiple_Wrong(fileNames ...string) ([]io.ReadCloser, error) {
        files := make([]io.ReadCloser, 0, len(fileNames))
        for _, fn := range fileNames {
            f, err := os.Open(fn)
            if err != nil {
                return nil, err // 發生洩漏的檔案! ❶
            }
            files = append(files, f)
        }
        return files, nil
    }
```

```
func openMultiple_Correct(fileNames ...string) ([]io.ReadCloser, error) {
    files := make([]io.ReadCloser, 0, len(fileNames))
    for _, fn := range fileNames {
        f, err := os.Open(fn)
        if err != nil {
            return nil, merrors.New(err, closeAll(files)).Err() ❷
        }
        files = append(files, f)
    }
    return files, nil
}

func closeAll(closers []io.ReadCloser) error {
    errs := merrors.New()
    for _, c := range closers {
        errs.Add(c.Close())
    }
    return errs.Err()
}
```

❶ 這通常很難注意到,但是如果建立了更多必須關閉的資源,或者想在不同函數中關閉它們,則不能使用 defer。這通常沒問題,但是如果想建立 3 個檔案,並且在開啟第二個檔案時出現錯誤,表示正在洩漏第一個未關閉檔案的資源!不能只傳回到目前為止從 openMultiple_Wrong 中開啟的檔案和一個錯誤,因為具有一致性的流程是在出現錯誤時忽略傳回的任何內容。通常必須關閉已經開啟的檔案,以避免洩漏和混淆。

❷ 解決方案通常是建立一個簡短的幫手函數,它會迭代附加的關閉器並關閉它們。例如,使用 merrors 套件來方便地附加錯誤,因為想知道在任何 Close 呼叫中是否發生任何新錯誤。

綜上所述,關閉東西非常重要,可以算是一個很好的優化。當然,沒有單一的樣式或 linter 可以防止犯下這種錯誤,但可以做很多事情來降低這種風險。

## 耗盡事物

更複雜的情況是,某些實作會要求做更多工作以完全釋放所有資源。例如,io.Reader 實作可能不會提供 Close 方法,但它可能會假設所有位元組都能完全讀取。另一方面,一些實作可能有一個 Close 方法,但仍然希望「耗盡」閱讀器,以便有效率地使用。

具有此類行為的最流行實作之一，是標準程式庫中的 http.Request 和 http.Response 主體的 io.ReadCloser。問題如範例 11-10 所示。

*範例 11-10　因為錯誤處理 HTTP 回應，而導致 http/net 客戶端效率低下的範例*

```
func handleResp_Wrong(resp *http.Response) error {  ❶
    if resp.StatusCode != http.StatusOK {
        return errors.Newf("got non-200 response; code: %v", resp.StatusCode)
    }
    return nil
}

func handleResp_StillWrong(resp *http.Response) error {
    defer func() {
        _ = resp.Body.Close()  ❷
    }()

    if resp.StatusCode != http.StatusOK {
        return errors.Newf("got non-200 response; code: %v", resp.StatusCode)
    }
    return nil
}

func handleResp_Better(resp *http.Response) (err error) {
    defer errcapture.ExhaustClose(&err, resp.Body, "close")  ❸

    if resp.StatusCode != http.StatusOK {
        return errors.Newf("got non-200 response; code: %v", resp.StatusCode)
    }
    return nil
}

func BenchmarkClient(b *testing.B) {
    defer goleak.VerifyNone(
        b,
        goleak.IgnoreTopFunction("testing.(*B).run1"),
        goleak.IgnoreTopFunction("testing.(*B).doBench"),
    )

    c := &http.Client{}
    defer c.CloseIdleConnections()  ❹

    b.ResetTimer()
    for i := 0; i < b.N; i++ {
        resp, err := c.Get("http://google.com")
        testutil.Ok(b, err)
        testutil.Ok(b, handleResp_Wrong(resp))
```

```
        }
    }
```

❶ 假設正在設計一個函數處理來自 http.Client.Get 請求的 HTTP 回應。Get 清楚地提
   到「呼叫者應該在讀取完 resp.Body 後關閉它。」這個 HandleResp_Wrong 是錯誤的,
   因為它洩漏了兩個 goroutine:

   - 一個正在做 net/http.(*persistConn).writeLoop

   - 第二個執行 net/http.(*persistConn).readLoop,使用 goleak 執行 BenchmarkClient
     時即可看見

❷ handleResp_StillWrong 更好,因為阻止了主要洩漏,但是仍然不從本體中讀取位
   元組。我們可能不需要它們,但是如果沒有完全耗盡主體,net/http 實作可以阻止
   TCP 連接。不幸的是,這不是眾所周知的資訊。在 http.Client.Do 方法的描述中簡
   要提到:「如果 Body 沒有同時讀取至 EOF 並且關閉時,Client 的底層 RoundTripper
   (通常是 Transport)可能無法重新使用連接到伺服器的持久 TCP,以用於後續的
   『保持活動』請求。」

❸ 理想情況下會一直讀到 EOF(檔案結尾),代表正在閱讀的內容結尾。出於這
   個原因,我們建立了方便的幫手函數,例如來自 errcapture,logerrcapture 的
   ExhaustClose 也正是如此。

❹ 客戶端為想要保持活動和重用的每個 TCP 連接執行一些 goroutine。可以使用
   CloseIdleConnection 來關閉它們,以偵測程式碼可能引入的任何洩漏。

我希望像 http.Response.Body 這樣的結構會比較容易使用,本體的關閉和耗盡需求很重
要,應該作為合理優化。handleResp_Wrong 讓 BenchmarkClient 因為洩漏錯誤而失敗。
handleResp_StillWrong 沒有洩漏任何 goroutine,因此通過洩漏測試。此「洩漏」位於不
同等級,也就是 TCP 等級,在其中 TCP 連接無法重用,這會帶來額外的延遲和檔案描
述符不足。

在範例 11-10 中可以看到它對 BenchmarkClient 基準測試結果的影響。在我的機器上,使
用 handleResp_StillWrong 來呼叫 http://google.com 需要 265 毫秒;對於清理所有資源
的 handleResp_Better 版本則只需 188 毫秒,快了 29%[27]!

---

27 考慮到在程式碼做了更多工作的話,這滿有趣的。完全讀取 Google 傳回的 HTML 的所有位元組,然
   而,建立更少的 TCP 連接時它會更快。

在 `http.HandlerFunc` 程式碼中也可以看到對耗盡的需求，應該始終確保伺服器實作會耗盡並關閉 `http.Request` 主體，否則會遇到和範例 11-10 相同的問題。同樣地，這對於所有類型的迭代器都是正確的；例如，Prometheus 儲存區可以有一個 `ChunkSeriesSet` 迭代器。如果忘記要遍歷所有項目一直到 Next() 等於假（false）的時候，某些實作可能會洩漏或過度使用資源。

總而言之，始終檢查那些重要的邊緣案例實作；理想情況下，應該把實作設計成能夠明顯提升效率。

現在就深入探討我在前幾章中提到的預配置技術。

## 可以的話就預配置

我在第 7 頁「優化後的程式碼不可讀」中提到預配置是一種合理的優化，範例 1-4 也展示使用 `make` 來預配置一個切片以作為 `append` 的優化有多麼容易。通常，如果已知道程式碼最終必須執行的話，我們會希望減少程式碼為了配置或調整新項目的大小而必須執行的工作量。

`append` 範例很重要，但還有更多範例。事實證明，幾乎每個關心效率的容器實作，都有一些更簡單的預配置方法。請參閱範例 11-11 以及解釋。

範例 *11-11　*一些常見類型的預配置範例

```
const size = 1e6 ❶

slice := make([]string, 0, size) ❷
for i := 0; i < size; i++ {
    slice = append(slice, "something")
}

slice2 := make([]string, size) ❸
for i := 0; i < size; i++ {
    slice2[i] = "something"
}

m := make(map[int]string, size) ❹
for i := 0; i < size; i++ {
    m[i] = "something"
}

buf := bytes.Buffer{} ❺
buf.Grow(size)
```

```
for i := 0; i < size; i++ {
    _ = buf.WriteByte('a')
}

builder := strings.Builder{}
builder.Grow(size)
for i := 0; i < size; i++ {
    builder.WriteByte('a')
}
```

❶ 假設已知想要預先增加的容器大小。

❷ 對切片進行 make，好把底層陣列的容量增加到給定大小。由於使用 make 來主動增長陣列，使用 append 的迴圈在 CPU 時間和記憶體配置方面要便宜得多。這是因為當陣列太小時，append 不需要調整陣列的大小。

調整大小非常單純，它只是建立一個更大的新陣列並複製所有元素，某種啟發式演算法還能看出產生多少新切片。這種啟發式演算法最近發生了變化，但它仍然會配置和複製幾次，直到擴展到所預期的 100 萬個元素。在此案例中，相同的邏輯在預配置的情況下快了 8 倍，並且配置了 16 MB，而不是 88 MB 的記憶體。

❸ 我們還可以預先配置切片的容量和長度。slice 和 slice2 具有相同元素，這兩種方式幾乎同樣有效率，所以使用一種在功能上更符合需求的方式。然而，對於 slice2 來說，使用所有陣列元素，至於在 slice 中，可以讓它更大，但如果需要，最終會使用較小的數量 [28]。

❹ 可以使用 make 來建立映射，並使用一個可選數字來表達其容量。如果預先知道大小，Go 就可以更有效率地建立具有預先設定大小的所需內部資料結構。效率結果能顯示差異，在我的機器上使用預配置，這樣的映射的初始化需要 87 毫秒，少了 179 毫秒！預配置的總配置空間為 57 MB，少了 123 MB。但是，映射插入仍然會配置一些記憶體，只是比預配置小很多。

❺ 各種緩衝區和建構器提供了也會預配置的 Grow 函數。

前面的範例實際上是我每次編寫程式碼時，幾乎都經常使用的東西。預配置通常需要額外的程式碼行，但這是一種奇妙更具可讀性的樣式，如果您仍然不相信預先知道切片大小，就能免去很多狀況的話，那讓我們來談談過去稱為 ioutil.ReadAll 的 io.ReadAll，Go 社群中經常使用 io.ReadAll 函數。您知道嗎？如果您事先知道大小，就可以透過預

---

28 在只知道最壞情況下的大小時，通常會使用這種方法；有時把它擴展到最壞的情況是值得的，即使最終沒有使用這麼多。請參見第 431 頁「陣列過度使用記憶體」。

配置內部位元組切片來顯著地優化它，不幸的是，io.ReadAll 沒有 size 或 capacity 引數；但有一種簡單的方法可以優化它，如範例 11-12 所示。

範例 11-12 使用基準測試的 *ReadAll* 優化範例

```go
func ReadAll1(r io.Reader, size int) ([]byte, error) {
    buf := bytes.Buffer{}
    buf.Grow(size)
    n, err := io.Copy(&buf, r) ❶
    return buf.Bytes()[:n], err
}

func ReadAll2(r io.Reader, size int) ([]byte, error) {
    buf := make([]byte, size)
    n, err := io.ReadFull(r, buf) ❷
    if err == io.EOF {
        err = nil
    }
    return buf[:n], err
}

func BenchmarkReadAlls(b *testing.B) {
    const size = int(1e6)
    inner := make([]byte, size)

    b.Run("io.ReadAll", func(b *testing.B) {
        b.ReportAllocs()
        for i := 0; i < b.N; i++ {
            buf, err := io.ReadAll(bytes.NewReader(inner))
            testutil.Ok(b, err)
            testutil.Equals(b, size, len(buf))
        }
    })

    b.Run("ReadAll1", func(b *testing.B) {
        b.ReportAllocs()
        for i := 0; i < b.N; i++ {
            buf, err := ReadAll1(bytes.NewReader(inner), size)
            testutil.Ok(b, err)
            testutil.Equals(b, size, len(buf))
        }
    })

    b.Run("ReadAll2", func(b *testing.B) {
        b.ReportAllocs()
        for i := 0; i < b.N; i++ {
            buf, err := ReadAll2(bytes.NewReader(inner), size)
```

```
            testutil.Ok(b, err)
            testutil.Equals(b, size, len(buf))
        }
    })
}
```

❶ 模擬 ReadAll 的一種方法是建立一個預配置的緩衝區，並使用 io.Copy 來複製所有位元組。

❷ 更有效率的方法是預先配置一個位元組切片，並使用類似的 ReadFull。如果所有內容都已讀取，ReadAll 就不會使用 io.EOF 錯誤哨符，因此需要對它進行特殊處理。

範例 11-13 中所顯示的結果不言自明，為 100 萬位元組切片使用了 io.ReadFull 的 ReadAll2 速度快了 8 倍多，並且配置的記憶體少了 5 倍。

範例 *11-13 範例 11-12 中的基準測試結果*

```
BenchmarkReadAlls
BenchmarkReadAlls/io.ReadAll
BenchmarkReadAlls/io.ReadAll-12    1210    872388 ns/op   5241169 B/op   29 allocs/op
BenchmarkReadAlls/ReadAll1
BenchmarkReadAlls/ReadAll1-12      8486    165519 ns/op   1007723 B/op    4 allocs/op
BenchmarkReadAlls/ReadAll2
BenchmarkReadAlls/ReadAll2-12     10000    102414 ns/op   1007676 B/op    3 allocs/op
PASS
```

在 Go 程式碼中經常可以進行 io.ReadAll 優化，特別是在處理 HTTP 程式碼時，請求或回應標頭通常提供允許預配置的 Content-Length 標頭[29]。前面的範例只代表允許預配置的類型和抽象化的一小部分。檢查使用類型的說明文件和程式碼，以了解是否可以平均急切（eager）配置，以獲得更好的效率。

但是，我想讓您知道另一種令人驚奇的預配置樣式，考慮一個簡單的單向鍊結串列。如果使用指標來實作它，並且如果知道將在該串列中插入數百萬個新元素，是否有一種方法可以預先配置一些東西來提高效率？事實證明這是有可能的，如範例 11-14 所示。

範例 *11-14 鍊結串列元素的基本預配置*

```
type Node struct {
    next *Node
    value int
}
```

29 例如，這就是前段時間在 Thanos（*https://oreil.ly/8nWCH*）中所做的。

```
type SinglyLinkedList struct {
    head *Node

    pool        []Node ❶
    poolIndex int
}

func (l *SinglyLinkedList) Grow(len int) { ❷
    l.pool = make([]Node, len)
    l.poolIndex = 0
}

func (l *SinglyLinkedList) Insert(value int) {
    var newNode *Node
    if len(l.pool) > l.poolIndex { ❸
        newNode = &l.pool[l.poolIndex]
        l.poolIndex++
    } else {
        newNode = &Node{}
    }

    newNode.next = l.head
    newNode.value = value
    l.head = newNode
}
```

❶ 這一行讓這個鍊結串列有點特別，以切片形式來維護一座物件池。

❷ 多虧了這座池，可以實作自己的 Grow 方法，它會在一次配置中，配置一座包含許多 Node 物件的池；通常，配置一個大的 []Node 會比配置數百萬個 *Node 要快得多。

❸ 在插入期間，可以檢查池中是否有空間，並從中取出一個元素，而不是配置一個個另外的 Node。如果達到容量限制，可以擴展此實作以使其更加強固，例如，用於後續增長。

如果使用前面的鍊結串列，對 100 萬個元素的插入進行基準測試，會發現使用一次急切配置插入所花費的時間，是原來的 1/4，而同樣的空間僅使用了 1 次配置，非 100 萬次配置。

範例 11-11 中介紹帶有切片和映射的簡單預配置幾乎沒有缺點，因此可以把它們視為合理的優化。另一方面，範例 11-14 中的預配置應該小心謹慎地進行，並使用基準測試，因為它並非沒有取捨。

首先，問題在於潛在的刪除邏輯，或允許多次呼叫 Grow 實作起來並不容易。第二個問題是，單一 Node 元素現在會連接到一個非常大的單一記憶體區塊，這是下一節將深入探討的問題。

# 陣列過度使用記憶體

您可能知道，切片在 Go 中非常強大，它們為 Go 社群中每天都在使用的陣列，提供了強大的靈活性。但是隨著力量和靈活性而來的是責任，在許多情況下，最終可能會過度使用記憶體，而有些人可能把它稱為「記憶體洩漏」。主要問題是那些案例永遠不會出現在第 267 頁「Go 的基準測試」中，因為它和垃圾蒐集有關，並且不會釋放一般認為可以釋放的記憶體。範例 11-15 會探討這個問題，它會測試範例 11-14 中引入的 SinglyLinkedList 潛在刪除。

*範例 11-15　重現範例 11-14 中使用預配置的鍊結串列的記憶體過度使用*

```
func (l *SinglyLinkedList) Delete(n *Node) { /* ... */ } ❶

func TestSinglyLinkedList_Delete(t *testing.T) { ❷
    l := &SinglyLinkedList{}
    l.Grow(size)
    for k := 0; k < size; k++ {
        l.Insert(k)
    }
    l.pool = nil // 丟棄池。 ❸
    _printHeapUsage() ❹

    // 移除除了最後一個之外的全部元素。
    for curr := l.head; curr.next != nil; curr = curr.next { ❺
        l.Delete(curr)
    }
    _printHeapUsage() ❻

    l.Delete(l.head)
    _printHeapUsage() ❼
}

func _printHeapUsage() {
    m := runtime.MemStats{}

    runtime.GC()
    runtime.ReadMemStats(&m)
    fmt.Println(float64(m.HeapAlloc)/1024.0, "KB")
}
```

❶ 向鍊結串列添加刪除邏輯，以刪除給定的元素。

❷ 使用微觀基準測試來評估 Delete 的效率可知道，當使用 Grow 時，刪除速度只會稍微快一點。然而，為了展示記憶體過度使用問題，需要進行宏觀基準測試（參見第 293 頁）。或者，可以如同這裡的方式，編寫一個脆弱的互動式測試 [30]。

❸ 請注意，我們正在盡最大努力讓 GC 來移除已刪除的節點。但是，我們把 pool 變數設為 nil，因此用來建立串列中所有節點的切片，不會在任何地方參照。

❹ 對堆積的 GC 和列印使用手動觸發器通常並不可靠，因為它包含了來自背景執行時期工作的配置；但是，在這裡它足以展現問題點。預配置串列顯示其中一次執行配置了 15,818.5 KB，沒有 Grow 的執行配置了 15,813.0 KB，不要看它們之間的區別，而是要看這個值如何因為預配置而改變。

❺ 刪除除了一個元素之外的所有元素。

❻ 在理想世界中，總是希望只為一個 Node 保留記憶體，對嗎？非預配置串列就是這種情況，堆積上有 189.85 KB。另一方面，對於預配置串列，可以觀察到一個問題：堆積仍然很大，上面有 15,831.2 KB！

❼ 只有在所有元素之後，才能看到兩種情況下的堆積大小都很小，兩者都約為 190 KB。

理解這個問題很重要，每次使用帶有陣列的結構時都會遇到這個問題。圖 11-1 顯示了在這兩種情況下，除了一個元素之外的所有元素都刪除後，會發生的事情。

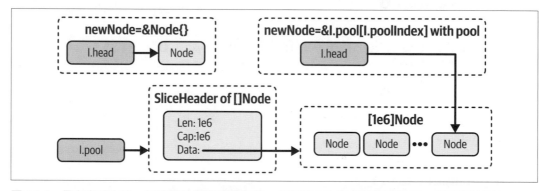

圖 11-1　具有串列中的一個節點的參照堆積狀態。左邊建立在沒有池的情況下，右邊則是有池。

---

30　這非常適合快速展示，但不能有效作為可靠的效率評估。

配置一個個別的物件時，會看到它接收到自己的可隔離管理記憶體區塊。如果從更大的切片中使用池化或子切片，例如，buf[1:2]，GC 會看到陣列所使用的連續記憶體的大記憶體區塊被參照了。但還不夠聰明看到只使用其中的 1%，並且可以「剪掉」。

解決方案是避免池化，或想出一個可以（甚至自動）增長或縮小的更進階池。例如，刪除一半物件，可以「剪掉」鍊結串列節點後面的陣列；或者，可以添加隨選 ClipMemory 方法，如範例 11-16 所示。

範例 *11-16* 　裁剪太大記憶體區塊的範例實作

```
func (l *SinglyLinkedList) ClipMemory() {
    var objs int
    for curr := l.head; curr != nil; curr = curr.next {
        objs++
    }

    l.pool = make([]Node, objs) ❶
    l.poolIndex = 0
    for curr := l.head; curr != nil; curr = curr.next {
        oldCurr := curr
        curr = &l.pool[l.poolIndex]
        l.poolIndex++

        curr.next = oldCurr.next ❷
        curr.value = oldCurr.value

        if oldCurr == l.head {
            l.head = curr ❸
        }
    }
}
```

❶ 此時，擺脫對舊的 []Node 切片參照，並建立一個較小的切片。

❷ 正如在圖 11-1 中看到的，串列中的每個元素還有其他對較大記憶體區塊的參照。所以需要使用新的物件池來執行複製，以確保 GC 可以刪除較舊且較大的池。

❸ 不要忘記最後一個指標 l.head，否則它仍會指向舊的記憶體區塊。

現在可以在刪除某些項目時使用 ClipMemory，來調整底層記憶體區塊的大小。

如範例 11-15 所示，記憶體的過度使用比想像中更常見，但是不需要這種特定的池來體驗。像範例 10-4（`zeroCopyToString`）那樣的子切片和使用巧妙的零複製函數，很容易出現這個問題 [31]。

 本節並不是要阻止您進行預配置、子切片或嘗試重用位元組切片；相反的，嘗試用切片和底層陣列做更進階的事情時，它提醒我們始終要牢記 Go 的記憶體管理方式（如第 166 頁）。

請記住，Go 的基準測試不涵蓋記憶體使用特性，如第 286 頁「微觀基準測試與記憶體管理」所言，如果您懷疑自己受到此問題的影響，請轉到第 293 頁「宏觀基準測試」等級以驗證所有效率層面。

既然提到了池化，是時候深入最後一節。在 Go 中重用和池化記憶體的其他方法是什麼？事實證明，有時候，不池化任何東西可能會更好！

# 記憶體重用和池化

記憶體重用允許對後續運算使用相同的記憶體區塊。如果執行的運算需要更大的 struct 或 slice，並且以快速序列來執行大量運算，則每次配置一個新的記憶體區塊都會是一種浪費，因為：

- 保證記憶體區塊會歸零的記憶體配置，會占用 CPU 時間。
- 在 GC 中投入更多工作，因此使用更多 CPU 週期。
- GC 最終會發生，因此最大堆積大小可能會不受控制地增長。

我已經在範例 10-8 中展示一些記憶體重用技術，使用一個小緩衝區來逐塊地處理檔案。然後，在範例 11-14 中，我展示一次配置一個更大記憶體區塊的方式，並以它作為物件池。

重用物件的邏輯，尤其是位元組切片，通常由許多流行的實作來啟用，例如 io.CopyBuffer 或 io.ReadFull。甚至範例 10-8 中的 Sum6Reader (r io.Reader, buf [] byte) 也允許進一步重用緩衝區。然而，記憶體重用並不總是那麼容易，可見以下範例 11-17 中的位元組切片重用範例。

---

31　Prometheus 專案生態多次遇到這樣的問題。例如，塊池化（chunk pooling）導致保留比所需大得多的陣列，因此引入 Compact 方法（*https://oreil.ly/ORx1C*）。在 Thanos 中，我引入了一個可能太過聰明的 ZLabel 構造（*https://oreil.ly/Z3Q8n*），它避免為度量標籤進行昂貴的字串複製。事實證明，不將標籤字串保留更長時間是有益的，舉例來說，這樣進行惰性複製時，執行效果更好（*https://oreil.ly/5o6sH*）。

範例 11-17 簡單緩衝或位元組切片

```go
func processUsingBuffer(buf []byte) {
    buf = buf[:0] ❶

    for i := 0; i < 1e6; i++ {
        buf = append(buf, 'a')
    }

    // 使用緩衝區 ...
}

func BenchmarkProcess(b *testing.B) {
    b.Run("alloc", func(b *testing.B) {
        for i := 0; i < b.N; i++ {
            processUsingBuffer(nil) ❷
        }
    })

    b.Run("buffer", func(b *testing.B) {
        buf := make([]byte, 1e6)
        b.ResetTimer()
        for i := 0; i < b.N; i++ {
            processUsingBuffer(buf) ❸
        }
    })
}
```

❶ 因為邏輯使用 append，所以需要把切片的長度歸零，同時重用相同的底層陣列以提高效率。

❷ 可以透過簡單地傳遞 nil 來模擬沒有緩衝區。幸運的是，Go 在 buf[:0] 或 append([]byte(nil), 'a') 等運算中會處理 nil 切片。

❸ 在這種情況下，重用緩衝區更好。在我的機器上，基準測試顯示每個使用重用緩衝區的運算幾乎快了兩倍，並且配置零位元組。

前面的範例看起來很棒，但實際的程式碼包含了複雜度和邊緣情況。有兩個主要問題有時會阻止實作這種簡單的記憶體重用，如範例 11-17 所示：

- 我們知道大多數運算的緩衝區大小都是相似的，不知道的是確切的數字，這可以透過傳遞一個空緩衝區，並重用第一個運算中增長的底層陣列來輕鬆解決。

- 可能會在某個時刻同時執行 processUsingBuffer 程式碼。有時有 4 個工作者、有時有 1000 個、有時只有 1 個,在這種情況下,可以透過維護靜態數量的緩衝區來實作這一點。該數量可能是希望同時執行的最大 goroutine,或使用某種鎖定時會較少。如果 goroutine 的數量是動態變化並且有時為零,這顯然會造成很多浪費。

出於這些原因,Go 團隊想出了 sync.Pool[32] 結構來執行特定形式的記憶體池化;重點是要了解記憶體池化和典型的快取並不同。

> Brad Fitzpatrick 請求的型別 [sync.Pool] 實際上是一個池:一組可互換的值,您在其中得到哪個具體值並不重要,因為它們都是相同的,您得到新建立的值,而非從池中獲取時根本不會注意到。另一方面,快取會把鍵映射到具體值。
>
> —Dominik Honnef,「What's Happening in Go Tip」

標準程式庫中的 sync.Pool 純粹是實作為一個非常短的臨時快取,用於相同型別的閒置記憶體區塊,它會持續到或多或少下一次 GC 呼叫。它使用非常聰明的邏輯,讓它成為對執行緒安全,同時又盡可能避免鎖定以達成有效率的存取。sync.Pool 背後的主要思想是重用 GC 尚未釋放的記憶體,既然一直保留這些記憶體區塊直到最終的 GC,為什麼不讓它們變成可存取和有用呢?範例 11-18 中呈現範例 11-17 使用的 sync.Pool 範例。

範例 11-18 使用 sync.Pool 進行簡單緩衝

```go
func processUsingPool(p *sync.Pool) {
    buf := p.Get().([]byte) ❶
    buf = buf[:0]

    for i := 0; i < 1e6; i++ {
        buf = append(buf, 'a')
    }
    defer p.Put(buf) ❷

    // 使用緩衝區 ...
}

func BenchmarkProcess(b *testing.B) {
    b.ReportAllocs()

    p := sync.Pool{
        New: func() any { return []byte{} }, ❸
    }
    b.ResetTimer()
```

---

32  *https://oreil.ly/BAQwU*

```
    for i := 0; i < b.N; i++ {
        processUsingPool(&p) ❹
    }
}
```

❶ sync.Pool 匯集給定型別的物件，因此必須把它轉換為我們放置或建立的型別。當涉及到 Get 時，不是配置一個新物件，就是使用池中的一個物件。

❷ 為了有效地使用池，需要放回物件以供重用。切記永遠不要放回您仍在使用的物件，以免造成競爭！

❸ New 閉包指明如何建立新物件。

❹ 對於此範例，使用 sync.Pool 的實作非常有效率。它比不重用的版本快 2 倍以上，並且平均配置 2 KB 的空間，而非從不重用緩衝區的程式碼中為每個運算所配置 5 MB 的空間。

雖然結果看起來很有希望，但使用 sync.Pool 池化是一種更進階的優化，如果使用不當，它會帶來比優化更多的效率瓶頸。第一個問題是，和使用切片的任何其他複雜結構一樣，使用時很容易出錯。考慮範例 11-19 中帶有基準測試的程式碼。

範例 *11-19* 使用 *sync.Pool* 和 *defer* 時常見的、難以發現的錯誤

```
func processUsingPool_Wrong(p *sync.Pool) {
    buf := p.Get().([]byte)
    buf = buf[:0]

    defer p.Put(buf) ❶

    for i := 0; i < 1e6; i++ {
        buf = append(buf, 'a')
    }

    // 使用緩衝區 ...
}

func BenchmarkProcess(b *testing.B) {
    p := sync.Pool{
        New: func() any { return []byte{} },
    }
    b.ResetTimer()
    for i := 0; i < b.N; i++ {
        processUsingPool Wronq(&p) ❷
    }
}
```

❶ 這個函數中有一個臭蟲違背了使用 sync.Pool 的要點，在此案例中，Get 總是會配置一個物件，您發現了嗎？

問題在於 Put 可能會延遲到正確的時間，但它的引數是在 defer 排程時刻計算的。因此，如果 append 必須增長它，正在放置的 buf 變數可能會指向不同切片。

❷ 結果，基準測試會顯示這個 processUsingPool_Wrong 運算比範例 11-17 中始終進行配置的 alloc 情況慢兩倍。使用 sync.Pool 只 Get 而不 Put，比直接配置還慢（在此例是 make([]byte)）。

然而，真正的困難來自一個特定的 sync.Pool 特性：它只會在很短的時間內池化物件，而這並沒有反映在例如範例 11-18 中典型的微觀基準測試中。如果在基準測試中手動觸發 GC，就可以看到差異，如範例 11-20。

範例 *11-20* 　使用 *sync.Pool* 和 *defer* 時常見且難以發現的錯誤，並以手動觸發 *GC*

```
func BenchmarkProcess(b *testing.B) {
    b.Run("buffer-GC", func(b *testing.B) {
        buf := make([]byte, 1e6)
        b.ResetTimer()
      for i := 0; i < b.N; i++ {
            processUsingBuffer(buf) ❶
            runtime.GC()
            runtime.GC()
        }
    })

    b.Run("pool-GC", func(b *testing.B) {
        p := sync.Pool{
            New: func() any { return []byte{} },
        }
        b.ResetTimer()
        for i := 0; i < b.N; i++ {
            processUsingPool(&p) ❷
            runtime.GC()
            runtime.GC()
        }
    })
}
```

❶ 第二個驚喜來自於以下事實，在最初的基準測試中，process* 運算會一個接一個地快速執行，然而，在宏觀層面可能並非如此，這對 processUsingBuffer 來說很好，如果簡單緩衝區解決方案同時執行一次或兩次 GC，則配置和延遲（已根據 GC 延遲調整）會保持不變，因為記憶體參照會保留在 buf 變數中。下一個 processUsingBuffer 會一如既往地快速。

❷ 這並不是標準池的情況。在兩次 GC 執行後，sync.Pool 會設計為完全清除所有物件 [33]，導致效能比範例 11-17 中的 alloc 更差。

如您所見，使用 sync.Pool 很容易出錯，在不想把池中的物件保留更久時間的情況下，它在垃圾蒐集後不保留池這一事實可能是有益的。然而，根據我的經驗，由於有價值的 sync.Pool 實作，和更複雜的 GC 排程結合，導致了不確定的行為，因此很難使用它。

為了顯示當 sync.Pool 應用於錯誤的工作負載時的潛在損害，這裡可嘗試使用範例 10-8 中的已優化緩衝程式碼，和 4 種不同的緩衝技術，以優化第 297 頁「Go e2e 框架」中的 labeler 服務記憶體使用：

no-buffering

　　無緩衝的 Sum6Reader：總是配置一個新的緩衝區。

sync-pool

　　使用 sync.Pool。

gobwas-pool

　　使用維護多個 sync.Pool 桶的 gobwas/pool。理論上，它應該適用於可能需要不同緩衝區大小的位元組切片。

static-buffers

　　具有 4 個靜態緩衝區，可為最多 4 個 goroutine 提供緩衝區。

主要問題是範例 10-8 的工作負載可能沒辦法一看就知道不合適。每個運算的 make([]byte, 8*1024) 的小配置，是計算期間所做的唯一配置，因此使用池化來節省總記憶體使用量，可能會讓人覺得這是一個有效的選擇。微觀基準測試也顯示出驚人的結果，基準測試對兩個不同的檔案執行連續 Sum6 運算，有 50% 時間使用具有 1000 萬個數字的檔案，另外 50% 時間使用 1 億個數字。結果如範例 11-21 所示。

---

33　如果您對具體實作細節感興趣，可見這篇精彩的部落格文章：*https://oreil.ly/oMh6I*。

範例 11-21　使用範例 10-8 和 4 種不同緩衝版本，以比較標籤器 *labelObject* 邏輯的 100 次迭代微觀基準測試結果

```
name                        time/op
Labeler/no-buffering        430ms ± 0%
Labeler/sync-pool           435ms ± 0%
Labeler/gobwas-pool         438ms ± 0%
Labeler/static-buffers      434ms ± 0%


name                        alloc/op
Labeler/no-buffering        3.10MB ± 0%
Labeler/sync-pool           62.0kB ± 0%
Labeler/gobwas-pool         94.5kB ± 0% ❶
Labeler/static-buffers      62.0kB ± 0%


name                        allocs/op
Labeler/no-buffering        3.00 ± 0%
Labeler/sync-pool           3.00 ± 0%
Labeler/gobwas-pool         3.00 ± 0%
Labeler/static-buffers      2.00 ± 0%
```

❶ 分桶池稍微占用更多記憶體，但這是預料之中的，因為它維護了兩個獨立的池。然而，理想情況下，還是希望看到更大範圍拆分所帶來的更多好處。

可看到 sync.Pool 版本和靜態緩衝區在記憶體配置方面勝出。延遲或多或少是相似的，因為範例 10-8 的大部分時間都花在整數的剖析上，而不是配置緩衝區。

不幸的是，對於每個版本 5 分鐘的測試，其中有 2 個虛擬使用者在 k6s 中對 1000 萬行和 1 億行檔案執行求和，在宏觀層面上，現實與範例 11-21 所顯示的並不相同。好處是沒有緩衝的 labeler 在該負載期間比其他平均 500 MB 的版本配置更多，總共有 3.3 GB，如圖 11-2 所示。

然而，對於 GC 來說，這樣的配置似乎不是一個大問題，因為最簡單的無緩衝解決方案 labelObject1，具有和其他解決方案相似的平均延遲（同樣 CPU 使用率），但最大堆積使用率也是最低的，如圖所示 11-3。

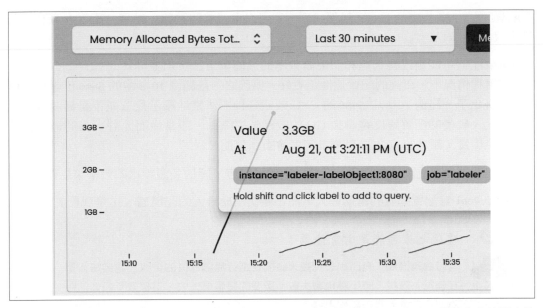

圖 11-2 堆積效能分析器的宏觀基準測試期間所配置的總記憶體 Parca Graph。4 條線指出按順序執行 4 個不同版本：no-buffering、sync-pool、gobwas-pool 和 static-buffers。

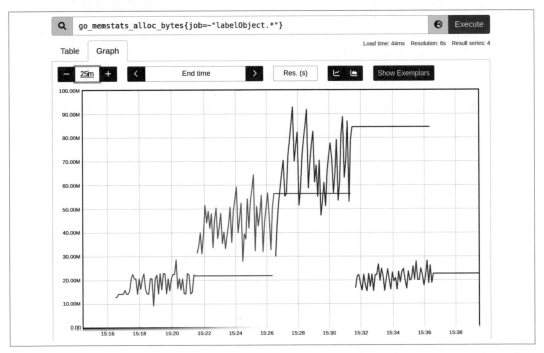

圖 11-3 宏觀基準測試期間堆積大小的 Prometheus Graph。4 條線指出按順序執行 4 個不同版本：no-buffering、sync-pool、gobwas-pool 和 static-buffers。

多虧範例儲存庫 [34] 中的 e2e 框架程式碼，您可以重現整個實驗，結果並不令人滿意，但帶來很多教訓：

- 減少配置可能是改善延遲和記憶體效率的最簡單方法，但並非總是如此！很顯然，在這種情況下，更高的配置比池化更好。原因之一是範例 10-8 中的 Sum6 已經很大程度優化了。範例 10-8 中 Sum6 的 CPU 效能分析器清楚地顯示配置並不是延遲瓶頸。其次，較慢的配置速度會導致 GC 的啟動頻率降低，通常從而允許更高的最大記憶體使用量。額外的 GOGC 調整對此可能會有所幫助。

- 微觀基準測試並不總是能顯示全貌。因此，別忘了評估多個等級的效率來以確保。

- sync.Pool 對配置延遲的幫助最大，而不是使用於最大的記憶體，這是我們的目標。

 **優化之旅可能是雲霄飛車！**

有時會有進展，有時也會花幾天時間在進行無法合併的更改，我們每天都在學習、嘗試，時不時也會失敗。重要的是儘早失敗，這樣效率較低的版本才不會意外發布給使用者！

這個實驗的主要問題是 sync.Pool 不是為 labeler 所代表的工作負載類型而設計的。sync.Pool 有非常具體的使用案例，請在以下情況使用：

- 您希望重用大量或極大量物件，以減少這些配置的延遲。

- 您不關心物件的內容，只關心它的記憶體區塊。

- 您想重用來自多個 goroutine 的那些物件，這些 goroutine 的數量可能會有所不同。

- 您希望在頻繁發生（最多一個 GC 週期）的快速計算之間重用物件。

例如，想要為極快的偽隨機產生器（pseudorandom generator）來池化物件時，sync.Pool 就非常有用。HTTP 伺服器會使用許多不同的位元組池，來重用位元組，以用於從網路讀取。

不幸的是，根據我的經驗，sync.Pool 已過度使用。大家都認為 sync.Pool 位於標準程式庫中，所以一定很方便，但事實並非總是如此。sync.Pool 的使用案例非常狹窄，很可能不是我們想要的。

---

34  *https://oreil.ly/9vDNZ*

綜上所述，我更喜歡簡單的優化。優化越聰明，就越應該保持警惕，應該做更多基準測試工作。sync.Pool 結構是較複雜的解決方案之一，我還是建議先先考慮更簡單的解決方案，例如，一個簡單的靜態可重用記憶體緩衝區，如範例 11-17 所示。我認為要避免使用 sync.Pool，直到您確定您的工作負載匹配到前面所提到的使用案例為止。在大多數情況下，在減少工作量和配置後，添加 sync.Pool 只會讓您的程式碼效率低下、脆弱，並且更難評估其效率。

# 總結

就這樣，您已讀完本書，恭喜！我希望這是一次美妙而有價值的旅程；因為對我來說正是如此！

也許，如果您已經走到這一步，實用、有效率的軟體世界對您來說會比翻開本書之前要容易得多。或者，您可能會發現，編寫程式碼的方式，和設計演算法的所有細節是如何的影響軟體效率，而從長遠來看，這都會轉化為實際成本。

---

35 *https://oreil.ly/f2q36*
36 有趣的是，sync.Pool 最初提議的名字為 sync.Cache，並具有快取語意。

在某些方面這非常令人興奮，以一個蓄意改變和正確的可觀察性工具來評估它，有時可以為雇主省下數百萬美元，或者開發之前不可能的使用案例與客戶。但是，另一方面，把錢浪費在一些愚蠢的錯誤上也太容易了吧，例如洩漏一些 goroutine，或沒有在關鍵路徑上預先配置一些切片，想到就覺得可怕。

如果您比較常想到「可怕」的念頭，那我給您的建議就是……放輕鬆！請記住，世界上沒有什麼是完美的，程式碼也不可能完美。為了完美而知道要在哪裡轉向是一件好事，但俗話也說，「完美是善的敵人」，每個軟體都有那個「夠好」的一刻。在我看來，這是我想在這裡教給您的專業、務實和日常效率實務，好和 Donald Knuth「過早優化是萬惡之源」的世界有所區別。這也是為什麼這本書叫 *Efficient Go*，而不是 *Ultra-Performance, Super Fast Go* 的原因。

我認為可以拿務實的汽車修理工，和注重效率的務實軟體開發人員比較（抱歉我用汽車做類比！）想像一下，一位充滿激情且經驗豐富的機械工程師，在製造世界上最快的賽車之一 F1 方面擁有豐富經驗，而當他在修車廠工作時，一位顧客開著一輛漏油的標準轎車前來。即使擁有能讓汽車疾速行駛的豐富知識，這位務實的機械工程師還是只會修理漏油處，仔細檢查整輛車是否有任何問題，如此而已。事實上，如果這位機械工程師開始調校客戶的汽車，以讓它更容易加速、有更好的空氣效率和煞車效能，客戶也不一定會買單。因為儘管更好的汽車效能可以討客戶歡心，但也會伴隨著耗時的工作、昂貴零件和延遲維修等高昂費用。

遵循和機械工程師相同的規則，做需要的事情以滿足功能和效率目標即可，這樣不是懶惰，而是務實和專業。如果在有需求的前提下執行，任何優化都不算早。

這也是為什麼，我的第二條建議是一定要設定一些目標，請看看評估第 10 章中的 Sum 優化是否可以接受，在某種意義上是多麼「容易」。我在大多數軟體專案中犯下的最大錯誤之一，就是忽視或拖延為專案的預期效率所設定清晰、善於撰寫且資料驅動的目標，即使很明顯也要註記，「我希望此功能會在 1 分鐘內完成。」您可以之後再完成更好的需求！如果沒有明確的目標，每一次優化都可能太早。

最後，我的第三點建議是投資於良好的可觀察性工具。我很幸運，在過去幾年的日常工作中，和合作團隊交付了可觀察性軟體。此外，這些可觀察性工具是免費開源的，本書的每一位讀者現在都可以安裝；我實在無法想像沒有第 6 章中所提到的那些工具該怎麼辦。

另一方面，作為 CNCF 可觀察性興趣小組 [37] 的技術負責人、以及技術會議的發言人和參與者，我也發現很多開發人員和組織沒有使用可觀察性工具。他們不是沒在觀察自家軟體，就是沒有正確地使用這些工具！這也是為什麼這些個人或組織，很難務實地提高他們的專案效率。

不要因誇大的解決方案和供應商而分散了注意力，儘管在高價格背後，他承諾會提供耀眼的可觀察性解決方案 [38]。相反的，我建議從小處著手，使用開源監控和可觀察性解決方案，如 Prometheus、Loki、OpenSearch、Tempo 或 Jaeger！

# 下一個步驟

本書介紹在必要時，以有效率的 Go 開發展現效益的的所有必須元素，尤其是：

- 第 1 章討論的有效率程式動機和介紹。

- 第 2 章介紹的 Go 基礎層面。

- 第 3 章中討論的挑戰、優化、RAER 和 TFBO。

- 解釋優化的兩個最重要資源：第 4 章的 CPU 和第 5 章的記憶體，並提到延遲。

- 第 6 章討論的可觀察性和常見檢測。

- 第 7 章介紹的資料驅動效率分析、複雜度，和實驗的可靠性。

- 第 8 章討論的基準測試。

- 介紹效能分析主題，這有助於第 9 章的瓶頸分析。

- 最後，優化第 10 章中的各種程式碼範例，並在第 11 章總結常見樣式。

然而，和所有事物一樣，如果您有志於此，總有更多東西需要學習！

首先，我跳過了 Go 語言中和效率主題沒有太緊密關係的一些層面。要了解這些相關資訊，建議閱讀 Maximilien Andile 所撰寫的「Practical Go Lessons」[39]，還有……練習編寫 Go 程式以達成現實工作目標，或作為一個有趣的副專案 [40]。

---

37　*https://oreil.ly/yJKg4*
38　但當有人以低價格提供耀眼的可觀察性工具時，也請保持警惕。考慮到一般需要透過這些系統傳遞的資料量，它在實務上通常不會便宜到哪裡去。
39　*https://oreil.ly/VnFms*
40　我的建議是避免只遵循教程（*https://oreil.ly/5YDe6*），如果您離開舒適區而且不得不動腦時，就一定能學到東西。

其次，希望我能讓您了解您正在優化的資源底層機制。提高軟體效率的下一個步驟之一，是更了解通常要優化的其他資源，例如：

磁碟

每天在 Go 程式中使用磁碟儲存。作業系統處理讀取或寫入的方式可能同樣的複雜，如您在第 152 頁「作業系統記憶體管理」中所見。越了解磁碟儲存裝置，例如 SSD[41] 特性，您會成為越好的開發者。如果您對磁碟存取的替代優化感到好奇，我還建議您閱讀新 Linux 核心所附帶的 `io_uring` 介面[42]。它可能允許您使用大量磁碟存取，來為您的 Go 程式建構更好的並行性。

網路

閱讀更多關於延遲、頻寬和不同協定等網路限制的資訊，會讓您更加了解如何優化因網路限制而受到局限的 Go 程式碼。

*GPU 和 FPGA*

關於把一些計算卸載到 GPU[43] 或可程式化硬體[44] 等外部裝置的更多資訊，我會推薦 cu[45]，它使用了適用於 NVIDIA GPU 的流行 CUDA API[46]，或這個指南：*https://oreil.ly/v3dty*，可在 Apple M1 GPU 上執行 Go。

第三，雖然我可能會在本書的下一版中添加更多優化範例，但這個列表永遠不會完整。這是因為一些開發人員可能想為他們程式的某些特定部分，嘗試許多或多或少的極端優化。例如：

- 我想談但無法放入本書的內容：錯誤路徑和檢測效率的重要性[47]。為您的度量、日誌記錄、追蹤和效能分析工具選擇有效率的介面，可能很重要。

- 使用 structslop[48] 等工具來進行記憶體對齊和結構填充優化[49]。

- 使用更有效率的字串編碼[50]。

---

41 *https://oreil.ly/3mjc6*
42 *https://oreil.ly/Sxagc*
43 *https://oreil.ly/yEi43*
44 *https://oreil.ly/1dPXO*
45 *https://oreil.ly/ T8q9A*
46 *https://oreil.ly/PXZhH*
47 *https://oreil.ly/2IoAP*
48 *https://oreil.ly/IuWGN*
49 *https://oreil.ly/r1aJn*
50 *https://oreil.ly/ALPOm*

- protobuf [51] 等常見格式的部分編碼和解碼。

- 刪除綁定檢查（bound check, BCE），例如，從陣列中刪除 [52]。

- 無分支 Go 程式碼編寫，針對 CPU 分支預測進行優化 [53]。

- 結構的陣列與陣列結構的對比，以及迴圈融合（fusion）和裂變（fission）[54]。

- 最後，嘗試從 Go 來執行不同的語言，以卸載一些對效能敏感的邏輯，例如從 Go 執行 Rust [55]，或者之後從 Go 執行 Carbon [56]！還有一件更常見的事情：出於效率原因從 Go 執行 Assembly [57]。

最後，本書中的所有範例都可以在 *https://github.com/efficientgo/examples* 開源儲存庫中找到。請提供回饋、貢獻，並與他人一起學習。

每個人的學習方式都不一樣，所以請嘗試對您最有幫助的方法；但是，我強烈建議使用您在本書中學到的實務，以練習您選擇的軟體。嘗試設定合理的效率目標，並嘗試對其進行優化 [58]。

也歡迎您使用和貢獻我在開源中維護的其他 Go 工具：*https://github.com/efficientgo/core*、*https://github.com/efficientgo/e2e*、*https://github.com /prometheus/Prometheus* 等等 [59]！

請加入我們的「Efficient Go」Discord Community [60]，隨時提供對本書的回饋、提出更多問題或結交新朋友！

非常感謝所有直接或間接幫助編寫本書的人（參見第 xvi 頁「致謝」）。感謝那些指導我走到現在的人！

感謝您購買和閱讀我的書。我們開源見！ :)

---

51 *https://oreil.ly/gzswU*
52 *https://oreil.ly/uOHmo*
53 *https://oreil.ly/v9eNk*
54 *https://oreil.ly/SxPUA*
55 *https://oreil.ly/vp5V3*
56 *https://oreil.ly/ZO3Zn*
57 *https://oreil.ly/eLZKW*
58 如果您有興趣，我想邀請您參加一年一度的效率程式設計大會：*https://oreil.ly/QPPXh*，我們會在聖誕節期間嘗試用一種有效率的方法，來解決程式設計挑戰（*https://oreil.ly/10gGv*）。
59 您可以在我的網站上找到我從過去到現在維護的所有專案：*https://oreil.ly/0af14*。
60 *https://oreil.ly/cNnt2*

# 餐巾紙數學計算的延遲

為了在不同層面上設計和評估優化,能夠預測和估算與電腦互動時可見的基本運算延遲數字,會非常有用。

最好記住其中一些數字,但如果您不記得,我準備了一張小表格,其中包含了表 A-1 中的預測、四捨五入後的平均延遲。它深受 Simon Eskildsen 的 napkin-math 儲存庫[1] 啟發,並稍有修改。

該儲存庫建立於 2021 年。對於基於 CPU 的運算來說,這些數字是基於 Xeon 系列的伺服器 x86 CPU 而來。請注意,情況每年都在改善,但是,由於第 16 頁「硬體正在變快變便宜」中所解釋的限制,大多數數字自 2005 年以來都保持穩定。CPU 相關的延遲,在不同 CPU 架構例如 ARM 中也可能不同。

---

1　*https://oreil.ly/yXLnn*

表 A-1　和 CPU 相關的延遲

| 運算 | 延遲 | 處理量 |
| --- | --- | --- |
| 3 Ghz CPU 時脈週期 | 0.3 ns | 不適用 |
| CPU 暫存器存取 | 0.3 ns（1 個週期） | 不適用 |
| CPU L1 快取存取 | 0.9 ns（3 個週期） | 不適用 |
| CPU L2 快取存取 | 3ns | 不適用 |
| 循序記憶體讀 / 寫（64 位元組） | 5 ns | 10 GBps |
| CPU L3 快取存取 | 20 ns | 不適用 |
| 雜湊，非加密安全（64 位元組） | 25 ns | 2 GBps |
| 隨機記憶體讀 / 寫（64 位元組） | 50 ns | 1 GBps |
| 互斥鎖定 / 解鎖 | 17 ns | 不適用 |
| 系統呼叫 | 500 ns | 不適用 |
| 雜湊，加密安全（64 位元組） | 500 ns | 200 MBps |
| 循序 SSD 讀取（8 KB） | 1 µs | 4 GBps |
| 內容切換 | 10 µs | 不適用 |
| 循序 SSD 寫入，-fsync（8KB） | 10 µs | 1 GBps |
| TCP 回顯伺服器（32 KiB） | 10 µs | 4 GBps |
| 循序 SSD 寫入，+fsync（8KB） | 1 ms | 10 MBps |
| 排序（64 位整數） | 不適用 | 200 MBps |
| 隨機 SSD 搜尋（8 KiB） | 100 µs | 70 MBps |
| 壓縮 | 不適用 | 100 MBps |
| 解壓縮 | 不適用 | 200 MBps |
| 代理：Envoy/ProxySQL/NGINX/HAProxy | 50 µs | ? |
| 同一區域內的網路 | 250 µs | 100 MBps |
| MySQL、memcached、Redis 查詢 | 500 µs | ? |
| 隨機 HDD 搜尋（8 KB） | 10 ms | 0.7 MBps |
| 網路北美東部↔西部 | 60 ms | 25 MBps |
| 網路歐盟西部↔北美東部 | 80 ms | 25 MBps |
| 網路北美西部↔新加坡 | 180 ms | 25 MBps |
| 網路歐盟西部↔新加坡 | 160 ms | 25 MBps |

# 索引

# N

# O

von Neumann, John, and general-purpose
computers（范紐曼，與一般用途電腦），
111

## W

# 關於作者

**Bartłomiej (Bartek) Płotk** 是 Red Hat 的首席軟體工程師，目前是 CNCF TAG 可觀察性小組的技術負責人。他幫忙用 Go 建構許多流行、可靠、以效能和效率為導向的分散式系統，並聚焦於可觀察性。他是多個開源專案的核心維護者，包括 Prometheus、gRPC 生態系統中的程式庫等。2017 年，他和 Fabian Reinartz 一起建立 Thanos，這是一個流行的開源分散式時間序列資料庫。這個專案專注於廉價和高效率的度量監控，並經過數百次以效能和效率為中心的改進。Bartek 一直將他的滿腔熱血放在 Go 的可讀性、可靠性和效率；與此同時，Bartek 也幫忙開發許多工具、撰寫許多部落格文章、並建立指南，以教導其他人編寫務實而又高效率的 Go 應用程式。

# 出版記事

本書封面上的動物是紫鷺（purple heron，學名 *Ardea purpurea*）。這些鷺的亞種種類繁多，有時會和體型較大的親戚灰鷺（gray heron）相混淆。

紫鷺的特徵是有著長長的喙和脖子，以及狹窄的身體和翅膀。淺灰紫色的羽毛覆蓋牠們大部分身體，而有些部分會區域性呈現黑色、栗褐色和白色。牠們長長的、蛇形的脖子是棕色的，兩側有黑色條紋，黑色羽毛裝飾著頭部、腹部和尾尖；長長的腿讓牠們能夠涉水而行，並幫忙牠們從有利的高度來俯看一切。

紫鷺遍布於全球歐洲、亞洲與非洲的溫帶和熱帶，雖然牠們喜歡淡水和高大的蘆葦床，但也可以在莎草床、紅樹林、鹹水、沼澤、稻田、河流、湖岸和沿海泥灘中找到牠們。牠們更喜歡植被茂密的地區，並且常見於飛行中而不是依偎在自己的棲息地中。

水是紫鷺生存的關鍵，因為牠們的主食是中小型魚類，昆蟲，如甲蟲、蝗蟲和蜻蜓也提供充足的營養，偶爾也吃青蛙、蠑螈或小型哺乳動物。

O'Reilly 封面上的許多動物都瀕臨絕種，牠們對世界都很重要。

封面插圖由 Karen Montgomery 繪製，基於 *Histoire Naturelle* 的黑白版畫。

# 高效能 Go 程式設計｜資料驅動的效能優化

作　　者：Bartlomiej Plotka
譯　　者：楊新章
企劃編輯：蔡彤孟
文字編輯：詹祐甯
特約編輯：袁若喬
設計裝幀：陶相騰
發 行 人：廖文良

發 行 所：碁峰資訊股份有限公司
地　　址：台北市南港區三重路 66 號 7 樓之 6
電　　話：(02)2788-2408
傳　　真：(02)8192-4433
網　　站：www.gotop.com.tw
書　　號：A731
版　　次：2023 年 07 月初版
建議售價：NT$780

國家圖書館出版品預行編目資料

高效能 Go 程式設計：資料驅動的效能優化 / Bartlomiej Plotka
原著；楊新章譯. -- 初版. -- 臺北市：碁峰資訊, 2023.07
　　面；　　公分
　　譯自：Efficient Go: Data-Driven Performance Optimization
　　ISBN 978-626-324-558-7(平裝)
　　1.CST：Go(電腦程式語言)
312.32G6　　　　　　　　　　　　　　　　112011123

讀者服務

● 感謝您購買碁峰圖書，如果您對本書的內容或表達上有不清楚的地方或其他建議，請至碁峰網站：「聯絡我們」\「圖書問題」留下您所購買之書籍及問題。( 請註明購買書籍之書號及書名，以及問題頁數，以便能儘快為您處理 )

http://www.gotop.com.tw

● 售後服務僅限書籍本身內容，若是軟、硬體問題，請您直接與軟體廠商聯絡。

● 若於購買書籍後發現有破損、缺頁、裝訂錯誤之問題，請直接將書寄回更換，並註明您的姓名、連絡電話及地址，將有專人與您連絡補寄商品。